普通高等教育“十二五”规划教材

工程地质学

李忠建　金爱文　魏久传　主编

化学工业出版社
·北京·

本书是编者根据多年从事工程地质学教学的经验，在充分吸收和借鉴近年来出版的相关教材的优点，适当反映工程地质学科取得的新成果的基础上编写而成的。教材的主要内容包括：岩石及岩体的工程地质性质、地质构造及其对工程的影响、地形地貌、土的分类与工程性质、地下水的工程地质问题、区域稳定性分析、岩体稳定性分析、不良地质现象的工程地质问题和岩土工程地质勘察等。在每章后附有重要术语和复习思考题，便于学生自学和总结。

本书可作为土木工程、测绘工程、采矿工程等非地质专业的高等学校教材，还可供工程地质、水文地质等相关专业的工程技术人员参考。

图书在版编目（CIP）数据

工程地质学 / 李忠建，金爱文，魏久传主编．—北京：化学工业出版社，2015.8（2023.1重印）
普通高等教育“十二五”规划教材
ISBN 978-7-122-24522-9

Ⅰ．①工… Ⅱ．①李… ②金… ③魏… Ⅲ．①工程地质-高等学校-教材 Ⅳ．①P642

中国版本图书馆 CIP 数据核字（2015）第 149858 号

责任编辑：刘丽菲　满悦芝　　装帧设计：张　辉
责任校对：吴　静

出版发行：化学工业出版社（北京市东城区青年湖南街 13 号　邮政编码 100011）
印　　装：天津盛通数码科技有限公司
787mm×1092mm　1/16　印张 20½　字数 515 千字　2023 年 1 月北京第 1 版第 7 次印刷

购书咨询：010-64518888　　售后服务：010-64518899
网　　址：http://www.cip.com.cn
凡购买本书，如有缺损质量问题，本社销售中心负责调换。

定　　价：45.00 元

《工程地质学》编写人员

主　编：李忠建　金爱文　魏久传

副主编：刘小琼　王　熙　杨玉刚　张　丽

编　者：李忠建　金爱文　魏久传　刘小琼
王　熙　杨玉刚　张　丽　赵向光
周丽霞　刘琦华　王淑霞　安鹏瑞
万豪豪　赵云平　张鸿君　林海斌

前 言

随着我国土木工程建设的蓬勃发展，对场地的工程地质条件要求也越来越高，在建筑物设计和施工前，必须查明建筑场地的工程地质条件，分析和论证相关的工程地质问题，对场地的稳定性、适宜性作出正确评价。为了保证工程建设的顺利、安全进行，要求相关技术人员掌握工程地质学的相关知识，为土木工程的勘察、设计和施工提供技术支持。

本书根据教育部土木工程专业的课程设置指导意见，参考国内外工程地质学的相关文献，结合我国新修订的相应规范编写的，可作为普通高等院校土木工程专业的专业基础课教材。本书从地质学基础理论出发，遵循各知识点循序渐进的关系，结合土木工程专业的知识需求，注重理论与实践的结合，为培养应用型人才打下良好的基础。

本书是编者根据多年从事工程地质学教学的经验，在充分吸收和借鉴近年来出版的相关教材的优点，适当反映工程地质学科取得的新成果的基础上编写而成的。编写力求做到概念清晰、内容精炼、准确易学。教材的主要内容包括：岩石及岩体的工程地质性质、地质构造及其对工程的影响、地形地貌、土的分类与工程性质、地下水的工程地质问题、区域稳定性分析、岩体稳定性分析、不良地质现象的工程地质问题和岩土工程地质勘察等。在每章后附有重要术语和复习思考题，便于学生自学和总结。由于不同院校学科专业设置的侧重点各不相同，各院校可根据各自学科专业特点，在具体的教学过程中对教学内容做适当的取舍。同时，由于工程地质学还受到测绘工程、采矿工程等专业的重视，本教材也可作为此类相关非地质专业的参考教材。

本书具体分工如下：绪论、第五章由山东科技大学李忠建、魏久传编写；第一章、第二章由山东科技大学金爱文编写；第三章由山东科技大学赵向光，山东省煤田地质局杨玉刚、王淑霞编写；第四章由山东科技大学王熙、刘琦华，泰安市钰强地质资源勘查开发有限责任公司刘小琼编写；第六章、第七章由山东科技大学张丽、周丽霞编写；第八章、第九章由山东科技大学李忠建、金爱文编写；附录由山东科技大学王熙、张丽编写。山东科技大学安鹏瑞、万豪豪、赵云平、张鸿君、林海斌等参与了部分资料整理和图件绘制。全书由李忠建统稿。

本书的编写工作，得到了土木工程界、地质工程界多位专家、学者和同行的帮助与指导，编写过程中参考并引用了许多单位及个人的科研成果与技术总结、相应的国家规范及行业规范等；编写过程中得到了参编单位以及化学工业出版社的大力支持和帮助，在此一并表示感谢。

由于编者水平有限，书中难免存在不足之处，恳请各位读者批评指正。

编 者

2015 年 6 月

目 录

绪论

第一章 岩石及岩体的工程地质性质

第二章 地质构造及其对工程的影响

第三章 地形地貌

第四章 土的分类与工程性质

第九章 岩土工程地质勘察

绪　论

一、工程地质学的研究对象

地质学以地球为研究对象，主要研究地球的物质组成、结构构造、地球的形成与演化历史、地球表层各种地质作用、各种现象及其成因，重点研究固体地球外圈——地壳。通过人类不断的生产实践和科学技术的发展，地质学逐渐形成了许多分支学科，包括矿物学、矿床学、地层学、岩石学、古生物学、水文地质学、区域地质学、矿山地质学、石油地质学、煤地质学、工程地质学等。

工程地质学作为地质学的分支学科，是研究与工程建设有关的地质问题的科学。它有很强的实践应用性，各种建筑的规划、设计、施工和运行都需要做工程地质研究，才能使工程建筑与地质环境相协调，以保证工程建筑的安全可靠和经济合理，并避免地质环境因工程建筑的兴建而恶化。

工程建筑和地质环境之间是相互制约、相互作用的。在兴建工程建筑前，必须查明建筑场地的工程地质条件，研究它所处的地质环境，分析在兴建之后对地质环境有哪些变化，预测建筑物的稳定性，预测对建筑周围环境造成的危害，并研究采取哪些措施和制定哪些相关保护对策。这一整套研究的核心就是工程建筑和地质环境之间的相互制约与相互作用，即工程地质学的研究对象。

(1) 工程地质条件　工程建筑的类型有很多，包括公路建筑、铁路建筑、水运建筑、矿山建筑、城乡民用建筑、工业建筑、海港建筑等。每类建筑由一系列的建筑物群体组成，例如道路、隧道、运河、电站、高楼大厦、海港等。这些建筑物或是位于地表，或是位于地下，都离不开地壳，与地质环境关系密切。由于类型的多样性，因此它们对地质环境的适应性，以及对地质环境的作用也不一样。

工程建筑对地质环境的作用，是通过应力变化和地下水动力特征的变化表现出来的。建筑物自身重量对地基岩土体施加的荷载，开挖边坡和基坑，以及开挖地下硐室等，都会引起岩土体内的应力的变化，造成变形甚至破坏。一定量值的变形是允许的，但是过量的变形就会造成建筑物的失稳。建筑物的施工和建成经常引起地下水的变化，给工程和环境带来危害，例如地基砂土液化、隧道涌水、坝基渗透变形等。建筑物对地质环境作用的性质和强度，既受建筑物的类型、规模以及结构的影响，又受建筑场地的工程地质条件的影响，而且在某种程度上，工程地质条件起着决定性的作用。

工程地质条件是指与工程建筑有关的各种地质因素的综合，包括地形地貌、岩土类型及性质、地质构造、水文地质、自然地质作用和天然建筑材料等因素。各因素之间是相互联系、相互制约的，不能单一考虑某一因素。地形地貌条件对公路、铁路、运河等的路线选择影响较大。合理地利用现有的地形地貌，既能节约资金，又能优化施工条件，合理布局建筑物。岩土类型及性质对建筑物的安全经济有重要意义。例如黏土岩、页岩，以及遇水膨胀、崩解的岩石等对地基的稳定性很不利，应引起足够重视，以避免工程事故的发生。地质构造控制了一个地区的地貌特征和岩土分布，因此在选择建筑场地时，必须查明地质构造特征，尤其是断层的规模、产状等性质，避免对建筑物产生危害。水文地质条件是工程地质条件的重要因素。地下水参与许多地质灾害的发生，例如滑坡、水库渗漏、巷道突水等，造成的危害较大，应查明含水层的赋存、补径排条件等因素。自然地质作用对建筑物的安全有很大的威胁。例如地震的破坏性很大，建筑物的施工不仅要考虑本身的坚固性，还要考虑抗震能力。有些地区的建筑物还受泥石流、滑坡等的威胁，因此，在建筑施工前必须研究其发展规律，并制定有效的措施避免此类危害。天然建筑材料对工程造价有较大影响。若能就地取材，获取土料和石料，可大大降低工程费用。因此，对工程建筑而言，应充分考虑各种地质因素，从整体出发，对工程地质条件加以分析。

(2) 工程地质问题 工程地质问题是指工程建筑与工程地质条件相互作用引起的，对工程建筑本身或周围环境构成威胁的地质问题。对于不同类型、结构和规模的建筑物而言，由于工作方式和对地质环境的要求不同，使得工程地质问题变得复杂多样。例如，对于工业与民用建筑物而言，主要工程地质问题有地基沉降问题；对于道路工程而言，主要工程地质问题有路堤的地基稳定性问题、边坡稳定性问题等；对于水利水电工程而言，主要工程地质问题有水库渗漏问题、水库诱发地震问题、坝基渗透稳定问题等。对岩土工程而言，主要的工程地质问题包括：地基稳定性问题、斜坡稳定性问题、硐室围岩稳定性问题和区域稳定性问题。因此，对工程建筑遇到的实际问题要做出合理的评价，制定相关防治措施，保证建筑物的安全以及消除对周围环境的危害。

二、工程地质学的发展历程

我国工程地质学是在新中国成立以后才发展起来的一门新的学科。历经从无到有，从知之甚少到内容丰富多彩，乃至达到国际先进水平的过程，成为一门有着自己的理论体系和一套技术方法，能够较好地解决工程建设与环境地质实际问题的应用科学。关于它的发展过程，大体可划分为四个阶段。

(1) 萌芽阶段（20世纪上半叶） 我国古代修建的一些大型工程，已初步具有了工程地质的概念。例如公元前250年在修建四川都江堰灌溉工程时就巧妙地利用了地形地貌条件，并根据河流侵蚀、沉积规律制定了“深掏滩、低作堰”的治理法则；还应用当时最先进的方法，按照岩体构造特点，成功地开凿出宝瓶口引水源，将岷江水引入川西平原广大农田，造福人民。举世闻名的长城，在地形上充分利用了山脊分水岭，选择坚硬岩石作为地基，显示了它的宏伟并兼顾了坚固的原则。大运河则是连接河湖洼地修建的，大大减少了挖方量，形成贯穿南北的大动脉。许多古老的桥梁、宫殿、寺院、宝塔以及亭台楼榭的修建也都考虑了地下水和地震条件，选择了优良的地基，并根据需要采取了合适的加固措施。因此，保证了很多这类建筑物都能逾千年依然稳定屹立。

在我国，自觉地把地质学的知识应用于工程建设，首推丁文江，他在20世纪20年代进行过天然建筑材料的调查。其后，李学清等曾先后考察过长江三峡和四川龙溪河坝址地质。20世纪30年代，全国进行了公路和铁路地质调查，林文英根据积累的资料总结发表了《公路地质学之初步研究》和《中国公路地质概论》，初步反映了区域工程地质评价和工程地质分区。1940—1942年先后成立了公路研究实验室和水利实验处土工室，开始了岩土测试工作。20世纪40年代中后期，侯德封、姜达权等曾对长江三峡、广东滃江及台湾大甲溪电站等进行过工程地质调查。此外，在岷江、大渡河、黄河以及其他水系的流域规划工作中也有地质人员配合考察。1946年在中央地质调查所成立了工程地质研究室。在大学的地质系，没有专门的工程地质课程，只有为土木工程系讲授的工程地质课程，其内容基本上与普通地质相同，只有很小一部分涉步及工程建筑。孙鼐编写了《工程地质学》一书。当时工程建筑规模小，数量少，工程地质事业没有发展，尚处于萌芽阶段。这时只有少数人从土工角度，应用土力学与地基基础知识为高楼大厦、铁路公路和水利工程建筑承担勘测、基础设计和施工等项工作。

(2) 创立与发展阶段（20世纪50年代到20世纪70年代末） 解放初期，大量工厂、矿山、铁路、水利建设，根据前苏联经验，需要进行地质勘察，一些老的地质学家为铁路的修建和水利水电工程建设担负起工程地质勘察的任务。主要是利用基础地质知识查明建筑地区的工程地质条件，能够做出正确的工程地质定性评价。1952年成立了地质部，其下设有水文地质工程地质局，起着领导专业工作的作用。1952年成立的北京地质学院和长春地质学院以及其后成立的成都地质学院等院校，开始培养工程地质人才。在20世纪60年代，由于工程地质的实践，积累了大量资料和一定的实际经验，学科进入独立发展阶段，各建设部门制定自己的勘察规范，以山区工程建设为主，对工程地质提出更高的要求，岩土测试技术提高，定量评价有所发展。工程地质教育质量提高，已编出了专门的教材，由北京地质学院、长春地质学院和成都地质学院组织编写了工程地质专业课教材：张咸恭主持完成的《工程地质学》和张倬元等编写的《工程动力地质学》、刘国昌编写的《中国区域工程地质学》分别于1964年、1965年出版面世，强调工程地质问题分析。谷德振和中国科学院地质研究所的学者根据多年实践经验，进行地质和力学相结合的研究，创立了岩体工程地质力学，提出了"岩体结构"的概念，以《岩体工程地质力学基础》一书为代表。

(3) 全面发展阶段（20世纪80年代到20世纪90年代中期） 以经济建设为中心和改革开放的时代，各方面的建设蓬勃发展，工程地质在以往基础上取得了重大发展。勘察质量提高、新的勘察规范制定，向着工程领域拓展，承担勘测、工程处理的系统工作。新型、巨型工程向工程地质勘察提出了新的要求。1989年成立了中国地质灾害研究会，推进地质灾害的调查研究和防灾减灾的对策制定。像龙羊峡、五强溪、三峡、南京长江大桥、京九线等工程的建设都推动着工程地质学的发展。以三峡工程为例，在详细可靠的基础地质工作和大量勘探试验工作的基础上，使用各种新技术、新方法，做了较充分的地质分析和定量评价，在深度、广度和质量方面均达到了国际先进水平。科学研究工作取得丰硕成果，创立了自己的新的理论，引入有关科学的新理论、新方法。教育方面，许多学校增设了工程地质专业，提高教学质量，大量培养研究生，编写系列教材，如成都地质学院编著的《工程地质分析原理》，其他院校编写了《工程岩土学》、《土力学》、《专门工程地质学》等教材，形成了具有中国特色的工程地质学理论体系。在工程地质制图方面，应用计算机技术已可自动绘制地质柱状图、工程地质平面图、剖面图等，大大提高了修改更新速度，提高了工作效率。20世纪90年代早期，由张咸恭、王思敬、张倬元等著的，体现了现代工程地质学的鸿篇巨著——《中国工程地质学》于2000年问世。一大批手册、规范为工程地质勘测和工程设计、施工提供了规范性文件，如《工程地质手册》、《工程岩体分级标准》、《岩土工程勘察规范》(GB 50021—93）等。

(4) 复杂性研究与发展新阶段（20世纪90年代后期至今） 进入20世纪90年代后

期，随着生产力的发展和科技进步以及社会需求的不断增长，在工业化、城市化的快速进程中，我国工程建设有了很大突破，如向上空要空间的高层建筑、高架道路，向地下要空间的地下构筑群，向海洋要资源的海洋工程；追求更大效益的高坝大库、高速公路、跨海大桥、快速铁路；浅表资源贫化转向深部开发的矿山工程；打破水资源区域差异的调水工程；以及不良地段的基础设施建设等。所涉及的空间尺度从场地到城市、流域乃至跨区域、跨流域、跨越大尺度的地质单元。工程建设技术要求的时间尺度从年、月、日精确到小时、分，而工程安全运行的时间尺度则是几十年或百年以上，那些存放有毒有害废料的更是需几百年甚至更长时间的安全保障。所有这些预示着工程勘测、设计、施工和运行不仅需要所有时空尺度的地质知识与技术，而且需要发展长时间的质量控制的监测技术和评价方法，以及与地下开挖同时进行的工程地质勘测、预报技术和稳定性保障。对地表复杂的自然过程和工程地质过程及其相互作用的理解与描述，不仅依赖于地球科学和工程技术科学最新研究成果的支持及其知识的交叉融合，而且还需要不断吸收环境、生态科学知识，并将现代数学、力学成就和有关非线性理论、系统论、控制论融入工程地质学。中国工程地质学正跨入复杂性研究与发展新阶段。长江三峡水利枢纽、青藏铁路、南水北调工程的兴建以及上海金茂大厦的落成等，均体现了中国工程地质学具备解决现代大型工程问题的能力，预示着中国工程地质学的发展将走向新的高度。

在众多专家学者的努力下，我国工程地质学不断前进，走进国际先进行列。

三、工程地质学的研究内容

工程地质学的研究内容很广泛，随着本学科的不断发展，研究领域不断扩展，主要研究内容包括以下五个方面的内容。

(1) 岩土体工程地质性质研究 各类建筑物的兴建都离不开地壳表层的岩土体。作为建筑物地基，岩土体的性质对于建筑物的使用意义重大。无论是分析工程地质条件，还是评价工程地质问题，都要首先研究岩土体的工程性质。包括土的工程地质性质、物质组成、结构特征、分类、特殊土的不良特性以及岩体的结构类型、力学性质等方面的内容。

(2) 工程动力地质作用研究 工程动力地质作用的类型很多，除了地球自身的内外力地质作用还包括人类工程活动所造成的各种作用，对工程建筑物的建设、稳定性和安全使用有巨大的影响。我国幅员辽阔，地质复杂，各类现象均有发育，有的很强烈，造成的灾害也比较严重。例如地震在我国活动频繁，对工程建筑有较大的威胁。滑坡是分布最广、危害较大的工厂动力地质现象，对其发生的原因、诱发因素、变形破坏机制、预测预报等都要加以详细研究。泥石流的形成和发育过程、预测预报以及防治措施等，要结合铁路、公路建设等多方面的因素进行综合研究。

(3) 工程地质勘察技术方法研究 工程地质勘察服务于工程建设的具体工作，其主要目的是为工程建筑物的规划、设计、施工和安全使用提供所需的地质资料和数据。勘察技术方法的选择、方案的布置等，都要根据工程地质条件的不同而变化。各种勘察技术方法，有各自的理论基础、工作特点、基本设备、应用条件、操作要点和技术要求等，因此，要根据不同的工程地质条件选择相应的勘察技术方法，进行有效的勘察工作，对产生的工程地质问题进行正确的分析评价。对各类建筑的勘察工作，要做好技术方法的配合关系，分清主次。同时，尽量使用新技术方法，提高勘察结果的可靠性。例如：遥感技术的应用，各种新的物探方法，尤其是高密度电法、大地电磁、地质雷达、地震 CT、各类地震仪等的应用，“3S”的应用，以及各种监测方法的使用，对工程地质勘察都起了推动作用。数值模拟、物理模拟的开展，模糊数学、灰色理论、离散元、有限元、神经网络等的引入，推进了工程地质问题的定量分析，提高了工程地质评价的水平。

(4) 区域工程地质研究 区域工程地质研究主要研究工程地质条件的区域性规律，按照工程地质条件的相似性和差异性进行分区，包括岩土体类型的分布规律、各类自然地质作用现象的分布规律等。研究范围可以是全国性的，也可以是地区性的。区域工程地质研究为规划工作提供地质依据，同时也为进一步的工程地质勘察提供基础信息研究。

(5) 环境工程地质研究 由于人类大规模地进行工程建设，地质环境日益遭到破坏，地质灾害频发，严重威胁了人类的生存和生活，因此需要研究工程对地质环境的影响。合理开发利用地质环境、保护地质环境，是环境工程地质的研究内容。其中，对人类生存和生活造成危害的地质灾害是研究的重要内容。这些地质灾害包括：地震、滑坡、泥石流、崩塌、地裂缝、地面塌陷、地面沉降、水土流失、沙漠化、水库诱发地震、巷道突水等。这些地质灾害造成了重大的人员伤亡和经济损失。例如，2008 年发生的汶川地震造成了 8.7 万人死亡失踪，直接经济损失 8451 亿元；2010 年发生的甘肃舟曲泥石流灾害造成了 1765 人死亡失踪，直接经济损失 4 亿元；2014 年发生的阿富汗山体滑坡造成的死亡人数超过 2100 人。因此，为了避免或减轻此类地质灾害给人类造成的损失，要对其发生发展规律、预测预报方法、防治措施做充分研究，采用新理论、新方法，多学科综合研究，实现对地质灾害的有效评价，造福人类。

四、工程地质学的实践意义

工程地质学要研究工程建筑和地质环境之间的相互作用，一方面要做到地质环境为工程建筑所使用，另一方面要做到保护地质环境，这是工程地质学的基本任务。这一基本任务需要通过工程勘察来完成，因此，要首先完成以下主要任务：

① 查明工程建筑所在地区的工程地质条件，指出有利因素和不利因素，并对可能存在的工程地质问题进行定性和定量评价；

② 选择工程地质条件优良的建筑场地，并对选定的场地做出工程地质评价；

③ 预测工程兴建后可能出现的问题，做出环境质量评价；

④ 改造地质环境，进行工程地质处理，拟定改善和防治不良后果的实施方案，保护环境质量。

工程地质勘察，不论在任何阶段，都需要通过各种工作完成该阶段的勘察任务，对工程地质条件和各个工程地质问题做出工程地质评价，并对整个场地、各个建筑物的适宜性做出总的工程地质评价，因此，工程地质学的实用性很强，它在工程建设中具有重大的实践意义：既要保证建筑物的安全，又要尽可能地利用有利的地质因素，避开不利的因素，减少高昂的处理费用，降低工程投资，获取最大的效益。实践证明：缺少或不重视工程地质工作，不但建筑物的安全得不到保证，还会使工程造价提高，甚至留下隐患，使建筑物遭到破坏，更可能发生重大事故。例如意大利瓦依昂水库库岸滑坡，水库总库容 $1.69\times10^8m^3$，坝高 265.5m，为混凝土双曲拱坝。在 1963 年 10 月，从大坝上游峡谷区左岸山体突然滑下体积为（2.7～3）$\times10^8m^3$的超巨型滑坡体，冲毁了下游的 5 个村镇，死亡近 3000 人，造成了震惊世界的惨痛事件。水库被滑下的岩土体填满，成为“石库”，整个水库报销，而混凝土拱形大坝则安然无恙。究其原因，是地质工作没有做好，早在 3 年前就出现过局部崩塌现象，但研究人员认识不足，并且作了错误的判断。虽然做了长期观测，发现有蠕变现象，但未能采取对策和有力措施，致使惨剧发生。

工程地质学的内容很广泛，本教材的编写侧重非地质专业所涉及的基本的工程地质问题理论知识，以能力培养为中心，期望能够更好的帮助非地质专业的学生掌握工程地质学科的基本理论和方法，学会分析工程地质问题的能力，并应用到实际工作中去，为成为新世纪祖国的建设人才打下良好的基础。

重要术语

1. 工程地质条件 2. 工程地质问题

复习思考题

1. 工程地质条件包括哪些因素？
2. 工程地质问题包括哪些内容？
3. 工程地质学的研究内容包括哪几个方面？
4. 工程地质学的发展经历哪几个阶段？
5. 身边有哪些工程地质问题？

第一章　岩石及岩体的工程地质性质

地球是太阳系的一颗普通行星，八大行星根据距离太阳由近到远依次为：水星、金星、地球、火星、木星、土星、天王星、海王星（图 1-1）。随着科学技术的发展，人类目前了解到地球并非是一个标准的旋转椭球体，而是一个梨形体，北极凸出约 10m，南极凹进约 30m。北半球在中纬度地区稍微凹进，南半球则稍微突出（图 1-2）。现有资料表明：地球的赤道半径（a）为 6378.140km，极半径（b）为 6356.755km，平均半径［$(a^2c)^{1/3}$］为 6371.004km，扁率（$d=\dfrac{a-c}{a}$）为 1/298.257，赤道周长为 40075.04km，子午线周长为 40008.08km，表面积为 $5.101\times10^8\,km^2$，体积为 $1.083\times10^{12}\,km^3$。

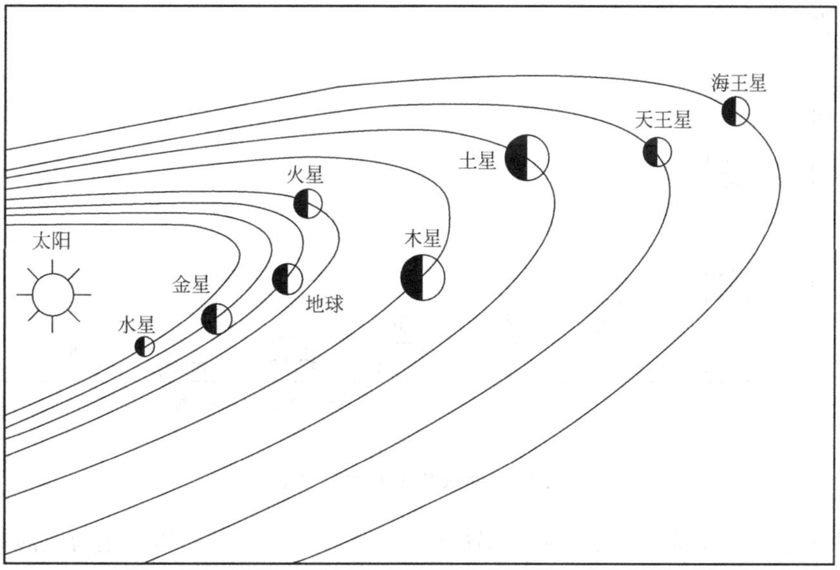

图 1-1　太阳系行星相对位置示意图

地球不是一个均质体，以地球表层为界，将地球分为外圈层和内圈层。外圈层由大气圈、水圈和生物圈组成。内圈层由地壳、地幔和地核组成（图 1-3）。

地壳，是地球的固体外壳，厚度变化较大。大陆地壳较厚，平均 33km，最厚可达 70 多千米；大洋地壳较薄，平均约 7km，最厚约 11km，最薄不足 2km。由同种原子组成的物质称为元素。到 2007 年为止，总共有 118 种元素被发现，其中 94 种存在于地球上，但常见的仅十余种。美国化学家克拉克在 40 余年间从世界各地采集了 5159 件岩石样品进行化学测试

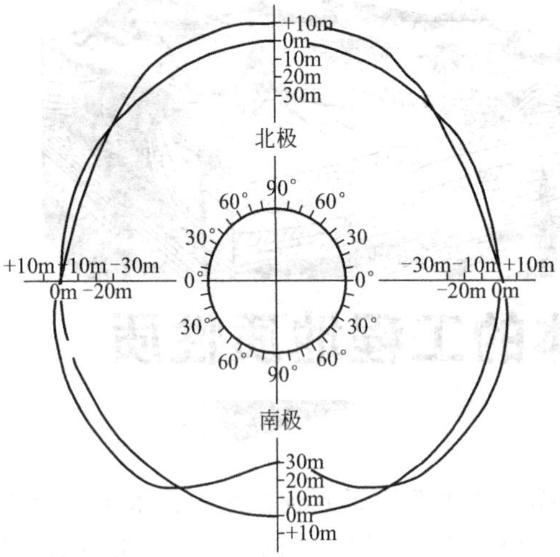

图 1-2 地球的梨形体示意图

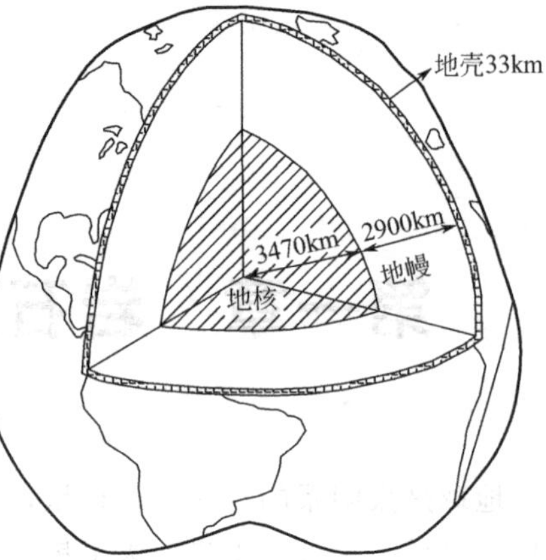

图 1-3 地球内圈层示意图

数据的计算，求出了厚 16km 的地壳内 50 种元素的平均含量与总质量的比值，称为地壳元素丰度。为了表彰克拉克的卓越贡献，国际地质学会将其命名为“克拉克值”。地壳中各元素的含量很不均匀。O、Si、Al、Fe、Ca、Mg、Na、K 这 8 种元素占 98.03%，其余元素不足 2%（图 1-4）。

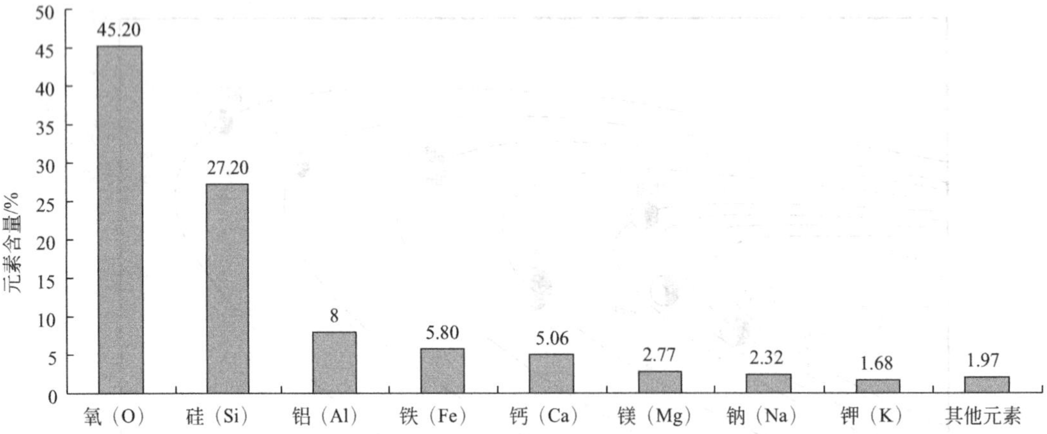

图 1-4 地壳中主要元素含量

地壳由上下两层组成。上地壳叫硅铝层或花岗岩质层，因其与以硅铝为主的花岗岩质岩石一致。上地壳呈不连续分布，在大洋底缺失。下地壳叫硅镁层或玄武岩质层，因其与由硅、镁、铁、铝组成的玄武岩相当。下地壳呈连续分布，陆地和大洋底均有分布。

地幔，处于地壳和地核之间，分为上、下两层。上地幔的物质成分基本上相当于含铁、镁很高的超基性岩石，主要矿物成分可能为橄榄石，部分为辉石和石榴子石。下地幔由于强大的压力，橄榄石等矿物成分分解为 FeO、MgO、SiO_2 和 Al_2O_3 等简单的氧化物。

地核，位于地球的最内部，厚约 3470km，主要由铁、镍元素组成，分为外核和内核，外核为液体，内核为固体。

地球在长达 46 亿年漫长的演变中，由于主要来自太阳的外能和自身内能的驱动，一直在不断地变化和发展。地球的物质组成、内部构造和外部形态时刻都在变化着，只是这些变化，有些进行得快，易于被人们觉察和观测，如地震和火山活动；有些则进行得十分缓慢，不易被人们发现，如地表岩石的风化、地壳大范围的升降和水平运动等，这些由自然动力促使地球物质组成、内部构造和外部形态发生变化与发展的过程称为地质作用。其中，作用于整个地壳或岩石圈，能源主要来自地球本身的称内力地质作用。内力地质作用包括构造运动、地层地质作用、岩浆作用、变质作用；作用于地壳表层，能源主要来自地球以外的称外力地质作用。外力地质作用包括风化作用、剥蚀作用、搬运作用、沉积作用、固结成岩作用。在地质作用的过程中一方面不停地破坏地壳已有的矿物、岩石、地质构造和地表形态；另一方面又不断形成新的岩石、矿物、地质构造和地表形态。岩浆作用最终形成岩浆岩（火成岩），变质作用形成变质岩，外力地质作用形成沉积岩。

第一节　主要造岩矿物

一、矿物的概念

矿物是指地壳中的一种或多种在地质作用过程中形成的自然产物，是组成岩石和矿石的基本单元。矿物可以是单质，也可以是化合物，通常具有一定的化学成分和内部结构，呈现出一定的物理性质和化学性质。

自然界中的矿物很多，目前已知的矿物有4145种，常见的只有五六十种，构成岩石主要成分的只不过二三十种。其中组成岩石的矿物，称为造岩矿物。

由于矿物的化学成分比较固定，所以常用化学分子式来表示矿物的成分。例如：石英的分子式是SiO_2，方解石的分子式是$CaCO_3$，黄铁矿的分子式是FeS_2。

那些由人工合成的产物，如人造水晶、人造金刚石等，虽然它们具有与矿物相同的特征，但是它们不是地质作用形成的，不能称为矿物。水、气体不是晶体，也不是矿物。

造岩矿物绝大部分是结晶质。结晶质的矿物其内部质点（原子、离子或分子）是严格地按照一定的结合方式，作有规律的排列。因此，其外形常具有一定的几何形态，也就是晶体（图1-5）。例如，岩盐（NaCl）的晶体，总是呈立方形，这是因为组成岩盐的钠离子和氯离子严格地彼此相间排列（图1-6），所以，在外形上就呈现立方形。

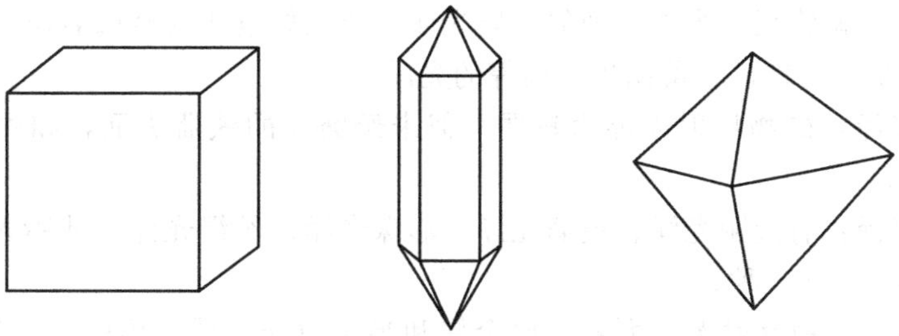

(a) 岩盐晶体　(b) 石英晶体　(c) 金刚石晶体

图1-5　矿物晶体

二、矿物的物理性质

矿物的物理性质包括光学性质（透明度、光泽、颜色、条痕等）、力学性质（硬度、解理、断口等）、磁性、导电性等。

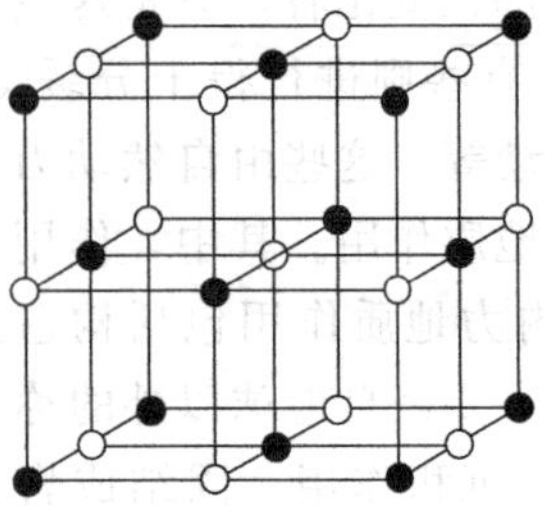

图 1-6 岩盐的结晶格架

1. 矿物的光学性质

矿物对自然光的吸收、反射、折射等所表现出来的各种性质，称为矿物的光学性质。主要包括：颜色、条痕、光泽、透明度等。

(1) 颜色 颜色是矿物对光线中红、橙、黄、绿、青、蓝、紫七种波长的光波吸收的结果。根据成因不同，可将颜色分为以下三种。

① 自色。是指矿物本身固有的颜色。它与矿物的化学成分和结晶结构有关。自色比较固定，对鉴定矿物有重要意义。例如，方铅矿的铅灰色、赤铁矿的樱红色、黄铁矿的浅铜黄色等。

② 他色。是指矿物因含外来带色杂质或气泡等引起的颜色。它与矿物的本身性质无关。例如石英，纯净石英为无色，杂质的混入可使石英染成紫色、玫瑰色、烟灰色等。由于他色不固定，因此不具有鉴定意义。

③ 假色。是指矿物表面氧化等原因产生的颜色。例如方解石、石膏等矿物，在解理面上所见的虹彩状的"晕色"。假色可消除，也可随时产生，一般不具有鉴定意义。

矿物颜色的描述，为了便于比较和统一，常以标准色谱：红、橙、黄、绿、青、蓝、紫及白、灰、黑等色来说明矿物的颜色。当矿物颜色与标准色谱有差异时，可加上适当的形容词，如淡绿、暗红、灰白色等。另外，也可依最常见的实物来描述矿物的颜色，如砖红色、草绿色等。当矿物的颜色是介于两种标准色谱之间，常用二名法来描述，如黄绿色、灰白色、橙黄色等，后面的为主要颜色，前面的为次要颜色。描述矿物的颜色还可以用类比法，选用生活中的常用实物作比喻，如肉红色、铅灰色、天蓝色、铜黄色等。

(2) 条痕 条痕是指矿物在白色无釉瓷板划擦所留下的粉末颜色，即矿物的粉末颜色。条痕避免了他色和假色的干扰，比矿物颗粒的颜色更稳定，具有重要的鉴定意义。例如：赤铁矿的颜色除了呈暗红色外，还有钢灰色、铁黑色，但是它的条痕总是樱红色。另外，赤铁矿与磁铁块、褐铁矿在氧化后，表面颜色很接近，但是条痕差别很大，磁铁矿为黑色，褐铁矿为黄褐色。透明矿物的粉末多因为反射而呈现白色，鉴定意义不大；因此，条痕常用于鉴定不透明物质。同时，在观察条痕时要注意：不要用力过猛，只要留下条痕即可。

(3) 光泽 光泽是指矿物表面反射可见光的能力。根据矿物光泽的强弱，可分为：金属光泽、半金属光泽和非金属光泽。非金属光泽又分为 8 种，各种光泽描述如下。

① 金属光泽：矿物反射光能力强似金属光面（或犹如电镀的金属表面）那样光亮耀眼，如自然金、方铅矿、黄铁矿、黄铜矿、银等的光泽。

② 半金属光泽：矿物反射光能力较弱，似未经磨光的铁器表面，如磁铁矿、褐铁矿、闪锌矿等的光泽。

③ 非金属光泽：有金刚光泽、玻璃光泽、珍珠光泽、丝绢光泽、油脂光泽、树脂光泽、蜡状光泽、土状光泽共 8 种。

a. 金刚光泽：矿物反射光能力弱，比金属和半金属光泽弱，但强于玻璃光泽，如金刚石、锡石等的光泽。

b. 玻璃光泽：矿物反射光能力很弱，如玻璃表面的光泽，如方解石、长石等的光泽。

c. 珍珠光泽：光线在解理面间发生多次折射和内反射，在解理面上所呈现的像珍珠一样的光泽，如白云母、透石膏等的光泽。

d. 丝绢光泽：纤维状集合体表面所呈现的丝绸状反光，如纤维石膏、石棉、绢云母等的光泽。

e. 油脂光泽：也称“脂肪光泽”，在某些透明矿物的断口上，由于反射表面不平滑，使部分光发生散射而呈现的如同油脂般的光泽，如石英断面、光卤石等的光泽。

f. 树脂光泽：也称“松脂光泽”，在某些呈黄、棕或褐色的矿物上，由于反射表面的不平滑，使部分光发生散射而呈现如同松香般的光泽，例如浅色的闪锌矿、雄黄等的光泽。

g. 蜡状光泽：像石蜡表面呈现的光泽，如块状叶蜡石、蛇纹石等的光泽。

h. 土状光泽：粉末状或土块状集合体的矿物表面暗淡无光，像土块那样的光泽，如高岭石、铝土矿等的光泽。

(4) 透明度　透明度是指矿物允许可见光透过的程度。在肉眼观测时，要用同一厚度(0.03mm) 作比较，可分为以下三类。

① 透明矿物：能够完全或基本清楚地透过光线者，如：石英、方解石、长石等。

② 不透明矿物：完全不能透过光线者，如：石墨、磁铁矿、黄铁矿等。

③ 半透明矿物：能模糊透见物体的轮廓的矿物，如：闪锌矿、雄黄等。

一般情况下，浅色矿物是透明的，而暗色矿物不透明。

2. 矿物的力学性质

矿物的力学性质是指矿物在外力作用下所表现出来的性质，主要包括硬度、解理和断口等。

(1) 硬度　硬度是指矿物抵抗外力刻划、压入或研磨的能力。由于矿物的化学成分或内部构造不同，造成不同的矿物的硬度常常不同。因此，硬度是鉴定矿物的一个重要特征，可通过两种矿物对刻的方法来确定矿物的相对硬度。1822 年，德国矿物学家弗莱德奇・摩氏选择了 10 种矿物作为标准，将硬度分为 10 级，称为摩氏硬度计（表 1-1）。摩氏硬度计只是代表矿物硬度的相对顺序，而不是矿物绝对硬度的等级，也就是说硬度为 10 的矿物不意味着比硬度为 1 的矿物硬 10 倍。例如：金刚石的硬度比石英硬 1000 倍，比刚玉硬 150 倍。

表 1-1　摩氏硬度计

硬度等级	1	2	3	4	5	6	7	8	9	10
代表矿物	滑石	石膏	方解石	萤石	磷灰石	正长石	石英	黄玉	刚玉	金刚石

实际矿物的硬度测定非常简单。例如：某矿物能将方解石刻出划痕，又被萤石刻出划痕，则其硬度为 3～4。另外，指甲的硬度为 2～2.5，小刀的硬度为 5～5.5，可以此来大致确定矿物的相对硬度。

(2) 解理、断口　矿物晶体在外力作用下沿一定方向裂开成光滑平面的性质称为解理。裂开的光滑平面称为解理面。不具方向性的不规则破裂面，称为断口。

解理是鉴定矿物的另一个重要特征。不同的晶质矿物，由于其内部构造不同，在受力作用后开裂的难易程度、解理数目以及解理面的完全程度，都有所差别。不同矿物的解理，可能有一个方向，也可能有多个方向。根据解理出现方向的数目，如为一个方向，称矿物有一组解理，比如黑云母等；如为两个方向，称矿物有两组解理，比如辉石等；如为三个方向，称矿物有三组解理，比如方解石等（图 1-7）。根据解理产生难易程度及其完好性，可将解理分为以下几种。

① 极完全解理：矿物受力后极易裂成薄片，解理面光滑而平整，如云母、石墨的解理。

② 完全解理：矿物受力后易裂成光滑的平面或规则的解理块，解理面显著而平滑，如方铅矿、方解石的解理。

③ 中等解理：矿物受力后，常沿解理面破裂，解理面较小而不很平滑，且不太连续，

如普通辉石、蓝晶石、正长石的解理。

④ 不完全解理：矿物受力后不易裂出解理面，仅断续可见小而不平滑的解理面，如磷灰石的解理。

⑤ 极不完全解理：矿物受力后极难出现解理面，常见凹凸不平的断口，如石英等。

断口的形状主要有：贝壳状、锯齿状、参差状、平坦状等。

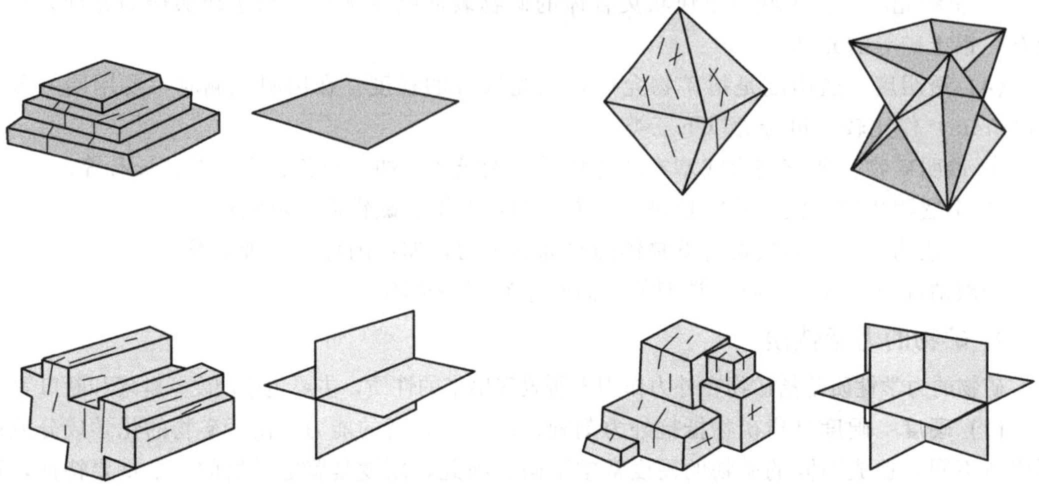

图 1-7 解理组数示意图

3. 矿物的其他性质

(1) 弹性与挠性 矿物在外力作用下发生弯曲形变，当外力撤除后，在弹性限度内能够自行恢复原状的性质，称为弹性。具有层状结构的云母及链状结构的角闪石石棉表现出明显的弹性。某些层状结构的矿物，在撤除使其发生弯曲形变的外力后，不能恢复原状，这种性质称为挠性。如滑石、绿泥石、石墨等。

(2) 脆性与延展性 矿物的脆性是指矿物受外力作用时易发生碎裂的性质，它与矿物的硬度无关。自然界绝大多数非金属矿物都具有脆性，如硫、萤石、黄铁矿等。矿物受外力拉引时易成为细丝的性质称为延性，矿物在锤击或碾压下易变成薄片的性质称为展性。由于延性和展性往往同时并存，统称为延展性。自然金属元素矿物，如自然金、自然银、自然铜等均具有强延展性。

(3) 相对密度 矿物的相对密度指矿物的质量与同体积水（4℃）的质量之比。矿物肉眼鉴定时，通常是凭经验用手掂量，将矿物的相对密度分为 3 级。

① 轻矿物：相对密度小于 2.5，如：石墨、石盐、石膏等。

② 中等矿物：相对密度在 2.5～4 之间，如：方解石、石英、长石等。

③ 重矿物：相对密度大于 4，如：黄铁矿、磁铁矿、自然金等。

(4) 磁性 矿物的磁性指矿物在外磁场作用下被吸引或排斥的性质。有些矿物具有磁性，如磁铁矿、磁黄铁矿能被普通磁铁所吸引。有时可以利用有无磁性来鉴别矿物。

(5) 导电性 矿物的导电性是指矿物对电流的传导能力。例如自然铜、石墨、辉铜矿极易导电，是电的良导体；而像石棉、白云母、石英、石膏等矿物则具弱导电性或不导电。

(6) 与化学试剂的反应 最常用的是稀盐酸。如方解石遇冷的稀盐酸很快就起泡，而白云石则反应缓慢。

三、常见矿物

目前世界上已知矿物有4000多种，但绝大多数不常见，最常见的不过200多种，重要矿产资源的矿物也就数十种。地壳中常见的造岩矿物只有20～30种，其中石英、长石、云母等硅酸盐矿物占92%，而石英和长石含量高达63%（图1-8）。

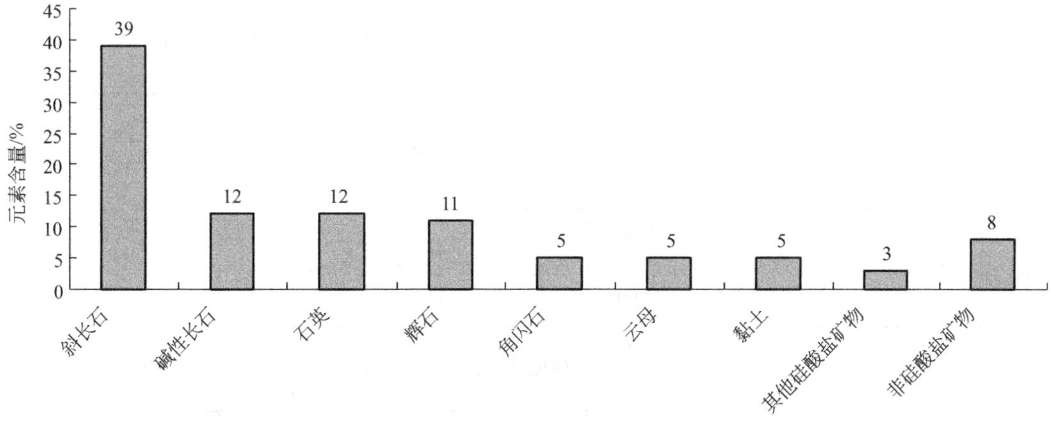

图1-8　地壳中矿物含量

按矿物的化学成分与化学性质，通常将矿物划分为五类：①自然元素矿物，如自然金、自然铜、自然硫、金刚石、石墨等；②硫化物及其类似化合物矿物，如黄铁矿、毒砂等；③卤化物矿物，如萤石、石盐等；④氧化物和氢氧化物矿物，如石英、刚玉、水镁石等；⑤含氧盐矿物，如方解石、钠硝石、硬石膏、长石、云母等。常见矿物的特征见表1-2。

表1-2　常见矿物特征表

类别	名称	化学成分	形状	颜色	条痕	光泽	硬度	解理	断口	相对密度	其他
自然元素矿物	石墨	C	片状、鳞片状、块状	黑	黑	半金属	1～2	一组极完全		2.2	污手，有滑感
硫化物及其类似化合物矿物	黄铁矿	FeS_2	立方体、块状、粒状	浅黄铜	绿黑	金属	6～6.5	无	参差状	5	晶面有平行细条纹
	黄铜矿	$CuFeS_2$	块状	铜黄	绿黑	金属	3～4	无		4.1～4.3	性脆，导电
	辉锑矿	Sb_2S_3	柱状、针状、放射状	铅灰	黑	金属	2	完全		4.6	柱面具纵条纹
	方铅矿	PbS	立方体、块状、粒状	亮铅灰	灰黑	强金属	2～3	三组完全		7.4～7.6	弱导电
	闪锌矿	ZnS	块状、粒状	浅棕～棕黑	白～褐	油脂、半金属	3.5～4	完全		3.9～4.1	不导电

续表

类别	名称	化学成分	形状	颜色	条痕	光泽	硬度	解理	断口	相对密度	其他
卤化物矿物	萤石	CaF_2	块状、粒状	绿、紫、黄、蓝等	白	玻璃	4	四组完全		3.18	发光
氧化物和氢氧化物矿物	石英	SiO_2	块状、粒状、晶簇	无色、乳白	无	玻璃	7	无	贝壳状	2.65	晶面具横纹
	刚玉	Al_2O_3	柱状、板状	蓝灰、黄灰	白	玻璃	9	无	贝壳状	3.95～4.10	不易腐蚀
	赤铁矿	Fe_2O_3	块状、鲕状、肾状	红褐	樱红	半金属	5～6	无		4.0～5.3	
	磁铁矿	Fe_3O_4	块状、粒状	铁黑	黑	半金属	5.5～6.5	无		5	强磁性
	硬锰矿	$BaMn^{2+}Mn_9^{4+}O_{20}\cdot 3H_2O$	钟乳状、葡萄状、土状	灰黑～黑	褐黑～黑	半金属	5～6	无		4.4～4.7	性脆
	水镁石	$Mg(OH)_2$	板状、鳞片状、粒状	白、灰白	白	珍珠、玻璃	2.5	极完全		2.3～2.6	解理薄片具挠性
含氧盐矿物	石膏	$CaSO_4\cdot 2H_2O$	粒状、块状、纤维状	无色、白	白	玻璃、丝绢	2	中等	平坦	2.3	解理薄片具挠性
	高岭石	$Al_4[Si_4O_{10}]\cdot(OH)_8$	土状	白	白	土状	2	无	平坦状	2.16～2.68	可塑性
	红柱石	$Al_2(SiO_4)O$	柱状	灰白、肉红	白	玻璃	6.5～7.5	中等		3.13～3.16	性脆
	方解石	$CaCO_3$	晶簇、粒状、块状、纤维状	无色、乳白	无	玻璃	3	三组完全		2.6～2.9	遇冷稀盐酸强烈起泡
	白云石	$CaMg(CO_3)_2$	块状、粒状	白	白	玻璃	3.5～4	三组完全		2.8～2.9	粉末遇冷稀盐酸起泡
	磷灰石	$Ca_5(PO_4)_3(F,Cl,OH)$	块状、粒状、肾状、结核状	浅绿、黄绿、褐红	同颜色	玻璃	5	不完全	参差状	3.18～3.21	加热后常出现磷光
	橄榄石	$(Mg,Fe)_2SiO_4$	短柱状、粒状	橄榄绿	无	玻璃	6～7	不完全	贝壳状	3.3～3.5	

续表

类别	名称	化学成分	形状	颜色	条痕	光泽	硬度	解理	断口	相对密度	其他
含氧盐矿物	石榴子石	$Mg_3Al_2(SiO_4)_3$	粒状	红、褐、绿等	黑	玻璃	6～7.5	无		3.5～4.2	
	辉石	$(Ca,Mg,Fe,Al)_2[(Si,Al)_2O_6]$	短柱状	绿黑、黑	灰绿	玻璃	5.5～6	两组解理夹角87°	平坦	3.2～3.6	
	角闪石	$(Ca,Na)_{2\text{-}3}(Mg,Fe,Al)_5[(Al,Si)_8O_{22}](OH,F)_2$	长柱状	绿黑、黑	淡绿	玻璃	5～6	两组解理夹角56°	锯齿状	3.1～3.6	
	滑石	$Mg_3[Si_4O_{10}](OH)_2$	板状、鳞片状	无色、白	白	珍珠	1	一组完全		2.6～2.8	有滑感
	蛇纹石	$Mg_6[Si_4O_{10}](OH)_8$	片状、纤维状	浅绿～深绿	白	油脂、丝绢	2.5～3.5	中等		2.5～2.7	
	白云母	$KAl_2(AlSi_3O_{10})(OH)_2$	片状、鳞片状	无色	无	玻璃、珍珠	2.5～3	一组极完全		3～3.2	薄片具弹性
	黑云母	$K(Mg,Fe)_3[AlSi_3O_{10}](OH,F)_2$	片状、鳞片状	棕褐、黑	无	玻璃、珍珠	2.5～3	一组极完全		2.7～3.1	薄片具弹性
	绿泥石	$(Mg,Al,Fe)_6[(Si\ Al_4)O_{10}](OH)_8$	板状、鳞片状	绿	无	玻璃、珍珠	2～3	一组极完全		2.8	薄片有挠性而无弹性
	正长石	$KAlSi_3O_8$	板状、短柱状	肉红	白	玻璃	6	两组完全		2.6	解理面成直角
	斜长石	$Na[AlSi_3O_8]$、$Ca[Al_2Si_2O_8]$混合	板状、柱状	白、灰白	白	玻璃	6～6.52	两组完全		2.6～2.7	解理面常有平行双晶纹

第二节　岩石的分类与特征

地壳是人类生存、活动和建造各种工程建筑物的场所。地壳是由岩石构成的，岩石不仅是地形地貌、地质构造的基础，而且还是人类工程建筑的载体和原料。岩石是指天然产出的，由一种或多种矿物（部分为火山玻璃物质、胶体物质、生物遗体）组成的固态集合体，是地球内力和外力地质作用的产物。岩体则由岩石所组成，并在后期经历了不同性质的构造运动的改造，被各种结构面分割后的综合地质体。对于坚硬的岩层，虽然完整的单块岩石的强度较高，但当岩层被结构面切割成碎裂状块体时，其构成的岩体之强度则较小。所以，岩石和岩体的工程地质性质对建筑物地基建筑条件的好坏有极大的影响。

一、岩石按地质成因分类

岩石按其地质成因划分为岩浆岩、沉积岩与变质岩三大类。

1. 岩浆岩

岩浆岩又称火成岩，它是三大类岩石的主体，占地壳岩石体积的64.7%。它由岩浆冷凝形成，是岩浆作用的最终产物。

(1) 岩浆与岩浆作用 地下高温熔融的物质称为岩浆。它的温度为650～1400℃，一般为800～1200℃。其成分除硅酸盐外，可含少量碳酸盐、氧化物等，并溶解有1%～8%以水为主的挥发性物质。岩浆一般存在于地下数千米到数万米。在岩石的强大压力下，其中挥发性物质主要呈溶解状态，部分呈气泡状态存在。岩浆是具有较大黏性的流体。岩浆作用是指岩浆发育、运动、冷凝固结成为岩浆岩的作用，它包括喷出作用与侵入作用。

(2) 喷出作用与喷发产物 岩浆喷出地表、冷凝固结的过程，称为喷出作用，又称火山作用。它伴随着地下大量物质在很短时间内上涌，向外喷发释放。喷发物有气体、固体和液体三类。

岩浆的化学成分对岩浆的性质及岩浆喷发特征起着决定性作用，而岩浆的SiO_2含量又具有关键意义。因此，一般根据SiO_2含量，岩浆岩可分为以下几类：

① 超基性岩类（SiO_2含量<45%）：矿物成分以橄榄石、辉石为主，其次有角闪石，一般不含硅铝矿物。岩石的颜色很深，比重很大。

② 基性岩类（SiO_2含量45%～52%）：矿物成分以斜长石、辉石为主，含有少量的角闪石及橄榄石。岩石的颜色深，比重也比较大。

③ 中性岩类（SiO_2含量52%～65%）：矿物成分以正长石、斜长石、角闪石为主，并含有少量的黑云母和辉石。岩石的颜色比较深，比重比较大。

④ 酸性岩类（SiO_2含量>65%）：矿物成分以石英、正长石为主，并含有少量的黑云母和角闪石。岩石的颜色浅，比重轻。

各类岩浆中Fe、Mg、Ca等氧化物的含量也相应有别。岩浆中SiO_2含量越高，黏性越大，反之则小。

(3) 各类岩浆喷发特征

① 超基性岩浆及其喷发特征。超基性岩浆的SiO_2含量常在30%～40%之间，富含Fe、Mg氧化物，缺少Na、K氧化物。因Fe、Mg氧化物含量很高，欧美学者常用“超镁铁质岩浆”一词。目前尚未见到正在喷发超基性熔岩的火山，但在地质历史中曾经存在由超基性岩浆喷发所形成的熔岩，称为科马提岩。1969年首次在南非巴伯顿地区的科马提河流域被发现，岩石中MgO的含量高达20%以上。比较典型的超基性熔岩还出露在靠近美国的加拿大安大略省苏必利尔湖地区以及澳大利亚、印度、芬兰等地，多产在古老的岩层中。

② 基性岩浆及其喷发特征。基性岩浆又称玄武岩浆，国际文献常用“镁铁质岩浆”一词。其岩浆的温度为1000～1200℃，黏性一般较小。玄武岩是其主要的熔岩类型。

由于大部分基性岩浆的黏性低，喷发时岩浆中的气体容易逸出，因而一般不引起强烈爆炸，不形成大规模火山灰柱。岩浆常呈涌流状外溢。裂隙式喷发正是玄武岩浆喷发所特有的特征。如为中心式喷发，所形成的熔岩锥外形常呈盾形。其锥坡角一般只有2°～4°，锥顶平，称为盾状火山锥。此外，某些黏性较大的基性岩浆主要喷发火山砾、火山弹以及火山渣，它们堆积而成为熔渣锥，其特点是锥体几乎全由较粗的火山碎屑物组成，锥坡角可达30°，锥顶有明显的火山口，锥体积规模不大，高一般为数十米到数百米。

陆地上喷发的基性熔岩多数具有波状或绳状外貌，少数呈块状熔岩。海底喷发的玄武岩常形成枕状构造。枕状构造的成因是由于岩浆在海底喷出后其外层迅速冷凝固结，构成硬壳，而内部高温熔体的挤压则使硬壳破裂、高温熔体外溢冷凝，形成新的硬壳。如此反复作用，就会形成枕状熔岩。

玄武岩常呈黑色，致密，常有气孔，密度较大，由辉石、斜长石组成，柱状节理发育。

地质历史时期中，曾有大面积（超过十几万平方千米）、大厚度（厚度达数千米）的玄武岩产出。这种分布范围广阔且厚度巨大的玄武岩，称为泛流玄武岩，它是通过多次裂隙式喷发逐渐堆积而成的，见于冰岛、印度德干高原、美国哥伦比亚高原、巴西南部高原等地。印度德干高原的古近纪-新近纪玄武岩熔岩覆盖面积达 40 多万平方千米，平均海拔为 600m 左右，构成世界上最大的熔岩台地。我国云南、贵州与四川交接地带有 2.5 亿年前形成的泛流玄武岩，称为峨眉山玄武岩，其分布面积达 30 万平方千米，厚度逾 3000m。

③ 中性与酸性岩浆及其喷发特征。中性岩浆又称安山岩浆，岩浆温度约为 900～1000℃。安山岩是其主要熔岩类型，由中性斜长石与角闪石组成。酸性岩浆又称花岗质岩浆，岩浆温度约为 650～800℃。流纹岩是其主要熔岩类型，由石英、钾长石与钠长石组成。这两种岩浆的黏性均比较大，尤以酸性岩浆为甚。由于岩浆黏度大，喷发常很猛烈。

当岩浆移近地表时，岩浆中的挥发性物质将大量转变成气泡，并在岩浆房上部汇集。含有丰富气泡的岩浆，黏性很大，运动困难，其上部先凝固，如同瓶塞堵住火山通道，下面的气体无法逸出。一旦气体积聚的膨胀力超过上覆岩石的压力，在地下的某一定深度上就会发生爆炸，使爆炸面以上已经冷凝或半冷凝的岩浆，以及周围的岩石被炸碎，形成大量的固体喷发物并溅出大量的岩浆滴。在固体大量喷出之后，岩浆继而溢出。

如爆炸面的深度大，则上覆岩石的压力也大。在这种情况下，气体爆炸造成的固体喷发物就如同炮弹从炮筒中射出一般，直冲云霄。如爆炸面深度较浅，则外部压力较小，气体爆炸造成的固体喷发物，伴随着水与 CO_2 等气体沿火山口边缘外溢，并在重力支配下沿山坡倾泻而下。爆烈式喷发最具灾害性，常常造成极其严重的破坏。

中酸性岩浆的喷发物常堆积成为复式火山锥。其特点是：锥体由火山碎屑岩与火山熔岩交互而成，锥坡陡，上部倾角可达 30°～40°，下部略缓。锥体高度由数百米到数千米，如日本的富士山。如果岩浆黏度很大，火山只喷出固体物质，则不溢出熔岩，有时已冷凝的火山颈塞会被强大的气体向上顶出，成为高大的碑峰。

中性熔岩的颜色一般较玄武岩略浅，而酸性熔岩的颜色属于浅色，陆地形成的多呈紫红色，水下形成的多呈淡绿色。

(4) 火山喷发　火山喷发是火山快速释放物质的过程；而物质的补充，即地下岩浆物质与能量的储集则需要一定的时间。因此，火山喷发表现出间歇性和阶段性，喷发间歇期长短不一；有的数年，数十年，有的数百年甚至更长。意大利埃特纳火山是欧洲最大的活火山，它平均不到四年喷发一次。2007 年初以来，其活动更趋频繁，至同年 4 月 5 日止，已发生三次喷发。圣海伦斯火山是经过了 123 年的间歇后于 1980 年再次活动的；维苏威火山未见公元 79 年前的喷发记录，但从公元 79 年活动以来，至今已多次喷发。

火山经过连续多次喷发以后，其岩浆房空虚，火山锥体因失去支撑而发生崩塌与陷落，后继的喷发活动也可将原有火山锥上部炸毁。如此等等，均能造成比原有火山口大得多的洼地，称为破火山口（图 1-9）。洼地常积水成湖，称为火山口湖。美国俄勒冈州克拉特尔湖是一个经典的火山口湖；其直径约 9km，水深近 600m，其形成过程很有代表性。

此外，在火山活动的不同阶段，岩浆的成分及其喷发性质会发生变化。早期多喷发基性岩浆，后期可喷发中性甚至酸性岩浆；有时情况相反。

无论间歇期多长，凡是在人类历史时期中有过活动的火山，都称为活火山，在人类历史中未曾喷发过的火山，则称为死火山。

(5) 侵入作用与侵入岩　深部岩浆向上运移，侵入周围岩石，在地下冷凝、结晶、固结成岩的过程，称为侵入作用，其形成的岩石，称为侵入岩，侵入岩是被周围岩石封闭起来的岩浆固结体，故又称侵入体，包围侵入体的原有岩石，称围岩。

侵入体形成的深度不一，形成深度在地表以下大于10km者，称为深成侵入岩（简称深成岩），其规模较大；形成深度在3～10km者，称为中深成侵入体（简称中深成岩）；形成深度小于3km者，称为浅成侵入体（简称浅成岩），其规模较小。由于地壳隆起，上覆岩石被风化、剥蚀，侵入体便更会暴露于地表。

侵入岩的产状，指其形状、大小、展布方向及其与围岩的关系。由于岩浆冷凝的深度、岩浆的规模与成分，以及围岩的产出状态不同，故侵入岩有多种产状（图1-9）。

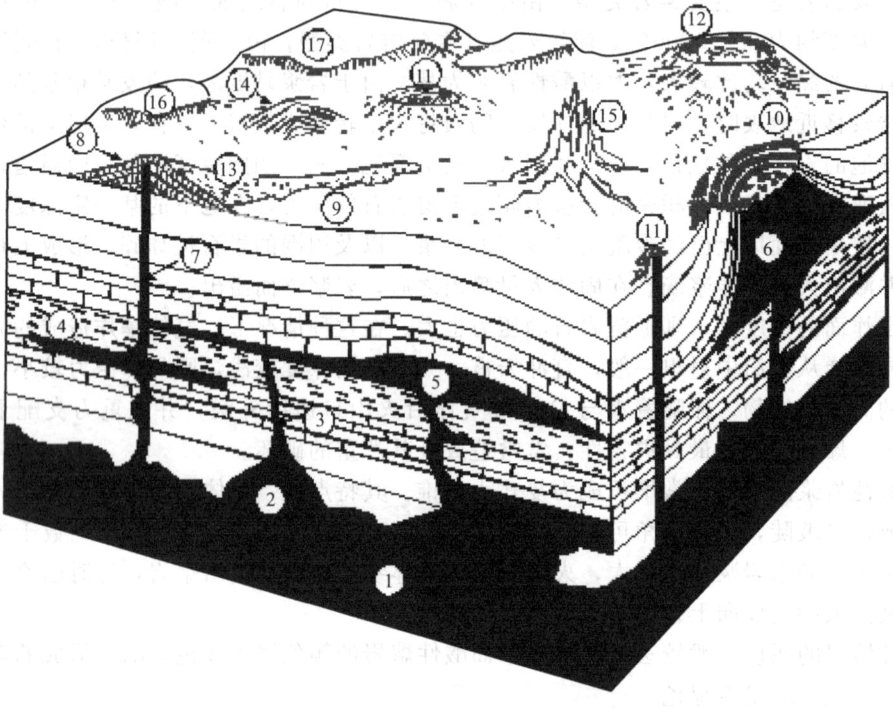

图1-9　岩浆岩产状示意图

1—岩基；2—岩株；3—岩墙；4—岩床；5—岩盖；6—被侵蚀露出的岩盖；7—火山颈；8—复式火山；9—熔岩流；10—火山灰流；11—小型破火山口；12—大型破火山口；13—火山碎屑流；14—小火山；15—具有放射状岩墙的火山颈；16—熔岩台地；17—熔岩高原

① 岩基：规模极大的侵入体，其横截面积大于$100km^2$，常达数百到数千平方千米。形态不规则，通常略沿一个方向延长，边界弯曲，其边缘常以较小规模的岩脉或岩株形式穿插到围岩中。

岩基主要由花岗岩组成，因此，常有花岗岩岩基之称。例如，我国南岭的佛冈花岗岩近东西方向展布，面积达$6000km^2$。大规模的花岗岩岩基，往往是地壳在断裂引张力的持续作用下，通过多次侵入作用形成的。地壳每一次引张伸展都会造成一定的侵入空间。因此巨大的花岗岩岩基很少是一次侵入而成的，大多数是多期、多阶段侵入的结果，多属于复式岩体。

②岩株：横截面积为数十平方千米以内的侵入体，其形态不规则，与围岩的接触面不平

直，边缘常有规模较小，形状规则或不规则的分支侵入体贯入围岩之中。岩株的成分多样，但以酸性与中性较为普通。

③ 岩墙：也称岩脉，呈狭长形的侵入体。当围岩是成层的岩石时，它切割围岩的成层方向。其规模变大，宽由数厘米（或更小）到数十米（或更大），长由数米（或更小）到数千米或数万米（或更大）。它是岩浆沿围岩的裂缝挤入后冷凝形成的。

④ 岩床：围岩为成层的岩石，岩浆顺围岩的层间空隙挤入、扩展后冷凝，固结成岩。侵入体呈层状或板状，其延伸方向与围岩层理平行，厚度常为数米到数百米。岩浆的成分常为基性，其规模差别很大。

⑤ 岩盆与岩盖：围岩为近于水平延伸的成层的岩石，侵入体的展布与围岩的成层方向大致吻合。侵入体的中间部分略向下凹，似盆状，称为岩盆。岩盆底部有管状通道与下部更大的侵入体相通。如果侵入体底平而顶凸，延伸方向与围岩的成层方向大致平行，似蘑菇状者，称为岩盖。岩浆的成分常为中酸性。

四种代表性的喷出岩前已介绍。对于侵入岩类，超基性侵入岩主要由橄榄石、辉石和很少量的基性斜长石组成，不含石英。代表性岩石有橄榄岩、辉石橄榄岩等，黑色，多具粒状结构，岩石致密，密度大。因橄榄石、辉石容易发生水热蚀变，变成蛇纹石、滑石，故超基性侵入岩在地表上常呈蛇纹岩出现。

基性侵入岩主要由辉石和基性斜长石组成，基本不含石英。代表性岩石是辉长岩，因辉石呈黑色，斜长石呈白色，故常呈黑白斑杂颜色，粗晶状或似斑状结构，密度较大。

中性侵入岩主要由角闪石和中性斜长石组成，可含少量辉石或黑云母或石英。代表性岩石是闪长岩，呈黑绿色，粗晶状或似斑状结构，岩石致密，呈块状。

酸性侵入岩主要是由更长石、钠长石、钾长石、石英、黑云母或白云母组成，可含少量角闪石。代表性岩石是花岗岩，颜色浅，等粒状，似斑状结构普遍。相对基性侵入岩，密度略小。

除超基性侵入岩之外，其余三种侵入岩都可在小于 3km 深度的地壳浅部形成，规模较小。对应的代表性岩石分别为辉绿岩、闪长玢岩、花岗斑岩，可见斑状结构。一般将斑晶由钾长石、钠长石和石英组成者，称为斑岩；将斑晶由斜长石组成者，称为玢岩。

(6) 岩浆岩的结构 岩浆岩的结构指岩浆岩中矿物的结晶程度、晶粒大小、形态及晶粒间的相互关系。它能反映岩浆结晶的冷凝速度、温度和深度。

影响岩浆岩结构的因素首先是岩浆冷凝的速度。冷凝慢时，晶粒粗大，晶形完好；冷凝快时，众多晶芽同时析出，彼此争夺生长空间，导致矿物晶粒细小，晶形不规则；冷凝速度极快时，形成非晶质。岩浆的冷凝速度与岩浆的成分、规模、冷凝深度以及温度有关。

此外，岩浆中矿物结晶的先后顺序也是影响结构的重要因素。早结晶的矿物晶粒较粗，晶形较好；晚结晶的矿物受到空间的限制，晶粒细小，晶形不完整或不规则。

岩浆岩的结构按照矿物晶粒的大小，分为粗粒（粒径＞5mm）、中粒（粒径 1～5mm）、细粒（粒径 0.1～1mm）。这些结构用肉眼均可识别，统称显晶质结构。

按矿物颗粒之间的相对大小，可分为等粒结构（矿物颗粒大小相等）及不等粒结构（矿物颗粒大小不等）两种。

在不等粒结构中，如两类颗粒大小悬殊（相差一个数量级以上），其中粗大者称为斑晶，其晶形完整，是在温度较高的深处慢慢结晶形成的；细小者称为基质，其晶形多不规则，通常形成于冷凝较快的较浅环境。如果基质为隐晶质或非晶质者，则称为斑状结构［图 1-10 (a)］；如果基质为显晶质，且晶质的成分与斑晶的成分相同者，称为似斑状结构［图 1-10

(b)]。

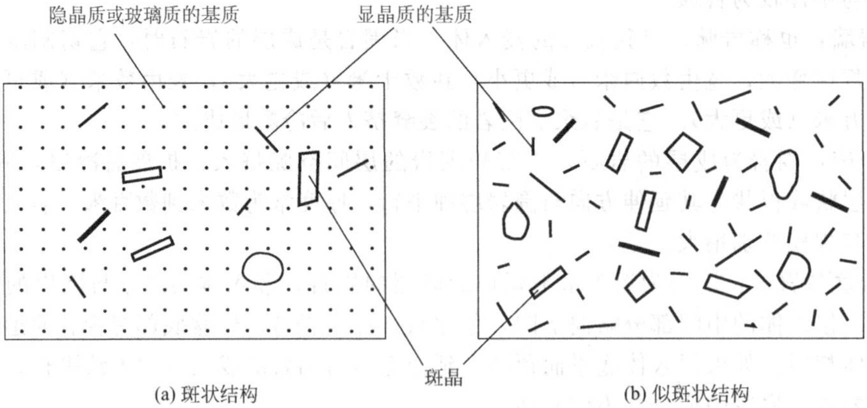

图 1-10 斑状结构与似斑状结构

(图中细点代表隐晶质或玻璃质的基质，细短线代表显晶质的基质，粗大者为斑晶)

(7) 岩浆岩的构造 岩浆岩的构造指岩浆岩中矿物集合体的形态、大小及相互关系。它是岩浆岩形成条件与环境的反映，分为以下几种。

① 块状结构：岩石中矿物排列无一定规律，岩石呈均匀的块体。这是岩浆岩最常见的结构。

② 流动结构：岩石中柱状或片状矿物或捕虏体彼此平行呈定向排列。表明岩浆一边冷凝一边流动。这一结构既见于火山熔岩中，也见于侵入岩之边缘。火山熔岩中不同成分和颜色的条带，以及拉长的气孔相互平行排列，称为流纹构造（见附录图 15）。常见于酸性或中性熔岩，尤以流纹岩最为典型。

③ 气孔构造与杏仁构造：前者指出现在熔岩中或浅成脉体边缘呈圆球形、椭球形的空洞（见附录图 14）。其直径为数毫米或数厘米，是岩浆中的气体所占据的空间。基性熔岩中气孔较大、较圆，酸性熔岩中气孔较小，较不规则，或呈棱角状。气孔被矿物质（如方解石、石英、绿泥石、葡萄石）充填者，称为杏仁构造（见附录图 16）。

④ 枕状构造：多见于水下喷发形成的玄武岩、安山岩中。

⑤ 球状构造：岩石中矿物围绕某些中心呈同心层分布，外形呈椭圆状的一种构造，各层圈中的矿物常呈放射状分布。系岩浆中某些成分脉动式过饱和结晶而形成，多发育在辉长岩和闪长岩中。

⑥ 晶洞构造：侵入岩中具有若干小型不规则孔洞的构造，孔洞内常生长晶体或晶簇，如石英。一般认为是黏度很大的岩浆在冷凝收缩过程中形成的。常见于碱性花岗岩中。

⑦ 层状构造：岩石具有成层性状。它是多次喷出的熔岩或火山碎屑岩逐层叠置的结果。

(8) 岩浆岩的野外识别 岩浆岩的野外识别首先要区分侵入岩或喷出岩。为此应全面考虑岩石的产状和宏观特点、岩石的结构与构造特征。如果岩石与围岩呈侵入关系且边缘有围岩的捕虏体存在，可以判断是侵入岩；如果岩石为层状，有气孔构造及流动构造，则是喷出岩；如果含有火山碎屑岩的夹层，则属喷出岩无疑；如果岩石为全晶质，颗粒粗大，则为侵入岩而且是深成岩；如果岩石是隐晶质或非晶质，则很可能为喷出岩或浅成侵入岩。

在区分出喷出岩或侵入岩的基础上，可进一步进行岩石定名。首先应观察岩石的色率，即暗色矿物在岩石中的体积百分含量。超基性岩色率＞75；基性岩色率为 35～75，其颜色呈黑、灰黑及灰绿色；酸性岩色率＜20，颜色呈淡灰、灰白、浅红、肉红色；中性岩色率为

35～20，色调介于前两者之间。

其次是鉴定岩石中的主要矿物。暗色矿物是橄榄石、辉石、角闪石、黑云母，浅色矿物是石英、斜长石、钾长石。暗色矿物中橄榄石常呈翠绿色等粒状集合体出现，不难与黑色柱状的辉石或角闪石相区分。橄榄石一般不与石英共生；如果有大量石英存在，就不可能出现橄榄石。辉石与角闪石都是暗色矿物，其区别是两者的横切面形态及其解理的交角大小，野外往往做不到这一点。这时，利用矿物共生的规律是有帮助的；如果某岩石色率高，以斜长石为主，几乎无石英，则该种柱状矿物多为辉石，否则为角闪石。黑云母常为片状，棕黑色，较易识别。

浅色矿物长石为玻璃光泽，有完全解理，石英断口为油脂光泽，透明度高，无解理，两者易于区别。斜长石与钾长石的区别是，前者解理面上有平行而密集排列的细纹（即双晶纹），后者没有细密的双晶纹。如果两种长石同时存在，白色者常为斜长石，肉红色者为钾长石。

知道了矿物组成之后，再通过岩石结构的判别，即可命名岩石，例如，花岗岩和花岗斑岩之差别不在于矿物组成，而在于结构；前者为显晶质，等粒或似斑状结构，后者为隐晶质，斑状结构。闪长岩与闪长玢岩之区别与此相似。喷出岩中基质的矿物成分难以鉴定，可根据斑晶的矿物成分，并结合岩石的颜色定名。对于具有明显斑状结构的熔岩，如斑晶为石英、钾长石、黑云母，颜色浅，可定为酸性熔岩类（流纹岩）；如斑晶为斜长石、角闪石、颜色暗，可定为中性熔岩类（安山岩）；如岩石中见较多辉石斑晶，颜色为黑色，则可能为玄武岩。

岩浆岩主要类型及其主要特征见表1-3。

表1-3　岩浆岩主要类型及其特征

岩石类型		超基性岩	基性岩	中性岩	酸性岩
SiO_2 含量/%		<45	45～52	52～65	>65
主要矿物		橄榄石、辉石	拉长石、辉石、少量角闪石	中长石(碱性长石)、角闪石、黑云母	钾长石、钠长石、石英、黑云母
色率		>75	75～35	35～20	<20
喷出岩	岩流、岩被、斑状或晶状结构，气孔、杏仁、流纹构造	科马提岩	玄武岩	安山岩(粗面岩)	流纹岩
浅成岩	斑状、细粒或隐晶质结构	少见	辉绿岩	闪长玢岩(正长斑岩)	花岗斑岩
深成岩	全晶质、粗粒或似斑状结构	橄榄岩、辉石岩	辉长岩	闪长岩(正长岩)	花岗岩

注：所有呈脉状产出的浅成岩，称为脉岩，如岩墙、岩床等，本表未反映这一产状特征。此外，由碱性长石、碱性辉石、碱性角闪石等碱质较高的矿物所构成的一类岩石，常称为碱性岩。本表只列举中性盐类，其他未一一列出。

2. 沉积岩

沉积岩占地壳岩石总体积的7.9%。它主要分布在地壳表层，在地表出露的三大类岩石中，其面积占75%，是最常见的岩石。沉积岩的形成主要受外力地质作用的制约。

太阳热能是地球外部能量的来源，它使地表温暖，并引起大气的循环、水的运动、生命的活动，从而引起各种外力地质作用发生。

(1) 外力地质作用的类型 大气、水与生物引起地质作用的具体形式是不同的，同种因素引起的地质作用形式也是多样的。外力地质作用可分为以下几类。

① 风化作用：指地面的岩石发生机械破碎或化学分解的过程。

② 剥蚀作用：指在外力作用下，岩石因机械作用或化学作用而被剥离或蚀去的过程。例如，河岸被水冲刷、崩落而后退，石灰岩受地下水溶蚀而形成溶洞。

③ 搬运作用：指风化、剥蚀的产物被搬运到他处的作用。搬运方式有多种：以机械方式破坏的产物（称碎屑物）以机械方式进行搬运。对于粗大的碎屑物（粒径＞2mm）如砾石，常以滚动的方式在搬运介质（流水及风）中被搬运；对于较粗的颗粒（粒径0.1～2mm）如砂，则以跳跃方式进行搬运；对于较细小的碎屑物（粒径＜0.1mm）如粉砂、黏土，多以悬浮状态被搬运。风是一种搬运介质，则黏土颗粒（粒径＜0.01mm）能以尘埃方式被远距离搬运。以化学方式破坏的产物通过真溶液或胶体溶液进行搬运。前者如石灰岩溶于水后，以 Ca^{2+} 与 HCO_3^- 形式被水搬运。后者如长石风化后形成的黏土矿物与 SiO_2，在水中呈胶体质点被搬运。生物吸取介质中的化学元素营养自己，建造其骨骼，死亡后其骨骼随水体的迁移或在水域中的沉淀堆积，也属于搬运或沉积作用。

④ 沉积作用：指搬运物在条件适宜的地方发生沉积的作用。如流水搬运的物质在山谷的出口处、河谷转折处、入湖或入海处，因流速减慢而沉积。风的搬运物因风力减弱或受到某种方式的阻拦而堆积。由沉积作用沉积下来的物质称为沉积物。沉积物大多是松散的，富含粒间孔隙；在水中形成的沉积物还富含水分。

⑤ 固结成岩作用：是从松散沉积物变为坚硬岩石的作用。固结成岩作用的主要途径有以下几种。

a. 压实作用：上覆沉积物的自重使沉积物的孔隙减少、变小，其中的水分被挤出，从而使厚度变小，沉积物变硬。这种作用见于所有的沉积物中，在泥质沉积物中尤为明显。

b. 胶结作用：某些化学物质填充到沉积物的粒间孔隙之中，胶结固化沉积物，并使之变硬。起胶结作用的主要化学物质是硅质（SiO_2）、钙质（$CaCO_3$）、铁质（$Fe_2O_3 \cdot nH_2O$）等，称为胶结物。能起填充和固结作用的细碎屑物称为基质或填隙物。其成分通常是细粉砂及黏土矿物，如高岭石、水云母、蒙脱石、绿泥石等。

c. 重结晶作用：非晶质或结晶细微的沉积物因为环境改变（沉积后即脱离大气或水，进入到沉积物覆盖下的增温、增压环境），发生重新结晶，或使晶粒长大、加粗的作用。它能使矿物紧密嵌合。

d. 新矿物的生长：沉积物中不稳定矿物发生溶解或发生其他化学变化，导致若干化学成分在成岩过程中重新组合变成新矿物的作用。如硅质（SiO_2）形成自生石英，磷质形成磷灰石，硅、铝质形成自生长石等。

在沉积物不断沉积的条件下，先沉积的沉积物所处的温度、压力以及介质环境均要发生变化。为了在新环境中保持稳定，沉积物固结变硬是必然的。固结的程度与时间有关，时间愈长，岩石愈坚硬。固结变硬的难易与沉积物性质有关，有的易于固结变硬，有的难于固结变硬。如从温泉中沉淀出的 $CaCO_3$ 极易固结变成疏松多孔的岩石——钙华，而某些黏土虽在几千万年前甚至更早就沉淀下来并被压实，但至今可能仍为塑性状态。

(2) 沉积岩的物质组成 沉积物绝大部分来自出露于地表的沉积岩、火成岩和变质岩，其次是来自动物的骨骼和植物的碎片、火山喷发物质以及地下热卤水物质，还有一些宇宙物质如陨石、宇宙尘等。后者虽然数量不大，但在漫长地质时期中频繁出现，不失为有意义的沉积物来源。

沉积岩主要由下面的一些物质组成。

① 碎屑物质：由先成岩石经物理风化作用产生的碎屑物质组成。其中大部分是化学性质比较稳定，难溶于水的原生矿物的碎屑，如石英、长石、白云母等；一部分则是岩石的碎屑。此外，还有其他方式生成的一些物质，如火山喷发产生的火山灰等。

② 黏土矿物：主要是一些由含铝硅酸盐类矿物的岩石，经化学风化作用形成的次生矿物。如高岭石、蒙脱石及水云母等。这类矿物的颗粒极细（<0.005mm），具有很大的亲水性、可塑性及膨胀性。

③ 化学沉积矿物：是由纯化学作用或生物化学作用，从溶液中沉淀结晶产生的沉积矿物。如方解石、白云石、石膏、石盐、铁和锰的氧化物或氢氧化物等。

④ 有机质及生物残骸：由生物残骸或有机化学变化而成的物质。如贝壳、泥炭及其他有机质等。

在沉积岩的组成物质中，黏土矿物、方解石、白云石、有机质等，是沉积岩在地表条件下形成的特征性沉积矿物，是物质组成上区别于岩浆岩的一个重要特征。组成沉积岩的常见矿物中：石英、钾长石、酸性斜长石、白云母也是岩浆岩的常见矿物，因而它们是火成岩与沉积岩共有的矿物。而岩浆岩中常见的橄榄石、辉石、角闪石、黑云母，中性及基性斜长石在沉积岩中很少见。

(3) 沉积岩的结构　沉积岩的结构指沉积岩中颗粒的性质、大小、形态及其相互关系。主要分为：碎屑结构、泥质结构、结晶结构及生物结构四种。

① 碎屑结构：由碎屑物质被胶结物胶结而成（图 1-11）。

按碎屑粒径的大小，可分为以下几种。

a. 砾状结构：碎屑粒径大于 2mm。碎屑形成后未经搬运或搬运不远而留有棱角者，称为角砾状结构；碎屑经过搬运呈浑圆状或具有一定磨圆度者，称为砾状结构。

b. 砂质结构：碎屑粒径介于 0.05～2mm 之间。其中由 0.5～2mm 的为粗粒结构，如粗粒砂岩；由 0.25～0.5mm 的为中粒结构，如中粒砂岩；由 0.05～0.25mm 的为细粒结构，如细粒砂岩。

c. 粉砂质结构：碎屑粒径由 0.005～0.05mm，如粉砂岩。

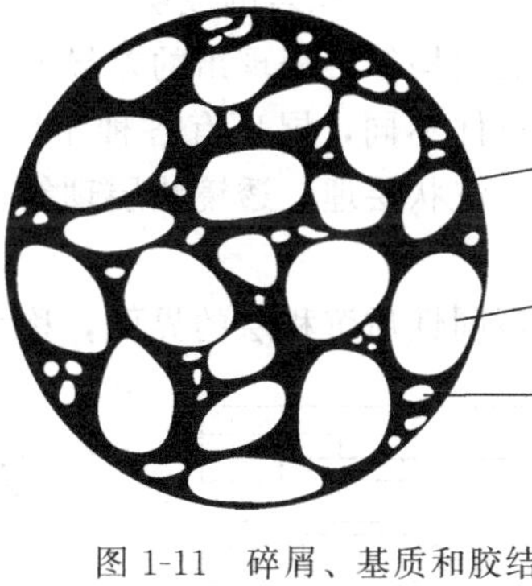

图 1-11　碎屑、基质和胶结物

按胶结物的成分，可分为以下几种。

a. 硅质胶结：由石英及其他二氧化硅胶结而成。颜色浅，强度高。

b. 铁质胶结：由铁的氧化物及氢氧化物胶结而成。颜色深，呈红色，强度次于硅质胶结。

c. 钙质胶结：由方解石等碳酸钙一类的物质胶结而成。颜色浅，强度比较低，容易遭受侵蚀。

d. 泥质胶结：由细粒黏土矿物胶结而成。颜色不定，胶结松散，强度最低，容易遭受风化破坏。

碎屑颗粒粗细的均匀程度，称为分选性。大小均匀者，称分选良好；大小混杂者，称分选差［图 1-12 中（a）、（b）］。

② 泥质结构：几乎全部由小于 0.005mm 的黏土质点组成。是泥岩、页岩等黏土岩的主

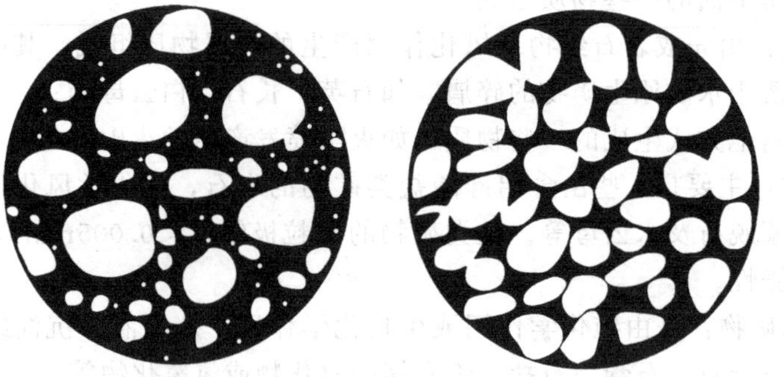

图 1-12　碎屑、基质和胶结物及碎屑的分选性

要结构。

③ 结晶结构：由溶液中沉淀或经重结晶所形成的结构。由沉淀生成的晶粒极细，经重结晶作用晶粒变粗，但一般多小于 1mm，肉眼不易分辨。结晶结构为石灰岩、白云岩等化学岩的主要结构。

④ 生物结构：由生物遗体或碎片所组成，如贝壳结构、珊瑚结构等。是生物化学岩所具有的结构。

(4) 沉积岩的构造　沉积岩的构造是指沉积岩各个组成部分在空间的分布状态和排列形式，一般在沉积岩形成的同时或成岩早期形成。有以下主要类型。

① 层理：指沉积岩的成层性。它是由岩石不同部分的颜色、矿物成分、碎屑（或沉积物颗粒）及结构等所表现出的差异而引起的，反映了不同时期沉积作用性质的变化。由于形成层理的条件不同，层理有各种不同的形态类型（图 1-13），常见的有水平层理、斜层理、交错层理、波状层理、透镜状层理等。根据层理可以推断沉积物的沉积环境和搬运介质的运动特征。

分隔不同性质沉积层的界面，称为层面。沉积岩易沿层面劈开。

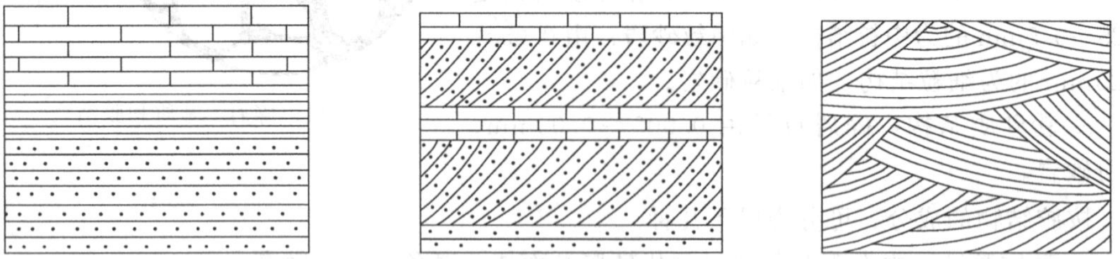

图 1-13　层理类型

② 波痕：指层面呈有规律波状起伏的构造（见附录图 17）。它是沉积介质动荡的标志，见于具有碎屑结构岩层的顶面。当介质做定向运动时所形成的波痕在纵剖面上为非对称状，其由流水或风引起，指示水流或风从缓坡向陡坡方向运动。当介质是来回运动的波浪时，可形成对称波痕，其两坡坡角相等。

③ 泥裂：指由岩层表面垂直向下的多边形裂缝构造（见附录图 18）。裂缝在表层张开大，向下呈楔形尖灭。刚形成的泥裂其裂缝是空的；地质历史中形成的泥裂裂缝被砂、粉砂、炭或其他物质所填充。泥裂构造由滨海、滨湖或滨河地带泥质沉积物暴露水面后失水变干收缩而

成。利用泥裂可以确定岩层的顶、底面，即裂缝开口大的方向为顶，裂缝尖灭方向为底。

④ 缝合线：指岩石剖面中呈锯齿状起伏的曲线（见附录图 19）。缝合线的起伏幅度一般是数毫米到数十厘米。缝合线是在成岩作用期形成的，在上覆岩层压力下，物质发生压溶作用，方解石、白云石被酸性溶液，石英被碱性溶液沿层面两侧溶解并带走，伴随一些成分沿垂直压力方向的不均匀带进，形成锯齿状起伏的缝合线。缝合线主要见于石灰岩及白云岩中，也可出现在砂岩中。

⑤ 结核：指沉积岩中由某种成分的物质聚积而成的团块。团块的形态多种多样，常为圆球形、椭球形、透镜状及不规则形。石灰岩中常见的燧石结核，主要是 SiO_2 在沉积物沉积的同时以胶体凝聚方式形成的；一部分燧石结核是在成岩过程中由沉积物中的 SiO_2 在局部酸性环境下缓慢自行聚积而形成的。含煤沉积物中常见黄铁矿结核，它是成岩过程中沉积物中的 FeS_2 自行聚积形成的，一般为球形。洋底的锰结核则是沉积期形成的。黄土中常见钙质结核或铁锰结核，是地下水溶解沉积物中的 $CaCO_3$ 或 Fe、Mn 的氧化物，迁移并在适当地点再沉淀而形成的，其形状多不规则。

(5) 常见的沉积岩　常见的沉积岩分类见表 1-4。

表 1-4　沉积岩分类表

岩类		结构		岩石分类名称	亚类及其组成物质
碎屑岩类	火山碎屑岩	碎屑结构	粒径＞100mm	火山集块岩	主要由大于 100mm 的熔岩碎块、火山灰尘等经压密胶结而成
			粒径 2～100mm	火山角砾岩	主要由 2～100mm 熔岩碎屑、晶屑、玻屑及其他碎屑混入物组成
			粒径＜2mm	凝灰岩	由 50%以上粒径小于 2mm 的火山灰组成，其中有岩屑、晶屑、玻屑等细粒碎屑物质
	沉积碎屑岩		砾状结构（粒径＞2.00mm）	砾　岩	角砾岩，由带棱角的角砾经胶结而成的； 砾岩，由浑圆的砾石胶结而成
			砂质结构（粒径 0.05～2.00mm）	砂　岩	石英砂岩，石英（含量＞90%）、长石和岩屑（＜10%）； 长石砂，岩石英（含量＜75%）、长石（＞25%）、岩屑（＜10%）； 岩屑砂岩，石英（含量＜75%）、长石（＜10%）、岩屑（＞25%）
			粉砂结构（粒径 0.005～0.05mm）	粉砂岩	主要由石英、长石的粉、黏粒及黏土矿物组成
黏土岩类		泥质结构（粒径＜0.005mm）		泥　岩	主要由高岭石、微晶高岭石及云母等黏土矿物组成
				页　岩	黏土质页岩，由黏土矿物组成； 炭质页岩，由黏土矿物及有机质组成
化学及生物化学岩类		结晶结构及生物结构		石灰岩	石灰岩，方解石（含量＞90%）、黏土矿物（＜10%）； 泥灰岩，方解石（含量 50%～75%）、黏土矿物（25%～50%）
				白云岩	白云岩，白云石（含量 90%～100%）、方解石（＜10%）； 灰质白云岩，白云石（含量 50%～75%）方解石（25%～50%）

常见的沉积岩的特征如下。

① 砾岩、角砾岩：指具有砾状或角砾状结构，由＞30％岩石含量的砾岩、基质、胶结物组成的岩石。碎屑为圆形或次圆形者为砾岩，碎屑为棱角形或半棱角形者为角砾岩，其进一步定名主要根据碎屑成分和含量。如某成分的砾石（石英岩、石灰岩、安山岩）含量大于75％，则以砾石成分直接命名，如石英岩质砾岩（角砾岩）、石灰岩质砾岩（角砾岩）、安山岩质砾岩（角砾岩）；如砾岩由多种成分砾石组成，则称为复成分砾岩（角砾岩）。此外，还要注意颜色和胶结物成分。

② 砂岩：砂质结构，由50％以上粒径介于0.05～2mm的砂粒胶结而成。按砂粒的矿物组成，可分为石英砂岩、长石砂岩和岩屑砂岩等。按砂粒粒径的大小，可分为粗粒砂岩、中粒砂岩和细粒砂岩。胶结物的成分对砂岩的物理力学性质有重要影响。根据胶结物的成分，又可将砂岩分为硅质砂岩、铁质砂岩、钙质砂岩及泥质砂岩几个亚类。硅质砂岩的颜色浅，强度高，抵抗风化的能力强。泥质砂岩一般呈黄褐色，吸水性大，易软化，强度和稳定性差。铁质砂岩常呈紫红色或棕红色，钙质砂岩呈白色或灰白色，强度和稳定性介于硅质与泥质砂岩之间。砂岩分布很广，易于开采加工，是工程上广泛采用的建筑石料。

③ 粉砂岩：具有粉砂状结构的岩石。碎屑成分常为石英及少量长石与白云母，颜色为灰黄、灰绿、灰黑、红褐等色。结构较疏松，强度和稳定性不高。

④ 黏土岩：由黏土矿物组成并常具有泥状结构之岩石。硬度低，用指甲能刻划。主要黏土矿物有高岭石、蒙脱石、伊利石等，其中高岭石是最常见矿物。除了黏土矿物外，黏土岩中可以混有不等量的粉砂、细砂以及$CaCO_3$、SiO_2、$Fe_2O_3 \cdot nH_2O$等化学沉淀物，有时含有机质。黏土岩主要包括页岩和泥岩。

a. 页岩：是由黏土脱水胶结而成，大部分有明显的薄层理，呈页片状。可分为硅质页岩、黏土质页岩、砂质页岩、钙质页岩及碳质页岩。除硅质页岩强度稍高外，其余岩性软弱，易风化成碎片，强度低，与水作用易于软化而丧失稳定性。

b. 泥岩：成分与页岩相似，常成厚层状。以高岭石为主要成分的泥岩，常呈灰白色或黄白色，吸水性强，遇水后易软化。以蒙脱石为主要成分的泥岩，常呈白色、玫瑰色或浅绿色，表面有滑感，可塑性小，吸水性高，吸水后体积急剧膨胀。

黏土岩夹于坚硬岩层之间，形成软弱夹层，浸水后易于软化滑动。

⑤ 硅质岩：化学成分主要为SiO_2，组成矿物为微晶质石英和玉髓，少数情况下为蛋白石。质地坚硬，小刀不能刻划，性脆。含有机质的硅质岩的颜色为灰黑色；富含氧化铁的硅质岩称为碧玉，常为暗红色，也有灰绿色；不同颜色条带或花纹的玛瑙也属于硅质岩；呈结核状态产出者，即为燧石结核；硅质岩中含黏土矿物丰富者（黏土矿物＞50％），称为硅质页岩，其质地较软，应归属于黏土岩类。

⑥ 石灰岩：主要由方解石（$CaCO_3$）组成，遇稀盐酸剧烈起泡。岩石为灰色、灰黑色或灰白色。石灰岩常具有燧石结核及缝合线，有颗粒结构与非颗粒结构两种类型。

颗粒结构的石灰岩中颗粒成分皆为$CaCO_3$。按其成因分为以下几种类型的颗粒。

a. 内碎屑：由海盆中已固结或半固结的碳酸钙沉积物被海水冲击破碎而成。其中，粒径＞2mm者，称为砾屑；粒径＜2mm者，称为砂屑、粉砂屑等。

b. 生物碎屑：由海中动物的介壳、骨骼或钙化植物硬体被海水冲击破碎而成。

c. 球粒与团块：由海水所含的$CaCO_3$凝聚而成。其中，球粒，粒径＜0.3mm，形态浑圆，内部无同心圆构造；团块，粒径＞0.3mm，内部无同心圆构造，常呈多个颗粒黏结在一起，形成外形圆滑状的圆球形、椭球形或不规则形。由低等生物（如藻类）吸取$CaCO_3$

后凝聚而成的球粒和团块称为藻球粒和藻团块。

d. 鲕粒或豆粒：外形浑圆，内部具有核心和同心圆状包壳。前者细小如鱼子，后者大如豆粒。碳酸钙鲕粒是在炎热的气候条件下，在深仅数米的动荡浅水海域中形成的。在这种环境下，海水中的 $CaCO_3$ 能够达到过饱和状态，致使 $CaCO_3$ 能够以各种碎屑物为核心逐次沉淀并滚动，形成同心圆构造和放射状构造。

在颗粒结构的石灰岩中，颗粒间的填隙物均为 $CaCO_3$。其中，粒径＞0.01mm 且透明的方解石晶体，称为亮晶，是 $CaCO_3$ 的化学沉淀物；粒径＜0.01mm 的方解石微粒，称为泥晶或灰泥，多数是 $CaCO_3$ 的化学沉淀物，部分是碳酸盐颗粒经机械破碎磨蚀而成的细屑。

具有颗粒结构的石灰石可以根据颗粒性质进一步定名。由内碎屑构成者，称为内碎屑石灰岩，如竹叶状石灰岩（见附录图 20），其碎屑剖面形态似竹叶，长径由数厘米到数十厘米；由生物碎屑构成者，称为生物碎屑石灰岩；由球粒、瘤状、鲕粒构成者，分别称为球粒石灰岩、瘤状石灰岩、鲕状石灰岩（见附录图 22）。

石灰岩分布相当广泛，岩性均一，易于开采加工，是一种用途很广的建筑石料。

⑦ 白云岩：白云岩由白云石组成，常为浅灰色、灰白色，少数为灰黑色。白云岩性质与石灰岩相似，但强度和稳定性比石灰岩为高，是一种良好的建筑石料。白云岩的外观特征与石灰岩近似，在野外难于区别，可用盐酸起泡程度辨认。

3. 变质岩

变质岩是组成地壳的三大岩类之一，占地壳总体积的 27.4%。它在地面的分布范围较小，也不均匀。它是由先前形成的岩石经变质作用所形成的。

岩石基本处于固态状态下，受到温度、压力和化学活动性流体的作用，发生矿物成分、化学成分、岩石结构构造的变化，形成新的结构、构造或新的矿物与岩石的地质作用，称为变质作用。变质作用属于地球内力作用的范畴。

引起变质作用的温度、压力等因素，主要来自地球内部，因此，变质作用主要发生在地表以下一定深度；而沉积作用只发生在地球的表层，与大气、水、生物等外因相关，这是变质作用与沉积作用的根本差别。然而，沉积物的固结成岩作用是发生在沉积物被埋藏在地下之后才发生的，也是在一定的静压力和温度条件下进行的。因此，变质作用与固结成岩作用都离不开温度、压力的因素，差别只是后者比前者的温度、压力低，埋藏深度小。

(1) 变质岩的矿物成分 变质岩常具有某些特征性矿物。这些矿物只能由变质作用形成，称为特征变质矿物。特征变质矿物有红柱石、蓝晶石、矽线石、硅灰石、石榴子石、滑石、十字石、透闪石、阳起石、蓝闪石、透辉石、蛇纹石、石墨等。变质矿物的出现就是发生过变质作用的最有力的证据。

除了典型的变质矿物之外，变质岩中也有既能存在于火成岩又能存在于沉积岩的矿物，它们或者在变质作用中形成，或者从原岩中继承而来。属于这样的矿物有石英、钾长石、钠长石、白云母、黑云母等。这些矿物能够适应较大幅度的温度、压力变化而保持稳定。

(2) 变质岩的结构 变质岩的结构主要有如下类型。

① 变晶结构：是指原岩在变质过程中发生重结晶作用和变质结晶作用所形成的结构。

与岩浆岩结构相似，变晶结构按变晶矿物相对大小，可以划分为等粒变晶结构、不等粒变晶结构、斑状变晶结构；按变晶矿物颗粒的绝对大小分为粗粒变晶结构（＞3mm)、中粒变晶结构（1～3mm）和细粒变晶结构（＜1mm)；按变晶矿物的形态划分为粒状变晶结构、鳞片状变晶结构、纤维状变晶结构等。

② 变余结构：是指由于变质程度不深而部分保留原岩的结构余砾状结构、变余砂状结

构等。

（3）变质岩的构造 变质岩的构造主要有下列类型。

① 变成构造：是由变质作用形成的新构造。由于变质作用中往往有大量的片状、柱状矿物定向排列，形成平行、密集而不甚平坦的纹理（片理），所以变成构造中最常见的是片理构造和块状构造。片理构造中按矿物的结晶程度从高到低的顺序将片理构造进一步划分为片麻状构造、片状构造、千枚状构造、板状构造。

a. 片麻状构造：组成岩石的矿物以长英质粒状矿物为主，伴随部分平行定向排列的片状、柱状矿物，后者在前者中呈断续的带状分布。片麻状构造的形成除与造成片理的因素有关外，还有可能受原岩成分的控制，即不同成分的物质层通过变质形成不同矿物的条带；也可以是在变质过程中不同组分发生分异并分别聚集的结果。具有片麻状构造的岩石，其矿物的颗粒一般较粗。

b. 片状构造：重结晶作用明显，片状、板状或柱状矿物沿片理面富集，平行排列，片理很薄，沿片理面很容易剥开呈不规则的薄片，光泽很强，如云母片岩等。

c. 千枚状构造：片理薄，片理面较平直，颗粒细密，沿片理面有绢云母出现，容易裂开呈千枚状，呈丝绢光泽，如千枚岩。

d. 板状构造：岩石具有平行、密集而平坦的破裂面，沿此面岩石易分裂成薄板。单层厚从数毫米到百余毫米不等。此种岩石常具有变余泥状结构或显微变晶结构。它是岩石受较强的定向压力作用而形成的。

② 变余构造：是指变质岩中仍然不同程度保留了原岩的构造，如变余气孔构造、变余流纹构造、变余波痕构造、变余层状构造、变余泥裂构造等。应该指出，当变质程度不深时，原岩的构造易于部分保留。因此，变余构造的存在便成为判断原岩属于岩浆岩还是沉积岩的重要依据。前面所说的变余结构也起着类似的作用。

某些变质岩具有一些特征性的矿物、结构及构造，其质地优异，纹理美观，可作优等建筑装饰材料，如蛇纹石大理岩、汉白玉。

（4）常见的变质岩 常见的变质岩分类，见表1-5。

表1-5 变质岩分类简表

类型	构造	名称	主要亚类及其矿物成分	原岩
片理状岩类	片麻状构造	片麻岩	花岗片麻岩：长石、石英、云母为主，其次为角闪石，有时含石榴子石； 角闪石片麻岩：长石、石英、角闪石为主，其次为云母，有时含有石榴子石	中酸性岩浆岩，黏土岩、粉砂岩、砂岩
	片状构造	片岩	云母片岩：云母、石英为主，其次有角闪石等； 滑石片岩：滑石、绢云母为主，其次有绿泥石、方解石等； 绿泥石片岩：绿泥石、石英为主，其次有滑石、方解石等	黏土岩、砂岩、中酸性火山岩 超基性岩，白云质泥灰岩 中基性火山岩，白云质泥灰岩
	千枚状构造	千枚岩	以绢云母为主，其次有石英、绿泥石等	黏土岩、黏土质粉砂岩，凝灰岩
	板状构造	板岩	黏土矿物、绢云母、石英、绿泥石、黑云母、白云母等	黏土岩、黏土质粉砂岩，凝灰岩
块状岩类	块状构造	大理岩	方解石为主，其次有白云石等	石灰岩、白云岩
		石英岩	石英为主，有时含有绢云母、白云母等	砂岩、硅质岩
		蛇纹岩	蛇纹石、滑石为主，其次有绿泥石、方解石等	超基性岩

常见的变质岩的特征如下。

① 角岩：具有显微粒状变晶结构，主要为块状构造；岩石常很致密，很坚硬；原岩可以是泥质、粉砂质、砂质的沉积岩，也可以是火山岩。其颜色较深，具有灰绿色、灰黑色、肉红色等色调。重结晶程度较低，常具有变余层理及变余交错层理等构造。

② 大理岩：主要矿物为方解石或白云石。常具粒状变晶结构，块状构造。颜色有纯白、浅红、浅灰等色彩。几乎不含杂质的大理岩，洁白似玉，称汉白玉。多数大理岩因含有杂质，显示不同颜色的条带。如蛇纹石大理岩因含蛇纹石而显艳绿色条带，系由含镁质的石灰岩（如白云质石灰岩）变质而来。大理岩强度中等，易于开采加工，色泽美丽，是一种很好的建筑装饰石料。

③ 石英岩：主要矿物为石英，可出现极少量长石。具粒状变晶结构，块状构造。岩石极为坚硬，抵抗风化的能力很强，是良好的建筑石料，但硬度很高，开采加工相当困难。

④ 片麻岩：具片麻状构造，粒状变晶结构或斑状变晶结构。晶粒较粗，主要矿物为长石、石英、黑云母、角闪石，其中长石和石英的含量超过一半，且长石含量多于石英。片麻岩强度较高，如云母含量增多，强度相应降低。因具片理构造，故较易风化。

⑤ 片岩：具片状构造。原岩已全部重结晶，主要由片状、长石晶粒，主要片状矿物是云母、绿帘石、滑石等。片岩的片理一般比较发育，片状矿物含量高，强度低，抗风化能力差，极易风化剥落，岩体也易沿片理倾向坍落。

⑥ 千枚岩：具千枚状构造。片理面具丝绢光泽。变质程度较片岩浅，矿物颗粒更细小，常由绢云母组成。千枚岩的质地松软，强度低，抗风化能力差，容易风化剥落，沿片理倾向容易产生塌落。

⑦ 板岩：变质程度较千枚岩更浅，重结晶作用轻微，肉眼见不到矿物晶粒，故仍保留有原来黏土岩的面貌，但较黏土岩坚硬，轻轻击打发出清脆的声响，片理构造明显、常能劈成厚度均匀的石板，故称为板岩。

(5) 混合岩化作用　混合岩化作用是由变质作用向岩浆作用转变的一种过渡性成岩作用。当区域变质作用进一步发展，特别是在温度很高时，变质岩中的一部分岩石因受热而发生部分熔融，形成小规模的长英质熔体。同时，从地下深部也能分泌出富含 K、Na、Si 的热液。这些熔体和热液沿着已形成的区域变质岩的裂隙或片理渗透、扩散、注入，甚至发生化学反应，在原先的变质岩石中形成一部分类似于由岩浆结晶而成的岩石。这种作用就是混合岩化作用，由混合岩化作用所形成的岩石，称为混合岩。

混合岩一般由两部分物质组成：一部分是变质岩，称为基体，它一般是变质程度较高的各种片岩、片麻岩和斜长角闪岩，颜色较深；另一部分是通过熔体和热液注入、交代而新形成的岩石，称为脉体，其成分主要是石英、长石，颜色较浅。混合岩化程度不同，混合岩中脉体与基体的相对数量也就不同。基体与脉体混合的形态是多样的，其混合岩也是多种的。如果脉体呈条带状贯入到基体中，则形成条带状混合岩；如果脉体呈肠状盘曲在基体中，则形成肠状混合岩。当长英质熔体或富含 K、Na、Si 的热液彻底交代原先的变质岩石时，原来岩石的宏观特征可完全消失，变成花岗岩，称为混合花岗岩（见附录图 22），是混合岩化作用程度高时的产物。这种作用是花岗岩形成的一种重要途径。

(6) 三大类岩石的相互转化　三大类岩石具有不同的形成条件和环境，而环境和条件又随地质作用的发生而变化。因此，在地质历史中，总有某些岩石在形成，而另一些岩石在消亡。如岩浆岩（变质岩、沉积岩的情况相同）通过风化、剥蚀而破坏，破坏产物经过搬运、堆积而形成沉积岩；沉积岩受到高温作用又可以熔融转变为岩浆岩。岩浆岩与沉积岩都可以遭受变质作用而转变成变质岩；变质岩又可再转变成沉积岩或熔融而转变成为岩浆岩。因此，三大类岩石是不断相互转化的（图 1-14）。

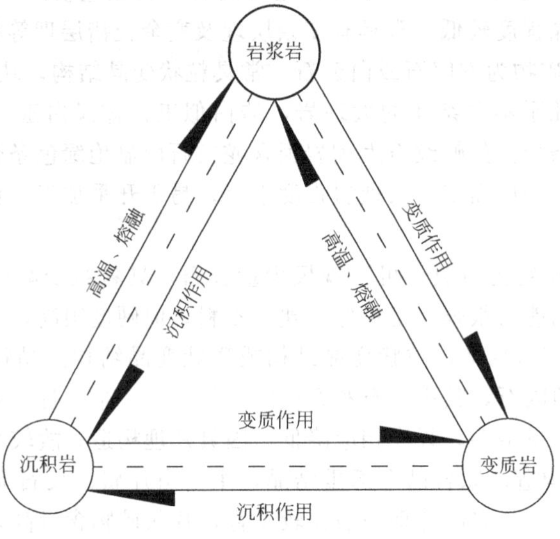

图 1-14　岩石的转化示意图

二、岩石按风化程度分类

工程中是按岩石的野外特征、波速比、风化系数等指标来划分岩石的风化程度等级的。具体分类参见表 1-6。

表 1-6　岩石按风化程度分类

风化程度	野外特征	风化程度参数指标	
		波速比 K_v	风化系数 K_f
未风化	岩质新鲜偶见风化痕迹	0.9～1.0	0.9～1.0
微风化	结构基本未变，仅节理面有渲染或略有变色，有少量风化裂隙	0.8～0.9	0.8～0.9
中等风化	结构部分破坏，沿节理面有次生矿物，风化裂隙发育，岩体被切割成岩块。用镐难挖，岩芯钻方可钻进	0.6～0.8	0.4～0.8
强风化	结构大部分破坏，矿物成分显著变化，风化裂隙很发育，岩体破碎，用镐可挖，干钻不易钻进	0.4～0.6	<0.4
全风化	结构基本破坏，但尚可辨认，有残余结构强度，可用镐挖，干钻可钻进	0.2～0.4	—
残积土	组织结构全部破坏，已风化成土状，锹镐易挖掘，干钻易钻进，具可塑性	<0.2	—

注：1. 波速比 K_v 为风化岩石与新鲜岩石压缩波速度之比。
2. 风化系数 K_f 为风化岩石与新鲜岩石饱和单轴抗压强度之比。
3. 岩石风化程度，除按表列野外特征和定量指标划分外，也可根据当地经验划分。
4. 花岗岩类岩石，可采用标准贯入试验划分，$N \geqslant 50$ 为强风化 $50 > N \geqslant 30$ 为全风化；$N < 30$ 为残积土。
5. 泥岩和半成岩，可不进行风化程度划分。

三、岩石按坚硬程度分类

在工程上，根据饱和单轴抗压强度来划分岩石的坚硬程度。具体分类见表 1-7。当缺乏有关试验数据时，按表 1-8 划分岩石的坚硬程度。

表 1-7　岩石坚硬程度分类

坚硬程度	坚硬岩	较硬岩	较软岩	软岩	极软岩
饱和单轴抗压强度/MPa	$f_r>60$	$60\geqslant f_r>30$	$30\geqslant f_r>15$	$15\geqslant f_r>5$	$f_r\leqslant 5$

注：按工程岩体分级标准（GB 50218）执行。

表 1-8　岩石坚硬程度等级的定性分类

<table>
<tr><th colspan="2">坚硬程度等级</th><th>定性鉴定</th><th>代表性岩石</th></tr>
<tr><td rowspan="2">硬质岩</td><td>坚硬岩</td><td>锤击声清脆，有回弹，震手，难击碎；
浸水后，大多无吸水反应</td><td>未风化～微风化的：
花岗岩、正长岩、闪长岩、辉绿岩、玄武岩、安山岩、片麻岩、硅质板岩、石英岩、硅质胶结的砾岩、石英砂岩、硅质石灰岩等</td></tr>
<tr><td>较硬岩</td><td>锤击声较清脆，有轻微回弹，稍震手，较难击碎；
浸水后，有轻微吸水反应</td><td>1. 中等（弱）风化的坚硬岩；
2. 未风化～微风化：
熔结凝灰岩、大理岩、板岩、白云岩、石灰岩、钙质砂岩、粗晶大理岩等</td></tr>
<tr><td rowspan="3">软质岩</td><td>较软岩</td><td>锤击声不清脆，无回弹，较易击碎；浸水后，指甲可刻出印痕</td><td>1. 强风化的坚硬岩；
2. 中等（弱）风化的较坚硬岩；
3. 未风化～微风化的：
凝灰岩、千枚岩、砂质泥岩、泥灰岩、泥质砂岩、粉砂岩、砂质页岩等</td></tr>
<tr><td>软岩</td><td>锤击声哑，无回弹，有凹痕，易击碎；
浸水后，手可掰开</td><td>1. 强风化的坚硬岩
2. 中等（弱）风化～强风化的较坚硬岩；
3. 中等（弱）风化的较软岩；
4. 未风化的泥岩、泥质页岩、绿泥石片岩、绢云母片岩等</td></tr>
<tr><td>极软岩</td><td>锤击声哑，无回弹，有较深凹痕，手可捏碎；
浸水后，可捏成团</td><td>1. 全风化的各种岩石；
2. 强风化的软岩；
3. 各种半成岩</td></tr>
</table>

第三节　岩石的工程地质性质

岩石的工程地质性质，包括物理性质和力学性质两个主要方面。影响岩石工程性质的因素，主要受矿物成分、岩石的结构和构造以及风化作用等控制。就大多数的工程地质问题来说，岩体的工程地质性质主要决定于岩体内部结构面的性质及其分布情况，但是岩石本身的工程地质性质也起着重要的作用。岩石的工程地质性质是工程地质学的核心，是研究岩体工程地质的基础。

一、岩石的主要物理性质

岩石的物理性质是由岩石结构中的矿物组成、排列和孔隙数量、大小、开闭程度与连通情况，以及岩石与孔隙中水的相互作用等所表现出的性质。

1. 岩石的密度

岩石的密度是指包括孔隙在内的岩石单位体积的质量，其单位为 g/cm^3 或 kg/m^3。根据岩石密度定义可知，它除与岩石矿物成分有关外，还与岩石孔隙发育程度及孔隙中含水情况密切相关。致密而孔隙很少的岩石，其密度与颗粒密度很接近，随着孔隙的增加，岩石的密度相应减小。常见的岩石，其密度一般介于 $2.2 \sim 3.1 g/cm^3$ 之间。

岩石孔隙中完全没有水存在时的密度，称为干密度。岩石中的孔隙全部被水充满时的密度，称为岩石的饱和密度。

岩石固体颗粒的质量与同体积 4℃水的质量的比值，称为岩石的相对密度，为一无量纲量。在数值上等于岩石固体（不包括孔隙）部分单位体积的质量。岩石相对密度的大小，决定于组成岩石的矿物的相对密度及其在岩石中的相对含量。组成岩石的矿物的相对密度大、含量多，则岩石相对密度就大。常见的岩石，其相对密度一般介于 $2.4 \sim 3.3 g/cm^3$ 之间。

包括孔隙在内的岩石单位体积的重量，称为岩石的重力密度（重度），其单位为 kN/m^3。在数值上它等于岩石试件的总重量（包括孔隙中的水重）与其总体积（包括孔隙体积）之比。

岩石重度的大小，决定于岩石中矿物的相对密度、岩石的孔隙性及其含水情况。组成岩石的矿物相对密度大. 或岩石的孔隙率小，则岩石的重度就大。

岩石孔隙中完全没有水存在时的重度，称为干重度。干重度的大小决定于岩石的孔隙性及矿物的相对密度。岩石中的孔隙全部被水充满时的重度，称为岩石的饱和重度。

2. 岩石的空隙性

岩石的空隙性是指岩石中各种空隙（包括沉积岩中的孔隙、坚硬岩石中裂隙、可溶性岩石中溶隙）的发育程度。岩石中空隙大小、多少及其连通情况等，对岩石的强度、透水性和稳定性产生重要的影响。岩石的空隙性可用空隙率和空隙比来表示。

空隙率是指岩石中各种空隙的总体积与包括空隙在内的岩石总体积的百分比。空隙比是指岩石中各种空隙的总体积与岩石固体部分体积的比值。

岩石的空隙性，主要决定于岩石的结构和构造，同时也受外力因素的影响。未受风化或构造作用的侵入岩和某些变质岩，其空隙率一般很小，砾岩、砂岩等一些沉积岩类的岩石，则经常具有较大的空隙率。岩石随着空隙率的增大，其透水性增大，强度降低，削弱了岩石的整体性，同时加快了风化的速度，使空隙又不断扩大。需要指出，地球表面 70%的面积被沉积岩覆盖，而大多数工程都构筑在地表附近，工程建设中所涉及的岩石空隙类型主要是沉积岩中的孔隙。因此实际应用中，岩石的空隙性也称孔隙性；空隙率、空隙比也称孔隙率、孔隙比。

3. 岩石的含水率

岩石的含水率是试件在 105～110℃下烘干至恒量时所失去的水的质量与试件干质量的比值，以百分数表示。

4. 岩石的吸水性

岩石的吸水性是指岩石在一定条件下的吸水能力。一般用吸水率、饱水率和饱水系数来表示。吸水率是指岩石在通常大气压下所吸入水分的质量与干燥岩石质量的百分比。饱水率是指岩石在高压（15MPa）或真空条件下所吸入水分的质量与干燥岩石质量的百分比。饱水系数是指岩石吸水率与饱水率的比值。它反映了岩石大开型孔隙与小开型孔隙之相对数量。

岩石的吸水性，与岩石孔隙数量、大小、开闭程度、连通与否等因素有关。岩石的吸水率、饱水系数大，表明岩石的吸水能力强，受水作用愈加显著，则水对岩石颗粒间结合物的浸湿、软化作用就强，岩石强度和稳定性受水作用的影响也就越显著。

5. 岩石的软化性

岩石浸水饱和后强度降低的性质，称为软化性，用软化系数（K_R）表示。K_R定义为岩石试件的饱和抗压强度（R_{cw}）与风干抗压强度的比值，即

$$K_R=\frac{R_{cw}}{R_c} \tag{1-1}$$

显然，K_R愈小则岩石软化性愈强。研究表明：岩石的软化性取决于岩石的矿物组成与空隙性。当岩石中含有较多的亲水性和可溶性矿物，且含空隙较多时，岩石的软化性较强，软化系数较小。如黏土岩、泥质胶结的砂岩、砾岩和泥灰岩等岩石，软化性较强，软化系数一般为0.4～0.6，甚至更低。常见岩石的软化系数列于表1-9中，由表可知，岩石的软化系数都小于1.0，说明岩石均具有不同程度的软化性。一般认为，软化系数$K_R>0.75$时，岩石的软化性弱，同时也说明岩石抗冻性和抗风化能力强。而$K_R<0.75$的岩石则是软化性较强和工程地质性质较差的岩石。

软化系数是评价岩石力学性质的重要指标，特别是在水工建设中，对评价坝基岩体稳定性具有重要意义。

6. 岩石的抗冻性

岩石抵抗冻融破坏的能力，称为抗冻性。常用冻融系数和质量损失率来表示。

冻融系数（R_d）是指岩石试件经反复冻融后的干抗压强度（R_{c2}）与冻融前干抗压强度（R_{c1}）之比，用百分数表示，即

$$R_d=\frac{R_{c2}}{R_{c1}}\times 100\% \tag{1-2}$$

质量损失率（K_m）是指冻融试验前后干质量之差（$m_{s1}-m_{s2}$）与试验前干质量（m_{s1}）之比，以百分数表示，即

$$K_m=\frac{m_{s1}-m_{s2}}{m_{s1}}\times 100\% \tag{1-3}$$

岩石在冻融作用下强度降低和破坏的原因有二：一是岩石中各组成矿物的体膨胀系数不同，以及在岩石变冷时不同层中温度的强烈不均匀性，因而产生内部应力；二是由于岩石空隙中冻结水的冻胀作用所致。水冻结成冰时，体积增大达9%并产生膨胀压力，使岩石的结构和联结遭受破坏。据研究冻结时岩石中所产生的破坏应力取决于冰的形成速度及其局部压力消散的难易程度间的关系，自由生长的冰晶体向四周的伸展压力是其下限（约0.05MPa)，而完全封闭体系中的冻结压力，在－22℃温度作用下可达200MPa，使岩石遭受破坏。

岩石的抗冻性取决于造岩矿物的热物理性质和强度、粒间连结、空隙的发育情况以及含水率等因素。由坚硬矿物组成，且具强的结晶连结的致密状岩石，其抗冻性较高。反之，则抗冻性低。一般认为$R_d>75\%$，$K_m<2\%$时，为抗冻性高的岩石；另外，吸水率$W_a<0.5\%$，$K_R>0.75$和饱水系数小于0.8的岩石，其抗冻性也相当高。

7. 岩石的膨胀性

岩石的膨胀性是指岩石浸水后体积增大的性质。某些含黏土矿物（如蒙脱石、水云母及高岭石）成分的软质岩石，经水化作用后在黏土矿物的晶格内部或细分散颗粒的周围生成结

合水溶剂膜（水化膜），并且在相邻近的颗粒间产生楔劈效应，只要楔劈作用力大于结构联结力，岩石显示膨胀性。大多数结晶岩和化学岩是不具有膨胀性的，这是因为岩石中的矿物亲水性小和结构联结力强的缘故。如果岩石中含有绢云母、石墨和绿泥石一类矿物，由于这些矿物结晶具有片状结构的特点，水可能渗进片状层之间，同样产生楔劈效应，有时也会引起岩石体积增大。

岩石膨胀大小一般用膨胀力和膨胀率两项指标表示，这些指标可通过室内试验确定。目前国内大多采用土的固结仪和膨胀仪的方法测定岩石的膨胀性。

8. 岩石的崩解性

岩石的崩解性是指岩石与水相互作用时失去黏结性并变成完全丧失强度的松散物质的性能。这种现象是由于水化过程中削弱了岩石内部的结构联络引起的。常见于由可溶盐和黏土质胶结的沉积岩地层中。

岩石崩解性一般用岩石的耐崩解性指数 I_{d2} 表示。岩石耐崩解性指数是试件在经过干燥和浸水两个标准循环后，试件残留的质量与原质量之比，以百分数表示。岩石耐崩解性试验主要适用于黏土类岩石和风化岩石。

一些常见的岩石物理性质指标，见表 1-9。

表 1-9　常见岩石的主要物理性质

岩石名称	相对密度	天然重度 /(kN/m³)	天然密度 /(g/cm³)	孔隙度/%	吸水率/%	软化系数
花岗岩	2.50～2.84	22.56～27.47	2.30～2.80	0.04～2.80	0.10～0.70	0.75～0.97
闪长岩	2.60～3.10	24.72～29.04	2.52～2.96	0.25 左右	0.30～0.38	0.60～0.84
辉长岩	2.70～3.20	25.02～29.23	2.55～2.98	0.28～1.13		0.44～0.90
辉绿岩	2.60～3.10	24.82～29.14	2.53～2.97	0.29～1.13	0.80～5.00	0.44～0.90
玄武岩	2.60～3.30	24.92～30.41	2.54～3.10	1.28 左右	0.30 左右	0.71～0.92
砂　岩	2.50～2.75	21.58～26.49	2.20～2.70	1.60～28.30	0.20～7.00	0.44～0.97
页　岩	2.57～2.77	22.56～25.70	2.30～2.62	0.40～10.00	0.51～1.44	0.24～0.55
泥灰岩	2.70～2.75	24.04～26.00	2.45～2.65	1.00～10.00	1.00～3.00	0.44～0.54
石灰岩	2.48～2.76	22.56～26.49	2.30～2.70	0.53～27.00	0.10～4.45	0.58～0.94
片麻岩	2.63～3.01	25.51～29.43	2.60～3.00	0.30～2.40	0.10～3.20	0.91～0.97
片　岩	2.75～3.02	26.39～28.65	2.69～2.92	0.02～1.85	0.10～0.20	0.49～0.80
板　岩	2.84～2.86	26.49～27.27	2.70～2.78	0.45 左右	0.10～0.30	0.52～0.82
大理岩	2.70～2.87	25.80～26.98	2.63～2.75	0.10～6.00	0.10～0.80	
石英岩	2.63～2.84	25.51～27.47	2.60～2.80	0.00～8.70	0.10～1.45	0.96

二、岩石的主要力学性质

岩石的力学性质主要是指岩石受载时的变形和强度特征。岩石受载后，随应力增加应变也增大。当应力增大到岩石强度值，或应力长期恒定保持在某一水平时，都能使岩石破坏。在评价采场、井巷围岩稳定性和解决岩石破碎问题时，都需研究反映岩石应力-应变关系的变形特征和岩石破坏条件下最大应力的强度特征数据。

1. 岩石变形特征

岩石变形可分为有弹性变形和塑性变形。弹性变形是指：岩石在外力作用下发生变形，当外力撤去后又恢复其原有的形状及体积的变形。塑性变形是指：岩石在超过其屈服极限外力作用下发生变形，当外力撤去后不能完全恢复其原有的形状及体积的变形。由于大多数岩石的变形具有不同程度的弹性性质，且工程实践中建筑物所能作用于岩石的压应力远远低于单轴极限抗压强度。因此，可在一定程度上将岩石看作准弹性体。在弹性变形范围内，一般用弹性模量和泊松比这两个指标表示。

弹性模量是应力和应变之比，单位：Pa。其值越大，变形越小，说明岩石抵抗变形的能力越高。泊松比是指在单轴压缩条件下，横向应变与纵向应变之比。泊松比越大，表示岩石受力作用后的横向变形越大。岩石的泊松比一般在 0.2～0.4 之间。

2. 岩石的强度特征

岩石的强度是指岩石抵抗外力破坏的能力。岩石的强度单位用 Pa 来表示。岩石的强度和应变形式有很大关系。岩石受外力作用被破坏，有压碎、拉断和剪断等形式，所以其强度可分为：抗压强度、抗剪强度和抗拉强度等。

(1) 抗压强度　抗压强度是指岩石在单向压力作用下抵抗压碎破坏的能力。在数值上等于岩石受压达到破坏时的极限应力。

岩石抗压强度的大小，直接和岩石的结构和构造有关，同时受矿物成分和岩石生成条件的影响，差别很大。

岩石抗压强度一般是在压力机（材料试验机）上对岩石试件进行加压实验测定的。

(2) 抗剪强度　抗剪强度（τ）指岩石抵抗剪切破坏的能力。由于坚硬岩石有牢固的结晶联结或胶结联结，因此，岩石的抗剪强度一般都比较高。试验表明，岩石抗剪强度随着剪切面上压应力的增加而增加，其关系可以概括为直线方程

$$\tau = \sigma \tan\varphi + c \tag{1-4}$$

式中　τ—— 剪应力；

σ—— 剪切面上的压应力；

φ—— 岩石的内摩擦角；

c—— 岩石的内聚力。

(3) 抗拉强度　岩石在单轴拉伸荷载作用下达到破坏时所能承受的最大拉应力称为岩石的单轴抗拉强度，简称为抗拉强度。岩石的抗拉强度远小于抗压强度。目前，常用劈裂法测定岩石抗拉强度。

岩石抗压强度最高，抗剪强度居中，抗拉强度最小。岩石越坚硬，其值相差越大，软弱的岩石差别较小。岩石的抗剪强度和抗压强度，是评价岩石（岩体）稳定性的指标，是对岩石（岩体）的稳定性进行定量分析的依据。

常见岩石的抗压强度、抗剪强度、抗拉强度、内摩擦角、内聚力值参见表 1-10。

表 1-10　常见岩石的抗压强度、抗剪强度、抗拉强度、内摩擦角、内聚力

岩石名称	抗压强度 /MPa	抗剪强度 /MPa	抗拉强度 /MPa	内摩擦角 /(°)	内聚力 /MPa
辉长岩	180～300		15～36	50～55	10～50
花岗岩	100～250	14～50	7～25	45～60	14～50
流纹岩	180～300		15～30	45～60	10～50

续表

岩石名称	抗压强度/MPa	抗剪强度/MPa	抗拉强度/MPa	内摩擦角/(°)	内聚力/MPa
闪长岩	100～250		10～25	53～55	10～50
安山岩	100～250		10～20	45～50	10～40
白云岩	80～250		15～25	35～50	20～50
辉绿岩	200～350		15～35	55～60	25～60
玄武岩	150～300	20～60	10～30	48～55	20～60
石英岩	150～350	20～60	10～30	50～60	20～60
大理岩	100～250		7～20	35～50	15～30
片麻岩	50～200		5～20	30～50	3～5
灰岩	20～200	10～50	5～20	35～50	10～50
页岩	10～100	3～30	2～10	15～30	3～20
砂岩	20～200	8～40	4～25	35～50	8～40
砾岩	10～150		2～15	35～50	8～50
板岩	60～200	15～30	7～15	45～60	2～20
千枚岩、片岩	10～100		1～10	26～65	1～20

三、影响岩石工程性质的因素

影响岩石工程性质的主要因素可归纳为两个方面：一方面是由岩石自身的内在条件所决定的，如岩石的矿物成分、结构、构造及成因等；另一方面是来自岩石的外部客观因素的影响，如水的影响和风化作用等。

1. 内在因素

(1) 矿物成分 岩石是由矿物组成的，岩石的矿物成分对岩石的物理力学性质产生直接的影响。例如，石英岩的抗压强度比大理岩的要高得多，这是因为石英的强度比方解石的强度高的缘故，由此可见，尽管岩类相同，结构和构造也相同，如果矿物成分不同，岩石的物理力学性质会有明显的差别。对岩石的工程地质性质进行分析和评价时，更应该注意那些可能降低岩石强度的因素。例如，花岗岩中的黑云母含量过高，石灰岩、砂岩中黏土类矿物的含量过高会直接降低岩石的强度和稳定性。

(2) 结构 岩石的结构特征是影响岩石物理、力学性质的一个重要因素，根据岩石的结构特征，可将岩石分为两类：一类是结晶联结的岩石，如大部分岩浆岩、变质岩和一部分沉积岩；另一类是由胶结物联结的岩石，如大部分沉积岩。

① 结晶联结的岩石：结晶联结是由岩浆冷凝或溶液中结晶或重结晶形成的。矿物颗粒靠直接接触产出的力牢固地联结在一起，结合力强，结构致密，孔隙率小，重度大，吸水率变化范围小，比胶结联结具有更高的强度和稳定性。但就结晶联结来说，强度也不一致，结晶颗粒的大小和均匀程度对岩石的强度也有着明显的影响。如粗粒花岗岩的抗压强度一般在120～140MPa之间，而细粒花岗岩的可达200～250MPa；大理岩的抗压强度一般在100～120MPa之间，而坚固的石灰岩则可达250MPa。这充分说明，矿物成分和结构类型相同的岩石，矿物颗粒的大小对强度也有着明显的影响。

② 胶结联结的岩石：胶结联结是矿物或岩屑由胶结物联结在一起的。胶结联结的岩石，其强度和稳定性主要决定于胶结物的成分和胶结的方式，同时也受碎屑成分的影响，变化很

大。就胶结物的成分来说，硅质胶结的强度和稳定性高，泥质胶结的强度和稳定性低，钙质和灰质胶结的强度和稳定性介于二者之间。如泥质砂岩的抗压强度一般只有 59～79MPa；钙质胶结的可达 118MPa；硅质胶结的可达 137MPa，高的可达 206MPa。

胶结联结的方式有基底胶结、孔隙胶结和接触胶结三种（图 1-15）。虽然肉眼不能分辨，但对岩石的强度有着重要的影响。基底胶结的碎屑散布于胶结物中，碎屑或颗粒互不接触，所以基底胶结的岩石孔隙度小，强度和稳定性完全取决于胶结物的成分。当胶结物和碎屑的性质相同时，如石英颗粒和硅质胶结物，经重结晶作用可以转化为结晶联结，强度和稳定性将会随之提高。孔隙胶结的碎屑或颗粒相互间直接接触，胶结物充填于碎屑或颗粒间的孔隙中，所以其强度和稳定性与碎屑及胶结物的成分有关系。接触胶结则仅在碎屑与颗粒的接触部位有胶结物存在，所以接触胶结的岩石，一般孔隙率都比较大，重度小、吸水率高，易透水、强度低。如果胶结物为泥质，则与水作用容易软化而丧失岩石的强度和稳定性。

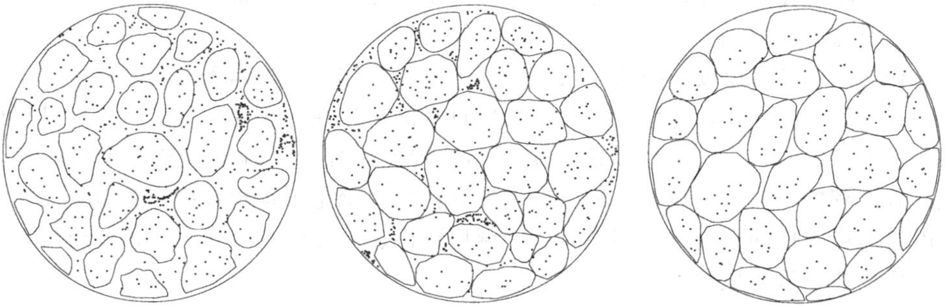

(a) 基底胶结　(b) 孔隙胶结　(c) 接触胶结

图 1-15　岩石的胶结方式

(3) 构造　构造对岩石物理、力学性质的影响，主要是由矿物成分在岩石中的分布不均匀性和岩石构造的不连续性所决定的。前者，如某些变质岩所具有的片理状构造及岩浆岩具有的流纹状构造等。岩石的这些构造，往往使矿物成分在岩石中的分布极不均匀。一些强度低、易风化的矿物，多沿一定的方向富集，形成条带状分布或者成为局部的聚集体，从而使岩石的物理、力学性质在局部发生很大变化。岩石受力破坏和遭受风化，首先从岩石的这些薄弱处发生。另一种情况是，不同的矿物成分虽然在岩石中的分布是均匀的，但由于有层理、裂隙和各种孔隙的存在，致使岩石构造的连续性与整体性受到影响，从而使岩石的强度和透水性在不同的方向上发生明显的差异。一般垂直层理面的抗压强度大于平行层理面的抗压强度，平行层理面的透水性大于垂直层理面的透水性。如上述两种情况同时存在，则岩石的强度和稳定性将会明显降低。

2. 外在因素

(1) 水　实验证明，岩石饱水后强度降低。当岩石受到水的作用时，水就沿着岩石中可见和不可见的孔隙、裂隙侵入，浸湿岩石自由表面上的矿物颗粒，并继续沿着矿物颗粒间的接触面向深部侵入，削弱矿物颗粒间的联结，使岩石的强度受到影响。如石灰岩和砂岩被水饱和后，其极限抗压强度会降低 25%～45%左右。就是像花岗岩、闪长岩及石英岩等较为坚硬的岩石被水饱和后，其强度也有一定的降低。当其条件相同时，孔隙率大的岩石被水饱和后其强度降低的幅度也大。当岩石干燥后，其强度值仍然可以得到恢复。但是如果发生干湿循环、化学溶解或使岩石结构状态发生改变，则岩石的强度降低就变成不可逆的过程了。

(2) 风化　风化作用过程能使岩石的结构、构造和整体性遭到破坏，空隙度增大、容重减小，吸水性和透水性显著增高，强度和稳定性大为降低。随着化学过程的加强，则会使岩石中的某些矿物发生次生变化，从根本上改变岩石原有的工程地质性质。

第四节 岩体的工程地质评价

岩石和岩体虽都是自然地质历史的产物，然而两者的概念是不同的，所谓岩体是指包括各种地质界面——如层面、层理、节理、断层、软弱夹层等结构面的单一或多种岩石构成的地质体，它被各种结构面所切割，由大小不同的、形状不一的岩块（即结构体）所组合而成。所以岩体是指某一地点一种或多种岩石中的各种结构面、结构体的总体。因此岩体不能以小型的完整单块岩石作为代表，例如，坚硬的岩层，其完整的单块岩石的强度较高，而当岩层被结构面切割成碎裂状块体时，构成的岩体之强度则较小，所以岩体中结构面的发育程度、性质、充填情况以及连通程度等，对岩体的工程地质特性有很大的影响。

作为工业与民用建筑地基、道路与桥梁地基、地下硐室围岩、水工建筑地基的岩体；作为道路工程边坡、港口岸坡、桥梁岸坡、库岸边坡的岩体等，都属于工程岩体。在工程施工过程中和在工程使用与运转过程中，这些岩体自身的稳定性和承受工程建筑运转过程传来的荷载作用下的稳定性，直接关系着施工期间和运转期间部分工程甚至整个工程的安全与稳定，关系着工程的成功与失败，故岩体稳定性分析与评价是工程建设中十分重要的问题。

影响岩体稳定性的主要影响因素有：区域稳定性、岩体结构特征、岩体变形特性与承载能力、地质构造及岩体风化程度等。

一、岩体结构分析

1. 结构面

分割岩体的任何地质界面，统称为结构面，也称不连续面。结构面包括：各种破裂面（如劈理、节理、断层面、顺层裂隙或错动面、卸荷裂隙、风化裂隙等）、物质分异面（如层理、层面、沉积间断面、片理等），以及软弱夹层或软弱带、构造岩、泥化夹层、充填夹泥（层）等。所以“结构面”这一术语，具有广义的性质。它们是使岩体工程地质性质显著下降的重要结构因素。结构面不仅是岩体力学分析的边界，控制着岩体的破坏方式，而且由于其空间的分布和组合，在一定的条件下形成可滑移或倾倒的块体，小者如落石，大者如崩塌和滑坡等。特别是软弱和泥化结构面抗剪强度较低，很可能成为危险的滑移面、切割面和可压缩的沉降带。所以，岩体中结构面的发育程度、性质、充填情况以及连通程度等，对岩体的工程地质性质有很大的影响。按地质成因，可以将岩体的结构面划分为表1-11所示的基本类型。

表 1-11 结构面的基本类型

成因类型	原生结构面			次生结构面		
	沉积结构面	火成结构面	变质结构面	内力地质作用形成的结构面	外力地质作用形成的结构面	综合成因的结构面
主要地质类型	1. 层理、层面； 2. 沉积间断面； 3. 沉积软弱夹层	1. 与围岩的接触面； 2. 火山熔岩的层面； 3. 冷凝裂隙面； 4. 凝灰岩夹层	1. 变余结构； 2. 结晶片理、片麻理、板理	1. 断层面(带)； 2. 构造裂隙面； 3. 劈理； 4. 层间滑动面(带)	1. 风化结构面； 2. 卸荷裂隙面； 3. 人工破裂隙面； 4. 次生充填软弱夹层	泥化软弱夹层

软弱夹层结构面在岩体中只占很少的百分数，却是岩体中最关键的部位。所谓软弱夹层是指岩体中介于上下硬岩层之间强度低，又易遇水软化，且单层厚度也比上下岩层明显小的岩层。软弱夹层在长期的地下水和风化作用下，当夹层中的黏土矿物含水量达到塑限以上时，夹层泥化，即成为泥化软弱夹层，也简称为泥化夹层。泥化夹层中黏土矿物的天然含水量因介于塑限和液限之间，在天然条件下处于软塑状态，当沿层面承受剪应力时，它却能够起重要的润滑剂作用，因其摩擦阻力甚低，工程性质最差，它的存在就使得在一个大部分由强度很高的岩石组成的岩体中，出现了工程地质性质低于软泥的部位。这些部位时常会在一些水利水电工程中引起一种极为严重的工程地质问题——坝基滑移问题。大部分泥化软弱夹层是由原生软弱夹层发展变化而成的。可以看出，对软弱夹层结构面的研究，特别是对次生结构面中综合作用形成的泥化软弱夹层的研究，在工程地质实践中是具有非常重大实际意义的。

软弱夹层的成因是多种多样的。实际上，表 1-11 中所列各种成因类型的结构面中都包含这种软弱夹层结构面。

结构面的规模、形态、连通性、充填物的性质，以及其密集程度均对结构面的物理力学性质有很大影响。

(1) 结构面的规模 不同类型的结构面，其规模可以很大，如延展数十千米，宽度达数十米的破碎带；规模可以较小，如延展数十厘米至数十米的节理，甚至是很微小的不连续裂隙，对工程的影响是不一样的，对具体工程要具体分析，有时小的结构面对岩体稳定也可起控制作用。

(2) 结构面的形态 各种结构面的平整度、光滑度是不同的。有平直的（如层理、片理、劈理）、波状起伏的（如波痕的层面、揉曲片理、冷凝形成的舒缓结构面）、锯齿状或不规则的结构面。这些形态对抗剪强度有很大影响，平滑的与起伏粗糙的面相比，后者有较高的强度。结构面的抗剪强度一般通过室内外试验测定其指标摩擦角及内聚力值。

(3) 结构面的密集程度 一般是用沿所选择的某一测线上和相邻结构面间的距离来表示。结构面间距是反映岩体完整程度和岩石块体大小的重要指标。根据所测得的结构面的平均间距，可将岩体结构面间距描述为：极窄的（<2cm）；很窄的（2～6cm）；窄的（6～20cm）；中等的（20～60cm）；宽的（60～200cm）；很宽的（200～600cm）；极宽的（>600cm）。

(4) 结构面的连通性 是指在某一定空间范围内的岩体中，结构面在走向、倾向方向的连通程度。结构面的抗剪强度与连通程度有关，其剪切破坏的性质亦有区别；要了解地下岩体的连通性往往很困难，一般通过勘探平硐、岩芯、地面开挖面的统计做出判断。风化裂隙有向深处趋于泯灭的情况，即到一定深度处风化裂隙有消失的趋向。

(5) 结构面的张开度 是指结构面两壁间张开的垂直距离。根据结构面两壁间张开的垂直距离，可以将结构面的张开度描述为：闭合的（<0.5mm）；裂开的（0.5～10mm）；张开的（>10mm）。闭合的结构面的力学性质取决于结构面两壁岩石性质和结构面的粗糙程度。裂开的结构面，其两壁岩石之间常常多处保持点接触，抗剪强度比张开的结构面大。张开的结构面抗剪强度则主要取决于充填物的成分和厚度。

(6) 充填情况 结构面时常被外来物质所充填而形成次生充填软弱夹层。在研究结构面的充填情况时，应考虑充填程度与方式、充填物的成分与结构、充填物的厚度三个方面的内容。一般充填物为黏土时，抗剪强度要比充填物为砂质时的更低；充填物为砂质时，抗剪强度又比充填物为砾质者更低。

2. 结构体

结构体是指由不同产状的结构面组合起来，将岩体切割成各种形状的单元岩石块体。由于结构面的类型、密集程度、组数和相互组合形式的不同，致使结构体具有不同的大小和形状。结构体的形状一般都很不规则，但根据其外形特征可归纳为：块状、柱状、菱状、楔状、锥状和板状六种基本形态，当岩体强烈变形破碎时，也可形成片状、碎块状、鳞片状等形状的结构体（图 1-16）。

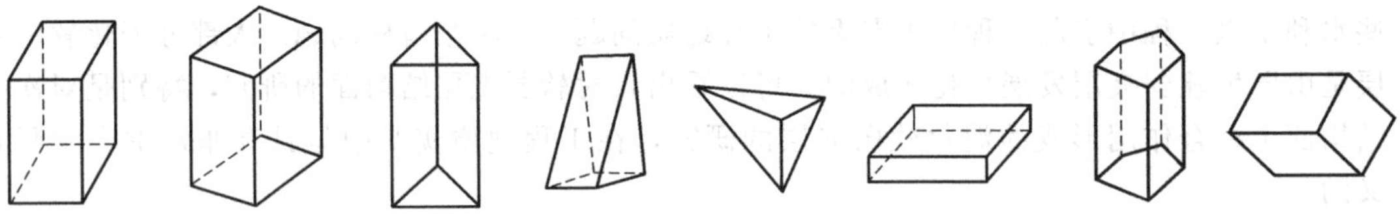

(a) 方柱（块）体 (b) 菱形柱体 (c) 三棱柱体 (d) 楔形体 (e) 锥形体 (f) 板状体 (g) 多角柱体 (h) 菱形块体

图 1-16 岩体结构类型示意图

结构体的形状与岩层产状之间有一定的关系，例如：平缓产状的层状岩体中，一般由层面（或顺层裂隙）与平面上的“X”型断裂组合，常将岩体切割成方块体、三角形柱体等（图 1-17），在陡立的岩层地区，由于层面（或顺层错动面）、断层与剖面的上“X”型断裂组合，往往形成块体、锥形体和各种柱体（图 1-18）。

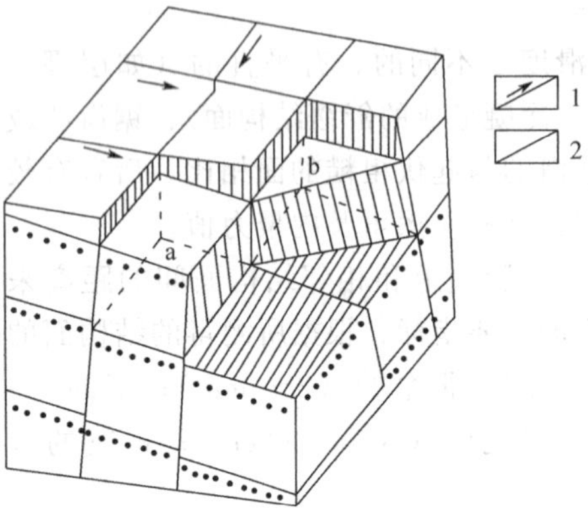

图 1-17 平缓岩层中结构体的形式

1—扭性断裂；2—层面；

a—方块体；b—三角形柱状

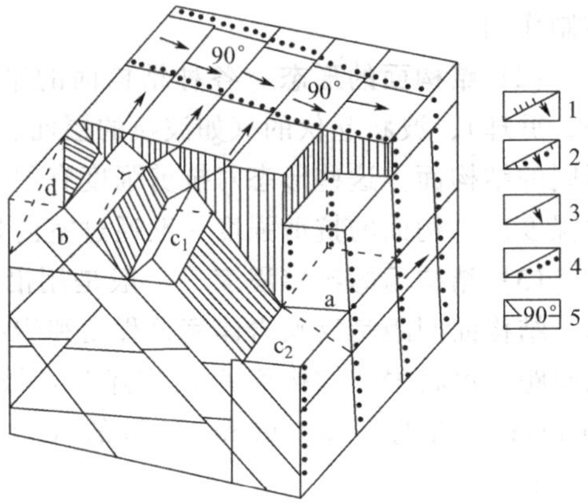

图 1-18 陡立岩层中结构体的形式

1—压性断裂；2—张性断裂；3—扭性断裂；

4—层面；5—层面、结构面产状；

a—方柱（块）体；b—菱形柱体；

c_1，c_2—三棱柱体；d—锥形体

结构体的块体大小，可采用体积节理数 J_v 来表示。体积节理数 J_v 应根据节理统计结果按式（1-5）计算

$$J_v = \sum_{i=1}^{n} S_i + S_0, i = 1, \cdots, n \tag{1-5}$$

式中 J_v——岩体体积节理数（条/m^3）；

S——统计区域内结构面组数；

S_i——第 i 组结构面沿法向每米长结构面的条数；

S_0——每立方米岩体非成组节理条数。

根据 J_v 值大小可将结构体的块度进行分类（表 1-12）。

表 1-12 结构体块度（大小）分类

块度描述	巨型块体	块体	中型块体	小型块体	碎块体
体积节理数 J_v/(条/m^3)	<5	5～15	15～25	25～35	>35

3. 岩体结构类型与特征

（1）岩体结构概念与类型 岩体结构是指岩体中结构面与结构体的组合方式。结构面的切割，破坏了岩石的完整性，使岩石成为岩石块体的组合体。正是由于类型、方位、延续程度、密集程度和组合形式各不相同的结构面及其所切割成的不同大小和形状的结构体，才赋予了岩体各种不同的结构特征。显然，具有不同结构的岩体必然具有不同的工程地质特性（承载能力、变形、抗风化能力、渗透性等）。岩体结构多种多样，根据其特征，可将岩体结构划分为整体块状结构、层状结构、碎裂状结构、散状结构四个基本类型，其基本特征见表 1-13。

表 1-13 岩体结构的基本类型

结构类型		地质背景	结构面特征	结构体特征	
类	亚类			形态	强度/MPa
整体块状结构	整体结构	岩性单一，构造变形轻微的巨厚层岩层及火成岩体，节理稀少	结构面少，1～3 组，延展性差，多呈闭合状，一般无充填物，$\tan\varphi \geqslant 0.6$	巨型块体	>60
	块状结构	岩性单一，构造变形轻微～中等的厚层岩体及火成岩体，节理一般发育，较稀疏	结构面 2～3 组，延展性差，多闭合状，一般无充填物，层面有一定结合力，$\tan\varphi =0.4 \sim 0.6$	大型的方块体、菱块体、柱体	一般>60
层状结构	层状结构	构造变形轻微～中等的中厚层状岩体（单层厚>30cm），节理中等发育，不密集	结构面 2～3 组，延展性较好，以层面、层理、节理为主，有时有层间错动面和软弱夹层，层面结合力不强，$\tan\varphi =0.3 \sim 0.5$	中～大型层块体、柱体、菱柱体	>30
	薄层（板）状结构	构造变形中等～强烈的薄层状岩体（单层厚<30cm），节理中等发育，不密集	结构面 2～3 组，延展性较好，以层面、节理、层理为主，不时有层间错动面和软弱夹层，结构面一般含泥膜，结合力差，$\tan\varphi \approx 0.3$	中～大型的板状体、板楔体	一般 10～30
碎裂状结构	镶嵌结构	脆硬岩体形成的压碎岩，节理发育，较密集	结构面>2～3 组，以节理为主，组数多，较密集，延展性较差，闭合状，无～少量充填物，结构面结合力不强，$\tan\varphi =0.4 \sim 0.6$	形态大小不一，棱角显著以小～中型块体为主	>60
	层状破裂结构	软硬相间的岩层组合，节理、劈理发育，较密集	节理、层间错动面、劈理带软弱夹层均发育，结构面组数多较密集～密集，多含泥膜、充填物，$\tan\varphi =0.2 \sim 0.4$，骨架硬岩层，$\tan\varphi =0.4$	形态大小不一，以小～中型的板柱体、板楔体、碎块体为主	骨架硬结构≥30
	碎裂状结构	岩性复杂，构造变动强烈，破碎遭受弱风化作用，节理裂隙发育、密集	各类结构面均发育，组数多，彼此交切，多含泥质充填物，结构面形态光滑度不一，$\tan\varphi =0.2 \sim 0.4$	形态大小不一，以小型块体、碎块体为主	含微裂隙<30

续表

结构类型		地质背景	结构面特征	结构体特征	
类	亚类			形态	强度/MPa
散状结构	松散结构	岩体破碎，遭受强烈风化，裂隙极发育，紊乱密集	以风化裂隙、夹泥节理为主，密集无序状交错，结构面强烈风化、夹泥、强度低	以块度不均的小碎块体、岩屑及夹泥为主	碎块体，手捏即碎
	松软结构	岩体强烈破碎，全风化状态	结构面已完全模糊不清	以泥、泥团、岩粉、岩屑为主，岩粉、岩屑呈泥包块状态	"岩体"已呈土状，如土松软

(2) 风化岩体结构特征 对于岩体而言，在一般情况下，越靠近地表的岩体，其岩石风化程度愈高，向地下深部风化程度逐渐减弱，直至过渡到未受风化的新鲜岩体。根据岩石的风化程度分级，在风化岩体剖面上自下而上可相应的划分出微风化、中等（弱）风化、强风化和全风化四个风化带。每个风化带的岩体结构特征如下。

① 微风化带：岩石颜色稍比新鲜岩石暗淡，仅裂隙面附近部分矿物变色。岩石结构、构造基本未变。矿物质基本未发生变化，仅沿裂隙面稍有风化现象或有铁锰质渲染。有少数风化裂隙，无疏松物质。岩石强度比新鲜岩石略低。

② 中等（弱）风化带：岩石表面和裂隙面大部分变色，但断口仍保持新鲜岩石特点。岩石结构、构造大部分完好。裂隙面风化较严重，矿物稍微变质，沿裂隙面出现次生矿物。风化裂隙发育，完整性较差，岩体被切割成岩块，坚硬块体有松散物质。岩石抗压强度仅为新鲜岩石的1/3～2/3。

③ 强风化带：岩石颜色改变，仅岩块断口中心仍保持原有颜色。岩石结构、构造大部分破坏。矿物成分显著变化，易风化矿物均已风化变质，形成次生矿物。风化裂隙很发育，岩体破碎呈干砌块石状，岩块上裂纹密布，疏松易脆，完整性很差，疏松物质与坚硬块体混杂。岩石抗压强度仅为新鲜岩石的1/3左右。

④ 全风化带：岩石完全变色，光泽消失；岩石结构、构造基本全部被破坏，但尚可辨认，有残余结构强度，仅外观保持原岩的状态，矿物晶粒失去了胶结联结。矿物成分除石英晶粒外，其余矿物大部分风化变质，形成次生矿物。岩体基本不含坚硬块体，用手可折断、捏碎，岩石强度很低。

岩体风化的深度界线，在工程建筑中是一项重要的工程地质资料。许多工程，特别是岩石工程都需要运用风化带的概念来划分地表岩体不同风化带的深度分界线，作为岩基持力层、基坑开挖、挖方边坡坡度以及采取相应的加固措施的依据之一。但是，要确切地划分风化带深度界线尚无有效方法，通常是根据当地的地质条件并结合实践经验予以确定。况且，由于各地的岩性、地质构造、地形和水文地质条件不同，岩体风化带的分布情况变化很大。因此，划分岩体风化带要结合实际情况进行综合分析。当地面观测不能确定风化深度和整个风化带情况，而工程建筑又需要把地表以下的岩体的全部风化情况弄清楚时，就必须进行勘探或物探工作。根据实践经验，物理风化为主的地区，风化深度一般不超过10m或15m；以化学风化为主的地区，岩体的风化深度则可以达到数十米，甚至100余米。

对于比较重要的工程建筑，把地面以下全风化、强风化、中等（弱）风化和微风化四个带的总和作为岩体的风化深度；对于地基及围岩要求不太高的一般工程建筑物，则只包括前三个带，而把微风化带不算在风化深度之内。在工程上，往往会根据具体工程特点和需要，并根据岩石的风化情况，对风化岩体采取挖除或加固方法进行处理，以提高岩体的完整性和强度。挖除的深度是根据风化岩的风化程度、风化裂隙、风化岩的物理力学性质和工程要求等来确定。挖除风化岩石是一个困难而耗费时间的过程，因而宜少挖。加固处理方法主要有：水泥灌浆、黏土灌浆、沥青灌浆、硅化法等。在边坡工程中，最常采用的是坡面防护。

二、岩体的工程地质性质

岩体的工程地质性质首先取决于岩体结构类型与特征，其次才是组成岩体的岩石的性质或结构体本身的性质。例如，散体结构的花岗岩岩体的工程地质性质，往往要比层状结构的页岩岩体的工程地质性质变差。因此，在分析岩体的工程地质性质时，必须首先分析岩体的结构特征及其相应的工程地质性质，其次再分析组成岩体的岩石的工程地质性质，有条件时配合必要的室内和现场岩体（或岩块）的物理、力学性质试验，加以综合分析，才能确切地把握和认识岩体的工程地质性质。下面简述不同结构类型岩体的工程地质性质。

1. 整体块状结构岩体的工程地质性质

整体块状结构岩体因结构面稀疏、延展性差、结构体块度大且常为硬质岩石，故整体强度高，变形特征接近于各向同性的均质弹性体，变形模量、承载能力与抗滑能力均较高，抗风化能力一般也较强，所以这类岩体具有良好的工程地质性质，往往是较理想的各类工程建筑地基、边坡岩体及硐室围岩。

2. 层状结构岩体的工程地质性质

层状结构岩体结构面以层面和不密集的节理为主。结构面多闭合至微张状，一般风化微弱、结合力不强，结构体块度较大且保持着母岩岩块性质，故这类岩体总体变形模量和承载能力均较高。作为工程建筑地基时，其变形模量和承载能力一般均能满足要求。但当结构面结合力不强，又有层间错动面或软弱夹层存在时，则其强度和变形特性均具各向异性特点，一般沿层面方向的抗剪强度明显的比垂直层面方向的低，特别是当有软弱结构面存在时，更为明显。这类岩体作为边坡岩体时，一般来说，当结构面倾向坡外时要比倾向坡里时的工程地质性质差得多。

3. 碎裂状结构岩体的工程地质性质

碎裂状结构岩体中节理、裂隙发育，常有泥质充填物质，结合力不强，其中层状岩体常有平行层面的软弱结构面发育，结构体块度不大，岩体完整性破坏较大。其中，镶嵌结构岩体因其结构体为硬质岩石，尚具较高的变形模量和承载能力，工程地质性能尚好；层状碎裂结构和碎裂结构岩体，变形模量、承载能力均不高，工程地质性质较差。

4. 散状结构岩体的工程地质性质

散状结构岩体节理、裂隙很发育，岩体十分破碎，岩石手捏即碎，属于碎石土类，可按碎石土类研究。

三、岩体其他类型划分

岩体其他类型划分可参照表 1-14、表 1-15。

表 1-14 岩体完整程度分类

完整程度	完整	较完整	较破碎	破碎	极破碎
完整性指数	>0.75	0.75～0.55	0.55～0.35	0.35～0.15	<015

注：完整性指数为岩体压缩波速度与岩块压缩波速度之比的平方，选定岩体和岩块测定波速时，应注意其代表性。

表 1-15 岩体基本质量等级分类

岩体	完整	较完整	较破碎	破碎	极破碎
坚硬岩	Ⅰ	Ⅱ	Ⅲ	Ⅳ	Ⅴ
较硬岩	Ⅱ	Ⅲ	Ⅳ	Ⅳ	Ⅴ
较软岩	Ⅲ	Ⅳ	Ⅳ	Ⅴ	Ⅴ
软岩	Ⅳ	Ⅳ	Ⅴ	Ⅴ	Ⅴ
极软岩	Ⅴ	Ⅴ	Ⅴ	Ⅴ	Ⅴ

重要术语

1. 矿物 2. 条痕 3. 硬度 4. 解理 5. 侵入作用 6. 变质作用 7. 混合岩化作用 8. 结构面 9. 软弱夹层 10. 岩体结构

复习思考题

1. 地球内圈层由哪几部分组成？
2. 内力地质作用和外力地质作用分别包括哪几个方面？
3. 摩氏硬度计的内容？
4. 按矿物的化学成分与化学性质，通常将矿物划分为哪五类？
5. 简述岩浆与岩浆作用。
6. 根据 SiO_2 含量，岩浆岩可分为哪几类？
7. 简述三大类岩石的结构和构造。
8. 简述层理与片理的区别。
9. 如何理解三大类岩石的相互转化？
10. 岩石的主要物理性质包括哪些方面？
11. 影响岩石工程性质的因素有哪些？
12. 胶结联结的方式有哪些？
13. 论述不同结构类型岩体的工程地质性质。

第二章　地质构造及其对工程的影响

第一节　地质年代

地层是地壳发展过程中一定地质时期内所形成的层状岩石的总称，它包括沉积岩、岩浆岩和变质岩。地质年代是指地质体形成或地质事件发生的时代。它有两重含义：地质体形成或地质事件发生的先后顺序及地质体形成或地质事件发生距今有多少年。前者称为相对年代，后者称为绝对年代。

一、相对地质年代的确定

1. 地层层序律

地层形成时的状态是水平的或近于水平的，且二维延展直至变薄、尖灭。先形成者伏于较下部位，后形成者覆于较上部位。简而言之，原始产出的地层具有下老上新的规律。这就是地层层序律。它是确定地层相对年代的基本方法［图 2-1（a）］。

如果地层因后期构造运动变倾斜，则顺倾斜方向的地层新，反倾斜方向的地层老［图 2-1（b）］。

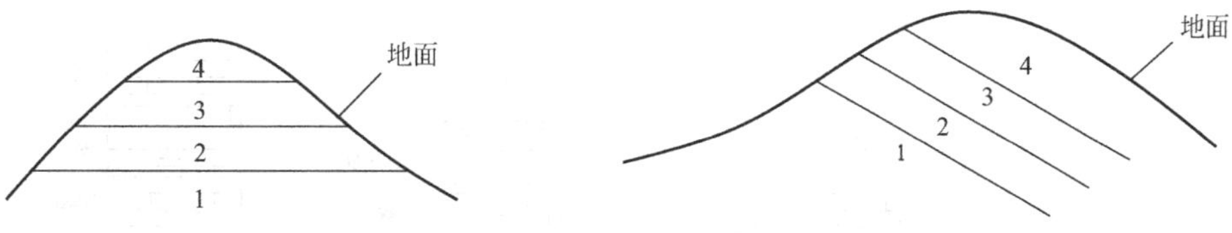

(a) 地层水平　　(b) 地层倾斜

图 2-1　地层相对年代的确定（地层层序正常时）
（数字 1、2、3、4 表示地层从老到新排列）

构造运动可以使地层层序倒转，即上下关系颠倒。此时，必须利用沉积岩的沉积构造（泥裂、波痕、粒序层、交错层等）来判断岩层的顶面和底面，恢复其原始层序，以确定新老关系（图 2-2）。

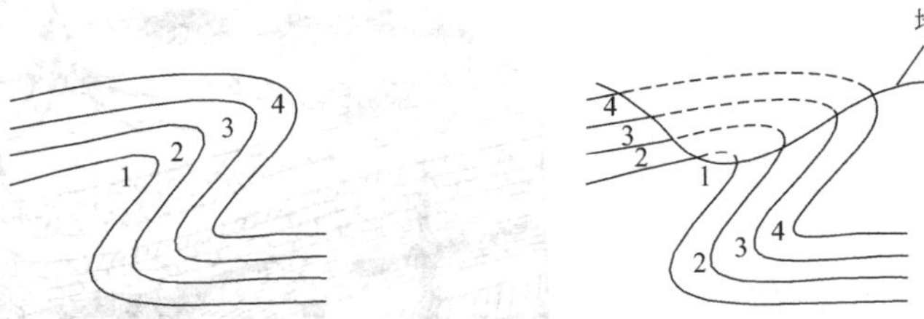

(a) 原始褶皱时的情况　　(b) 遭受剥蚀以后的情况

图 2-2 地层相对年代的确定（地层层序倒转时）

2. 生物层序律

埋藏在地层中的古代生物遗体或遗迹，称为化石。动物的骨骼、甲壳、蛋、足迹以及植物的根、茎、叶或其痕迹均可成为化石。保存为化石的生物实体，一般都遭受过地质作用的改造。如被某种矿物质（如碳酸钙、二氧化碳、黄铁矿等）充填或交代而石化，或生物遗体中所含不稳定成分挥发逸去，仅留下碳质薄膜等。尽管如此，生物遗体的结构可以保持不变。

生物的演变是从简单到复杂、从低级到高级不断发展的。一般来说，年代越老的地层所含生物越原始、越简单、越低级；年代越新的地层所含生物越进步、越复杂、越高级。不同时期的地层中含有不同类型的化石及其组合，而在相同时期且在相同地理环境下所形成的地层，只要原先的海洋或陆地相通，都含有相同的化石及其组合，这就是生物层序律。

综合地层层序律与生物层序律并加以应用，就成为系统划分和对比不同地方的地层，恢复地层形成顺序的基本方法，从而为研究生物的演化阶段和全过程奠定了基础。图 2-3 表示了根据岩性、化石和地层层序等特征，划分和对比甲、乙、丙三地区地层的情况，以及在地层划分和对比的基础上，通过恢复该三地区完整的地层形成顺序而建立起来的综合地层柱状图。

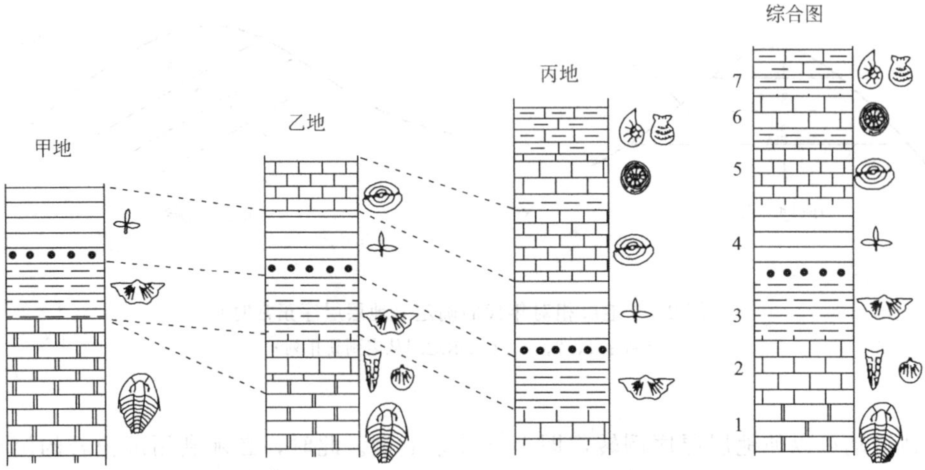

图 2-3 地层划分与对比及综合地层柱状图

3. 切割律或穿插关系

就侵入岩与围岩的关系来说，总是侵入者年代新，被侵入者年代老，这就是切割律。这一原理还可被用来确定有交切关系或包裹关系的任何两地质体或地质界面的新老关系（图2-4），即切割者新，被切割者老；包裹者新，被包裹者老。如侵入岩中捕虏体的形成年代比侵入体的老；砾岩中砾石本身形成的年代比砾岩的老；被断层切割的地层或火成岩体形成的年代比断层形成的年代老。

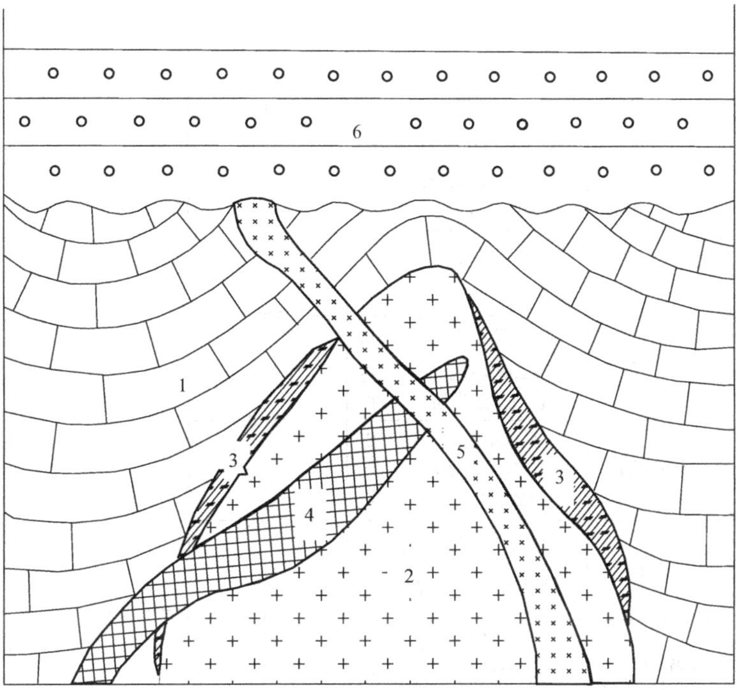

图2-4　侵入岩与围岩示意图

1—石灰岩（形成时代最早）；2—花岗岩（形成时代晚于石灰岩）；
3—矽卡岩（形成时代同花岗岩）；4—闪长岩（形成时代晚于花岗岩）；
5—辉绿岩（形成时代晚于闪长岩）；6—砾岩（形成时代最晚）

二、地质年代表的建立

按年代先后把地质历史进行系统性编年列表，称为地质年代表（表2-1）。它的内容包括各个地质年代单位、名称和同位素年龄值等。它反映了地壳中无机界（矿物、岩石）与有机界（动、植物）演化的规律、过程和阶段。

地质年代表的建立，是对世界各地的地层进行系统划分对比的结果。

地质年代中具有不同级别的地质年代单位。最大一级的地质年代单位为“宙”，次一级单位为“代”，第三级单位为“纪”，第四级单位为“世”。与地质年代单位相对应的年代地层单位为：宇、界、系、统，它们代表各级地质年代单位内形成的地层。二者的级别和对应关系如表2-2所示。

表 2-1 地质年代表

相对年代						绝对年龄/Ma	生物开始出现时间	
宙(宇)	代(界)		纪(系)	世(统)	代号		植物	动物
显生宙(宇) PH	新生代(界) Cz		第四纪(系) Q	全新世(统)	Q_h			现代人
				更新世(统)	Q_p	1.8		
			新近纪(系) N	上新世(统)	N_2			
				中新世(统)	N_1	23.0		古猿
			古近纪(系) E	渐新世(统)	E_3			
				始新世(统)	E_2			
				古新世(统)	E_1	65.5		
	中生代(界) Mz		白垩纪(系) K	晚(上)白垩世(统)	K_2			
				早(上)白垩世(统)	K_1	145.5	被子植物	
			侏罗纪(系) J	晚(上)侏罗世(统)	J_3			
				中侏罗世(统)	J_2			
				早(下)侏罗世(统)	J_1	199.6		哺乳类
			三叠纪(系) T	晚(上)三叠世(统)	T_3			
				中三叠世(统)	T_2			
				早(下)三叠世(统)	T_1	251.0		
	古生代(界) Pz	晚古生代(界) Pz_2	二叠纪(系) P	乐平世(统)	P_3			
				瓜德鲁普世(统)	P_2			
				乌拉尔世(统)	P_1	299.0		
			石炭纪(系) C	宾夕法尼亚亚纪(亚统)	C_2			
				密西西比亚纪(亚统)	C_1	359.2	裸子植物	爬行类
			泥盆纪(系) D	晚(上)泥盆世(统)	D_3			
				中泥盆世(统)	D_2			两栖类
				早(下)泥盆世(统)	D_1	416.0	蕨类植物	
		早古生代(界) Pz_1	志留纪(系) S	普里道利世(统)	S_4			鱼类
				罗德洛世(统)	S_3			
				温洛克世(统)	S_2			
				兰多维利世(统)	S_1	443.7		
			奥陶纪(系) O	晚(上)奥陶世(统)	O_3			无颌类
				中奥陶世(统)	O_2			
				早(下)奥陶世(统)	O_1	488.3		
			寒武纪(系) Є	芙蓉世(统)	$Є_4$			
				第三世(统)	$Є_3$			
				第二世(统)	$Є_2$			无脊椎动物
				纽芬兰世(统)	$Є_1$	542.0		
元古宙(宇) PT	[分为古、中、新元古代(界)]					2500	菌藻类	
太古宙(宇) AR	[分为始、古、中、新太古代(界)]						原始菌藻类	

注：国际地层委员会，2008，简化。

表 2-2　地质年代单位和年代地层单位对应关系

地质年代单位	年代地层单位
宙	宇
代	界
纪	系
世	统
期	阶
时	时带

表 2-1 列出了由国际地层委员会推荐的 2008 年版的国际地质年代表。与此前一直使用的国际地质年代表的内容基本相同（Boggs，2005），仅在若干部分有些变化。其要点是：原先的老第三纪、新第三纪分别改名为古近纪和新近纪；原先二叠纪为二分，现改为三分；原石炭纪三分，新表将其早世和中世的下部称密西西比亚纪，将其中世的上部和晚世合称为宾夕法尼亚亚纪；原先志留纪和寒武纪为三分，现均为四分。

三、岩石地层单位的概念

根据地层的岩性特征在垂直方向上的差异，将地层分层，建立起地层系统和层序。这样划分出来的地层单位，称为岩石地层单位，它可分为群、组、段、层等不同级别，属于地方性地层单位。同一时代地层的岩石组合在不同地方可以不同，故岩石地层名称往往也是不同的。

群是岩石地层的最大单位。它包括厚度大、成分不尽相同但总体外貌一致的一套岩层，如南京附近有黄马青群、青龙群等。

组是岩石地层的基本单位。它由一种岩石组成，也可以由两种或更多种的岩石互层组成，如南京附近有栖霞组、龙潭组等。

段是组内次一级的岩石地层单位。它代表组内岩性相当均一的一段地层，如南京附近栖霞组内分出梁山段、臭灰岩段等。

层是最小的岩石地层单位。指一层特殊的岩层、化石层或矿层。

应该指出，岩石地层单位的划分，不是以化石为依据，它与年代地层单位之间，没有对应的关系。只有在岩石地层单位中找到了可以确定时代的化石时，岩石地层单位的年代才可以确定。

第二节　单斜构造

沉积岩形成时除局部倾斜外，基本上是水平产出的，而且在一定范围内是连续分布的；岩浆岩则具有原生的整体性。但是经过构造运动，水平的可能成为倾斜的或弯曲的，连续的完整的可能被断开或错动或破碎。这种岩石变形或变位的产物称为地质构造。

地质构造的规模有大有小，大者可绵延数百公里乃至数千公里，小者可出现在手标本中，有的甚至要用显微镜才能观察到。地质构造的表现形式是多种多样的，简单来说，在一定范围内，可归纳为单斜构造、褶皱构造和断裂构造三种基本类型。其中单斜构造是指一系列岩层大致向同一方向倾斜的构造形态，在较大范围内，它往往是褶曲的一翼或断层的一盘（图 2-5）。研究地质构造具有重要的理论意义和实际意义，对地质构造的发生和演化历史，矿产资源的形成和分布规律，各种工程建设乃至环境监测都具有指导意义。

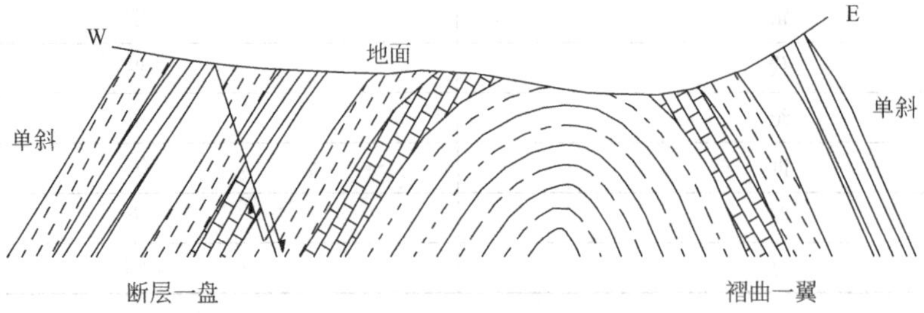

图 2-5 单斜构造示意图

第三节 岩层产状

地质构造的形态往往是由岩层或岩石在空间上的位置变化表现出来的。因此要研究地质构造必须首先确定岩层或岩石的空间位置。

地壳表层分布最广的是沉积岩，沉积岩具有原生层理构造，它对记录岩石变形的特征最为有利。沉积岩的基本单位是岩层，同一岩层一般由成分基本一致的物质组成。一个岩层上、下两个层面称为顶面和底面。岩层顶、底面间的垂直距离叫岩层的厚度，同一岩层的厚度通常是比较一致的，但有时也会出现逐渐变薄并尖灭的现象。

自然界中的岩层可以划分为水平岩层、倾斜岩层、直立岩层。其中水平岩层和直立岩层比较少见，而倾斜岩层最为常见。因此，对倾斜岩层空间形态的研究是地质构造研究的基础。

一、岩层产状要素

岩层在空间产出的状态称为岩层的产状，用岩层的走向、倾向和倾角来确定，这三个用来说明岩层产状的参数称为岩层产状要素（图 2-6）。

1. 走向

倾斜岩层面与任一水平面的交线叫走向线（图 2-6 中的 *AOB*）。可见走向线有无数多条，且条条相互平行；走向线上各点的标高相等，即走向线就是岩层面上的等高线。当岩层面基本为平面时，其走向线为一组平行的直线；当岩层面为曲面时，其走向线为一组大致平行的曲线。

走向线往两端的延伸方向称为走向，表示岩层在空间的两个水平延展方位。在一个测点上可测得走向有两个方位角，两者相差 180°。当走向线为直线时，说明岩层面上各点的走向不变；当走向线为曲线时，说明岩层面上各点的走向发生了改变。

2. 倾向

在岩层面上，垂直走向线，沿岩层面往下所引的直线（图 2-6 中的 *OC*）叫倾斜线。倾向线在水平面上的投影线（图 2-6 中的 *OC*′）叫倾向线。倾向线所指的一个方向叫岩层的倾向，它表示岩层向地下倾斜的方向。在一个测点测得的倾向只有一个方位角，它与两个走向相差 90°。当走向发生变化时，倾向也随之发生改变。

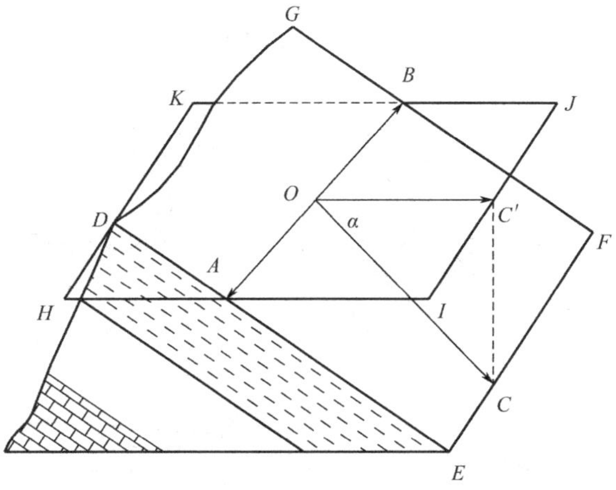

图 2-6 岩层产状要素

AOB—走向线；*OC'*—倾向线；*α*—（真）倾角；*DEFG*—岩层层面；*HIJK*—水平面；*OC*—倾斜线

3. 倾角

岩层面与水平面的锐夹角，或倾斜线与倾向线的锐夹角叫岩层的倾角（图 2-6 中 α）。

二、岩层产状要素的测定及表示方法

1. 产状要素的测定

测定产状一般使用地质罗盘。地质罗盘的种类很多，但总是由三个主要部件构成：方位角刻度盘，上面标有 0°～360°的方位角。为了读数方便将东西方向与实际方向正好标反；磁针，由于磁倾角的缘故在北半球地区使用带有铜丝的磁针为指南针，另一端为指北针；倾斜仪，用以测量倾角或坡度等用途。此外还有水准气泡、瞄准器、制动器等。用罗盘测量岩层产状三要素的方法如下。

(1) 岩层走向测定 如图 2-7 所示，将罗盘打开把罗盘长边紧贴岩层面，并使其水平(气泡居中)，待磁针稳定后，读磁针所指的刻度即为岩层的走向。因走向有两个方位角，它们相差 180°，这时读指南针或指北针所指的刻度均可。

(2) 岩层倾向测定 如图 2-7 所示，将罗盘的短边紧贴岩层面，注意尽量将瞄准器方向与岩层走向垂直，当气泡居中，磁针稳定后，读指北针所指的刻度即为岩层的倾向。因倾向只有一个方位角，此时不能读指南针，只能读指北针。如果读错，所测倾向正好相反。

(3) 岩层倾角测定 如图 2-7 所示，将罗盘打开侧立，把罗盘长边紧贴岩层面上的倾斜线上，然后拨动罗盘背面的倾斜仪操作器，当倾斜仪上的气泡居中时，读倾斜仪中间线所指的刻度即为岩层倾角。

因走向与倾向相差 90°，在实际工作中，可以只需测量岩层的倾向和倾角即可，然后用倾向加减 90°即得两个走向。

2. 产状表示方法

在地质平面图中，岩层产状用各种符号（图 2-8）表示，长线表示走向，短线表示倾向，数字表示倾角。

在文字记录中，一般有两种表示方法。

(1) 方位角法（图 2-9） 如图 2-9 所示，规定顺时针旋转，北为 0°，东为 90°，南为

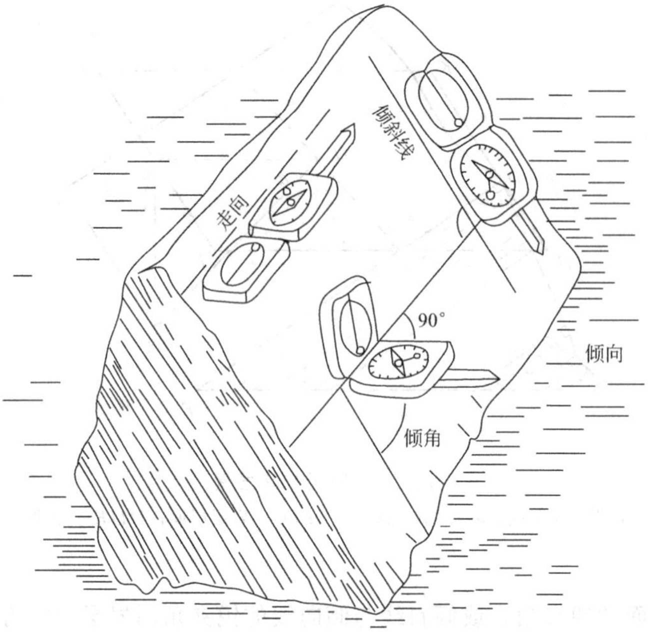

图 2-7 岩层产状测定示意图

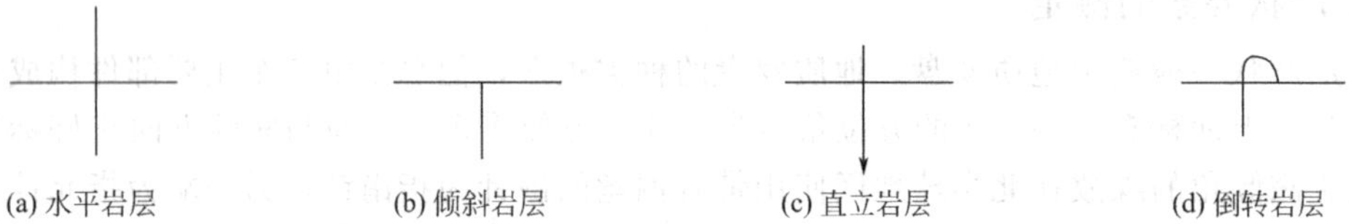

图 2-8 岩层产状符号示意图

180°，西为 270°，再转到北为 360°。如图 2-9 中 0～1 线方位角为 50°，0～3 线为 140°，0～2 线为 230°。

假如野外测得的岩层产状：走向为 50°或 230°，倾向为 140°，倾角为 40°时，可用文字

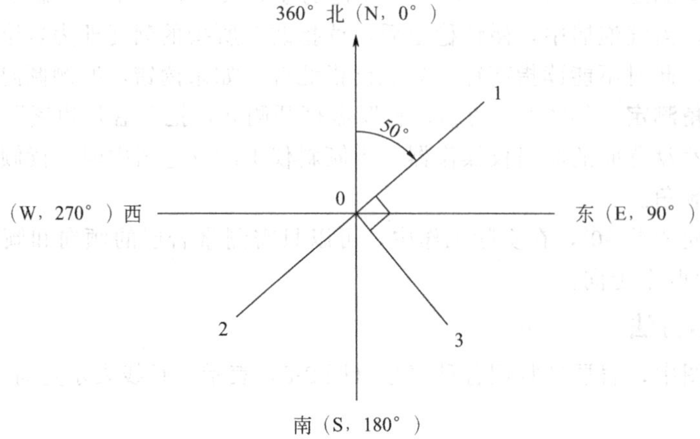

图 2-9 方位角法

这样记录：140°∠40°。因此法简单明了，使用最广。

(2) 象限角法（图 2-10）　如图 2-10 所示，规定南北均为 0°，东西均为 90°，构成四个象限，每个象限均为 0°～90°变化范围。如图 2-10 中 1～2 线象限角为南 75°东（或 S75°E），1～3 线为北 75°西（或 N75°W）。当用方位角法记录的岩层产状 140°∠40°，而用象限角记录则为 N50°E/SE∠40°。目前此法使用较少。

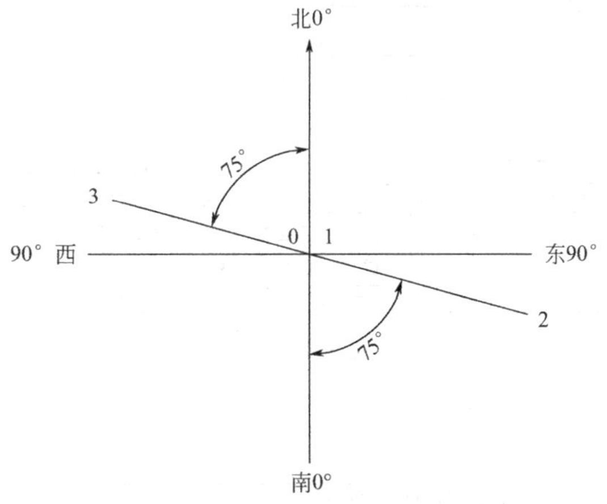

图 2-10　象限角法

第四节　褶皱构造

由于构造运动等地质作用的影响，使岩层发生塑性变形而产生连续弯曲的各构造形态，称为褶皱构造（图 2-11）。褶皱的形态多种多样，规模大小悬殊，大的可达数十公里，小的在手标本中可见。褶皱中的一个弯曲称为褶曲。可见，褶曲是褶皱的基本单位，而褶皱是由若干个褶曲组合而成的。

一、褶曲要素

为了研究和描述褶曲的空间形态特征，必须弄清褶曲的各个组成部分及其相互关系。通常把褶曲的各个组成部分称为褶曲要素。主要有核部、翼部、弧尖、枢纽、轴面、轴线等（图 2-12）。

(1) 核部　褶曲岩层的中心，即图 2-12 中 a。

(2) 翼部　褶曲岩层的两坡，即图 2-12 中 b。

(3) 弧尖　层面上的最大弯曲点，即图 2-12 中 c。

(4) 枢纽　单个层面最大弯曲点的连线，或同一层面上弧尖的连线，即图 2-12 中 cd。枢纽可以是直线，也可以是曲线。枢纽的倾斜方向，称为枢纽倾伏向，其产状随褶曲形态的变化而改变。

(5) 轴面　褶曲两翼近似对称的面（假想面），即图 2-12 中 e。它也可以是曲面，其产状随着褶曲形态的变化而变化。轴面与褶曲的交线，就是枢纽。

(6) 轴线（轴迹）　轴面与水平面或地面的交线，即图 2-12 中 AD。

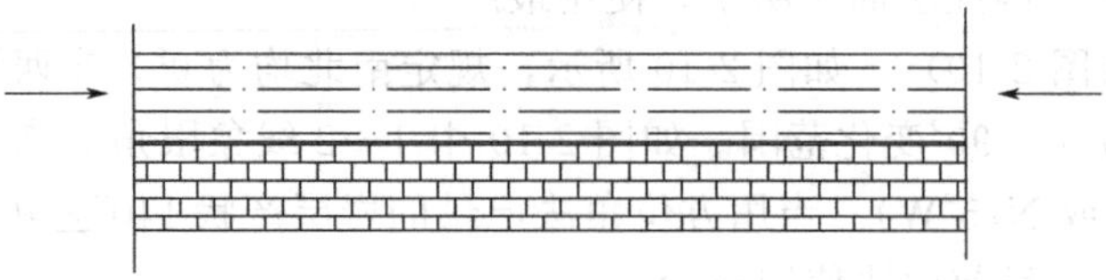

(a) 水平岩层受力挤压

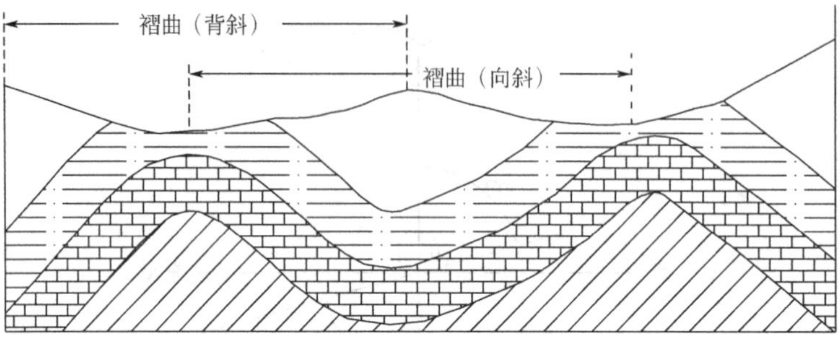

(b) 挤压导致的连续弯曲

图 2-11　褶皱构造形成示意图

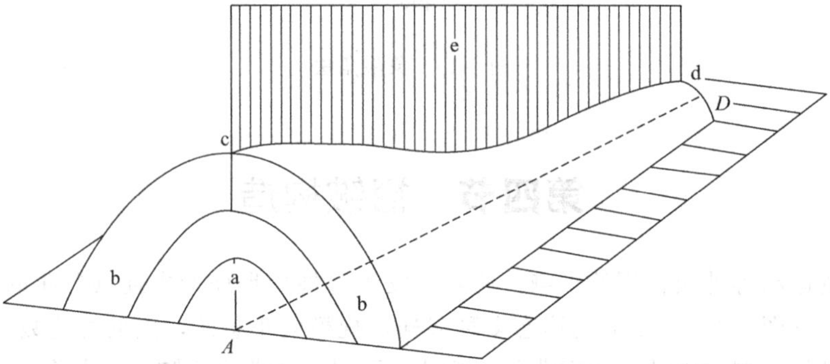

图 2-12　褶曲的几何要素

a—核部；b—翼部；c—弧尖；cd—枢纽；e—轴面；*AD*—轴线

二、褶曲的类型

褶曲的基本类型是背斜与向斜。原始水平岩层受力后向上凸曲者，称为背斜，向下凹曲者称为向斜。在直立或倾斜褶曲岩层的横剖面上，凡背斜者，核部岩层的时代最老，朝两翼依次变新；凡向斜者，核部的岩层时代最新，朝两翼依次变老（图 2-13）。

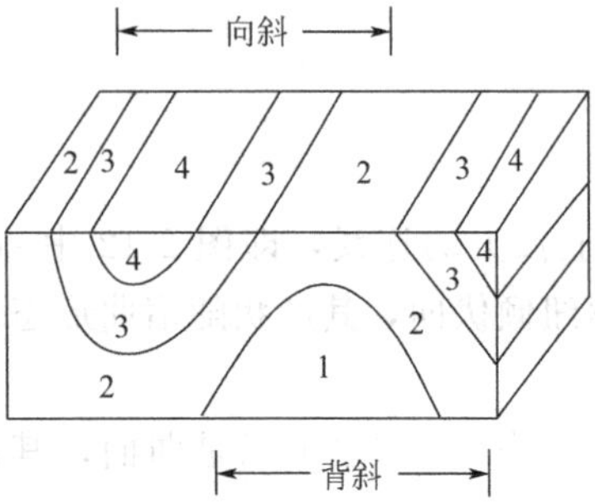

图 2-13　褶曲的基本类型

（数字 1、2、3、4 表示地层从老到新排列）

背斜与向斜常是并存的。相邻背斜之间为向斜，相邻向斜之间为背斜。相邻的向斜与背斜共用一个翼。

褶曲的空间形态多种多样，具体分类如下。

(1) 根据轴面的产状，褶曲可进一步分为以下四种

① 直立褶曲：轴面近于直立，两翼倾向相反，倾角近于相等［图 2-14（a）］。

② 倾斜褶曲：轴面倾斜，两翼岩层倾斜方向相反，

倾角不等［图 2-14（b）］。

③ 倒转褶曲：轴面倾斜，两翼岩层向同一方向倾斜，倾角不等。其中一翼岩层为正常层序，另一翼岩层为倒转层序［图 2-14（c）］。

④ 平卧褶曲：轴面近于水平，两翼岩层产状近于水平重叠，一翼岩层为正常层序，另一翼岩层为倒转层序［图 2-14（d）］。

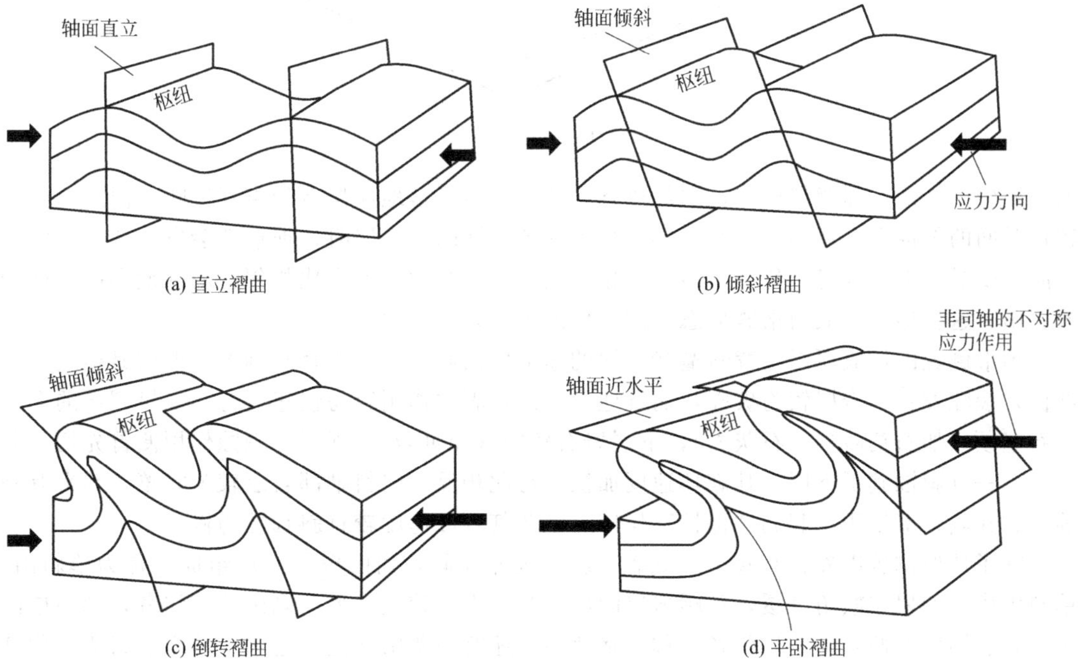

图 2-14　按轴面产状划分的褶曲类型

(2) 根据枢纽的产状，褶曲可分为以下两种

① 水平褶曲：枢纽近于水平延伸，整个褶曲沿着水平方向延伸，两翼岩层的走向线大致平行。可分为水平背斜和水平向斜。

② 倾伏褶曲：倾伏褶曲的枢纽呈倾斜状，整个褶曲向某一方向倾伏，两翼岩层同一走向线向褶曲倾伏方向汇合相交。可分为倾伏背斜和倾伏向斜。

(3) 根据长、宽的比率，褶曲可分为以下三种

① 线状褶曲：长为宽的 10 倍以上，常达数十倍。

② 短轴褶曲：长为宽的 3～10 倍。

③ 穹窿与盆地：长为宽的 3 倍以下。上凸者为穹窿，下凹者为盆地（图 2-15）。

三、褶皱的野外判识方法

在野外辨认褶皱时，最主要的是判断褶皱是否存在，区别背斜与向斜，并确定其形态特征。

在野外，如沿山区河谷或公路两侧，岩层的弯曲常直接暴露，背斜或向斜易于识别。在多数情况下，地面岩层呈倾斜状态，岩层弯曲的全貌并非一目了然。因此，正确判别背斜与向斜是一项基本技能。

首先应该知道，地形上的高低并不是判别背斜与向斜的标志。岩石变形之初，背斜为高

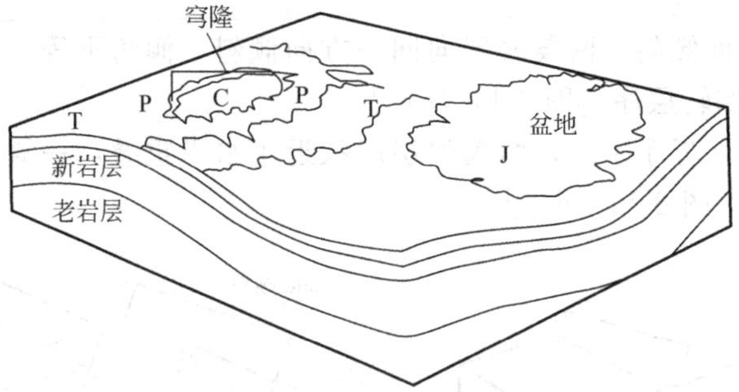

图 2-15　穹窿与盆地

地，向斜为低地，即背斜成山，向斜成谷。这时的地形是地质构造的直观反映。但是，经过较长时间的剥蚀后，特别是如其核部为很容易被剥蚀的软岩层时，地形就会发生变化，背斜可能会变成低地或沟谷，称为背斜谷。相应地，向斜的地形就会比相邻背斜的地形高，称为向斜山。这种地形高低与褶皱形态凸凹相反的现象，称为地形倒置。

地形倒置的形成原因是背斜遭受剥蚀的速度较向斜快。因为背斜轴部（即褶皱枢纽所在部位）裂隙发育，岩层较为破碎，而且地形突出，剥蚀作用容易快速进行。如果褶皱的上层岩石坚硬（如石英砂岩、石灰岩），下层岩石较弱（如页岩），强烈的剥蚀作用便首先切开其上层，一旦剥蚀到了下层，其破坏速度加快。与此相反，向斜轴部岩层较为完整，并常有剥蚀产物在其轴部堆积，起到“保护”作用，因此其剥蚀速度较背斜轴部为慢。

除了地形倒置以外，有些山岭既非背斜，也非向斜，而由单斜岩层组成，称为单斜山。单斜山中，如岩层倾角平缓，且顺岩层倾向一侧的山坡较缓，另一侧山坡较陡者，称为单面山，岩层倾角及两侧山坡均陡者，称为猪背岭。还有一些山岭是由近水平的岩层组成，称其为平顶山。

褶皱存在的标志是在沿倾向方向上相同年代的岩层作对称式重复出现。就背斜而言，核部岩层较两侧岩层为老；就向斜而言，核部岩层较两侧岩层为新。据此可以区分背斜与向斜。

在野外，除了观察褶皱的横剖面特点以外，常常还需要了解褶皱枢纽是否倾伏，并确定其倾伏方向。这时需沿同一时代岩层的走向进行追索，如果其走向呈弧形合围，表明褶皱枢纽倾伏，弧尖的指向就是背斜枢纽的倾伏方向，或者是向斜枢纽的昂起方向。如果褶皱的两翼岩层走向平行，表示褶皱枢纽呈水平状态。

了解褶皱的形成年代是研究褶皱的另一项任务。确定褶皱形成年代的基本原则是，褶皱的形成年代介于组成褶皱的最新岩层年代与未参与该褶皱的上覆沉积岩层的最老岩层年代之间。

四、研究褶皱的工程地质意义

褶皱构造普遍存在。无论是找矿、找地下水以及进行水利工程建设，都要对它进行研究。褶皱对油气和矿床的保存也有重要作用。宽阔和缓的背斜核部往往是油气储集的重要场所，许多层状矿体（如煤矿）常保存在向斜中，大规模地下水也常常储集在和缓的向斜中。根据褶皱两翼对称式重复的规律，在褶皱的一翼发现沉积矿层时，可以预测另一翼也有相应的矿层存在。此外，背斜轴部岩层容易断裂破碎；如果水库位于背斜轴部，就会留下漏水的隐患。破碎的岩层不坚固，工程建设应该避开这种构造部位。

如果从路线所处的地质构造条件来看，也可能是一个大的褶皱构造，但从工程所遇到的具体构造问题来说，则往往是一个一个的褶曲或者是大型褶曲构造的一部分。局部构成了整体，整体与局部存在着密切的联系，通过整体能更好地了解局部构造相互间的关系及其空间分布的来龙去脉。有了这种观点，对于了解某些构造问题在路线通过地带的分布情况，进而研究地质构造复杂地区路线的合理布局，无疑是重要的。

不论是背斜褶曲还是向斜褶曲，在褶曲的翼部遇到的，基本上是单斜构造，也就是倾斜岩层的产状与路线或隧道轴线走向的关系问题。倾斜岩层对建筑物的地基，一般来说，没有特殊不良的影响，但对于深路堑、挖方高边坡及隧道工程等，则需要根据具体情况作具体的分析。

对于深路堑和高边坡来说，路线垂直岩层走向，或路线与岩层走向平行但岩层倾向与边坡倾向相反时，只就岩层产状与路线走向的关系而言，对路基边坡的稳定性是有利的；不利的情况是路线走向与岩层的走向平行，边坡与岩层的倾向一致，特别在云母片岩、绿泥石片岩、滑石片岩、千枚岩等松软岩石分布地区，坡面容易发生风化剥蚀，产生严重碎落坍塌，对路基边坡及路基排水系统会造成经常性的危害；最不利的情况是路线与岩层走向平行，岩层倾向与路基边坡一致，而边坡的坡角大于岩层的倾角，特别在石灰岩、砂岩与黏土质页岩互层，且有地下水作用时，如路堑开挖过深，边坡过陡，或者由于开挖使软弱构造面暴露，都容易引起斜坡岩层发生大规模的顺层滑动，破坏路基稳定。

对于隧道工程来说，从褶曲的翼部通过一般是比较有利的。如果中间有松软岩层或软弱构造面时，则在顺倾向一侧的洞壁，有时会出现明显的偏压现象，甚至会导致支撑破坏，发生局部坍塌。

在褶曲构造的轴部，从岩层的产状来说，是岩层倾向发生显著变化的地方，就构造作用对岩层整体性的影响来说，又是岩层受应力作用最集中的地方，所以在褶曲构造的轴部，不论公路、隧道或桥梁工程，都容易遇到工程地质问题，主要是由于岩层破碎而产生的岩体稳定问题和向斜轴部地下水的问题。这些问题在隧道工程中往往显得更为突出，容易产生隧道塌顶和涌水现象，有时会严重影响正常施工。

第五节　断裂构造

自然界岩石受力后，当作用力超过其强度时，就产生断裂，使其连续性和完整性遇到破坏，这种岩石脆性变形的产物称为断裂构造。断裂构造可分为节理和断层两类。

一、节理

1. 节理的分布

在地质作用下，岩块发生一系列规则的断裂，但断裂面两侧岩块没有发生明显的位移，此断裂称为节理。节理的裂开面称为节理面。其走向与岩层走向可以平行、垂直或斜交，节理面的倾向与岩层的倾向可以一致或相反。节理的缝隙可以是空的，也可以被矿脉或岩脉（如方解石脉）所充填。

2. 节理的分类

（1）按成因可分为原生节理和次生节理

① 原生节理：是产生在成岩过程中的节理。如沉积成岩过程中因失水收缩而生成的节

理；岩浆冷凝收缩而生成的节理（如玄武岩的柱状节理）等。

② 次生节理：包括构造节理和非构造节理。构造节理由内动力作用所形成，分布极为广泛。非构造节理由外动力作用所形成，如塌陷节理等。次生节理多分布在地表或浅部，对地下水和工程建设影响较大。

（2）按力学性质，可分为张节理、剪节理

① 张节理：是在垂直于主张应力方向上发生张裂而形成的。张节理面一般不平直，裂面较粗糙，裂缝较宽，常被岩石或矿物脉充填（见附录图 23）。张节理是由张应力产生的破裂面，具有以下主要特征：

a. 张节理产状不甚稳定，一般延伸不远；

b. 张节理断面粗糙，凹凸不平，一般无擦痕；

c. 张节理开口较大，而且常被矿脉或其他物质充填成楔形、扁豆形；

d. 发育在砾岩或砂岩中的张节理常常绕砾石或粗砂粒而过；

e. 张节理有时呈不规则的树枝状、各种网络状，有时具一定的几何形态。

② 剪节理：是由剪切作用而形成的。剪节理面一般平直光滑，裂缝细小，延伸稳定（见附录图 24）。剪节理多成群出现，构成平行排列或雁行排列的节理组。剪节理是由剪应力产生的破裂面，具有以下主要特征：

a. 剪节理产状较稳定，沿走向和倾向延伸较远；

b. 剪节理断面较平直光滑，常见擦痕；

c. 剪节理两壁一般紧闭或壁距较小，较少被物质填充，如被填充，脉宽较为均匀，脉壁平直；

d. 发育在砾岩或砂岩中的剪节理，一般切割砾石；

e. 典型的剪节理常常构成共轭 X 型节理系，将岩石切成菱形或盘形，同组剪节理常常等距排列明显。

3. 研究节理的工程地质意义

岩体中的节理，在工程上除有利于开挖外，对岩体的强度和稳定性均有不利的影响。

岩体中存在节理，破坏了岩体的整体性，促进岩体风化速度，增强岩体的透水性，因而使岩体的强度及稳定性降低。当节理主要发育方向与路线走向平行，倾向与边坡一致时，不论岩体的产状如何，路堑边坡都容易发生崩塌等不稳定现象。在路基施工中，如果岩体存在节理，还会影响爆破作业的效果。所以，当节理有可能成为影响工程设计的重要因素时，应当对节理进行深入的调查研究，详细论证节理对岩体工程建筑条件的影响，采取相应措施，以保证建筑物的稳定和正常使用。

二、断层

岩石破裂，并且沿破裂面两侧的岩块有明显相对滑动移位者，称为断层。

1. 断层的几何要素

断层要素是指断层各个组成部分，用以研究和描述断层空间形态特征，主要包括断层面、断层线、断盘、断层位移等（图 2-16）。

① 断层面：断层面是指岩层断裂后发生位移的破裂面。断层面有的平坦光滑，有的粗糙，有的略呈波状起伏。断层面的走向、倾向与倾角，称为断层面的产状要素。有的断层的位移不是沿一个简单的面发生，而是沿着若干面组成的破裂带发生，这个带称为断层破碎带

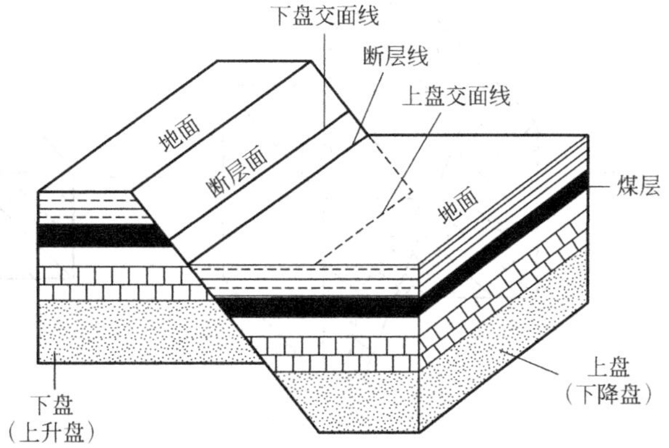

图 2-16　断层的几何要素

或破裂带。其破碎带内，往往充填有经过揉搓的大小不等、成分杂乱的岩石碎块。一般来说，断层规模越大，破碎带越宽，结构越复杂。

② 断盘：断盘是指断层面两侧相对位移的岩块（岩体）。位于断层面上方的岩块（岩体）叫上盘，位于断层面下方的岩块（岩体）叫下盘。上、下盘是发生相对位移的，相对往上位移的叫上升盘；相对往下位移的叫下降盘。显然，上、下盘均可以相对上升，也可以相对下降。如果断层面直立，就分不出上、下盘。如果岩块做水平滑动，就分不了上升盘和下降盘。

③ 断层线：断层线是指断层面与地表面的交线，也就是断层面在地表上的出露线，它大致反映了断层的延伸方向和延展规模。断层线可以是直线，也可以是曲线，其形态由断层面形态、断层面产状以及地形特征决定。

④ 交面线：交面线是指断层面与岩层面（一般为岩层底面）的交线。断层面与煤层底面的交线叫煤层交面线，又叫断煤交线。其中断层面与上盘煤层底面的交线叫上盘断煤交线，与下盘煤层底面的交线叫下盘断煤交线。交面线的形态决定于断层面和岩层面的形态，可以是两条直线或两条曲线，可以是两线平行或两线交叉或两线收敛合并消失。

⑤ 断距：断距是指断层两盘沿断层面相对移动开的距离。可分为：水平断距、铅直断距、地层断距等。

2. 断层命名

断层按断层两盘相对滑动方向，可分为以下三种。

① 正断层：正断层指上盘相对下降，下盘相对上升的断层（图 2-17）。

② 逆断层：逆断层指上盘相对上升，下盘相对下降的断层（图 2-18）。习惯上把断层面倾角大于 45°的逆断层叫逆冲断层；把倾角在 25°～45°之间的逆断层叫逆掩断层；把倾角小于 25°的逆断层叫辗掩断层。

③ 平移断层（平推断层）：平移断层指断层两盘沿断层面作水平方向相对位移的断层（图 2-19）。

3. 断层的组合形式

在自然界，断层往往不是孤立出现的，而是多条断层组合在一起，从而构成某些特殊的组合类型，常见的有地堑、地垒、阶梯状构造和叠瓦状构造。

（1）地堑　指由两条或两条以上倾向相对的正断层组成，致使中间岩块相对下降，两侧

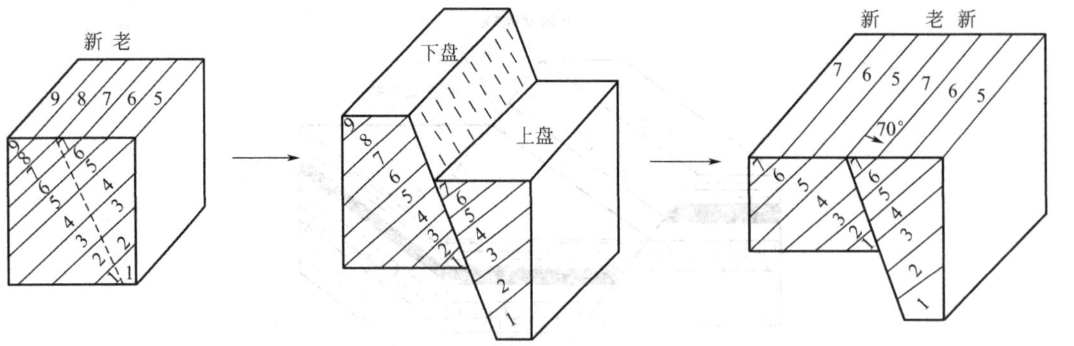

图 2-17 正断层

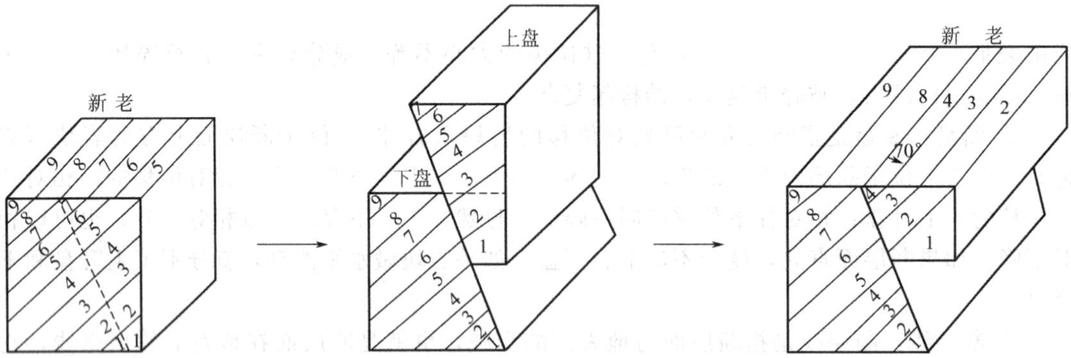

图 2-18 逆断层

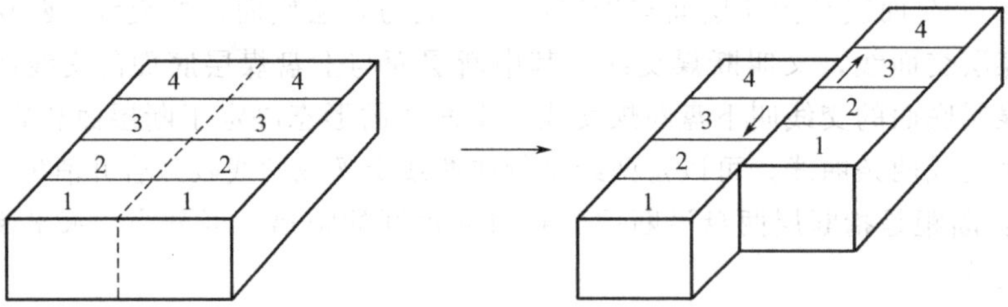

图 2-19 平移断层

岩块相对上升的组合类型（图 2-20）。如，山西的汾河及渭河河谷是地堑，称汾渭地堑。国外著名的有东非地堑、莱茵河谷地堑等。

（2）地垒 指由两条或两条以上倾向相背的正断层组成，致使中间岩块相对上升的组合类型（图 2-20）。例如，江西的庐山是地垒。

（3）阶梯状构造 指由两条或两条以上产状基本一致的正断层组成，致使上盘在剖面上呈阶梯状向同一方向依次下降的组合类型（图 2-21）。

（4）叠瓦状构造 指由两条或两条以上产状基本一致的逆断层组成，致使上盘在剖面上呈叠瓦状向同一方向依次上升的组合类型（图 2-22）。

4. 断层的野外识别

断层的存在，在许多情况下对工程建筑是不利的。为了采取措施，防止其对工程建筑物

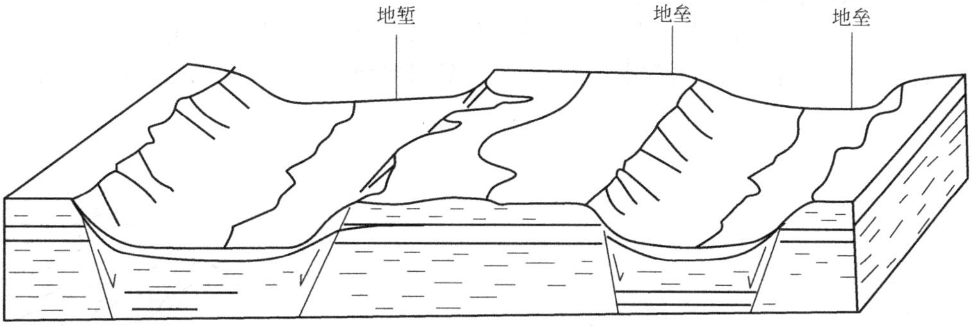

图 2-20　地垒与地堑

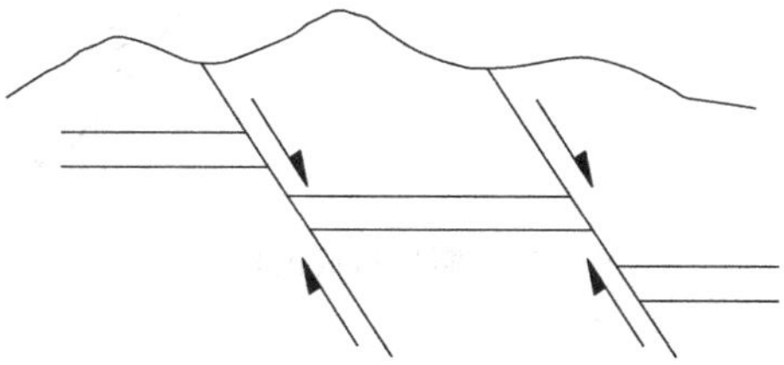

图 2-21　阶梯状构造

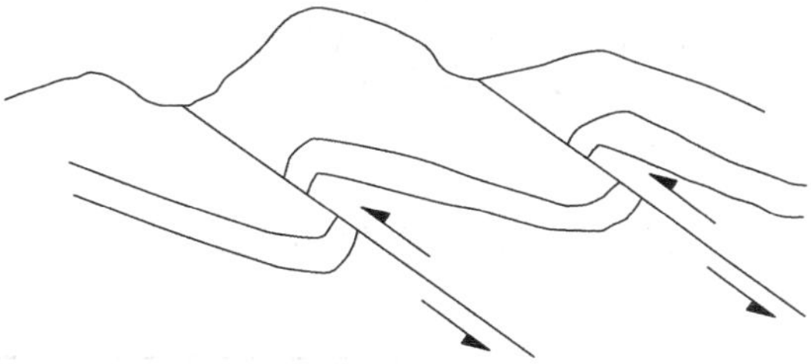

图 2-22　叠瓦状构造

的不良影响，首先必须识别断层的存在。当岩层发生断裂并形成断层后，不仅会改变原有地层的分布规律，还常在断层面及其相关部分形成各种伴生构造，并形成与断层构造有关的地貌现象。在野外可以根据这些标志来识别断层。

(1) 地貌特征　当断层（张性断裂或压性断裂）的断距较大时，上升盘的前缘可能形成陡峭的断层崖，如经剥蚀，则会形成断层三角面地形；断层破碎带岩石破碎，易于侵蚀下切，可能形成沟谷或峡谷地形。此外，如山脊错断、错开，河谷跌水瀑布，河谷方向发生突然转折等，很可能都是断裂错动在地貌上的反映。断层是地下水或矿液的通道，故沿断层延伸地带常能见到一系列泉水出露或矿化现象。在这些地方应特别注意观察，分析有无断层存在。

(2) 地层特征　如岩层发生重复（图 2-23）或缺失（图 2-24），岩脉被错断（图 2-25），或者岩层沿走向突然发生中断，与不同性质的岩层突然接触等地层方面的特征，则进一步说明断层存在的可能性很大。

(3) 断层的伴生构造现象　断层的伴生构造是断层在发生、发展过程中遗留下来的形迹。常见的有岩层牵引弯曲、断层角砾岩、断层糜棱岩、断层泥和断层擦痕等（图 2-26）。

断层面上平行而密集的沟纹，称为擦痕；平滑而光亮的表面，称为镜面。它们都是断层两侧岩块滑动摩擦所留下的痕迹。断层面上往往还有垂直于擦痕方向的小陡坎，其陡坡与缓坡连续过渡者，称为阶步。如果陡坡与缓坡不连续，其间有与缓坡方向大致平行的裂缝或有呈较大交角的裂缝隔开者，称为反阶步。它们都是岩块运动时受到阻力而产生的。擦痕、镜面、阶步、反阶步均是断层滑动的证据。擦痕的方向平行于岩块的运动方向。阶步中从缓坡到陡坡的方向（陡坡的倾向）指示上盘岩块的运动方向，反阶步中陡坡的倾斜方向指示本盘岩块的运动方向。

断层两侧的岩石在断裂时被破碎，碎块经胶结而成的岩石称为断层角砾岩与断层糜棱岩。前者碎块为棱角状，其大小不一，常见于正断层中；后者碎块圆滑，常呈拉长状、透镜状，乃至浑圆状，显示它们遭受过旋转摩擦与滚动，常见于逆断层或平移断层。因碎块来自断层两侧岩石，故仔细追索其中某种成分碎块的分布，有助于推断断层的动向。

断层泥指断层两侧岩石因断裂作用，先破碎后研磨而形成的泥状物质。常与断层糜棱岩共生。

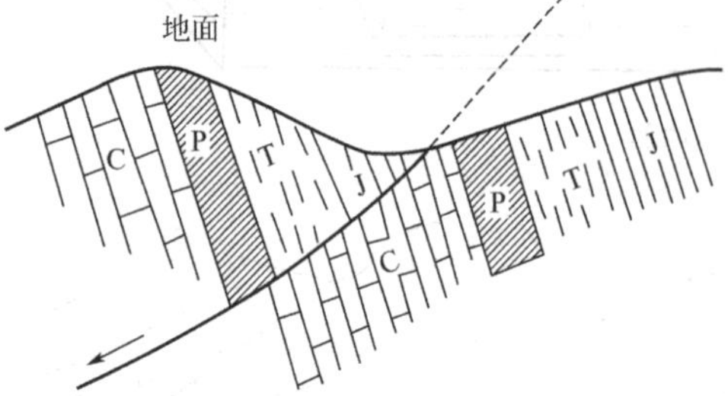

图 2-23 断层造成的地层重复

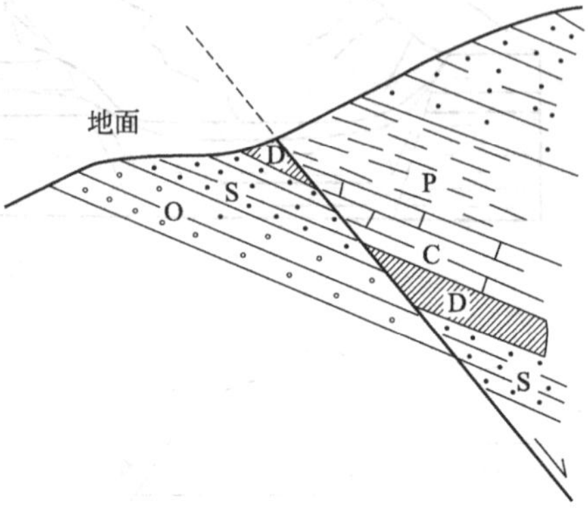

图 2-24 断层造成的地层缺失

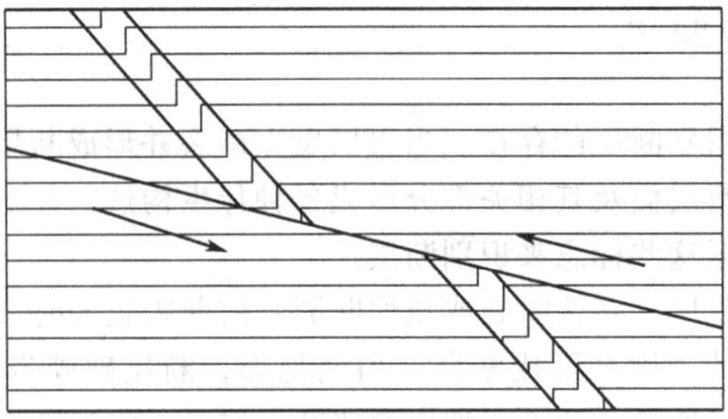
图 2-25 岩脉错断

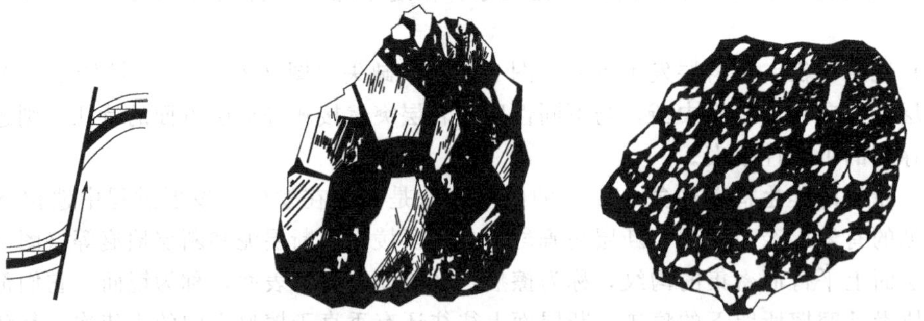
(a) 牵引弯曲 (b) 断层角砾岩 (c) 断层糜棱岩

图 2-26 断层的伴生构造

5. 研究断层的工程地质意义

研究断层对找矿、找地下水、找油气以及水利工程建设都非常重要。因为断层是矿液的通道，控制了矿体的形成和赋存部位；断层也可以破坏已形成的矿体，只有根据断层性质才能推断矿体的延续情况。断层也是地下水循环的通道，在断层带中常常有丰富的地下水赋存。在许多地区找水的成败就取决于是否能够找到晚近时期活动的断层。断层是油气运移富集的通道，勘探油气必须查明断裂构造。进行工程建筑时，必须对地基的断层情况进行详细了解，以确定较优的工程基地，确保工程的稳固性。由于岩层发生强烈的断裂变动，致使岩体裂隙增多、岩石破碎、风化严重、地下水发育，从而降低了岩石的强度和稳定性，对工程建筑造成了种种不利的影响。因此，在公路工程建设中，如确定路线布局、选择桥位和隧道位置时，要尽量避开大的断层破碎带。

第六节 地层的接触关系

一、地层的接触关系分类

地球在漫长的演化过程中经历的地壳运动在当地的地层中留下了物质记录。例如，在某一时期，某地的地壳连续下降，于是该地区不断接受沉积，就会形成一套连续沉积的地层；而在另一时期某地地壳发生上升运动，于是该地区遭受剥蚀，表现为缺失这一时期的地层；有时由于强烈的地壳运动，使原来大致水平的岩层变成倾斜、直立、甚至倒转。正因为存在上述情况，因此不同时代形成的地层彼此之间的接触关系也可分为三种：整合、假整合及不整合。

(1) 整合 新老两套地层彼此平行接触，它们之间是连续沉积，没有沉积间断［图 2-27（a）］。

(2) 假整合（平行不整合） 新老两套地层虽然是平行一致的，但它们之间并不是连续沉积，而曾有过或长或短的沉积间断，因此地层有或多或少的缺失。在老地层的顶面往往可以见到遭受风化剥蚀的痕迹，有的较明显，有时不十分明显。这表明在老地层形成以后，当地壳上升，因此而遭受到剥蚀。后来，地壳再度下降，在老地层的剥蚀面上沉积了新地层，在其底部常见砾岩及角砾岩［图 2-27（b）］。

(3) 不整合（角度不整合） 新老两套地层彼此不平行而有一交角，其间有明显的剥蚀面。这表明地层形成之后，曾经历较强的构造运动，以致岩层发生褶皱，并经受长期的剥蚀。后来，地壳又再度下降，在老地层的剥蚀面上又沉积了新地层［图 2-27（c）］。

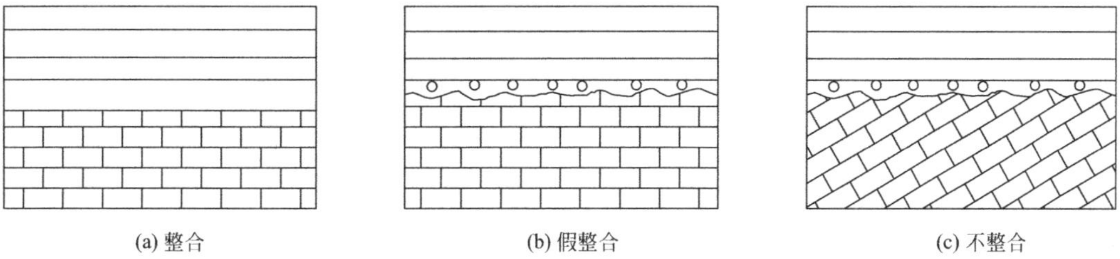

图 2-27 地层接触关系

二、不整合的工程地质评价

不整合接触中的不整合面，是下伏古地貌的剥蚀面，它一则常有比较大的起伏，同时常有风化层或底砾存在，层间结合差，地下水发育，当不整合面与斜坡倾向一致时，如开挖路基，经常会成为斜坡滑移的边界条件，对工程建筑不利。

重要术语

1. 化石 2. 走向 3. 倾向 4. 倾角 5. 褶皱 6. 节理 7. 断层 8. 向斜 9. 背斜 10. 地形倒置 11. 平顶山 12. 断层面 13. 正断层 14. 逆断层 15. 平移断层

复习思考题

1. 什么是地层层序律、生物层序律、切割律？
2. 简述地质年代表。
3. 岩层产状要素包括哪些？
4. 如何使用地质罗盘测定岩层产状要素？
5. 褶曲要素包括哪些方面？
6. 论述褶皱的工程地质意义。
7. 简述张节理和剪节理的特征。
8. 断层的几何要素包括哪些方面？
9. 断层的组合形式有哪些？
10. 论述断层的野外识别特征。
11. 论述断层的工程地质意义。
12. 如何理解断层的重复与缺失？
13. 地层的接触关系包括哪几个方面？

第三章　地形地貌

由于内、外力地质作用的长期进行，在地壳表面形成的各种不同成因、不同类型、不同规模的起伏形态称为地貌。地貌学是专门研究地壳表面各种起伏形态的形成、发展和空间分布规律的科学。随着地貌学的发展，地形和地貌两个词已被赋予了不同的含义。地形通常专指地表既成形态的某些外部特征，如高低起伏、坡度大小和空间分布等，它不涉及这些形态的地质结构，也不涉及这些形态的成因和发展。这些形态在地形图中以等高线表达，地形图通常反映的就是这方面的内容。地貌的含义则非常广泛，它不仅包括地表形态的全部外部特征，还包括运用地质动力学的观点，分析和研究这些形态的成因和发展。

地貌条件与许多工程项目，如公路、隧道等的建设与运营有着密切的关系。这些工程项目常穿越不同的地貌单元，经常会遇到各种不同的地貌问题。因此，地貌条件是评价各种工程构筑物的地质条件的重要内容之一。为了处理好各种工程地质条件，就必须学习和掌握一定的地貌知识。

第一节　构造地貌

构造地貌是主要由岩石圈构造运动造成的地表形态。由于它是地球内部物质运动的产物，所以也称为内营力地貌。

按构造地貌的规模，可将其分为三个等级。世界上最宏伟的构造地貌就是大陆与洋底，可将这最高一级称为全球构造地貌。第二级是大地构造地貌，指大陆上的褶皱山脉、大型拱起高原，以及洋底内部的洋中脊、海岭和深海平原等。第三级为地质构造地貌，指由断裂、褶皱和火山等作用造成的地貌。

一、大陆与洋底

一般来说，海岸线是陆、海的分界线。但是从固体地球表面形态起伏和地壳结构来看，陆地和洋底之间的浅海区为一过渡性的大陆边缘地带。图 3-1 示意了固体地球的表面积分配。下面分别对洋底、陆地和大陆边缘的基本形态和地壳特征作一阐述。

洋底是指水深一般超过 3000m 的大洋底部，全球洋底平均深达 3800m，面积约 $2.81\times10^{8}km^{2}$，占地球面积的 55%。洋底的地壳厚度很薄，一般仅 5～10km。洋底地壳（洋壳）是玄武岩质的，洋壳表面覆盖着薄层的深海沉积物，一般只有几百米，很少超过 1000m。有些地方玄武岩直接出露海底，是海底火山喷发或溢流的产物。大约在 2km 厚的玄武岩下面

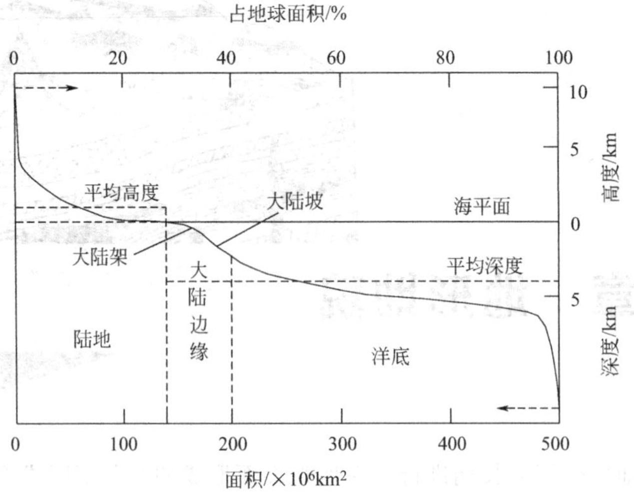

图 3-1 固体地球表面积分配

是更为基性的岩石，密度为 2.9，纵波传播速度为 6.7～7.0km/s。

陆地面积约 1.49×10^8 km²。占地球总面积的 29%，平均海拔约 850m。大陆地壳（陆壳）比洋壳厚，平原地区约在 35km 左右，大型山脉高原地区地壳可厚达 60～70km。陆壳除了近地表的沉积岩、变质岩和火山岩外，陆壳基础是花岗岩质的，主要是花岗闪长岩和闪长岩，密度为 2.7，纵波传播速度为 6km/s 左右。陆壳基部往往有一相对密度可达 3 左右、纵波传播速度可达 6.5～7.7km/s 的岩层，过去曾称为玄武岩质层，也可能是处于高压状态下的中、基性岩石。

大陆边缘是指陆地周围水深小于 3000m 的海底，呈带状围绕在大陆四周，面积约 81×10^6 km²，占地球总面积的 16%。大陆边缘的地壳具过渡性质，大部分地方接近陆壳，地壳厚度一般不足 30km。

总的来说，大陆、洋底的形态是和地壳性质及其厚度变化紧密联系的。与洋壳相比，陆壳密度小，二氧化硅含量大，厚度大，质轻。

二、海底的构造地貌

海底地貌可分洋底和大陆边缘两大部分，其中洋底又可分为大洋中脊和大洋盆地。它们的面积如表 3-1 所示。

表 3-1 洋底和大陆边缘的面积统计

海底地貌		面积/$\times10^6$km²	占海洋面积/%	占地球面积/%
洋底	大洋中脊	118.6	32.8	23.2
	大洋盆地	162.6	44.9	31.9
大陆边缘		80.7	22.3	15.9

1. 洋底构造地貌

洋底上覆深海沉积层很薄，基本上保持了原始构造地貌的特征。

(1) 洋中脊 洋中脊是一条纵贯世界各大洋的洋底山系，全长约 80000km。洋中脊顶部的平均海深在 2000～3000m 之间，个别的高点耸立在海平面之上，如大西洋北部的冰岛等。洋中脊宽度达 1000km 以上，甚至达到 1500km。可见洋中脊是地球上规模最大的山脉，比陆上的任何山脉规模都大。洋中脊高于大洋盆地 2000～3000m，两侧坡度平缓，与大洋盆地没有明显界线。洋中脊通常位于大洋的中部，但东太平洋海岭则在大洋东侧。

洋中脊顶部是一条顺洋中脊走向延伸的狭长槽谷，宽仅几十千米，相对深度可达 2000m。它是地球上规模最大的新生代玄武岩岩浆喷发溢流活动带，并伴有频繁的浅源地震，是地壳拉张作用的产物，称之为大洋中脊裂谷。大洋中脊裂谷并不是完全连续的，它是被许多直交的横向断层（横向破裂带）错开成不连续的段落。

(2) 大洋盆地　大洋盆地位于大洋中脊两侧，向外与大陆边缘相接。盆地与大洋中脊呈逐渐过渡的形式，但与大陆边缘连接处坡度往往突然变大，而且地壳的物质也明显不同。

大洋盆地是洋壳从大洋中脊向外迁移过程中形成的。这里岩浆活动微弱，缺少地震活动，从总体上看构造比较宁静。大洋盆地内部由多种成因的海岭和比较单调的深海平原组成。

2. 大陆边缘构造地貌

大陆边缘是陆地与洋底之间的过渡地带，海深在 0～3km。大陆边缘的地壳一般属陆壳性质，但厚度往往小于大陆内部的地壳。大陆边缘的宽度变化较大，太平洋东部南美洲西岸较窄，太平洋西部的东亚地区岛弧带之内却很宽。世界其他地方的大陆边缘约宽 200～300km。

(1) 稳定大陆边缘　稳定大陆边缘以大西洋两侧的美洲与欧洲、非洲大陆边缘比较典型，所以也称为大西洋型大陆边缘，此外也广泛出现在印度洋和北冰洋周围。

稳定大陆边缘没有活火山，也极少地震活动，反映了新生代构造运动相当平静的特点。但在中、新生代沉积下面的基底往往具有复杂的断块构造，表明这里过去曾经有过强烈构造活动。

(2) 活动大陆边缘　在太平洋周围广泛分布着活动大陆边缘，所以也称为太平洋型大陆边缘。此外大西洋的西印度群岛与南桑德威奇群岛，以及东印度洋边缘的马来半岛和巽他群岛等也属这种类型。活动大陆边缘是构造运动最强烈的板块边界，是世界上地震与活火山的主要集中地带，这里集中了全世界绝大部分的深源地震（震源深度达 700km）。同时还有频繁的中、浅源地震。靠大洋一侧震源深度较浅，靠陆地一侧较深，呈现为向陆地倾伏的斜面。毕乌夫（H. Benioff）指出这个斜面具有冲断层性质，现在通常把这个斜面称为毕乌夫带，它与地球表面的交切点位置正好落在海沟上。太平洋型大陆边缘又可分为以下两类：一类是由海沟和陆缘山脉组成的安第斯型大陆边缘，另一类是由海沟、火山岛弧和弧后盆地组成的东亚型大陆边缘。

三、陆地的构造地貌

陆地构造地貌的形成除了受新生代构造运动的制约外，也受到古老构造格局的影响，此外还受到复杂多样的外营力作用的破坏和改造。因此它与海底构造地貌很不相同。

1. 陆地构造地貌分区

陆地构造地貌反映了陆壳特有的漫长演变历史，新生代是它最重要的形成时期，但也有早期构造格局影响的痕迹。因为新生代构造活动往往继承了早期构造格局的一些特点。根据新生代板块运功特点，陆地上的大型构造地貌可分为板块边界构造活动带、板块内部构造活动带和板块内部稳定区三种区域的构造地貌。

(1) 板块边界构造活动带的构造地貌

① 新生代褶皱山带。欧亚板块与南侧非洲板块、印度洋板块的碰撞，形成了连绵的阿尔卑斯山脉和喜马拉雅山脉。这里构造活动强烈，有频繁的地震，某些地段近期还有火山活动。板块的碰撞也使岩层受强大水平挤压力，造成巨大的深断裂、逆冲断层、褶皱和倒转褶皱，使新生代地层可能被掩埋在古老地层之下，成为巨型褶皱推覆体构造山脉。在平面上山系常成弧形转折延展。其发展史也表明，在陆壳碰撞前，欧亚板块和非洲板块、印度洋板块之间曾有过大洋盆地，后来随着距离缩小，原来的洋盆就消失了。现在地中海还有残余的洋盆地壳构造，而喜马拉雅山区则因陆壳碰撞，使地壳厚度增到60～70km，同时也对青藏高原内部近东西走向的山脉和盆地的形成有重要的影响。

② 大陆裂谷带。位于非洲东部高原的大陆裂谷代表着陆壳受拉张作用正发展为新的板块边界构造活动带。地壳厚度一般不足30km，小于大陆地壳的平均厚度。东非裂谷带由中央的裂谷盆地和两侧相对应的断块山脉组成，地震显著，裂谷低地有火山喷发与熔岩溢流活动。这种大陆裂谷所在位置与大洋中脊的裂谷相同，都处于地球内部物质对流上涌的张裂地带上，所不同的是大陆裂谷产生于载有厚层陆壳的大陆区域，而大洋中脊裂谷产生于薄层洋壳区域。所以，大陆裂谷带也预示着新洋壳的生长，随着大陆裂谷进一步张开，一个新的狭窄的、构造上相当的大洋盆地将会诞生于两大陆之间。东非裂谷带北延的亚丁湾和红海，即是这种新生大洋盆地。性质上与东非裂谷相似的大陆裂谷，还有美国西部的加利福尼亚海湾，它正位于东太平洋海岭的延续方向上。

(2) 板块内部构造活动带的构造地貌 中、新生代陆壳板块内部因构造活动的不向，划分为板内活动带与板内稳定区。这里所指的板块内部构造活动带的构造地貌特征，包括以下两种表现。

① 褶皱块断山脉。陆地上许多巨大山系通常都属于这种构造地貌，如我国的天山、秦岭和祁连山，俄罗斯的乌拉尔山脉，北美洲的阿巴拉契亚山脉等。近来，不少学者认为，这些大型山脉曾是古生代板块边界构造活动带，因板块碰撞遭受强烈的挤压褶皱运动。中生代后期，特别是新生代后期又成为板块内部以块断运动为主伴有褶皱的强烈构造活动带，形成现代山脉。这些山脉通常由一些顺山脉走向的大断裂把它分成几个山带，例如我国境内的天山分为北、中、南3个山带，并通常有一些中、新生代的断裂盆地。山脉的边缘往往出现一些断裂褶皱成因的新生代山前带，呈低山丘陵形态。这类山脉由于经历了古生代以褶皱运动为主的板块碰撞阶段和中、新生代的板内块断活动阶段，所以称为褶皱块断山脉。

② 断块山与断陷谷。在古生代的板块内部稳定区，出于新生代的块断运动，形成有些以断块为主、有些以断陷谷为主的断块构造地貌。例如，我国的太行山、贺兰山和鲁西山地都是位于古板块内部稳定区内，由新生代断块运动造成的断块山脉；汾渭盆地是在这种条件下形成的新生代断陷谷，其中的汾河断陷完全在古板块内，而渭河断陷则在古板块边缘。断块山与断陷谷之间往往以阶梯状逐级递降，形成山麓带断块构造地貌，如贺兰山与银川平原之间、太行山与华北平原之间的山麓带，它们的内部结构往往复杂多样。

(3) 板块内部稳定区的构造地貌 板块内部稳定区长期以来构造宁静，新生代构造运动大多表现为大面积的拱起和拗陷。如果大面积的拱起区内缺少构造差异活动，经长期侵蚀形成高原或低山丘陵，形态单一，起伏不大。如鄂尔多斯高原与河西走廊以北的北山，以及江淮地区的张八岭等。但是，如果内部有一定的构造差异活动，地形起伏就较复杂。如四川盆地东部丘陵，就是板块内部稳定区内部因褶皱作用而成。大面积的拗陷区经长期堆积形成广阔的堆积平地，巨厚的松散沉积层掩盖了基底的构造，如华北平原。

2. 陆地构造地貌类型

按照构造成因，陆地构造地貌有山地、平原、高原和盆地等地貌类型。

(1) 山地　海拔在500m以上的低山、1000m以上的中山和3500m以上的高山分布地区称为山地。海拔小于500m、顶部浑圆、坡度较缓、坡脚不明显的低矮山丘群称为丘陵。

(2) 高原与平原　海拔高度在500m以上、面积大、顶部较为平坦或略有起伏的地区称为高原。世界最高的高原是青藏高原，海拔4000m以上；海拔低于200m、宽广平坦或略有起伏的地区称为平原。世界最大平原是亚马孙河平原，面积达$560\times10^4km^2$。

平原一般属堆积平原，即在构造沉降过程中不断有大量碎屑物从外围搬来堆积而成。

(3) 盆地　四周为山地或高原、中央低平的地区称为盆地。盆地是低于周围山地的相对负向地形，它和周围山地是同一构造成因的产物。

第二节　风化作用与坡地重力地貌

一、风化作用

岩石的风化是地表常见的一种自然地理过程，几乎到处都能发生。无论怎样坚硬的岩石一旦出露或接近地表，直接与水圈、大气圈、生物圈接触，在地表的物理和化学环境作用下，都会逐渐发生疏松、崩解和化学成分的改变，变成大小不等的岩屑和土层。在地表或接近地表的环境中，由于气温的变化、水和氧及二氧化碳的作用、生物的活动等，使岩石在原地受到机械破碎和化学分解的作用，称为风化作用。

通常把风化作用分为物理、化学和生物风化作用三种。因为生物风化对岩石的破坏效应，可以纳入物理的或化学的过程，所以，我们下面分物理风化与化学风化作用来论述。应当指出的是，各种风化作用彼此都是相关的。

1. 物理风化作用

物理风化作用是指岩石发生物理疏松崩解等机械破坏过程，一般不引起化学成分的改变。引起岩石崩解成碎屑，有以下几个方面的原因。

(1) 因岩石卸荷释重而引起的剥离作用　岩石卸荷释重而引起的剥离作用，是指形成于地壳深处的岩石，后来受到地壳运动的抬升，上覆的岩层逐步被蚀去，释放了原来变压的应力，由此引起岩体膨胀。当膨胀超过了弹性限度之后，岩石就会发生破裂而产生许多可见的裂隙或隐伏的纹理，称为卸荷裂隙。这种作用称为剥离作用，在花岗岩分布地区最为常见。

卸荷裂隙多发生在岩体表层，这种裂隙大致平行于地表，有人称其为席状节理。它的厚度从十几厘米到几米不等，深处厚度大，愈近地表裂隙愈薄、愈多。有时卸荷裂隙沿较陡的河谷谷坡发育，这是因河流深切，使岩体发生侧向应力释放的结果。

(2) 外来晶体在岩石裂隙中的挤压作用　存在于岩石裂隙中的水，在气温达到冰点凝固结冰时，体积膨胀，比原来增大9%左右。它对裂隙周边壁施加很大压力，使岩石裂隙加宽、加深。当冰融化时，水沿扩大了的裂隙向更深处渗入，再次冻结。如此反复进行，就好像劈木材的楔子，不断使裂隙加深加大，以致把岩石崩解成碎块，故这种冰胀作用也称为冰楔作用（图3-2）。冰楔作用对岩石的破坏，以气温日变化经常在0℃上下的亚寒带潮湿地区或高山顶部雪线附近最为显著。那里也常常散布着大量的风化岩屑碎片。

岩石裂隙中的水，常常溶解着大量的矿物质，一旦水分蒸发，溶液浓度逐渐达到饱和，便结晶成盐类。这时体积增大，产生膨胀压力，也可以使岩石迅速崩解。地表上纯净的雨水

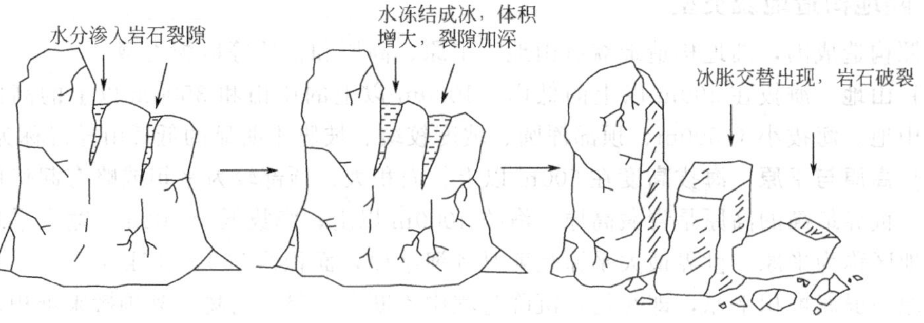
水分渗入岩石裂隙
水冻结成冰，体积
增大，裂隙加深
冰胀交替出现，岩石破裂

图 3-2 冰楔作用示意图

是不存在的，任何雨水都是含有溶解质的水溶液，特别在污染严重的大城市和工业区，雨水常常形成稀薄的酸雨，它对石灰岩、大理石建筑物有强烈的腐蚀作用，发生化学反应成石膏。而石膏的结晶作用，使岩石薄片状崩解下来，这种作用应属于机械风化作用，但它又是化学作用的反映。美国国家标准局曾进行过有趣的冻融破坏与盐分结晶破坏的对比试验，如果把一块花岗岩，经过 5000 次反复冻结和融解，岩石才发生微小的崩解现象。但是同样的花岗岩块浸泡在饱和的硫酸钠溶液中 17h，然后在 105℃的温度下干燥 7h，如此反复进行 42 次，花岗岩便发生崩解。这是出于蒸发促使水溶液过饱和，受盐类的结晶产生的破坏作用。

(3) 因温度变化而引起岩石体积发生膨胀与收缩作用 因温差变化，致使岩石体积膨胀收缩而引起岩石的破坏，主要是温度变化的速度，而不在于温度变化的幅度。温度变化愈快，岩石破坏也愈迅速，所以受日温差影响较大，年温差影响小。在干旱、半干旱沙漠地区，岩石表面的温度可超过 60℃，那里岩石的物理风化作用最强烈。岩石白天在太阳照射下，由于比热小，表层很快灼热增温，产生热力膨胀，但是岩石又是热的不良导体，岩石表层以下增温很慢，在岩石表层与其下层之间使出现了极大的瞬时温控（在深达 1～2m 之内，有时可相差数十度），由于岩石表层与下层热应力引起的膨胀变形量不同，因而产生了它们之间的张应力差别。夜间正相反，表层散热快，迅速发生体积收缩，下层散热慢，还大体保持原来的体积，两者之间不同步变形。日久天长，岩石经过张应力、压应力频繁作用，加之岩石是脆性团体，一旦超过岩石的强度极限，岩石就会产生许多风化裂隙。这些大致与表面平行的裂隙，使岩石表面发生层状剥落。当它与垂直裂隙组合在一起时，会使岩石发生块状崩解（图 3-3）。

岩石是矿物的集合体。各种矿物的热力膨胀系数不同，如在 50℃时，长石的膨胀系数是 1.7×10^{3}，石英为 3.53×10^{3}，角闪石为 2.84×10^{3}。即使是由单一矿物组成的岩石，其各方向的膨胀系数也都不同。如石英、长石等晶体沿某些晶轴方向的线膨胀系数为其他晶轴方向的 20 倍，再加上矿物之间颗粒大小、颜色深浅的不同，当日温差发生剧烈的变化时，各种矿物膨胀变形量不同，削弱了彼此之间的凝聚力，它们就逐步崩解为松散状态的矿物颗粒或岩屑。

在沙漠旅行过的人，到了夜晚可以听到石头因热力崩解破裂而发生的爆裂声，有人也曾直接观察到沙漠中大块石英岩或砾石发生裂开的现象。但是令人奇怪的是，在实验室中还没有人做出过纯粹因热力作用会使岩石发生崩解的满意结果来。有人用 $49cm^3$ 的花岗岩块，加热到 142℃，然后降温冷却到 30℃，以 15min 为一次计，共进行了 89400 次反复试验（亦即相当于 244 年的昼夜温度变化）之后，发现即使在显微镜下，岩石仍无任何变化。后来改变

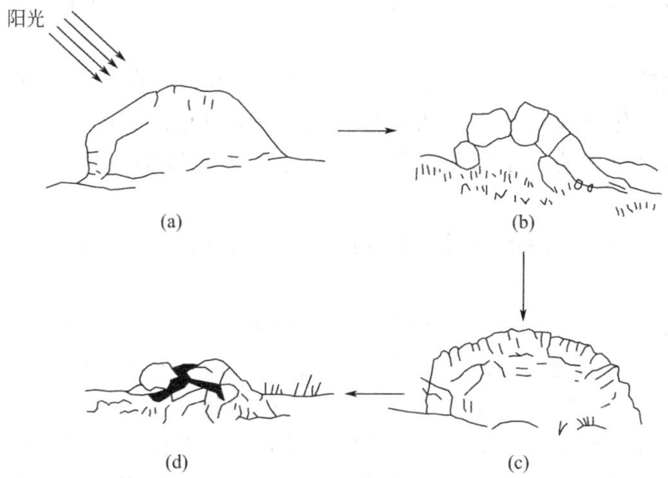

图 3-3　温差变化引起的岩石膨胀崩解示意图

实验方法，当岩石降温冷却时，立即在表面浇上冷水，这样经过 10 天试验（亦即相当 25 年）之后，岩石发生碎裂。试验结果有力的证明了：岩石发生热力崩解碎裂是水参与的结果。有的研究者认为，即使在日温差很大的干旱、半干旱地区，水分（特别是凝结水）所起的化学风化作用，也是引起岩石破坏的重要原因。化学风化先破坏了岩石的结构，才使机械风化作用发展。

在具有等粒结构的厚层砂岩或岩浆岩地区，风化过程常由节理先把岩石分割成块状，而后的物理风化特别集中在节理的棱角部位，因这些部位岩石的温差变化最大且最迅速所以最易受剥落。棱角的逐渐剥落使石块圆化而形成石蛋地形。在岩浆岩地区由于物理与化学风化综合作用的结果，可以使岩块呈同心圆状薄层脱落，这种现象称之为球状风化（附录图 25）。

(4) 生物活动对岩石机械风化作用的影响　树根沿岩石裂隙生长，楔入岩隙，扩展裂隙，把岩石挤开，这种作用称为根劈作用（附录图 26）。植物的支根、须根等细小根系，可以在岩石裂隙中盘根错节，甚至深入到极细的裂隙中去，使岩石加速破坏。生活在地下的大小动物，往往把地下的土层、岩屑翻到地面上来，有人估算，在热带约 $4.05\times10^3m^2$ 可以有 15 万个蚯蚓等各种小动物，每年能够翻土 10～15t。也有人描述过非洲荒漠草原的蚂蚁，到处修筑高大巢穴，形成一种特殊的微地貌。因此，如果以地质年代来衡量，生物活动的机械破坏力量也是不可忽视的。

2. 化学风化作用

位于地表的岩石在水、大气、生物的相互作用下发生氧化、溶解、水解、水化等一系列化学反应，因而改变了岩石的物理性质和化学成分，甚至形成新的矿物，破坏了原来的岩石结构，使岩石疏松甚至逐渐变成松散的土层，这种作用称为化学风化作用。

在地下高温、高压条件下形成的岩石、当它逐渐接近或暴露出地表，也会因发生散热的化学反应而风化，产生具有低密度和较大体积的新化合物。所以，化学风化作用同样可以看作是岩石为了适应地表常温、常压新环境而改变化学成分和性质的一种过程。如按矿物化学风化难易的次序排列成风化序列，发现风化序列与矿物在岩浆中的结晶顺序相对应。结晶时温度的高低，与化学风化的难易有极密切的关系，以硅酸盐矿物为例，最先结晶的高温矿物如橄榄石，最易风化；其次是比较低温结晶的矿物如长石，化学风化较慢；最后结晶的是石英，它抵抗化学风化能力最强。岩石经过长期化学风化后，其他矿物已逐步被风化分解，最后残存石英颗粒形成石英砂。石英砂不仅物理、化学性质稳定，而且也耐腐蚀，故在河床、海滩和沙漠中大量富集。

影响化学风化的因素很多. 最重要的是水、大气和温度。水是地表化学风化过程中最活跃的因素，没有水，化学风化几乎无法进行。大气中的 O_2、CO_2等也与岩石发生活跃的化学风化作用。温度可以加速化学风化过程，据测定，当温度提高 10℃，水解化学反应可以加快 2～2.5 倍。

化学风化作用可以分为溶解作用、水解作用、水化作用、碳酸盐化作用、氧化作用、生物化学风化作用等许多过程。

(1) 溶解作用 溶解作用指水对矿物的直接溶解。溶解的速度虽然很慢，但在很长时间的作用下，许多难溶的矿物也能逐渐被溶解，随后渗入地下而成为壤中水和泉水的化学成分，实测得地下水中的溶解物质要比一般的雨水中的含量大大增加。由于各种矿物的化学性质不同，它们的溶解速度也不一样。常见的造岩矿物，按其溶解度的大小排列顺序如下：岩盐＞石膏＞方解石＞橄榄石＞辉石＞角闪石＞滑石＞蛇纹石＞绿帘石＞长石＞黑云母＞白云母＞石英。因此，溶解作用对于由方解石、石膏、岩盐等易溶性矿物组成的岩体破坏性很大。

溶解度愈大的矿物，愈易被水溶解淋滤带走。溶解作用即使在半干旱地区也是存在的。地下水溶解了易溶的盐类，流到低洼处，由于蒸发作用，盐类被沉淀下来，形成碱地、盐滩或盐湖。化学性质稳定、难溶解的矿物残留在原地，成为残积物。出于溶解作用增加了岩石的孔隙，破坏了岩石的结构，削弱了岩石抵抗风化的能力，有利于物理风化的进行。

(2) 水解作用 水解作用是指矿物与水发生反应而分解的作用。纯水是中性的，存在游离的 H^+ 和 OH^- 离子。它们能使一些弱酸强碱或强酸弱碱的盐类矿物，在水中出现离解，其离子能和水中的 H^+ 和 OH^- 结合产生新的矿物。

陆壳中花岗岩分布最广。所以，长石的水解反应也是地表最普遍的化学风化作用。

正长石水解反应化学方程式如下

$$\underset{\text{正长石}}{K_2O\cdot Al_2O_3\cdot 6SiO_2}+3H_2O\longrightarrow \underset{\text{高岭土}}{Al_2O_3\cdot 2SiO_2\cdot 2H_2O}+2KOH+4SiO_2$$

在热带、亚热带气候条件下，二氧化硅常常呈胶体状态，它和氢氧化钾一起随水逐渐流失，而次生物高岭土则残留在原地。

(3) 水化作用 水化作用是指水与一些不含水的矿物相化合，水参与到矿物的晶格中去，改变了原来矿物的分子结构，形成新的矿物。如硬石膏经水化作用形成石膏。

$$\underset{\text{硬石膏}}{CaSO_4}+2H_2O\longrightarrow \underset{\text{石　膏}}{CaSO_4\cdot 2H_2O}$$

水化作用的结果，不仅使其物理性质有很大改变，如硬度变小、密度降低等，而且引起体积膨胀。如硬石膏水化成石膏后，体积要膨胀 30%，从而加速了岩石的物理崩解。正长石风化形成黏土的水解作用，再加上黏土矿物水化作用引起的体积膨胀，也是花岗岩发生风化崩解的重要原因。花岗岩经风化后，形成由石英颗粒及长石组成的强度很低的风化物，被称为腐花岗岩。

有些黏土矿物视其环境潮湿程度，可以反复发生水化与失水作用。雨后吸收水分，体积膨胀呈可塑状态，气候干燥时又失水，体积收缩形成非常坚硬的黏土，并且产生龟裂。这种“膨润黏土”常常给工农业生产建设带来许多麻烦。

(4) 碳酸盐化作用 雨水从大气中溶解了相当多的 CO_2，所以导致带酸性。当水分渗入地下，从植物的腐殖酸中获得更多的 CO_2。碳酸与岩石中的金属离子发生反应形成碳酸盐，这种作用称之为碳酸盐化作用。参加反应的金属离子主要从硅酸盐矿物分解而来。例如正长石经过水解作用后，可产生氢氧化钾，如与碳酸相遇，即可产生易溶的碳酸钾随水流失。析出的 SiO_2 呈胶体状，也随水流失，部分形成蛋白石。残留的是难溶的高岭石，其化学反应为

$$\underset{\text{正长石}}{2KAlSi_3O_8} + 2H_2O + CO_2 \longrightarrow \underset{\text{高岭石}}{H_4Al_2Si_2O_9} + K_2CO_3 + 4SiO_2$$

碳酸盐化反应在石灰岩地区最为明显。构成石灰岩的主要矿物成分是方解石（$CaCO_3$），它在纯水中溶解速度较慢，但在含碳酸的水溶液中，就能发生快速反应

$$\underset{\text{方解石}}{CaCO_3} + H_2O + CO_2 \longrightarrow \underset{\text{重碳酸钙}}{Ca(HCO_3)_2}$$

上式中的重碳酸钙，在水中要较碳酸钙易溶 30 倍，所以使石灰岩能够迅速溶解，以致形成地上和地下的各种喀斯特地貌。

大多数石灰岩都含有某些不易溶解的杂质，例如黏土和石英砂等。当石灰岩被充分溶解后，残余杂质就在原地堆积，其中铁质矿物成分因氧化而变成红色，所以很多石灰岩溶蚀洼地中都有红色黏土堆积。

（5）氧化作用 氧是强烈的氧化剂。它经常是在水与水汽的参与之下，通过空气和水中游离氧进行氧化作用。温度愈高，氧化作用愈强。许多变价元素在地下缺氧条件下常常形成低价元素的矿物，出露到地表后在氧化环境下，这些低价元素矿物极不稳定，容易氧化为高价元素的新矿物，以适应新的环境。在自然界容易氧化的元素大多是金属元素，尤其是铁元素的氧化最常见。

如黄铁矿经氧化形成褐铁矿

$$\underset{\text{黄铁矿}}{2FeS_2} + 7O_2 + 2H_2O \longrightarrow \underset{\text{硫酸亚铁}}{2FeSO_4} + 2H_2SO_4$$

$$12FeSO_4 + 3O_2 + 6H_2O \longrightarrow \underset{\text{硫酸铁}}{4Fe_2(SO_4)_3} + \underset{\text{褐铁矿}}{4Fe(OH)_3}$$

$$Fe_2(SO_4)_3 + 6H_2O \longrightarrow 2Fe(OH)_3 + 3H_2SO_4$$

黄铁矿是内生的低价的硫化铁，在地表条件下被氧化，逐步形成高价的硫酸铁。再由于水解作用形成不易溶解的氢氧化铁（褐铁矿）残留在原地。氧化产生出具有较大腐蚀性的硫酸（H_2SO_4），它又可以进一步引起其他矿物的腐蚀。由于铁是地表分布最广的元素之一，褐铁矿呈黄褐至棕红色，所以，经氧化作用的岩石表面或风化产物，也都被染成黄褐至棕红色；或者随水下渗，在岩石表层形成同心圆状并染成黄褐色的风化轮，以砂岩最明显。

只有位于地下水面以上的岩层，氧化作用才能强烈进行。如岩层长期位于地下水面以下，几乎所有孔隙都被不大流动的地下水充满，游离氧很少，氧化作用就很难进行。前者称氧化环境，后者称还原环境。长期位于地下水面以下的黏土，其孔隙中的水缺少游离氧，处于还原环境中，黏土多呈灰蓝色，一旦出露水面以上，与空气接触，黏土中的铁与空气中的氧发生氧化作用，则很快变成黄褐或红褐色。

（6）生物化学风化作用 生物在新陈代谢过程中分泌出各种化合物，如碳酸、硝酸和各种有机酸等，它们对岩石起着强烈的腐蚀作用，甚至在岩石表面溶蚀成许多根的印痕。有人做过试验，将 1g 正长石放入含有 10%腐殖酸的氨水溶液中，经过 64.5h，正长石就全部分

解。生物化学风化作用中微生物的作用尤为重要，它们无孔不入，甚至在云母解理面中也有细菌。有的吸收空气小的氮制造硝酸；有的吸收空气中二氧化碳制造碳酸；有的吸收硫化物制造硫酸。事实上，矿物的氧化、还原作用都是在微生物参与下进行的。如铁细菌促使亚铁盐变成高价铁盐

$$4FeCO_3 + O_2 + 6H_2O \xrightarrow{\text{铁细菌作用}} \underset{\text{褐铁矿}}{4Fe(OH)_3} + 4CO_2$$

应该指出，化学风化作用实际上是多种方式的综合作用过程，以某种单一方式的化学风化在自然界是比较少见的。就是物理风化作用与化学风化作用，在自然界也是紧密联系在一起的。物理风化作用使岩石疏松崩解，加大孔隙度，有利于空气、水分和微生物的侵入。例如把一组原生泥质页岩试块和另一组同一地层中受到过构造与物理疏松的岩体试块，同时浸泡在蒸馏水中，前一组经过几个月的时间也无明显的变化，而后一组试块经过几天时间，甚至经过几个小时便全部崩解于水中，说明了岩石结构的破坏对风化速度有很大的影响。同时，由于岩石的机械崩解，使岩石表面积增大，化学风化作用也随之扩大和增强，可见物理风化作用促进了化学风化的进行。化学风化不仅使岩石性质改变，也使岩石的结构发生变化，减弱矿物之间的聚结力，有利于物理风化的进行。事实上，岩石经物理风化后，其碎屑的最小粒径一般在0.02mm左右，而化学风化则进一步使颗粒分解变细，直到形成胶体溶液和真溶液。从这个意义来讲，化学风化作用也是物理风化作用的继续和深入。

二、坡地重力地貌

重力地貌是指坡面上的风化碎屑、不稳定岩体、土体主要在重力并常有一定水分参与作用下，以单个落石、碎屑流或整块土体、岩体沿坡向下运动所导致的一系列独特的地貌。由于坡地重力所移动的物质多系块体形式，故也称为块体运动。块体运动常常是突然发生，给人们带来很大灾害。特别在山区，无论是交通、厂矿、城镇或是大型水利枢纽建设都会遇到这个问题。我国是多山之国，山地丘陵和高原的面积占三分之二，更应注意坡地重力地貌的研究。

使坡地物质发生运动的自然营力，除自身的重力外，还受水、冰雪、风、生物、地震以及人为等因素的影响。其中最主要的自然营力是重力和水。

发生在坡地上的块体运动，按其作用营力和运动过程，大体可以划分为蠕动、崩塌、滑坡等类型。

(1) 蠕动 蠕动主要是指土层、岩层和它们的风化碎屑物质在重力作用控制下，顺坡向下发生的十分缓慢的移动现象。移动的速度每年小的只有若干毫米，大的可达几十厘米。由于它的运动过程十分缓慢，一时不易觉察出来。经过长期的积累，其变形量也是很可观的。如果不加重视，也会给生产和建设带来危害。小则使电线杆倾倒、围墙扭裂；大则使厂房破裂，地下管道扭断。根据蠕动的规模和性质，可以将蠕动划分为两大类型：即疏松碎屑物的蠕动与基岩岩层蠕动。

① 疏松碎屑物的蠕动（土屑或岩屑蠕动）。斜坡上松散碎屑或表层土粒，由于冷热、干湿变化而引起体积胀缩，并在重力作用下常常发生缓慢的顺坡向下移动。

引起松散土粒或岩屑蠕动的主要因素有以下几点。

a. 较强的温差变化和干湿变化（包括冻融过程）。在温湿地区主要是因温差变化或干湿变化引起土粒或岩屑发生胀缩。膨胀时碎屑颗粒垂直于斜坡方向上抬，收缩下落时却是沿重

力方向直落而下。每次胀缩都使土粒或岩屑从斜坡上原来位置向下移动一小段距离。日积月累，可以观察到明显的蠕动现象。此外，当土粒体积膨胀时，会发生相互挤压，某些颗粒可以被挤出原来位置，当再收缩下落时，也能发生沿坡向下的蠕动。有时当颗粒体积收缩时，土粒之间如有孔隙，使上部土粒失去支撑，也引起向下蠕动（图 3-4）。

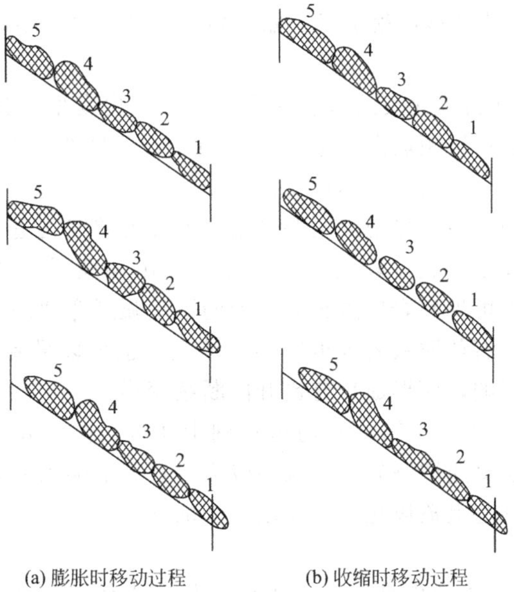

图 3-4　斜坡碎屑热胀冷缩时移动示意图

在寒冷地区，冻融作用是引起土屑或岩屑蠕动的主要因素。其蠕动过程如图 3-5 所示，CD 为地面冻结膨胀的位置，颗粒 M 随冻结膨胀抬升到 M'，解冻时地面恢复到原来位置 AB 面，但碎屑颗粒因受到重力顺坡分力的作用，由 M' 下移到 M'' 的位置。经过这样一次冻融作用，颗粒下移一段距离。如此反复进行，土粒将不断顺坡向下蠕动。

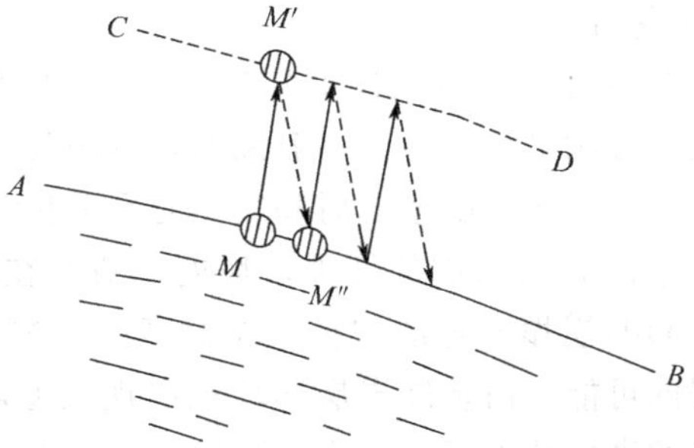

图 3-5　地面冻融交替引起颗粒顺坡下移

AB—冻结前地面；CD—冻结膨胀隆起地面；M—冻结前土粒位置；
M'—冻胀后土粒位置；M''—解冻后土粒因重力作用下移的位置

b. 一定的黏土含量。碎屑中黏土含量越多，蠕动现象越明显。干湿变化对岩块碎屑体积胀缩的影响是微小的，而对黏土的影响特别大，如黏土层中含水 50%，则体积膨胀系数可达 4.5%。塑性指数较高的膨润黏土影响则更大。

c. 一定的坡度。蠕动虽然可以出现在各种坡度的坡面上，但以在25°～30°左右的坡地上最明显。因为大于30°的坡地上，黏土和水分不易保存，碎屑物也较少。而小于25°的坡地上，重力影响又不那么明显，蠕动现象也就微弱了。

除此之外，蠕动还受到植物的摇动、动物践踏以及人类活动等因素的影响。

疏松土层或岩屑的蠕动速度，一般来说接近地表处最大，随深度增加而迅速减小。在温带地区地表20cm的深处就已显得很小了。如果黏土含量很多，则影响的深度有时可以达到1～2m。

② 基岩岩层蠕动。暴露于地表的岩层在重力作用下也发生十分缓慢的蠕动。蠕动的结果使岩层上部及其风化碎屑层顺坡向下呈弧形弯曲。岩层虽然发生弯曲，但并不扰乱层序，甚至在蠕动了的碎屑层中，层次都依然可见。

引起岩层蠕动的原因，在湿热地区主要是由于湿和温差变化造成，在寒冷地区是由冻融作用所致。岩层蠕动多发生在坡度较陡（35°～45°），由柔性层状岩石如千枚岩组成的山坡上作用特别显著，在那里可见到岩层露头完整地向下呈弧形弯曲的连续变形现象。有时在刚性岩层如薄层状石英岩、石英质灰岩等组成的山坡上，也可以见到岩层向下弯曲蠕动现象，不过这时岩层因受节理影响，而形成稍有错开的断续变形。

岩层蠕动的深度，一般小于5m，有时可达到十几米。在一般情况下，当岩层较薄，岩性较软，坡度很大，岩层呈逆坡倾斜，且倾角较大时，岩层蠕动的深度也较大。在有利的条件下，可以看到岩层蠕动与上覆风化土被蠕动叠加的现象。

(2) 崩塌

① 崩塌的特征。在陡峻的山坡上，巨大的岩体、土体或碎屑层，主要在重力作用下，常常突然发生沿坡向下急剧倾倒、崩落现象，在坡脚处形成倒石堆或岩屑堆。这种现象称为崩塌。

崩塌的运动速度很快，有时可以达到自由落体的速度。崩塌的体积可以从小于1m^{3}直到若干亿立方米。如川藏公路1968年发生的拉月大崩塌，就是600m厚的岩层发生崩塌。崩塌下落后，崩塌体各部分相对位置完全打乱，大小混杂，形成较大石块相对翻滚较远的倒石堆（岩屑堆）。

② 崩塌形成的条件和触发因素。

a. 崩塌的形成条件。形成崩塌的基本条件主要有地貌、地质和气候条件等。

地貌条件中坡度对崩塌的影响最为明显。一般说来，由松散碎屑组成的坡地，当坡度超过它的休止角时则可出现崩塌。事实上由于岩屑基底面的不平和细小碎屑的镶嵌，要在更陡的坡度上才能发生崩塌。由坚硬岩石组成的坡地，坡度一般要在50°以上时才能出现崩塌。另外，坡地的相对高度直接影响崩塌发育的规模。相对高度超过40m以上由松散的物质组成的陡坡，有出现大型崩塌的可能。由坚硬岩层的坡地出现大型崩塌则需要有更大的高度。因此，大型崩塌主要在深切的高山峡谷区，濒临海蚀崖、湖蚀崖的山坡，或临近骤受水侵的水库库岸的山坡等地貌部位。那里因河流、波浪不断侵蚀切割坡脚而引起崩塌。

地质条件主要是指岩性结构和构造。有些同一类岩石，由于岩性结构不同，它们的休止角有差异。例如同为黄土，原生黄土结构较致密，须有50°以上的坡度才能出现崩塌；而次生黄土结构较疏松，一般在30°左右就能发生崩塌。某些岩性结构致密又无裂隙的完整基岩，即使在坡度很陡的情况下可能仍不发生崩塌，反之岩性结构疏松、破碎的岩石就容易发生崩塌。

岩层结构（包括断层面、节理面、层面、片理面等）及其组合方式是发生崩塌的另一个重要条件。当岩层层面或节理面的倾向与坡向一致，倾角较大，又有临空面的情况下，最容易发生崩塌（图 3-6）。

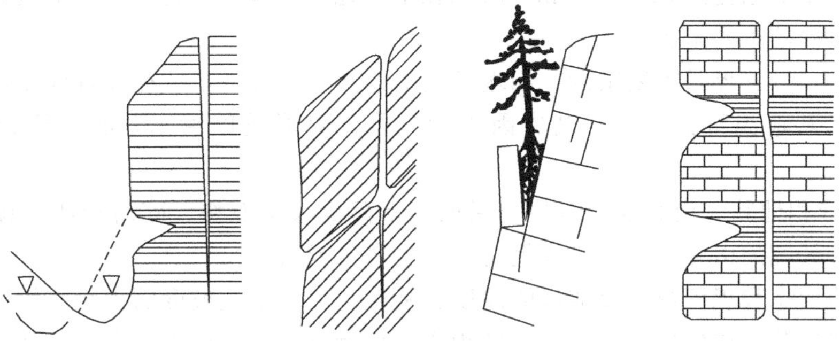

(a) 河流侧蚀作用　(b) 节理作用　(c) 植物根劈作用　(d) 软硬岩互层

图 3-6　可能形成崩塌情况的示意图

从气候条件论，在一些日温差、年温差较大的干旱、半干旱地区，强烈的物理风化作用促使岩石风化破碎，以致产生崩塌。如兰新铁路及宝成铁路一些新开挖的路堑，仅四五年时间，路堑边坡新鲜的岩石就遭到强烈的风化而产生崩塌。在软岩硬岩互层地区，差别风化使软弱易风化的岩层形成缓坡或凹坡，硬岩因耐风化多形成为陡壁或悬崖，这里也容易发生崩塌。在一些高山或高纬度地区，冻融过程强烈，特别在初冬和早春季节，陡坎上常见崩塌现象。

b. 引起崩塌的触发因素。暴雨、强烈的融冰化雪、爆破、地震及人工开挖坡脚等等是引起崩塌的触发因素。很多崩塌发生在暴雨时或暴雨后不久。暴雨增加了岩体负荷，破坏了岩体结构，软化了黏土夹层，降低了岩体之间的凝聚力，加大下滑力并使上覆岩块失去支撑而引起崩塌。地震以及不适当的大爆破施工也是引起崩塌的强烈的触发因素。它破坏了岩体的结构，加大下滑力，能使原来不具备崩塌条件的山坡发生崩塌。人工过分开挖边坡坡脚，改变了斜坡外形，使上部岩体失去支撑，也往往产生大规模崩塌。

③ 崩塌的类型。根据发生崩塌坡地的组成物质、地貌部位以及其运动特征，可划分为崩塌（山崩）、散落（落石）等类型。坍岸是发生在一定地貌部位的特殊形式的崩塌类型。

崩塌多发生在高峻、陡峭的山坡，深切峡谷的谷坡，高陡的人工边坡等地貌部位。崩塌主要由重力作用引起，沿着陡坡各种结构面发生，大量的变形块体急剧倾倒、翻落而下，崩塌发生后塌落面仍然很陡。它的规模有大有小，规模极大的崩塌称为山崩。它规模大、速度快，是一种严重的自然灾害。它能直接毁坏森林，破坏建筑物，堵塞河道形成堰塞湖。如 1920 年宁夏海厚大地震时，西吉县内由于崩塌群形成的堰塞湖有 41 个，至今尚保存 27 个堰塞湖。按发生崩塌坡地组成物质，可分坚硬岩层崩塌与松散层崩塌（包括碎屑层崩及土层崩塌）两大类。巨大的硬岩崩塌多发生在坡度在 60°以上、坡高近百米以上的陡山坡；松散层崩塌只要在 45°左右的山坡、坡高 40m 左右的山地就可发生。坡地组成物质不同，崩塌的特征与防治方案不一样。

位于斜坡上的悬崖、危石、不稳定岩块或碎屑，主要因重力作用沿坡成群向下滚落呈跳跃式崩落现象称为散落。单个大石块崩落称为落石。散落也多发生在 50°～60°左右的山坡，特别在构造破碎或节理发育的软硬岩互层地区比较容易发生。很多情况下，它与崩塌同时发生，有时是大崩塌发生的前奏或余波。它们虽然规模不大，但常威胁交通的安全。

在河流凹岸、海或湖蚀崖等地貌部位，由于河、湖或海水对岸边的冲刷与淘蚀，使岸坡基部被淘空，上部土体失去支撑而发生河岸整块下挫坍落的现象，称为坍岸。在长江流域称为坍江。坍岸不仅使河床发生摆动迁移，而且破坏滨岸的农田和建筑物。如长江下荆江的一些地区每年河岸崩塌宽达300～500m。所以在平原地区坍岸成为地表主要的侵蚀作用，也是平原区河流泥沙的重要来源。

应该指出，自然界是很复杂的。崩塌除去上述典型形态外，还存在着许多过渡的崩塌类型。只有根据其地貌特征，判定其成因类型，再针对形成原因，方能进行合理及有效的治理。

④ 崩塌堆积地貌。崩塌堆积地貌是指崩塌下落的大量石块、碎屑物或土体都堆积在陡崖的坡脚或较开阔的山麓地带，形成倒石堆（岩屑堆或岩堆）。

倒石堆的形态和规模视崩塌陡崖的高度、陡度、坡麓基坡坡度的大小与倒石堆的发育程度而不同。基坡陡，在崩塌陡崖下方多堆积成锥形倒石堆；基坡缓，多呈较开阔的扇形倒石堆。在深切峡谷区或大断层崖下，由于崩塌普遍分布，很多倒石堆彼此相接，傍依陡崖坡麓形成带状倒石堆。崩塌陡崖的高度、坡度不同，崩塌体发育的规模也不一样。

由于倒石堆是一种倾倒式的急剧堆积，所以它的结构多呈松散、杂乱、多孔隙、大小混杂而无层理。在容易风化、节理多的岩层地区，倒石堆多为碎屑与土的混合堆积，有时夹有少量大块石。在不易风化、坚硬而又致密的岩石地区，倒石堆多以块石为主，夹有少量的碎屑堆积。有时在倒石堆剖面上可以看到假层理现象，这是由于每次崩塌的强弱不同，形成碎屑大小不等的近似互层，或因倒石堆积累过程中，某些时期坡面因受流水冲刷与表层风化的结果。

在高山峡谷区进行工程建设，特别是道路建设，常常会遇到倒石堆。那些不稳定的高大倒石堆，很容易发生崩塌，下推力很大，可造成严重后果，因此事前必须充分预计可能发生的剧变，采用各种有效措施。

(3) 滑坡 坡面上大量土体、岩体或其他碎屑堆积，主要在重力和水的作用下，沿一定的滑动面整体下滑的现象称为滑坡。

滑坡是山区建设中经常遇到的一种自然灾害。如1955年8月18日在陇海线卧龙寺车站附近，傍依渭河河谷阶地上发生了一个大型滑坡，规模巨大。滑动体积为$2\times10^7 m^3$。滑坡舌把陇海铁路向南推出110m，使之成弧形弯曲。其滑动过程是在1955年连续阴雨之后，8月18日清晨，大雨倾盆，地面裂缝不断扩大并开始滑动，由慢到快，明显地滑动约半小时；据了解近百年来滑坡体上部曾不断出现过弧形张裂缝（图3-7）。又如1967年位于长江支流的雅砻江峡谷，也发生过一个滑动体积为$6.8\times10^7 m^3$的大型天然滑坡。滑坡舌堵塞江河，形成一个175～355m高的天然堤坝，堵江九天。直到堤坝冲毁后，以40m高的洪水水头倾泻而下。

滑坡的地貌特征包括滑坡体、滑动面、滑坡后壁、滑坡舌、滑坡裂缝等（图3-8）。

① 滑坡体：斜坡上向下滑动的那部分土体或岩体称之为滑坡体。由于整体下滑，土体大体还保持着原有结构，它以滑动面与下伏未滑地层分割开来，滑坡体与其周围不动土体在面上的分界线称之为滑坡周界，它圈定了滑坡作用的范围。滑坡体上的树木随土体滑动而东歪西斜称之为醉林。滑坡体的规模大小不一，从十几立方米到几亿立方米。

② 滑动面或滑动带：滑坡体沿之下滑的面称为滑动面。在均质土体中其剖面为一近似半圆弧形，通常上陡下缓，中部接近水平，前缘出口处常常形成逆向的后坡。滑动面有时只有一个，有时有几个，故还可以分为主滑动面与分支滑动面。滑动面上可以清晰地看到磨光面和擦痕。有时在滑动面附近的土体有明显的扰动或拖曳褶皱等现象，构成滑动带。滑动带

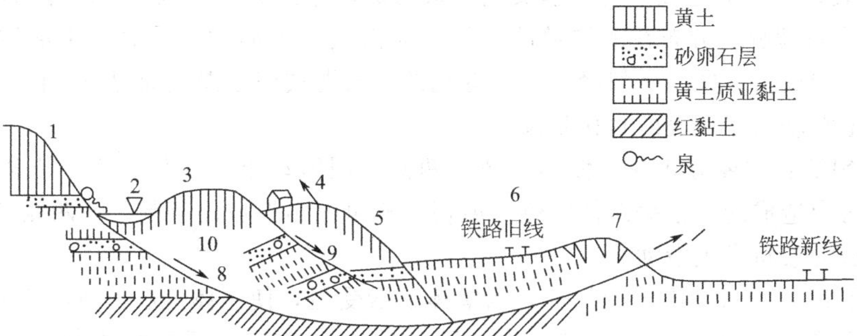

图 3-7　陇海线卧龙寺滑坡剖面图

1—滑坡壁；2—滑坡洼地；3—滑坡台阶；4—醉林；5—滑坡坎；
6—滑坡凹地；7—滑坡鼓胀裂缝；8，9—滑动面；10—滑坡体

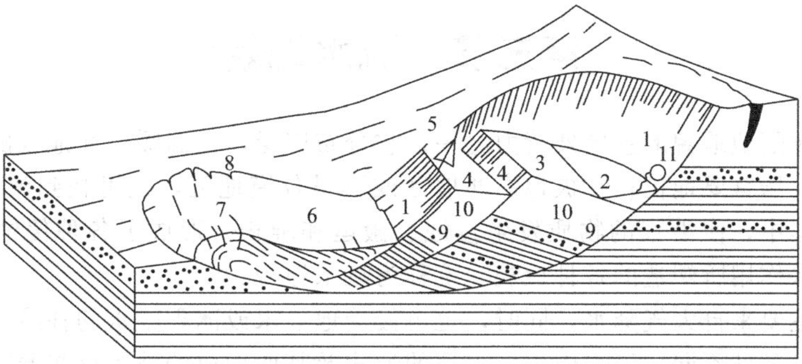

图 3-8　滑坡的形态结构示意图

1—滑坡壁；2—滑坡湖；3—第一滑坡台阶；4—第二滑坡台阶；
5—醉林；6—滑坡舌凹地；7—滑坡鼓丘和鼓胀裂缝；
8—羽状裂缝；9—滑动面；10—滑坡体；11—滑坡泉

的厚薄不一，从数厘米到数米不等。

③ 滑坡后壁与滑坡台阶：滑坡体与坡上方未动土石体之间，由一半圆形的围椅状陡崖分开，这个陡崖称为滑坡壁。一般坡度为 60°～80°，高度数厘米至数米不等。滑坡壁是滑动面露出的部分，它的高度代表滑坡下滑的距离。滑坡后壁上有时留有擦痕，表明滑坡体沿此滑落。如滑坡壁上方坡面出现几条与滑坡壁平行的裂缝，可能孕育着新的滑动带。由于滑坡坡壁坡度陡峻，也常伴随发生小型崩塌。

滑坡体下滑时，因滑体各段移动速度的差异，产生分支滑动面，使滑坡体分裂成为几个错台，称之为滑坡台阶。由于滑坡体沿弧形滑动面滑动，故滑坡台阶原地面皆向内倾斜呈反坡地形。组成滑坡的地质剖面也都相应内向倒转倾斜，且有扰动揉皱现象。

④ 滑坡舌与滑坡鼓丘：滑坡体前缘，常呈舌状突出，称为滑坡舌。由于滑坡舌是被推动的，故称被动主体。滑体上部则称为主动主体。滑坡体在滑动过程中，滑坡舌前面常因受阻挤压而鼓起，称滑坡鼓丘。如恢复滑动前的原地面线，则滑坡上部下滑的主体土体，基本上相当于滑坡舌部被动土体的体积。

⑤ 滑坡湖与滑坡洼地：滑坡体滑动后，在滑坡壁下部和滑坡台阶的后缘，即滑坡台阶的反坡处，常常形成滑坡洼地。有时因地面积水或地下水出露而形成滑坡湖或发育为湿地。

⑥ 滑坡裂缝：滑坡地面裂缝纵横交错，甚为破碎，按其受力状况可以分为以下四种。

a. 环状拉张裂缝：分布在滑坡壁的后缘，与滑坡壁方向大致吻合，由滑坡体向下滑动时产生的拉力造成的，属拉张裂缝。一般有几条，与滑坡壁或滑坡周界重合的一条通常称为主裂缝，是主滑动面在地表的直接延续线。

b. 剪切裂缝：主要分布在滑坡体中部及两侧，因滑动土体与相邻不动土体之间相对位移产生的剪切力造成的。根据滑体两侧的剪切裂缝可圈出滑坡的范围。如两侧割切裂缝逐步贯通，则预示滑坡将发生滑动。

c. 鼓胀裂缝：分布在滑体的下部，因滑体下滑受阻，使土体隆起形成的张开裂缝。

d. 扇形张裂缝：在滑坡体最前缘，因滑坡舌向两侧扩散而形成的扇形或放射状张开裂缝。

比较典型的滑坡才具备上述一系列比较完整的形态。一般滑坡可能只具有其中几种主要形态，如滑坡体、滑坡壁、滑动面、滑坡裂缝等。其他如滑坡鼓丘、滑坡湖、醉林等滑坡地貌视具体条件而异，不一定全都具备。

第三节　流水地貌

流水是形成陆地地貌的主要外营力之一。它分布广泛，在温暖湿润地区的地貌发育过程小，流水作用常居首要地位；在极地高寒地区或干旱荒漠地区，也可找到流水作用的踪迹。流水在运动过程中，使沿程的物质发生侵蚀、搬运和堆积，形成了各种侵蚀地貌和堆积地貌。这类由流水作用所塑造的各种地貌，统称为流水地貌。

地表流水主要来自大气降水，同时，也可接受地下水或冰雪融水的补给。由于各地的气候、地质等自然条件不同，流水作用所表现的形式及其所形成的地貌存在着区域性差异。地表流水可区分为面状水流和线状水流两类。面状水流即坡面径流，通常由许多细小股流组成，无固定的流路，时分时合，多呈薄层片流形式，顺坡向下流动。线状水流是指在沟谷或河槽中流动的水流。按照水流的持续性，它又可分为暂时性水流和经常性水流两种。前者在干旱或半干旱地区最为发育。这些地区因蒸发量大于降水量或汇水区面积小，造成沟谷中经常无水，只有在暴雨或冰雪大量融化季节才有水流；后者指在河床中终年都有一定流量的水流，在湿润气候区分布普遍。

流水地貌及其沉积物是陆地上分布最广的地貌与沉积相类型。它的发育与演变，影响到河岸的崩塌，航道的淤塞，以及农田与城镇的建设。流水作用形成的砂砾层，往往是良好的地下含水层，还可能含有具有工业价值的冲积砂矿，因而，流水地貌的研究，对水工建筑、航道整治、水土保持和矿产地质等方面都具有重要意义。

一、沟谷水流形成的地貌组合

在广大山区范围内，沟谷水流形成的地貌，分布广泛，垂直分带比较明显，自上而下，一般由下列三部分组成。

1. 集水盆

集水盆系指位于沟谷上游的小型盆状集水洼地。盆底受后期流水的切割，常有小型侵蚀沟谷的发育。在坡面径流、沟流和重力的作用下，集水盆周壁不断遭到冲刷而后退，范围随之扩大。特别在地表坡度较大、植被稀疏、组成物质松软的地区，每当暴雨袭击时，集水盆地的扩展尤其迅速。

2. 沟谷主干

它是集水盆地水、沙的通路。在洪水或暴流的作用下，沟谷受到强烈的冲刷，沟床下切深，谷坡陡峻，沟床的纵向坡降大，跌水发育。沟谷源头溯源侵蚀速度快，致使有些沟谷上游的集水盆表现不显，甚至缺失。

3. 洪积扇

自沟谷出山口后，坡降骤减，沟谷水流所携带的物质大量堆积，形成了以沟口为顶点的冲出锥或洪积扇。在干旱或半干旱地区的山麓地带，洪积扇发育往往非常典型、普遍。每当暴雨或冰雪大量融化时，巨大的洪流流出山口后，迅速展开成辐射状散流，加上一部分水渗入地下，水流搬运能力随之大减，大量砾石、沙泥发生沉积，形成一个以沟口为中心的半圆形扇状堆积体，称之为洪积扇。其面积可达数十至数千平方公里。扇顶与沟口相连，坡度较大，倾角可达5°以上，边缘坡度逐渐减少。

洪积扇组成物质具有明显的分布规律，从扇顶到扇缘，可分为下列三个相带。

(1) 扇顶相 扇顶相位于洪积扇顶部。通常表现为舌状叠覆的砾石堆积体。砾石粒径大，砾石间常有砂、黏土混杂充填。堆积层厚度大，分选差，透水性强。由于洪积扇上沟槽很不稳定，水流多次改道、摆动，因而小型的切割、充填构造发育，在砾石层或砂层中，常夹有砂质透镜体或砾石透镜体。

(2) 扇中相 扇中相位于洪积扇中部。组成物质较扇顶为细，主要由砾石、砂和粉砂组成。扁平的砾石呈叠瓦状向上游倾斜。砂层中常见交错层理。砂质透镜体或砾石透镜体分布亦很普遍。

(3) 扇缘相 扇缘相位于洪积扇边缘部分。组成物质较细，由亚砂土、亚黏土组成，有时夹有砂质或细砾石透镜体，具有水平层理和波状层理。地下水往往在该地带溢出地面，局部地段产生地表滞水和沼泽化等现象。

我国天山、昆仑山和祁连山等干旱、半干旱地区的山麓地带，洪积扇十分发育。在山前地区几个相邻的大型洪积扇，组合成整片的洪积扇平原，或称山前倾斜平原。在洪积扇的扇缘部分，水、土资源丰富，形成了成片绿洲。

洪积扇形成之后，如山体断续上升，山前地带相对下沉，在老洪积扇前面可形成新的洪积扇，后者部分地覆盖在前者之上，成为叠置式洪积扇。若洪积扇的下方相对下降，则形成的新洪积扇顶端向下迁移，老洪积扇被沟谷水流切割成为洪积台地，或新老洪积扇以沟谷相连，形成念珠式洪积扇。若洪积扇基部发生构造掀斜运动，则洪积扇轴部会沿构造掀斜方向不断迁移。因此，对洪积扇组合及其变形的分析，常能为新构造运动的研究，提供很有价值的资料。

二、河流的作用

水流不断地塑造河床，其动能大小与水量 M 的一次方和流速 V 的二次方成正比，即 $E=\frac{1}{2}MV^2$。水流动能增强，夹带河流泥沙的能力也随之增大，会使河床发生侵蚀，反之则发生沉积。流水通过侵蚀、搬运和堆积三种作用方式塑造着河流地貌。

1. 河道水流运动特征

河流地貌的形态的变化，主要取决于河道水流的内部运动特征。其中紊流、环流、旋涡流对河流地貌的影响最为密切。

(1) 紊流 按质点运动的状态，水流运动可分为层流与紊流两种不同形式，天然河道的水流一般均属紊流。在紊流状态下，水质点以涡体的形式呈不规则运动，流向与流速均不断偏离其时间平均值，称之为脉动，即水流的瞬时流速与流向可分解成与主流一致的时均值及脉动值两份。瞬时流速（U）与时均流速（$\overline{u}$）及脉动流速（u^1）的关系为 $U=\overline{u}+u^1$。在河道中，脉动流速仅为时均流速的百分之几，但它对整个水流的运动及泥沙的输送却起着重要的作用。据实验证明，水流的相对脉动强度从水面向下逐渐增大，到河底附近达最大值，再向床底又逐渐减少。脉动不仅使水流内部各层的水质点相互混杂，并可掀起床底泥沙。

(2) 环流 河道水流除向下游运动外，还存在着垂直于主流方向的横向运动，表层的横向水流与底层横向水流的方向相反，如不考虑纵向水流的影响，在过水断面上，横向水流构成一个封闭系统，称之为环流。环流与纵向水流结合在一起成为螺旋流。

水流流经弯道时，水质点作曲线运动产生离心力。在离心力的影响下，表层水流趋向凹岸，使水流在过水断面上形成了横向比降，而底部的水流在压力的作用下，由凹岸流向凸岸，这是在弯道中产生环流的主要原因。在地球自转偏向力的作用下，北半球水流偏向右岸，南半球偏向左岸，对弯道环流起着增强与减弱的作用。在顺直的河道中，涨水时河床中间部分水面高，两边低；退水时河道中间水面低，两岸高，在这两种情况下均可产生横向比降，同时存在方向相反的两个环流系统，但强度却比弯道环流弱得多。环流对弯道处各种地貌形态的形成，河床局部冲淤等有明显的作用。

(3) 旋涡流 在天然河道不规则河岸附近及河底起伏的后面，由于水流的离解，液体通常以质点群的形式围绕着一个公共轴转动，称为旋涡流。河岸附近绕垂直轴旋转的直轴旋涡，常对岸边产生强烈的冲蚀，引起河岸的崩塌。在床底岩槛及沙波等起伏处形成的横轴旋涡流，会使床底发生变形。

此外，根据水流动能与势能的比值，可将河道水流的运动形式分为急流与缓流，并用费洛德数 Fr（$Fr=\dfrac{V}{\sqrt{gh}}$，V 为断面平均流速，h 为断面平均水深，g 为重力加速度）。急流（$Fr>1$）的水流受阻力小，沉积物搬运量大，水面起伏与床底起伏呈同相。缓流（$Fr<1$）水流受阻力大，沉积物搬运量相对减少，水面波动与床底起伏呈异相。

2. 河流的侵蚀

河道水流破坏地表，并冲走地表物质称为河流的侵蚀。水流除本身的冲蚀作用外，并通过其所带的碎屑物作为工具对河床进行撞击和磨蚀。流水对河床的侵蚀按其作用的方向，可分为下蚀和侧蚀。

流水加深河床与河谷的作用称为下蚀（下切侵蚀、垂直侵蚀）。

流水拓宽河床和河谷的作用称为侧蚀（侧方侵蚀、旁蚀）。

此外，还有一种溯源侵蚀，即向源头的后退侵蚀，亦称向源侵蚀。

3. 河流的搬运

河道水流携带泥沙及溶解质，并推移床底砂砾的作用称为河流的搬运作用。河流的搬运作用有推移、悬移等方式。

① 推移：泥沙颗粒沿河底滚动、滑动或作跳跃运动统称为推移。

② 悬移：水流中夹带较细小的泥沙以悬浮状态进行搬运，称为悬移。

③ 溶解质搬运：河流除以推移及悬移形式搬运泥沙外，还带走溶解于水中的溶解质。

在石灰岩等可溶性岩地区，溶解质的数量是相当可观的。

4. 河流的沉积

当河流能量降低，不再有足够的能力来搬运其原来所搬运的泥沙时，就要发生泥沙的沉积。首先停止运动沉积下来的是推移质中的大颗粒，随着能量进一步减少，推移质将按体积和重量的大小依次停积，而悬移质将渐次转化为推移质，继而在床底上停积。

河流的侵蚀搬运和沉积作用是同时进行的，并且错综地交织在一起，但在河流不同段落的作用性质和强度是有差别的，一般情况下在河流上游以侵蚀作用为主，下游以堆积作用为主。曲流河段内则凹岸侵蚀，凸岸堆积。

三、河流地貌

1. 河谷基本形态

在经常性水流为主的长期侵蚀作用下，高地面被蚀，自上游向下游呈现为连续伸展并大致逐步拓宽的河谷，规模小的通常宽几米，长几十米，大的可宽达几十千米，长达数千千米。

河谷最基本的形态可分谷坡与谷底两大部分。谷底比较平坦，由河床与河漫滩所组成，谷坡分布在河谷的两侧，常有阶地发育。谷坡与谷底的交界处称为坡麓，谷坡上缘与高地面交界处称为谷肩或谷缘（图 3-9）。

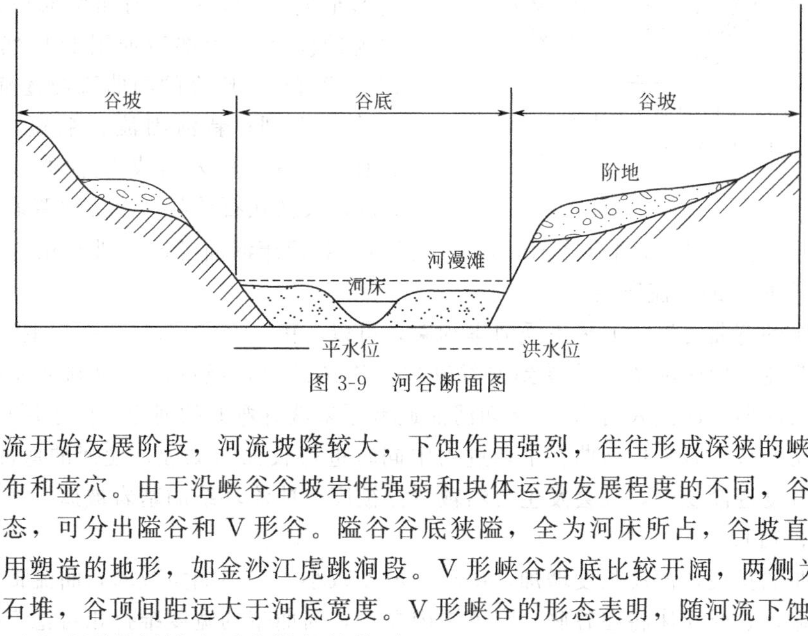

图 3-9 河谷断面图

山区河流开始发展阶段，河流坡降较大，下蚀作用强烈，往往形成深狭的峡谷，谷底常见急流、瀑布和壶穴。由于沿峡谷谷坡岩性强弱和块体运动发展程度的不同，谷地形态各有差异，按形态，可分出隘谷和 V 形谷。隘谷谷底狭隘，全为河床所占，谷坡直立，它属于河流下蚀作用塑造的地形，如金沙江虎跳涧段。V 形峡谷谷底比较开阔，两侧为倾斜谷坡，坡麓常有倒石堆，谷顶间距远大于河底宽度。V 形峡谷的形态表明，随河流下蚀的同时，块体运动和坡面流冲刷作用蚀去了大量谷坡物质。

2. 冲积河床的平面形态

平原河流在冲积层中流动，不受河岸基岩约束。由于流经的流域条件不同，河床的平面形态也各异，主要有顺直微弯型、弯曲型、分汊型和散乱型四类。

(1) 顺直微弯型 河段顺直或略弯曲、河床曲折率小于 1.5，但深泓线可弯曲；两岸边滩交错分布，横断面上边滩与深槽并列；上下边滩之间有浅滩（沙埂）相连，纵剖面上深槽与浅滩相间。

顺直微弯河床多分布于比较狭窄的顺直河谷，或两岸抗冲性强的河谷中，河漫滩由黏土组成，滩地高而植被好，河床平面摆动受到限制。河床组成物质的抗冲性差，随着深泓的摆动下移，边滩、深槽也相应的下移，河岸附近时而成为边滩，时而成为深槽，故这类河型对港口码头和取水工程都甚为不利。

(2) 弯曲型（曲流型或蜿蜒型）　弯曲型河床是最常见的河型。河床曲折率等于或大于1.5，平面上河床蜿蜒曲折，河漫滩宽广，深槽紧靠凹岸，最深点位于凹岸顶点偏下游处，河弯的曲率半径愈小，水深愈大。河床横断面不对称，凹岸深槽与凸岸边滩相对应，深槽与边滩延伸很长，均呈圆弧形。上下边滩由浅滩相联，浅滩位于两个反向河弯之间转折点，通常称其为过渡段（弯道的衔接段）浅滩，故纵剖面亦具阶梯状坡折（图 3-10）。

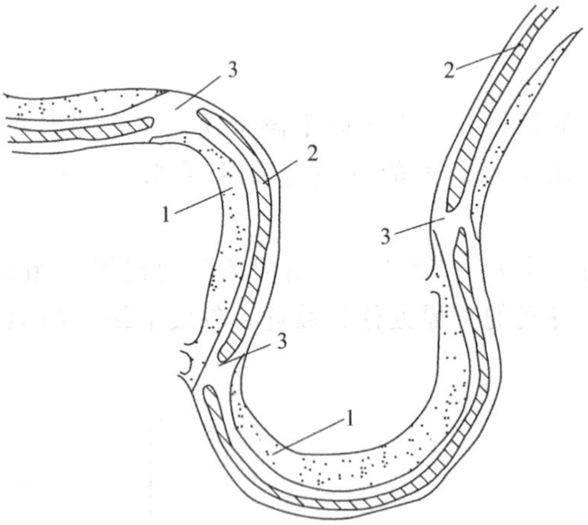

图 3-10　弯曲型河床的平面形态
1—边滩；2—深槽；3—过渡段浅滩

弯曲型河床多分布于河谷宽广、坡降平缓、河岸较低，并由二元结构组成的谷底，这里曲流摆荡有足够回旋的余地。关于弯曲河型的成因，假说很多，然而不管哪种假说，对螺旋流在弯曲河型的形成和发展中的作用都是肯定的。在螺旋流的作用下，凹岸受到侵蚀、凸岸发生堆积，这是弯曲河床发展过程中最主要的特征。当弯曲河床发展到一定阶段，上、下两个反向河弯按某个固定点，呈S形向两侧扩张，河曲颈部愈来愈窄，当水流冲溃河曲颈部后便引起自然裁弯取直。河弯裁直后，废弃的旧曲流便逐渐淤塞衰亡，成为牛轭湖；新河因流程缩短，比降增大，往往迅速拓宽，发展成为主槽。例如1971年7月，长江在石首县六合垸裁弯取直，使原来长达20多千米的河曲缩短到不足1km，一个月后，新河床河面已拓宽到1km左右，流量约占70%，成为长江的主流所在。

冲积平原的弯曲河流，河床不受河岸约束，可以自由地在宽广的谷底迂回摆动，这种曲流称为自由曲流。山区河流虽然受到河谷基岩河岸的约束，但也常发育刻蚀地面而下的河曲，称为深切河曲（即嵌入河曲）。深切河曲通常原来就有弯曲的河道，由于后期地壳上升，导致河流下切而成。若深切河曲在下切过程中同时进行较强的侧蚀，使河的弯曲不断增加，河曲颈部的宽度逐渐变窄，也会发生自然裁弯。被废弃曲流环绕的基岩被孤立在一侧，成为离堆山（图 3-11）。

由于河曲的扩展，河流长度增加，使河床坡度减小，侵蚀能力减弱，曲流带发育到一定程度不再拓宽，这时河床将在谷底一定范围内摆动，河曲带的宽度维持相对稳定，实际上曲流带的宽度和河流宽度之间存在着一定比例关系。据统计，自由曲流的曲流带的宽度和河宽的比值随河宽的增大而减小。当河床30m宽时，曲流带16倍于河宽；河床300m宽时，曲流带12倍于河宽；当河床900m宽时，曲流带则11倍于河宽。

(3) 分汊型（江心洲型）　分汊型河段河床宽窄相同，窄段为单一河床，宽段则由一个或几个江心洲间隔成两股或多股汊道。

(4) 散乱型　散乱型河床河段顺直，河身宽浅，水流散乱，沙滩众多，河汊密布，是严重淤积型河床。

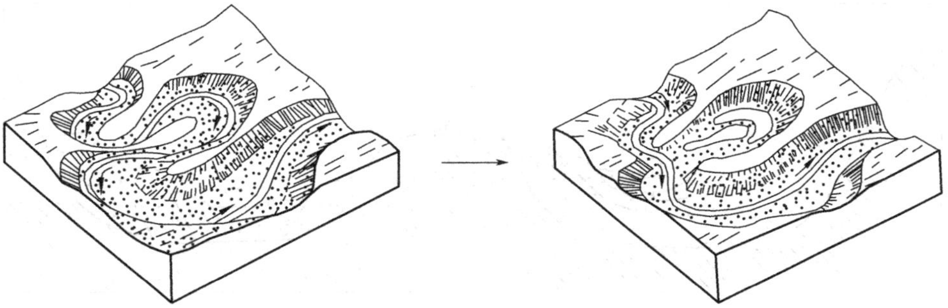

(a) 深切曲流阶段　　(b) 形成离堆山阶段

图 3-11 深切河曲及离堆山形成示意图

3. 阶地

(1) 阶地形态 当一个地区受到构造上升或气候剧变，促使河流在它以前的谷底下切，原谷底突出在新河床之上，成为近于阶梯状地形，即河流阶地。阶地表面常遗留昔日谷底或河漫滩的沉积物，高出现今洪水期水面。

(2) 河流阶地类型 根据阶地的结构和形成作用性质，可将阶地分为以下几种类型。

① 侵蚀阶地（图 3-12)。侵蚀阶地由基岩组成，阶地面上没有或残余零星河流沉积物。侵蚀阶地多见于构造抬升的山区河谷中。在形成时期，由于当时谷地比较狭窄，水流流速很大，在侵蚀成的谷底上很少有沉积物的堆积，或者即使有薄层的冲积物也几乎全被后期的剥蚀作用蚀去，因此在河流下蚀形成的阶地面基岩暴露，并常覆一些残积坡积物。侵蚀阶地一般沿河谷连续分布，它的高度与岩性不同所引起的差别侵蚀无关。

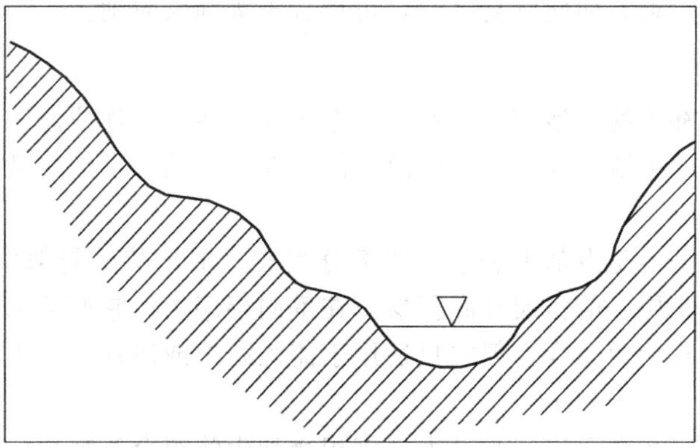

图 3-12 侵蚀阶地

② 堆积阶地。堆积阶地在河谷的中下游最为常见，其形成过程首先河谷侵蚀成宽广的谷地，然后冲积物加积，最后河流下蚀形成阶地。根据阶地间接触关系以及河流下切深度的不同，沉积阶地又可分为（图 3-13）以下四种。

a. 上叠阶地（图 3-13A）形成后期阶地时，河流下切深度较前期阶地下切深度为小，河谷底部仍保留早期冲积物，因此每一较新阶地的组成物质就叠置于较老阶地的组成物质之上。

b. 内叠阶地（图 3-13B）形成后期阶地时，河流下切深度达到发育前期阶地的谷底，年轻阶地的坡麓触及基岩，新老阶地呈内叠相接。

c. 基座阶地（图 3-13C）这种阶地以基岩为基座，基岩顶面覆有河流冲积物。基座阶地的形成是由于构造抬升，河流下切，并切过原先河谷的底部。

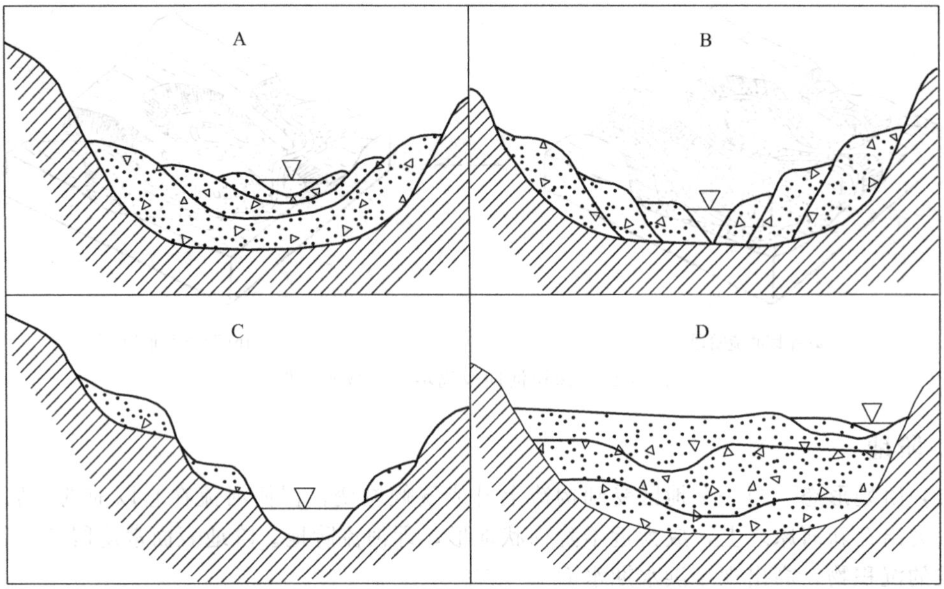

图 3-13 堆积阶地

A—上叠阶地；B—内叠阶地；C—基座阶地；D—埋藏阶地

d. 埋藏阶地（图 3-13D）早期形成的阶地，被后期河流冲积物所掩埋，就形成埋藏阶地。其成因可分为两种，一种是河谷中已有多级阶地存在，后来构造运动下降或侵蚀基面上升，河流沉积物发生堆积，把早期形成的阶地全部埋藏。另一种是构造运动呈阶段性下降，早期阶地被新沉积物埋藏后，在新沉积物上由于河流下切形成新的阶地，新阶地又被更新沉积物覆盖转变为埋藏阶地。如此反复进行，可形成多级埋藏阶地。

4. 三角洲

三角洲是由河流补给的泥沙沉积体系，分布于河流注入海洋或湖泊的地区。其平面形态多呈三角形，顶端指向上游，底边对着外海，故早在公元前五世纪，就用三角洲一词来描述尼罗河河口平原。

一个完整的三角洲，是由陆上和水下两部分组成。根据其地貌部位的不同，自陆向海，一般将三角洲分为顶积层、前积层和底积层。在垂向层序上，它们从上向下依次叠复。这一经典的划分方法，一直沿用至今，但它只适用于流入湖泊或海洋、动力作用微弱的受水盆地中的河流三角洲。

从沉积相的角度，按照河口区水动力、沉积物和生物组合等特征的综合分析，通常将一个完整的三角洲沉积体系划分为三部分：三角洲平原相、三角洲前缘相和前三角洲相。这一划分法已在油气勘探中被广泛采用。

三角洲平原相为三角洲已出露水面的部分，与上述顶积层的水上部分相当。它向陆一侧，从河流大量分叉的地方开始，与河流下游的冲积平原相接；向海一侧，以水边线与三角洲前缘相连。三角洲平原地形平坦，河流多属分流水道，并伴有湖泊、沼泽和海湾的分布。三角洲平原相包括河流、湖泊、沼泽和潟湖等多种沉积类型，组成物质颗粒较细，沉积物中可见少量具有海陆过渡相生物属、种。

三角洲前缘相位于三角洲的水下部分，上接三角洲平原相，下连前三角洲相，包括顶积层的水下部分和前积层的上部。河水、海水相混合，泥沙大量沉积，形成了势流河床沙、水下天然堤、河口沙坝、远沙坝和席状沙等各种沙体。沉积构造以交错层理和波状层理为主。

河口沙坝主要由细砂和粉砂组成。远沙坝位于其向海侧，组成物质较细，以粉砂和黏土质粉砂为主，但在洪水期或大风浪时，才有细砂的堆积。席状沙是在三角洲前缘翼部堆积的大面积沙体，系由波浪作用将河口带的沉积物冲刷、改造、再堆积而成。此类沙体平行于海岸线，砂质分选性好，微体生物具有海陆过渡相特征。

前三角洲相处在三角洲前缘相外侧向海地带，包括前积层下部和底积层。其沉积物多由河流输送来的悬移质沉积而成，主要由粉砂质黏土和黏土组成，富含有机质，水平层理发育，以海相生物占优势，棘皮动物、海胆刺、海相介形虫和有孔虫等含量增加，植物碎屑少见。

第四节　喀斯特地貌

喀斯特一词原是前南斯拉夫西北部的石灰岩高原名称，在那里发育着由石灰岩溶蚀而成的各种奇特地貌。19 世纪末，南斯拉夫学者威次首先对该地地貌进行了研究，并用喀斯特一词来称呼这些特殊的地貌和水文现象。以后“喀斯特”便成为世界各国所通用的术语，对凡是发生在可溶性岩石地区的地貌，都统称为喀斯特地貌。我国曾经使用“岩溶地貌”一词。

可溶性岩石主要是指碳酸盐类、硫酸岩类及卤盐类等岩石。它们在世界上分布很广，面积达 $51\times10^6km^2$，占地球面积的 10%，由此发育而成的喀斯特地貌从热带到寒带，或者由大陆到海岛都有它的踪迹。其中比较著名的地貌区包括我国两广、云贵，越南北部，前南斯拉夫迪纳里克山区，意大利和奥地利交界的阿尔卑斯山区，法国中央高原，俄罗斯乌拉尔山，澳大利亚大陆南部，美国肯塔基和印地安纳州，古巴及牙买加等地。

我国喀斯特地貌不但分布广，面积大，而且发育也很典型。这些地貌主要公布在石灰岩出露地区，面积超过 $124\times10^4km^2$，约占全国陆地面积的 13%，其中以广西、贵州和云南东部所占的面积最大，共 $55\times10^4km^2$，是世界上最大的喀斯特区之一。闻名于世的“桂林山水”和路南石林等即在这一区域内。

喀斯特地区蕴藏着本富的矿产资源，尤其以砂矿为突出；奇特的地貌景观又是很好的旅游资源；地下洞穴中所埋藏的古生物和古人类化石具有重大的科学价值。但是喀斯特地区经常发生地基破裂、水库漏水和地表缺水等现象，给生产和生活都带来许多问题，须加慎重处理。对喀斯特地貌的研究有着十分重要的意义。

凡是水对可溶性岩石以化学过程为主、机械过程为辅的破坏和改造作用，称为喀斯特作用。由这种作用所造成的地貌称为喀斯特地貌。喀斯特作用不仅发生在地表，而且更多的是发生在地下。喀斯特作用的基本条件包括四个方面，即：岩石的可溶性、岩石的透水性、水的溶蚀力和水的流动性。

喀斯特地貌可分为地表地貌和地下地貌两大类。如果地面抬升，地表受蚀，喀斯特作用加强，地下地貌会逐渐向地表地貌转化。所以从演化上须把两者联系起来进行研究。

一、地表喀斯特地貌

1. 石芽与溶沟

地表流水沿岩石表面和裂隙流动时所溶蚀出来的石质小沟，称为溶沟（石沟），深度一般在半米以上至数米。突出于溶沟之间的石脊称为石芽。当石芽和溶沟连成一片，构成广阔的地面时，就称为石芽地。

裸露于地面的石芽因形态不同可分成山脊式、石林式、车轨式等。

山脊式石芽高度不大，一般高 1～2m，但分布普遍，形态非常尖锐，尖刀状或小山峰状（图 3-14）。

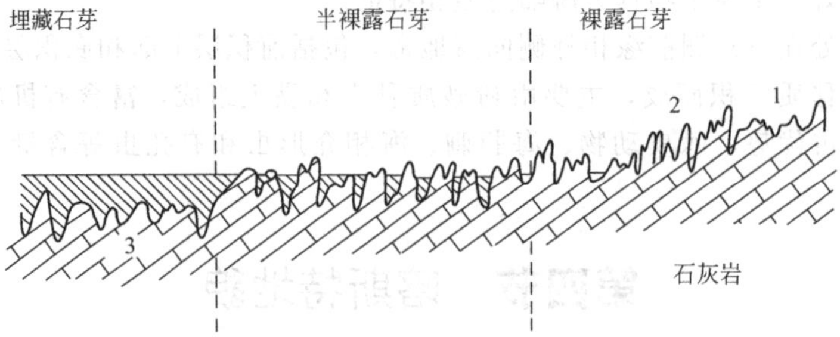

图 3-14　斜坡上的石芽剖面示意图

1—山脊式石芽；2—石林式石芽；3—圆滑粗大的埋藏石芽

石林式石芽比较高大，高度可达 10m 以上，形态呈笋状、柱状、剑状、菌状等。在高大石芽之间为深窄的溶沟和垂直的沟壁。石林式石芽在我国云南路南石林发育得最好，高达 30 余米（图 3-15）。被土层覆盖的石灰岩，也可以发育出石芽地貌。这种石芽称为埋藏石芽。

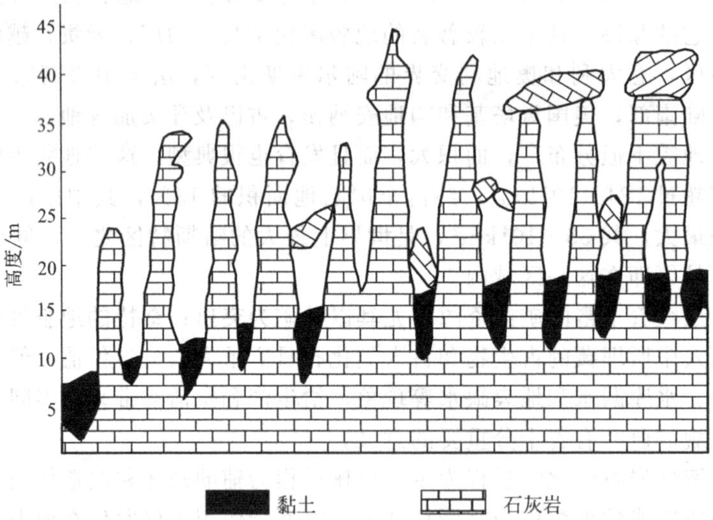

图 3-15　云南路南石林剖面图

2. 溶斗和落水洞

溶斗（漏斗）和落水洞是喀斯特地面上发育最广泛的漏陷地貌。虽然它们都是地表水集中流入地下的地点，但两者在形态和成因上是有差别的。

（1）溶斗　溶斗亦称为“喀斯特漏斗”，是一种蝶形、漏斗形、圆筒形的小型封闭式圆洼地，直径从数米至百余米不等，深度一般小于直径。溶斗是现代喀斯特作用下的产物，起着汇集地表水的作用。在溶斗底部通常有消水道（如落水洞、溶隙等）把溶斗的汇水引向地下排走。当溶斗底部被碎屑物覆盖后就成为平底的圆洼地，可供垦殖。

（2）落水洞　它是开口于地面而通往地下深处裂隙、地下河或溶洞的洞穴。落水洞的深度比宽度大得多，一般宽度很少超过 10m，但深度可达 100m 以上，例如，法国的“牧羊人深渊”，深 1122m，而比利牛斯山上的“马丁石”更深，达 1138m。

3. 溶蚀洼地及溶蚀谷地

溶蚀洼地是一种面积较大的圆形或椭圆形的封闭洼地。它的四周多被峰林围绕，其生成一般认为是由多个溶斗连通而成，因为有些洼地底部还残留着溶斗合并的痕迹。

溶蚀谷地是指宽阔而平坦的谷地（在前南斯拉夫称为坡立谷），如广西都安的溶蚀谷地宽 1km 以上，长达 10km 以上。谷地两侧多被峰林夹峙，谷坡急陡，但谷底平坦，横剖面如槽形，又称为槽谷。谷地内常有过境河穿过，它由谷地一端流出，至另一端潜入地下。在河流作用下，谷地不仅迅速扩大，而且堆积了较厚的冲积物。此外，还保留着石灰岩残积红土，以及低矮的石灰岩孤峰或残丘。

溶蚀谷地的发育受构造影响甚大，例如，有些谷地发育于向斜或背斜轴部，有些沿断陷盆地或断裂带发育，还有一些则沿可溶性岩与非可溶性岩的接触带发育。

4. 干谷、盲谷与地下河

干谷和盲谷是河流作用下的谷地。其中干谷是喀斯特地区往昔的河谷，但现在已经无水或仅在洪水期有水活动，成为遗留谷地。

盲谷是一种死胡同式的河谷，其前方常被陡崖所挡，河水从崖下落水洞潜入地下，变为地下河。盲谷前端的落水洞还会往上游迁移，表示地下河不断向河流上游袭夺所造成。

5. 峰丛、峰林和孤峰

由碳酸盐岩石发育而成的山峰，按其形态特征，可分为峰丛、峰林和孤峰。它们都是在热带气候条件下，碳酸盐岩石遭受强烈的喀斯特作用后所造成的特有地貌。这些山峰峰体尖锐，外形呈锥状、塔状（圆柱状）和单斜状等。集合体成峰丛、峰林，有的成孤峰状等。山坡四周陡峭，岩石裸露，地面坎坷不平，石芽、溶沟纵横交错，而且分布着众多的溶斗、落水洞和峡谷等。山体内部还发育着大小不等的溶洞和地下河，整个山体被溶蚀成千疮百孔（图 3-16）。

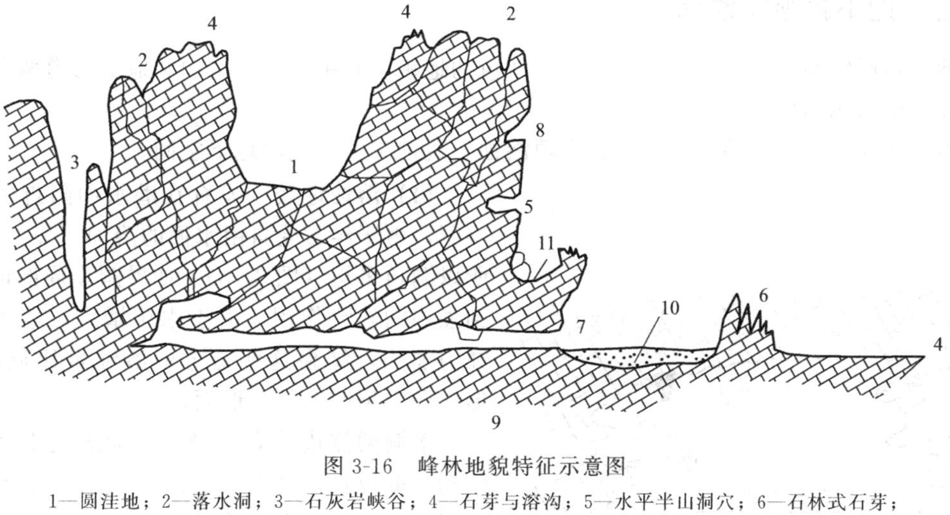

图 3-16 峰林地貌特征示意图

1—圆洼地；2—落水洞；3—石灰岩峡谷；4—石芽与溶沟；5—水平半山洞穴；6—石林式石芽；7—沿地下水面发育的洞穴；8—倾斜洞穴；9—石钟乳；10—红土；11—崩溶岩块

（1）孤峰 孤峰是指散立在溶蚀谷地或溶蚀平原上的低矮山峰（图 3-17），它是石灰岩体长期在喀斯特作用下的产物，如桂林的独秀峰、伏波岩等。孤峰形态明显地受岩石纯度和构造等影响。锥状孤峰是顶部小、基部大的山峰，峰脚坡积物较多。它生成于岩层水平的不纯石灰岩区。塔状孤峰如圆柱形，山坡陡直，它是在层厚、质纯而产状水平的石灰岩上形成的。单斜状孤峰的山坡两侧不对称，一坡陡峭而另一坡和缓，它的形态与岩层的单斜产状有关。

(2) 峰林　峰林是指成群分布的石灰岩山峰，山峰基部分离或微微相连（图 3-17）。峰林是在地壳长期稳定下，石灰岩体遭受强烈破坏并深切至水平流动带后所成的山群。与峰林相随产生的多是大型的溶蚀谷地和深陷的溶蚀洼地等，我国的峰林地貌以桂林、阳朔等地为著名。

(3) 峰丛　峰丛是一种连座峰林（图 3-17），顶部山峰分散，基部相连成一体。当峰林形成后，地壳上升，原来的峰林变成了峰丛顶部的山峰，原峰林之下的岩体也就成了基座。此外，峰丛也可以由溶蚀硅地及谷地等分割岩体而成。在我国南方喀斯特区，峰丛分布很广，高度也大，如广西西北部的峰丛海拔千米以上，相对高度超过 600m，而且许多成行排列，显示它的发育与构造线一致。

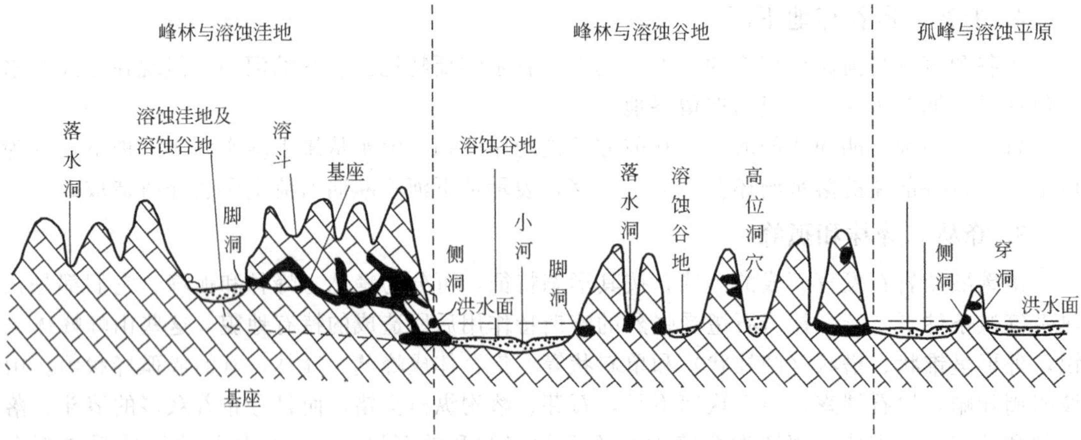

图 3-17　峰丛、峰林和孤峰剖面示意图

二、地下喀斯特地貌

地下喀斯特地貌是喀斯特地区最富有特色的地貌，其中主要有溶洞和地下河道两种。下面主要介绍溶洞地貌。

溶洞是地下水沿可溶性岩体各种裂隙溶蚀、侵蚀扩大而成的地下空间。

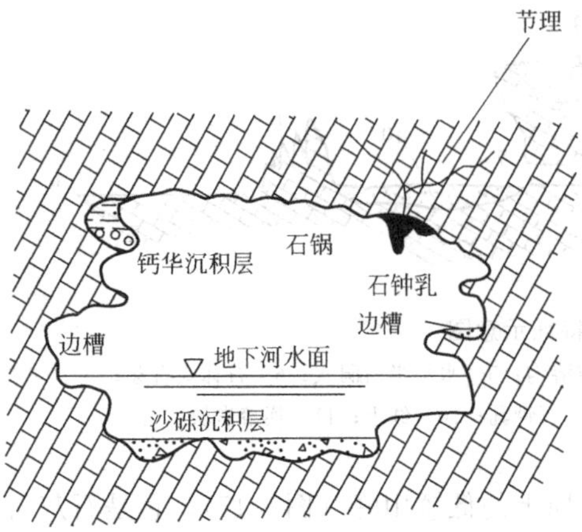

图 3-18　水平溶洞横剖面图

(1) 溶蚀地貌　发育在潜水面附近的水平溶洞，由于经常受自由水面的溶蚀、侵蚀作用，所以洞顶平坦（图 3-18）。如果洞顶局部地点受到强烈的紊流作用，由于水压增大，溶蚀、侵蚀力加强，结果这些地方的溶蚀量比周围大，形成向洞顶凹入的弧形面。

溶洞两侧边壁有边槽，它标志地下河水面变动时的位置，这里溶蚀、侵蚀作用也较强烈，故形成向洞侧凹入的槽状地貌。

(2) 堆积地貌　溶洞堆积物多种多样，除了地下河床冲积物如卵石、泥砂（其中有用砂矿、黏土矿物等）外，还有崩积物、古生物以及古人类文化层等堆积。但最常见和大量的是碳酸钙化学堆积，并且构成了各种堆积地貌，如石钟乳、石笋、石柱、石幔和边石堤等。

石钟乳：它是悬垂于洞顶的碳溶钙堆积，呈倒锥状。其生成是由于洞顶部渗入的地下水中CO_2含量较高，对石灰岩具有较强的溶蚀力，呈饱和碳酸钙水溶液。当这种溶液渗至洞内顶部出露时，因洞内空气中的CO_2含量比下渗水中CO_2含量低得多，所以水滴将失去一部分CO_2而处于过饱和状态，于是碳酸钙在水滴表面结晶成为极薄的钙膜，水滴落下时，钙膜破裂，残留下来的碳酸钙便与顶板连接成为钙环。由于下渗水滴不断供应碳酸钙，所以钙环不断往下延伸，形成细长中空的石钟乳（图 3-19）。有时下渗水中含有其他杂质或者中央通道上的晶体生长，通道由此被堵塞。以后，下渗水继续往石钟乳外部流动与堆积，石钟乳不断增大，它的横切面具有同心圆结构。如果石钟乳附近有多个水滴堆积时，则形成不规则的石钟乳。

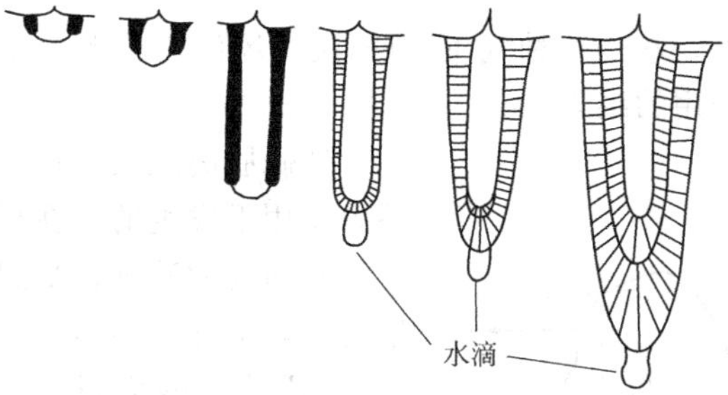

图 3-19 石钟乳的形成过程图

石笋：它是由洞底往上增高的碳酸钙堆积体，形态成锥状、塔状及盘状等。其堆积的方向与石钟乳相反，但位置两者对应。当水滴从石钟乳上跌落至洞底时，变成许多小水珠或流动的水膜，这样就使原来已含过量CO_2的水滴有了更大的表面积，促进了CO_2的逸散。因此，在洞底产生碳酸钙堆积。石笋横切面没有中央通道，但同样有同心圆结构。

石柱：石柱是石钟乳和石笋相对增长，直至两者连接而成的柱状体。由洞顶下渗的水溶液继续沿石柱表面堆积，使石柱加粗。

石幔：含碳酸钙的水溶液在洞壁上漫流时，由CO_2迅速逸散而产生片状和层状的碳酸钙堆积，其表面具有弯曲的流纹，高度可达数十米，十分壮观。

边石堤：它是在洞底，特别是底部两边的堤状堆积物。高度不大，约数厘米至数十厘米，又似梯田土埂，排列在洞底缓倾的地面上，由上往下呈阶梯下降，每一阶梯都作堤状突起，并且呈弧形向外弯曲，堤内积水成池，称为边石池或石田。边石堤的生成与原始地面起伏有关。当流动的含钙溶液由积水小洼地漫过高起的边缘时，处于流态的溶液加快了它所含有的CO_2的逸散，促进了碳酸钙的重新结晶，因此在洼地边缘发生碳酸钙堆积，并且不断增高加厚，使原来不平的堤顶，经过多次堆积后，也趋于一致。

第五节 风成地貌及黄土地貌

风沙作用及其所形成的风成地貌，虽然可出现在诸如大陆性冰川外缘（冰缘区），湿润区的植被稀少的沙质海岸、湖岸和河岸，但主要还是分布在干旱和半干旱地区，特别是其中的沙漠地带。那里日照强烈、昼夜气温剧变，物理风化盛行；降水少、变率大而又集中，蒸发强，年蒸发量常数倍、数十倍于降水量；地表径流贫乏，流水作用微弱；植被稀疏矮小，疏松的砂质地表裸露；特别是风大而频繁，风成了塑造地貌的主要营力，所以在这类地区风成地貌特别发育。

现代的黄土侵蚀沟谷地貌，主要是流水作用的产物。然而，黄土的沟间地地貌，虽然也有流水作用的参加，但是风力作用却非常重要，是风把干旱荒漠地区以及大陆冰川区冰水平原上的细颗粒物质吹送到半干旱草原区堆积才形成黄土地貌的。

因此，风成地貌与黄土地貌，在时间和空间分布上，以及成因上都有密切的联系。它们都是第四纪地质历史时期广大干旱、半干旱地区内，特殊的干燥气候环境的产物，而风力作用是其塑造地貌的重要营力。风沙移动和黄土的水土流失，都对工农业生产、交通等经济建设有很大危害，所以，防治沙害和水土保持是干旱、半干旱区人民对自然斗争中一项非常重要的任务，也是环境保护、国土整治的重要课题。

一、风沙流

含砂的气流称风沙流。它是一种气-固两相流。风沙流的形成是空气和砂质地表两种不同密度的物理介质相互作用的结果。

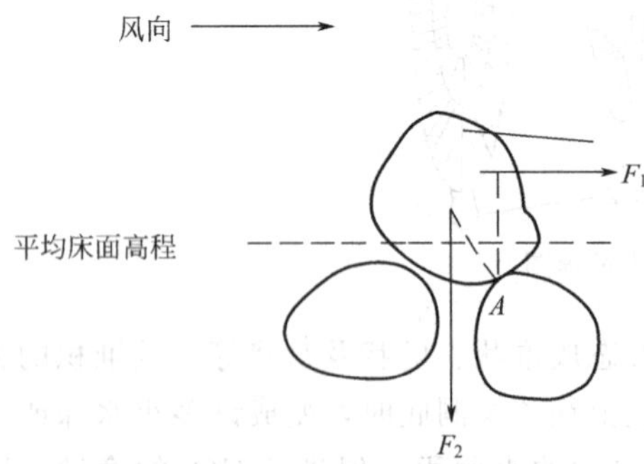

图 3-20 在砂砾开始运动时，作用在颗粒上的外力

砂砾脱离地表是在空气和砂质地面之间的摩擦力作用下发生的。在风的作用下，当砂质地面上某些凸起的砂砾，受到风的动压力（F_1）所产生的力矩大于颗粒重力（F_2）的力矩时（图 3-20），开始沿砂面滑动或滚动，在滚动过程中，碰到地面突起的砂砾或被其他运动砂砾相撞时，由于冲击力（可以超过砂砾重力的几十倍至几百倍）的作用，会引起砂砾骤然向上（有时几乎垂直的）跳起进入气流中，形成风沙流。

风沙流中砂砾的运动，依风力、颗粒大小和质量不同，有下列三种形式：

① 悬移——悬浮于空气中的流动；

② 跃移——跳跃式运动；

③ 蠕移——沿地表滑动和滚动。

风沙流是一种贴近地面的沙子搬运现象，其搬运的砂量绝大部分是在离地表 30cm 的高度内通过的，其中又特别集中在近地面 0～10cm 的气流层中（表 3-2）。

表 3-2 不同高度气流层内搬运的砂量

高度/cm	0～10	10～20	20～30	30～40	40～50	50～60	60～70
砂量/%	76.7	8.1	4.9	3.5	2.7	2.3	1.8

注：1. 内蒙古乌兰布和沙漠。2. 2m 高处风速为 8.7m/s。

二、风蚀地貌

1. 风蚀作用

风吹经地表时，由于风的动压力作用，将地表的松散沉积物或者基岩上的风化产物（砂物质）吹走，使地面遭到破坏，这种作用称为吹蚀作用。风速愈大，其吹蚀作用愈强。一般情况下，组成地表的砂质物体愈细小，愈松散、干燥，要求的起动风速愈小，受到的吹蚀亦愈强烈。风夹带砂砾贴地面运动时，风沙流中的砂砾对地表物质进行冲击、摩擦，如果岩石表面有裂隙等凹进的表面，风沙甚至可以钻进去进行旋磨，风的这种作用称为磨蚀作用。由于风沙流是一种贴地面的砂砾搬运现象，砂砾的分布只限于距地表的较低高度内，故磨蚀作用也在接近地面处最为明显，所以，沙漠地区的电线杆下部可因风沙磨蚀而折断。吹蚀作用和磨蚀作用统称风蚀作用。

2. 风蚀地貌形态

在干旱荒漠地区，风通过对地面物质的吹蚀和磨蚀作用而形成的风蚀地貌，由于岩性、岩层产状等因素的影响，具有种种不同的形态。其中主要的有以下几种。

(1) 石窝　石窝是在陡峭的迎风岩壁上，经风蚀形成的许多圆形或不规则椭圆形的小洞穴和凹坑（石袋），其直径约 20cm 左右，深可达 10～15cm，有的零散分布，有的成群出现。密集分布的凹坑，中间隔以狭窄的石条，状如窗格或蜂窝，故又称石格窗。

(2) 风蚀蘑菇和风蚀柱　发育在水平节理和裂隙上的孤立突起的岩石，经受长期的风蚀作用以后，可形成上部大、基部小、外形很像蘑菇的岩石，称风蚀蘑菇（蘑菇石）（图 3-21）。垂直裂隙发育的岩石，在风的长期吹蚀后，易形成一些孤立的柱状岩石，称为风蚀柱。

(3) 风蚀谷和风蚀残丘　干旱荒漠地区，偶然因暴雨产生洪流冲刷地面，可形成许多冲沟。冲沟再经长期风蚀改造，可加深和扩大成为风蚀谷。风蚀谷无一定形状，可为狭长的壕沟，也可为宽广的谷地。它们沿主要风向延伸，蜿蜒曲折，长者可达数十千米。

图 3-21　风蚀蘑菇

一个由基岩组成的地面，经风化作用和暂时水流的冲刷，以及长期的风蚀作用以后，原始地面不断缩小，最后残留下一些孤立的小丘，称为风蚀残丘。

(4) 风蚀雅丹　雅丹地貌与前者不同，它不是发育在基岩上，而是发育在古代河湖相的土状堆积物中，以罗布泊洼地两北部的古楼兰附近最为典型。雅丹在维吾尔语中意为“陡壁的小丘”，后来用它来泛指风蚀土墩和风蚀凹地（沟槽）的地貌组合(图 3-22)。雅丹地面崎岖起伏，支离破碎，高起的风蚀土墩多呈长条形分布，排列方向与主风向平行，高度多为 5～10m，也有 15～20m。土墩物质全为粉砂、细砂和砂质黏土互层，砂质黏土往往构成土墩顶面，向下风方向作 1°～2°的倾斜。在罗布泊盐碱地北部的东西两侧，黏土土墩的顶面是盐结块，外表呈白色，称白龙堆。在《汉书·地理志》中，有“白龙堆，乏水草，沙形如卧龙”的记载。

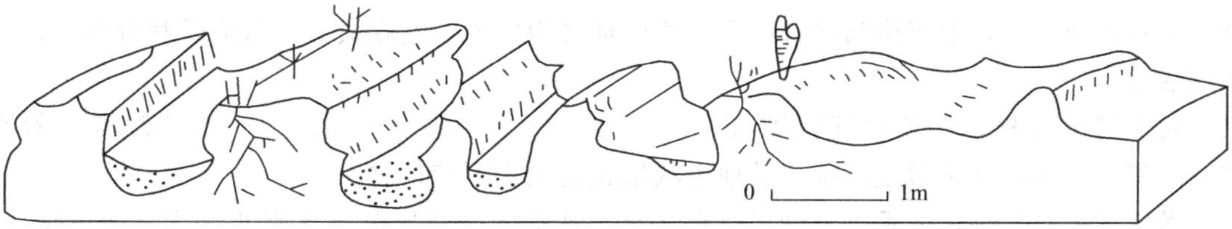

图 3-22　风蚀雅丹

(5) 风蚀洼地　松散物质组成的地面，经风的长期吹蚀，可形成大小不同的风蚀洼地。它们多呈椭圆形，沿主风向伸展。单纯由风蚀作用造成的洼地多为小而浅的蝶形洼地。

三、风积地貌

风积地貌是指被风搬运的砂物质，在一定条件下堆积所形成的各种沙丘地貌。沙丘是沙漠里最基本的风积地貌形态，按其与塑造沙丘形态的风之间的相互关系，主要可分为三大类型：

① 垂直于风向的横向沙丘形态——新月形沙丘、沙丘链和复合型沙丘链等；

② 平行于风向的纵向沙丘形态——新月形沙垄、沙垄和复合型沙垄等；

③ 多方向风作用下的沙丘形态——金字塔沙丘等。

四、黄土的分布与特性

1. 黄土的分布

黄土是第四纪时期形成的一种特殊的土状堆积物。黄土在世界上分布相当广泛，主要位于比较干燥的中纬度地带，特别在欧亚大陆上，几乎从大西洋东岸到太平洋西岸成断续带状地分布着。我国北方是世界上黄土最发育的地区，分布的面积达 $63.1\times10^4 km^2$，占全国陆地面积的 6.6%。其中，黄河中下游的陕西北部、甘肃中部和东部、宁夏南部以及山西西部，地势较高，起伏不大，成为我国黄土分布面积广、厚度大的黄土高原。黄土高原的黄土实际覆盖面积近 $40\times10^4 km^2$；大部分地区的黄土厚度 50～100m 之间，六盘山以西的部分地区厚度有超过 200m 的。世界上其他地区的黄土，如欧洲中部的黄土一般只有几米厚，很少超过 10m；莱茵河谷的厚层黄土也只有 20～30m；俄罗斯境内的黄土较厚，局部地区厚度可达 40～50m；北美和南美的黄土一般厚度约数米至十数米。所以，我国黄河中游的黄土高原，是世界上黄土和黄土地貌最发育、规模最大的地区。

2. 黄土的特性

黄土是一种灰黄色或棕黄色的特殊土状堆积物。在我国黄土分为早更新世的午城黄土、中更新世的离石黄土和晚更新世的马兰黄土。它们具有以下特性。

质地均一，以粉砂（0.005～0.05mm）为主，其含量可达 50% 以上，粉砂中又以粗粉砂（0.01～0.05mm）的含量为多；大于 0.1mm 的细砂极少，小于 0.005mm 的黏粒含量，一般在 10%～25%之间。各时代的黄土，其颗粒成分有所差异，第四纪早期的黄土比晚期的黄土黏土颗粒含量高，而细砂粒级（0.05～0.25mm）含量较低。所以，午城黄土和离石黄土质地较黏重，而马兰黄土质地疏松。

黄土富含碳酸钙，其含量一般在 10%～16%之间。在干燥状态下，钙质可以使土粒固结，但是遇水时却发生相反作用，碳酸钙会发生溶解而使土粒分离，土粒呈分散状；因此，钙质多的黄土层易受水侵蚀。碳酸钙在淋溶与聚集过程中，会逐渐聚集一起成为钙质结核。结核呈不规则块状，形态像马铃薯或姜状所以称之为砂姜，它在黄土中常成带状分布于古土壤层底部。

黄土结构疏松，颗粒之间孔隙较多，且有较大的孔洞，用肉眼可见；孔隙度一般在 40%～55%。多孔性是黄土区别于其他土状堆积物的主要特征之一。

黄土无沉积层理，但垂直节理很发育，直立性甚强，厚层黄土常因此形成陡峻的崖壁、土柱，并可维持百年而不崩塌。

黄土遇水浸湿后，会发生可溶性盐类（主要是碳酸钙）溶解和部分的黏土及其他细颗粒物质流失，由于这种流失过程主要沿着大孔隙或垂直节理发生，故通常称为黄土潜蚀作用。

这种作用可使黄土的强度显著降低，在受到上部土层或建筑物的重压时，会发生强烈的变形和沉陷。在工程上把黄土浸水后引起的地面坍陷称为湿陷。黄土的湿陷性可以毁坏工程建筑物。

自然界有一种与黄土性质相近的堆积物，称为黄土状土，它具有黄土的部分特性。但是，这种土往往具有沉积层理，粒度变化较大，孔隙度较低，含钙量的变化显著，并无明显的湿陷性，借此可与黄土区别。

五、黄土地貌的类型

黄土地貌在我国黄土高原地区最为典型。其地貌特点是千沟万壑、丘陵起伏、梁峁逶迤；即使部分地区有平坦的顶部，也因受沟谷分割呈现条状。

沟谷和沟间地是黄土高原的主要地貌形态。它们的形成，一方面系现代的流水侵蚀作用和重力作用的影响，另一方面也有风积黄土覆盖在古地貌之上，在一定程度上受到古地貌的影响。所以，黄土地貌是古代和现代地貌综合作用下的产物。

1. 黄土沟谷地貌

黄土地区具有众多的沟谷，这是流水侵蚀作用造成的地貌。流水对黄土的直接侵蚀作用，主要有面状（片状）散流侵蚀和沟状线流侵蚀两种方式。在散流的汇集过程中，流水侵蚀形成细沟、浅沟等细小的沟谷，有关的特点已在流水地貌中述及。这里要着重指出，由于黄土质地疏松，细沟、浅沟很容易形成，演变发育速度也很迅速，所以较大的沟谷主要是流水线流侵蚀的产物。但由于沟谷处于不同的发育阶段，同时又受地形和黄土性质等自然因素的影响，因此黄土沟谷的情况较为复杂，通常可分为三类：切沟、冲沟、河沟。

2. 黄土沟间地地貌

沟间地是指沟谷之间的地面，在横剖面上，它的两侧以沟坡顶端坡度转折处为界。当地群众称之为“塬边”、“梁边”、“峁边”，也就是沟谷顶部的谷缘部分。随着沟谷的发育，沟壁的后退，沟间地被蚕蚀得愈来愈小。但是沟间地的起伏形态，还能较好地保持主要由风积黄土覆盖作用所造成的地貌特征。

3. 黄土潜蚀地貌

流水沿着黄土中的裂隙和孔隙下渗，进行潜蚀，使土粒流失，产生洞穴，最后引起地面崩塌，可形成黄土特有的潜蚀地貌。

第六节　海岸地貌

海岸线是海水面与陆地的交线，由于潮汐作用海岸线随海面波动而变动。海岸带包括海岸线两侧的陆上和水下两部分。一般海岸带自海向陆可分为：①滨外，自波浪传入浅海开始变形处的海底到波浪破碎带的前沿，又称水下岸坡下部，水深相对较深；②临滨（近滨），自波浪破碎带至低潮面，又称水下岸坡上部，水深较浅；③前滨，低潮面至高潮时波浪上冲流到达处，受潮位影响，相当于潮间带；④后滨，前滨后缘高潮面之上的陆上沿岸地带，相当于潮上带(图 3-23)。

海岸地貌是由波浪、潮汐、近岸流等海洋水动力作用所形成的独特的地貌，它通常分布在平均海平面 10～20m，宽度在数千米至数十千米的地带内。

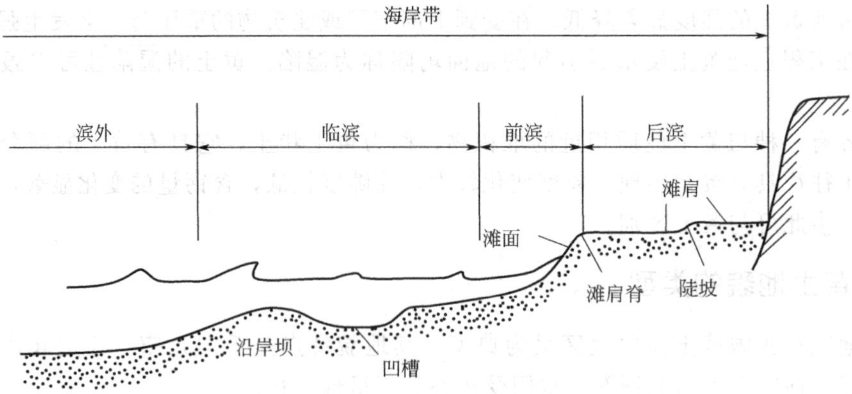

图 3-23 海岸带分带

一、海岸的动力作用

1. 波浪作用

波浪是塑造海岸地貌最普遍和最重要的外营力。波浪的能量是控制海岸发育与演化的主要因素之一。

(1) 深水波浪的特性 海洋中的波浪主要是由风力作用形成。风作用于海面时通过近水面大气层的垂直压力和切应力，将能量传递给海水，使水质点在风力和重力、水压力、表面张力的相互作用下，作近于封闭的圆周运动，海面相应地产生周期性的起伏，形成波峰和波谷，波峰的最高点为波顶，波谷的最低点为波底。两个相邻波顶间的水平距离为波长（L），波顶与波底间的垂直距离为波高（H），相邻两个波顶或波底通过海面同一准线所间隔的时间为波浪的周期（T），单位时间内波形传播的速度为波速 $C=L/T$ 。

水质点在圆形轨道上位相改变，其水平流速、垂直流速和运动方向亦随之而变。位于圆形轨道上半部时，水质点的运动方向与波浪传播方向（波向线）一致。位于圆形轨道下半部时，水质点的运动方向与波浪传播方向相反。水质点自波顶向波底运动时，垂直流向向下；自波底向波顶运动时，则向上。位于波顶和波底时，水质点的水平流速值最大，垂直流速为零。位于波顶与波底之间的中点时，垂直流速值最大而水平流速为零。水质点沿圆形轨道运行一周，海水面就发生一次升降，并使波形向前传播（图3-24）。

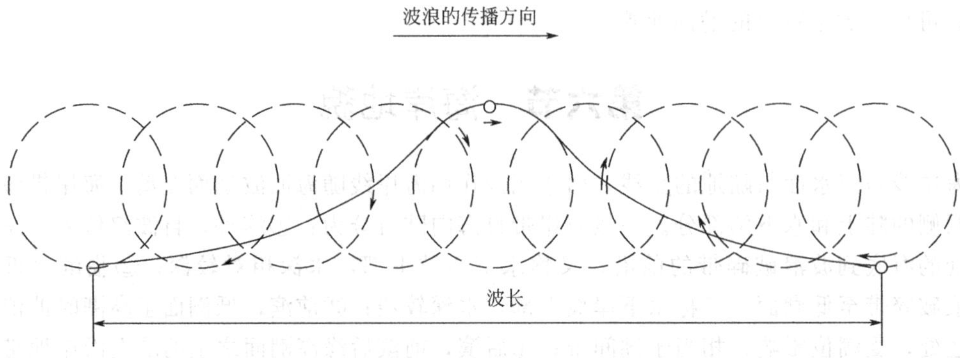

图 3-24 深水波水质点运动和波形的传播

波浪在向前传播的同时也向下部水层传播。自海面向下随深度按等差级数增加，水质点运动轨道的直径（波高）则以等比级数减小(表 3-3)。所以当海底深度大于波长时，波浪对海底的作用已很微弱。

表 3-3　波浪运动随深度增加的变化

海面以下深度（以波长为 1）	0	1/9	2/9	3/9	4/9	5/9	6/9	7/9	8/9	1
水质点轨道直径（以海面处为 1）	1	1/2	1/4	1/8	1/16	1/32	1/64	1/128	1/256	1/512

（2）浅水波浪的传播与变形　当波浪传播进入浅水区，发生变形后就转变为浅水波。一般认为 1/2 波长的海底深度是波浪变形的临界深度。海底深度大于 1/2 波长，海底的水质点运动轨道直径小于海面 1/24，波浪的性质尚能继续维持不变。当海底深度小于 1/2 波长，波浪将发生变形。波浪一经变形，就转变为浅水波。水质点的运动轨道将由深水域的圆形轨道变为呈不对称的上凸而向下逐渐展平的椭圆形轨道。自水面向下随着轨道半径不断减小，轨道变得愈来愈扁平。到了海底，轨道的扁度达到极限，水质点仅作平行于底面的直线形振荡运动。水质点运动轨道的不对称也使波形呈现出不对称性。在向岸传播过程中，波形不对称愈益显著，前坡愈变愈陡，后坡愈变愈平缓。水质点运动轨道伸展的上半部，其波动流速大，运动轨道较短的下半部波动流速小，这就使向岸的波动流速大于向海的，愈近海岸，波动流速的不对称亦愈显著。

（3）波浪破碎与近岸带波浪作用　波浪自外海进入浅水区并向海岸推进，当达到某一临界值时，波浪都将发生破碎。海底深度大于 1/2波长的深水域，波浪破碎主要取决于波陡 δ（波高 H/波长 L）（图 3-25）。风浪在风的不断作用下，波陡不断增大、波峰愈益陡尖，当波陡达到 1/7 的临界值时（即图上纵坐标 $1/\delta$ 为 7 时），峰顶水质点运动的水平分速与波速相等，此时波动表面达到极限，波陡超过此值，峰顶波面不稳定，从而导致波浪破碎。

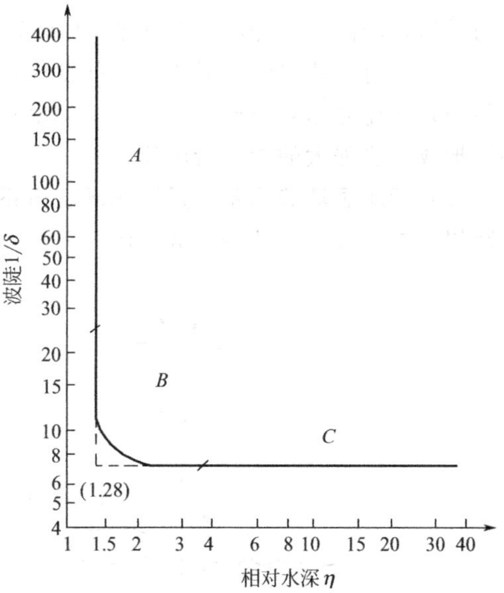

图 3-25　波浪破碎界限

A—极浅水域波浪破碎界限；*B*—浅水域波浪破碎界限；*C*—深水域波浪破碎界限

2. 潮汐与潮流作用

潮汐现象主要是由月球和太阳的引力在地球上分布的差异而引起的海水周期性运动。习惯上把海面周期性的垂直升降称为潮汐，把海水周期性的水平运动称为潮流。

潮汐和潮流是塑造海岸地貌的一个重要因素。潮汐引起的海面周期性变动还直接影响波浪的有效作用，它使波浪作用带和破碎带的位置随时间的推移而不断变动，作用带范围增宽就相对减弱了波浪的有效能量。在一般情况下，潮差小的海岸带，波能占主导地位；潮差大的地区，波能有效作用相对降低，潮差与潮流能的作用显著。波能与潮差还有一个相互反馈的关系，小的波能在潮差小的地区比潮差中等或强的地区更能显示其作用；小的潮差在波能小的地区比在波能中或强的地区更能产生潮汐影响的地貌。例如美国西佛罗里达湾平均潮差仅 70～80cm，且波能微弱，是一个以潮汐作用为主的海岸带。

按潮汐引起的水位变化情况，可把海岸带划分为潮上带、潮间带和潮下带。位于平均高潮面以上的潮上带，经常出露水面，仅在大潮和特大高潮时受到海水的影响。平均低潮面以下的潮下带，除大潮、低潮时其上部间隙地出露外，经常受到涨、落潮流和波浪的作用。位于平均高潮面和平均低潮面之间的潮间带，周期性地露出海面（落潮时）和被海水所淹（涨潮时），间断地受潮流和波浪作用，其下部受作用的时间较长，强度较大。

潮差大小影响到海岸地貌的发育，戴维斯（Davies）据此把海岸分为弱潮海岸（潮差<2m）、中潮海岸（潮差 2～4m）和强潮海岸（潮差>4m）。

潮流的流速具有波动性。在涨潮转落潮和落潮转涨潮，海面处于暂时平衡状态时（即平潮和停潮），潮流流速接近或等于零，称为憩流期。开始涨潮或落潮时，流速很小，此后流速渐增，达最大值后又逐渐减小，直到憩流期接近零。另须指出，涨、落潮流的作用强度往往不同。其中一个为主要潮流，另一个为次要潮流。这对海岸带地貌的发育也有明显影响。

3. 近岸流

近岸流包括与岸线平行的沿岸流和近岸的循环流。

(1) 沿岸流　在波峰线与岸线斜交向岸推进时，当波浪破碎后，在破浪带与岸线之间会产生一股与岸线平行的沿岸流。其持续时间的长短取决于波浪方向的恒定时间。这种沿岸流如能保持相当长的时间，则对海岸带的泥沙冲淤和岸线变动有很大影响。

河流入海，河流的冲淡水与海水混合，在盛行风的作用下可形成一股强盛的沿岸流。如渤海沿岸，即由海河冲淡水与来自渤海海峡北部进入的黄海暖流汇合后，沿岸南下至黄河口，又与黄河冲淡水汇合形成一股盐度极低的沿岸流，自渤海海峡南部水道流出渤海，并继续沿山东半岛北岸东流至成山头。又如由长江冲淡水汇合钱塘江冲淡水，在冬季盛行风的作用下形成一股强大的浙闽沿岸流。

(2) 近岸循环流体系　近岸循环流体系由自外海缓慢输送到碎浪带的整体水流、沿岸流和离岸向外的裂流三部分组成（图 3-26）。

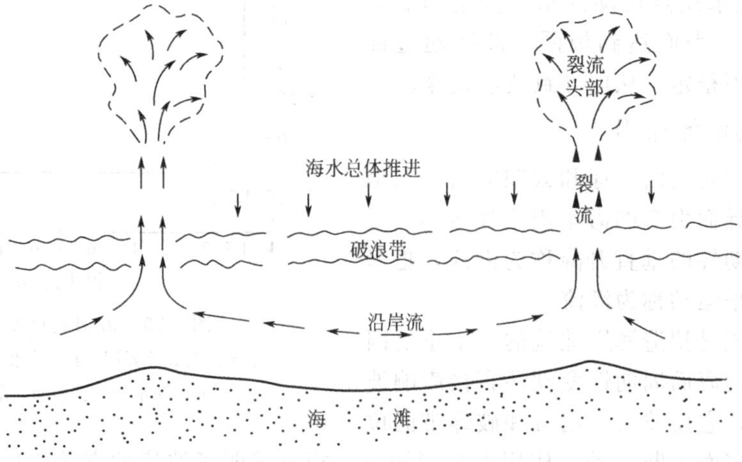

图 3-26　近岸循环流体系

二、海蚀作用与海蚀地貌

波浪可以各种方式对岩石海岸进行侵蚀。而岩石海岸受蚀的速度受岩性、构造和波能等各种因素的制约。

1. 海蚀作用

(1) 波浪冲击和空气压缩作用 岩石海岸一般水下岸坡坡度大，波浪能直接抵达岸边，以巨大的力量冲击海岸。如苏格兰东岸敦堤和法国北岸迪埃普曾记录到波浪的冲击力达$60t/m^2$。岩石海岸一方面直接受到波浪的冲击，另一方面波浪的冲击使岩石裂隙和节理中的空气受到压缩，对岩石施加巨大的压力，而水退时，压力骤减。在上述作用的反复进行下，导致崖壁岩石破碎，海岸受蚀崩解，形成陡峻的侵蚀海岸。

(2) 磨蚀作用 在波浪前冲和后退的往返过程中，海水携带的岩石碎块、砾和砂对海底起着磨蚀作用，使基岩组成的水下岸坡被磨蚀成平滑的海蚀平台，并可在海崖基部刻蚀出海蚀穴。

(3) 溶蚀作用 在碳酸盐岩组成的海岸带，溶蚀作用加速海岸的破坏，并可形成一种别具一格的溶蚀平台。平台表面一般平坦光滑，其上生长海藻和海生动物，有小型凹坑和低的圆丘与脊交替的微地貌。

2. 海蚀地貌

岩石海岸在波浪侵蚀下可形成众多的海蚀地貌（图 3-27）。海蚀崖：是向海呈陡斜或垂直的陡壁。原始海岸斜坡上，在与海面相交接处的附近是经受波浪冲击的主要地段，长期受蚀后，在这里形成凹刻的海蚀穴。海蚀穴不断扩大，致使其上的岩石悬空发生崩坠，形成海蚀崖。如堆积在海蚀崖坡脚处的崩坠岩块，未被波浪搬走，则可保护坡脚不再受波浪的冲击。海蚀崖的形态受岩性和岩层产状的影响，格状节理发育的岩石可形成城堡状海崖，柱状节理发育的可形成柱状绝壁的海蚀崖。向海倾斜的岩层易引起地滑，形成与层面一致的倾斜海蚀崖。向陆倾斜的岩层，则可形成陡斜以致直立的海蚀崖。

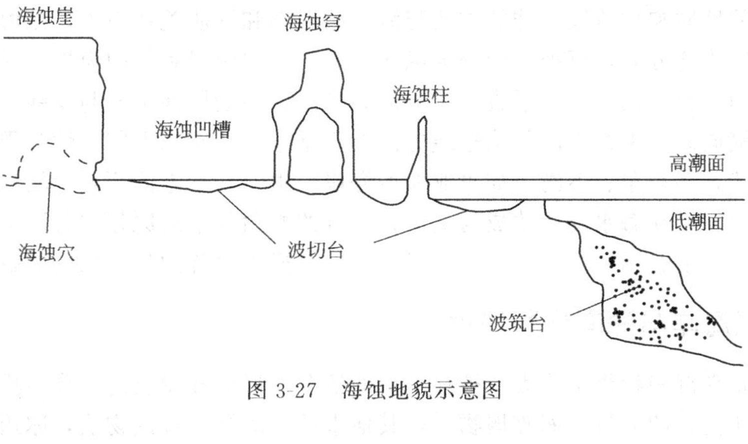

图 3-27 海蚀地貌示意图

海蚀平台是向海微倾的平坦台地，它随海蚀崖的后退而变宽。海蚀平台的后缘约在高潮面附近，前缘位于低潮面以下。由于岩性和构造的差异，海蚀平台上可出现一些浪蚀沟和瓯穴，以及由溶蚀造成的洼地等微地形。在平台面上可覆盖一些砂、砾。海蚀平台的形成和发育要求岩石抗蚀强度和海蚀强度之间保持一定的平衡。岩石抗蚀强度过强或过弱均不利于它充分发育。海蚀平台的成因有过不少争论。约翰逊（Johnson，1919）最早提出海蚀崖纵剖面发育过程的图式，他认为海蚀平台是在陆地下沉（或海面上升），海岸受波浪侵蚀后退过程中形成的，随着海蚀平台的扩大，在其外侧形成连续的堆积面。巴特勒姆（Bartrum，1962）认为海蚀平台主要是略低于平均高潮面的岩石表面，由于水位周期性涨落，处于干、湿交替的条件下，受干湿风化作用而形成的，波浪只是起了把风化物质搬走而使海蚀崖后退的作用。帕拉特（Pratt，1968）认为海蚀平台可分为高潮台地、潮间带台地和低潮台地。潮间带台地是波浪磨蚀作用的结果，其发育程度取决于岩石抗蚀强度和波蚀强度之间的平衡关系。高潮台地主要受海水饱和面以上的干湿风化作用的影响，当风化物质被波浪冲刷搬走就形成与海水饱和面相一致的台地。高潮台地的前缘如不断受波浪磨蚀亦可向潮间带台地演化。低潮台地在灰岩地区最发育，溶蚀作用明显，其外缘经常因海藻栖息而形成小凸起。

海蚀平台形成后，若因陆地上升或海平面下降而高出海平面，则成为海蚀阶地，若陆地下沉或海平面上升，则置于水下成为水下阶地。

海蚀穴（洞）是海崖坡脚处由波浪侵蚀形成的凹槽，宽度大于深度的为海蚀穴，深度大于宽度的称海蚀洞。它常沿节理和抗蚀强度较弱的部位发育，如美国加利福尼亚海岸有350个以上的海蚀洞都是沿断层、节理等构造上的松弱带发育的。如海蚀洞洞顶崩塌，则可形成与海蚀崖上部沟通的海蚀窗。

突出的海岬两侧，如发育相向的海蚀洞被蚀穿而相互贯通，则形成海蚀拱桥。

海蚀拱桥进一步受蚀，使拱桥顶板崩塌，其外侧形成脱离海岸的海蚀柱。海蚀柱也可由海蚀崖后退过程中离岸小岛再经海蚀作用而形成。

海水飞沫的盐分结晶作用常在海蚀崖和海蚀柱表面造成形似风蚀蜂窝状构造。

3. 岩性和构造对海岸的影响

岩性影响波浪对海岸的侵蚀速度以及由此产生的碎屑物质的多少。坚硬而少裂缝的岩石遭受磨蚀程度最轻，常呈现为突出的岬角，海蚀平台一般很少发育。岩性强度中等的沉积岩，除发育海蚀崖外，还常发育海蚀平台，海蚀平台外和岸边有疏松沉积物堆积。由结构疏松的岩层组成的海岸，岸坡缓斜，海蚀崖不发育，岸外有疏松沉积物堆积，如果松软岩层两侧为坚硬岩层组成的海岸，由于海岸蚀退相应较快，便形成向陆内凹的港湾。

地质构造的性质和构造线延伸的方向与海岸的形态和性质关系极大，是海岸分类的重要依据。根据地质构造方向，可把海岸分为纵向海岸、横向海岸和斜向海岸。纵向海岸岸线方向与构造线方向大致一致，岸线平直，少港湾和半岛，如断层面走向与岸线一致的断层海岸即属于此类。横向海岸岸线方向与构造线方向近于垂直，特别当不同岩性频繁交替时，岸线呈曲折的锯齿状，多岬角、港湾，如里亚斯型海岸。里亚斯型港湾原是沿较软弱岩层地带被河流塑造的河谷，后在海水浸后才成为港湾；附近的岬角和半岛原是河谷两侧由较坚硬的岩层所组成的。介于上述两者之间的斜向海岸，常发育成不对称的呈雁状的曲折岸线。

三、堆积海岸与海岸堆积地貌

堆积海岸是在沉积物供给量大于被移运量的情况下形成和发展的。许多堆积海岸的沉积物主要是河流所携带的大量入海碎屑物质，其他来源有海蚀崖被蚀物质，冰川沉积物和陆架上古代残遗堆积物。热带海洋生物的遗体也可成为某些海滩的组成物质。

海滩沉积物具有不同的粒径，大到巨大的砾石，小到极细的淤泥。它们在水体中的运动和沉降方式是不同的。砾石的形状与密度具有重要意义，大于2mm的砾石沉降速度快，形状偏离球体的颗粒，其沉降速度要比球体小，偏离球体程度愈大，沉降速度愈小。砾石的运动方式通常是滚动和滑动。粒径小于0.2mm的颗粒，在紊流作用下，可长时间悬浮在水体中，随水流作长距离的运移，但一旦沉降到水底，由于它的启动流速较大，较小的流速不易使之移动。介于砾石和泥质物之间的砂质物，其沉降速度较泥质物大，但其启动流速小，流速不大的水流亦能使其移动，其主要的运动方式是跃移。

沉积物粒径的大小与海滩的坡度有密切的关系。滩面的坡度是由上冲流和回流之间的动力平衡所决定的。这首先与海滩的渗透率有关，而渗透率取决于沉积物的粒径，并随粒径的大小而增减。渗透率越大，则回流因上冲流水体渗漏加大而减弱，回流的能量小于上冲流的能量，沉积物颗粒向滩上运移，海滩坡度相应变陡。因此组成海滩沉积物的粒径越大，其坡度越陡。

根据沉积物的组成，可把堆积海滩分为砾石海滩、砂质海滩和淤泥质海滩。

四、生物作用形成的海岸

1. 珊瑚礁海岸

珊瑚礁海岸是以石珊瑚为主的造礁生物形成的一种特殊类型的海岸。

珊瑚最宜生长在水温18～30℃、盐度27‰～40‰的海水中。水温超过35℃会使大多数珊瑚死亡，而盐度太低也不利于珊瑚的生长，如在大河河口附近水域盐度低，就没有珊瑚礁的发育。珊瑚的生长需要良好的光照度，因而大多生活在水深不足45m处。珊瑚一般在较硬的基底上生长发育好，由软泥组成的底质不利于它的生长。珊瑚礁外缘坡度较陡，组成骨架的礁体能抵御风浪的袭击，同时波浪和海流还可为珊瑚输送氧气和食物。在全新世海面上升最快期间，它仍能赶得上海平面上升的速度而向上生长，使礁体免于被淹。

最常见的珊瑚礁有岸礁、堡礁和环礁三种类型。

2. 红树林海岸

红树林海岸是分布在热带和亚热带地区一种独特的海岸类型。

红树林是生长在潮间浅滩上的耐盐的木本植物，有高达30m的乔木，也有低矮的灌木。红树林最宜生长的环境是：海水年平均温度在25～28℃，具有由细粉砂和黏土所组成的软泥底质，但没有强烈波浪作用的海岸带浅水地区。红树林具有极为发达的根系，其气根下垂入浅水淤泥中和树干一起构成茂密的丛林；而且红树是一种“芽生”植物，果实成熟后，即在母树上萌发胚芽，幼苗成长后下落泥中，很快就可长出根系，繁殖快速。因此，茂密的红树林加速了泥沙的沉积，使岸线向海方向推进。如我国西江三角洲的红树林海滩每年向外淤涨44～173m。随着红树林不断向外繁殖生长，海滩不断加积，其后侧早期的红树林带在通常情况下，潮水已不能到达，逐渐发育了土壤和泥炭层。以后土质变干、变淡，红树林逐渐衰亡，演变成滨海平原的一部分。

第七节 地貌调查与制图

要研究一个地区的地貌，野外实地调查是重要的一环，尤其是要解决某些具体实际问题时，往往需要详细的野外调查，在调查中可以获得许多第一手资料，并结合室内分析研究，得出有关该地区地貌特点、发育规律等结论。

在地貌研究中，还可以根据需要，编制不同类型的地貌图，以便更好地为国民经济建设服务。

一、地貌调查的工作程序

地貌调查可分三个阶段：准备阶段、野外调查阶段和室内整理阶段。

1. 准备阶段

准备阶段包括收集资料、了解情况、制订工作计划等。

（1）收集资料，了解情况 在准备阶段，首先要全面地收集和阅读前人有关本区和邻区的地貌、第四纪地质、区域地质、水文地质、工程地质和自然地理的文献、报告和图表等资料。还要收集航空像片，并进行初步判读。同时选用比例尺较大的地形图（一般要比最后成图的比例尺大），以便野外详细准确地填绘各种地貌界线。

阅读和整理资料时，既要查阅原始记录，也要查阅最新的带有总结性的资料，便于立即了解工作地区的全貌，然后按调查时的先后顺序或专题内容把资料加以系统整理。在吸取前人工作成果的同时，要分析研究过去工作中存在的问题，作为野外工作中的参考。

（2）制订工作计划 制订计划主要根据承担的科研或生产任务的要求，并结合工作地区的具体情况，编写出计划任务书。计划任务书的主要内容有以下四点。

① 前言：包括所需完成的任务、目的要求、工作区的位置、交通、自然地理概况、研究程度等。

② 地貌概况及存在的主要问题。

③ 工作方案：采用的工作方法和技术要求，工作量和人员的配备，工作部署和时间安排，所需的装备、器材和经费等。

④ 预期成果。

2. 野外调查阶段

首先进行全区的初步踏勘，了解全区概况，选择重点和典型地点测绘地貌和第四纪地质剖面，统一要求和方法；然后再进行详细的路线调查，在各观测点上全面地进行观测、记录，填绘各种图件，采集标本和样品。

（1）初步踏勘 在野外调查开始时，要对工作地区进行全面踏勘，以便了解全区情况和工作条件，选择典型地区，统一工作方法和规范，修订计划任务书。所以，在初步踏勘时，应该选择几条不同方向贯穿全区的路线，尽可能穿越地貌类型多、第四纪沉积出露条件好的地区。经常采用的是穿越主要山地以及横切河谷的路线。

（2）全面观测 在初步踏勘的基础上，进入全面观测阶段。这项工作往往是由许多人同时进行的，所以首先需要通过典型地段的试点，对各种类型地貌的观察、描述、测量和划分，取得统一认识。并在第四纪地层剖面发育较齐全、接触关系清楚、具有代表性的地方进行详细的观测，搞清各种地貌的成因和时代。

地貌与第四纪地质的野外测绘总是沿路线观测，按适当的距离，选择地貌和第四纪地质典型的地方布置观测点。通过这些点和线构成全区观测网。点与点之间还要进行沿途观测。点和线的分布及密度，取决于调查任务的目的和要求、工作区的地貌、第四纪地质的特点和复杂程度。

（3）经常性和阶段性的整理 野外收集的资料，必须及时整理和小结。一般野外资料整理包括下列内容。

① 野外记录本的整理：检查、补充、修正和整饰野外记录，并加以分析和归纳。

② 图件的整理：校订原始图件，并将填绘的各种界线和内容进行清绘。

③ 标本整理：野外所采集的标本和样品经初步鉴定、整理后，把需要的标本进行登记和包装，需要送有关单位化验和鉴定的，尽可能及时送出。

④ 小结：对当天或前一阶段的野外工作，以及某些专门问题要及时进行必要的小结，以便发现问题，提出解决的办法，明确今后工作任务和方法，及时调整工作计划和要求。

3. 室内整理阶段

这阶段工作包括以下各项内容。

(1) 资料、标本和照片的整理 将野外所收集的全部资料进行复核、综合分析和归纳整理，对野外采集各种重要的第四纪地层、岩石、矿物和化石标本进行清理和鉴定。对野外的照片进行放大或剪接，并加以文字的简要说明。

(2) 图件的清绘和编制 野外填绘的各种图件是地貌野外调查的重要成果之一。在室内整理时，将野外填绘在图上的各种实际材料，与室内鉴定、试验的结果，进行互相对比、校核，增加或修订原有的内容和界线。做到内容真实、准确，主题鲜明，重点突出，图面结构合理，线条色调清晰柔和。最后缩绘成正式图件。

(3) 编写报告提纲 一般报告包括下列主要内容。

① 绪言：包括工作任务来源、目的、要求、地理位置、行政区划、范围、面积、人员组成、工作期限、工作方法、完成工作量和主要资料及成果等。

② 区域地理概况：地势、水系、气候、水文、土壤、植被的主要特征，以及交通、经济情况等。

③ 区域地质概况：简述本区地层分布、岩性和厚度等变化情况及地质构造的特征等。

④ 第四纪地层：按照第四纪的年代顺序，从老到新分别描述沉积物的成因类型、分布、岩性（颜色、成分、结构和构造）、厚度、产状和化石及其相互间的关系等。

⑤ 地貌类型：按照地貌的成因类型，从大到小，从高到低（或从低到高），分别叙述其形态、大小和分布的规律、物质组成和结构的特点、形成时代、发育过程、影响因素、相互之间的关系和地貌组合的特征，以及地貌分区等。

⑥ 新构造运动的特征：描述新构造运动的遗迹在地貌和第四纪地层等自然现象中的各种表现，并说明运动的性质、幅度和时代等特征，以及对地貌发育和第四纪沉积的影响。

⑦ 结束语：在大量实际资料的分析研究的基础上，阐明地貌与生产实践的关系，以及其他结论性的意见和建议等。

二、地貌制图

地貌制图是研究地貌的重要方法之一，同时也是地貌调查的重要成果。地貌图与普通地形图不同，它不仅能反映出地形图上所能表达的内容，而且还可以反映不同类型地貌的空间分布、成因、年龄、发育过程和动态等丰富的信息。一幅良好的地貌图，往往比文字更富有表现力，并且便于精确量算。它在生产建设、科研、测绘、军事等方面有着广泛的用途。

地貌图就其内容、用途、比例尺等方面的标志来说，可以分成各种类型。

1. 根据内容划分

从内容方面来说，可分为部门地貌图和普通地貌图。

部门地貌图是以个别的地貌指标（特征）为基础的，有下列几种：

① 形态描述图；

② 形态示量图，如切割密度图、地面坡度图、刻切深度图等；

③ 各类地形形态图，如海岸地貌图、冰川地貌图、沙漠地貌图、喀斯特地貌图等；

④ 地貌发育因素图、发育强度图；

⑤ 地貌年龄图；

⑥ 局部标志结合而成的混合图。

普通地貌图是根据地貌形态、形态示量、地貌成因和年龄等标志反映出地貌的一般特征编制而成的。按内容，又可分为地貌类型图和地貌区划图。

① 地貌类型图上表现出有规律地重复出现的类型，同一种类型的地貌可能分布在空间

上距离很远的地方。这类地貌图可以用来对比那些地貌上相似的，但在分布地域上分散的对象。

② 地貌区划图上则表示属于不同类型、但分布地区相近、成因上有联系的地貌形态的组合，这种组合仅为本地区所特有。

2. 根据选用的标示划分

根据制图时所选用的标志的综合程度，地貌图可分为解析图、合成图和综合图等。

① 解析图：凡是只表现个别地貌形态或要素的图，叫做解析图。如地面坡度图、古河道图、冲沟分布图等。

② 综合图：主要表示地貌的综合标志的图件，如地貌类型图、地貌区划图等。

③ 合成图：把许多单一的指标画在同一张图上就成了许多标志的合成图。也可以把解析图和综合图合在一张图上成为合成图，图上既表现单一要素，又表示综合要素。

3. 根据地貌发展时期划分

依照地貌图所表现的地貌发展时期，可分为古地貌图、地貌现状图和地貌预测图等。

4. 根据用途划分

按照地貌图的用途可分为一般和专用的两种。

① 一般地貌图：一般地貌图是用来满足国民经济各部门提出的一般性要求，如普通地貌图等。在这种图的基础上，可以增加或删去某些内容，使之成为适应某一特殊目的的专用图。

② 专用地貌图：专用地貌图是用来解决国民经济需要的部分地貌学上问题的。如为农业服务的农业地貌图，为工程建设服务的工程地貌图，为寻找、开采砂矿床服务的砂矿地貌图等。

5. 根据比例尺划分

按地貌图的比例尺不同分为以下几种。

① 小比例尺地貌图：比例尺小于1∶1000 000。

② 中比例尺地貌图：比例尺在1∶1000 000～1∶200 000。

③ 大比例尺地貌图：比例尺大于1∶200 000。

由于比例尺不同，其制图方法、精度、包括的内容和用途也有差异。

6. 地貌图的编制原则。

编制地貌图应符合以下原则。

① 地貌图应表示出一个地区的地貌形态、成因等特征，还应尽可能地表示出该地区地貌发育阶段、年龄、物质组成及某些形态示量特征。

② 地貌图上所表示的类型和界线，必须根据统一的分类系统和分类标志。

③ 一幅良好的地貌图，须有明确的目的性。制图时要突出主题，并符合制图原则。

④ 由于不同比例尺的地貌图所反映的内容和用途的不同，其编制方法也随之不同。小比例尺地貌图反映的内容比较综合和概括，用于规划和布置任务，它侧重表现较大等级的地貌形态组合。其编制方法是在大量野外工作基础上，以室内的综合和编制为主。大比例尺的地貌图具有较高的面积精度和界线精度，所反映的内容比较详细、具体，以野外填图为主。

总之，编制一幅地貌图，要有明确的目的性、分类的统一性、图面结构层次的鲜明性、图例设计的合理性。只有这样，才能把地貌的形态学特征（形态、形态示量、形态结构，空间分布等)、物质组成、成因、演化发展特征（发育过程和阶段、地貌年龄）等充分表现出来。

7. 普通地貌图的编制方法

(1) 底图的选择 作为编制地貌图用的地理基础底图，要符合以下要求。

① 要有较高精度的几何投影。因要表示形态示量指标的地貌图，其基础底图要求是等积图。

② 最好选用有等高线的地形图。在野外填绘地貌图时，可选用分层设色地形图作底图，最后成图时，则宜用等高线地形图。

③ 野外填绘地貌图的比例尺要比最后成图的比例尺稍大，例如最后成图为 1∶200 000 的地貌图，野外填绘时，可用 1∶100 000 的底图。如果用航空像片或卫星像片作底图使用时，可以等大编图，但应根据不同要求进行几何纠正。

(2) 地貌分类系统和等级的确定 地貌分类系统的拟订是地貌制图中的关键问题之一。一个好的地貌分类系统能把制图地区的地貌特征表现得很充分；反之，将使各类地貌之间的特征及其差异被掩盖，降低图件的科学价值和使用价值。

无论是在国内还是在国外，至今还没有一个一致公认的地貌分类系统和统一的规范，虽然地貌制图的形态成因原则被大多数地貌学家所接受，但究竟以何种成因为主导仍有不同意见，加上某些成因不易确定，以及各地区地貌的特殊性，给制订统一的地貌分类系统带来困难。

比较一致的意见是：大的地貌类型，如大山脉、大盆地、大高原、大平原和大丘陵等主要是由地质构造和新构造运动所决定的；而较小的地貌类型，如冲积-洪积平原、湖积平原、喀斯特峰林、沙丘等，则主要是外力作用所决定的。

在我国地貌分类系统中，可按形态成因原则，从大到小，划分为四个等级。

① 第一级：按星体地貌单元，划分出陆地地貌和海底地貌两大类，两者以现代海岸线为界。

② 第二级：以内营力作用为主的类型。在陆地地貌中，第二级是指受地质构造和新构造运动控制的大型地貌类型，如山地、平原、台地、丘陵等。

a. 山地：是陆地面上具有较大海拔高度的正地形。对于我国来说，山地的海拔在 500m 以上，内部又有一定高差的隆起地形。新构造运动以抬升为主。

按照山地的海拔不同，又可分为：低山，海拔 500～1000m；中山，海拔 1000～3500m；高山，海拔 3500～5000m；极高山，海拔＞5000m。

b. 平原：从全国来说是指海拔在 200m 以下大面积的平坦地面。新构造运动以沉降为主，有较厚的沉积物堆积。主要分布在我国的东部，如东北平原，面积 $35\times10^4km^2$，海拔都在 200m 以下；华北平原、长江中下游平原的海拔高度都在 50m 以下。

靠近我国内陆，有些平原的海拔大于 200m，称为高平原。如成都平原，海拔在 600m 左右。

c. 台地：是指周围有陡坎的平顶高地。顶面的坡度一般小 7°，起伏较和缓。成因上以构造抬升为主要作用。

d. 丘陵：在我国一般是指海拔在 500m 以下、相对高度不超过 200m 的高低起伏的低矮山丘，如我国的江南丘陵、东南沿海丘陵等。新构造运动抬升不如山地强烈，内部差异较大。

在一般的地貌分类中，没有“高原”和“盆地”类型。但通常认为高原是指海拔在

1000m 以上、比附近低地高出 500m 以上的广大平坦的地面。规模较大的高原是新构造运动大面积抬升的结果。它以较大的高度区别于平原，又以较平缓的地面和较小的起伏区别于山地。我国的青藏高原面积约（25～26）$\times10^5$ km^2，平均海拔 4500m，主要是近 $3\times10^6\sim5\times10^6$ 年以来大面积抬升所造成的。

盆地是一种复合地貌类型，它由周围的山地或高原和中部的平原（或低矮的丘陵）所组成。盆地是构造运动差异的产物，周围的抬升和盆地内部的相对沉降形成明显的对照。如我国的塔里木盆地周围山地高出中间的盆地 4000～5000m，四川盆地的高差也在 500m 以上。

在海底地貌中，第二级主要是指大陆架、大陆坡、大陆隆、深海平原（深海盆）等。

③ 第三级：在陆地地貌中是指主导营力作用下的形态成因类型。如按主导营力可分火山与熔岩的、流水的、湖成的、干燥的、风成的、黄土的、喀斯特的、冰川的、冰缘的、海成的等。

把第二级类型和第三级类型组合成若干基本形态成因类型，可作为地貌制图的基本单元。如熔岩台地、冲积平原、冰川作用的山地等。

海底地貌的第三级是指冲刷沟槽、古水下三角洲等次级类型。

④ 第四级：是在第三级基础上划分的形态较单一的成因类型，如火山锥、冲积扇、滑坡等。

(3) 地貌图的图例系统及制图表达 地貌图的图例系统与地貌分类系统既有联系又有不同。地貌分类系统是拟订地貌制图图例系统的基础，但为了适合于制图，其分级序次又不能完全按地貌分类系统来安排。在地貌图例中，把陆地和海洋分别处理，各自编排图例系统。在陆地地貌图例系统中，第一级类型按主导营力划分，相当于地貌分类的第三级；第二级，在各主导营力下分出平原、台地、丘陵、山地等；第三级，按海拔和相对起伏设置图例。

地貌图例系统的制图表达，包括颜色、符号、代号、数字等方面的设计及各制图要素的搭配和成图。

① 颜色：代表形态成因类型。以颜色的色相（色品、色别）表示形成地貌主导内、外营力的性质差异，每一种颜色代表一种成因类型。颜色的设计尽可能地接近于自然界的色彩（如风成地貌用黄色，黄土地貌用土黄色等）和普通地图上的习惯用法。不同成因性质和作用要求颜色之间有明显的色相差别。如火山地貌为金红色，湖成地貌用孔雀蓝，冰缘地貌用青莲色等。

同一色相，可用不同深浅的色调表示活动程度，如现代活动的用深色调，古代活动用浅色调。此外，在中比例尺和大比例尺的地貌制图时，如进一步划分亚类或将低级类型向高级类型调整时，也可在同一色相中变换色调，以适应具体情况。

② 形态符号：是底色的重要补充。依照所设计的符号形式，可分为点状、线状、面状或三者的结合。符号还可以赋以颜色，符号的设计一般应注意以下几点。

a. 符号形状最好具有象形性，以便使地貌图直观易读。

b. 尽可能采用地形图上已有的惯用符号。

c. 符号的大小以及排布的疏密，在图的容载量允许的情况下，最好尽可能与地貌形态类型在实际上的分布范围、形体大小相一致。

d. 形体较小的地貌，如因比例尺限制在图面上无法表示其精确面积，但又必须在制图时加以表达时，可用非比例尺符号。但要注意符号的中心尽可能要精确定位。

e. 线条的粗细和疏密的表示，一般情况下，现代活动的，线条较粗、较密；古老的、活动程度较差的，以较疏、较细的线条表示。

③ 代号和数字：在黑白图上代号和数字可用来代替颜色表示不同的成因类型，在彩色图上可以配合颜色使用，或者用来表示不同等级类型的补充内容，而这些内容往往是其他方法无法表示的。如英文字母，既可表示不同营力（火山与熔岩地貌用“V”表示，流水地貌用“F”表示），又可表示不同地质年代（N表示新近纪，E表示古近纪，Q表示第四纪）和岩性（G表示砾石，S表示砂等）。数字既可表示形态示量指标，又可表示具体地貌年龄和沉积物年代等。还可以用数字来表示成因类型的序列。

综上所述，在我国地貌制图工作中，常用的表示方法可简单归纳如下。

① 成因类型：用不同颜色底色表示，各种底色必须覆盖全图。同时还可以用大写英文字母或罗马数字表示不同成因类型，并用数字配合表示次一级类型。

② 形态要素和物质组成：用符号表示，叠加在底色之上。

③ 年龄：用字母代号，或用数字表示具体年代，用同一颜色的色调深浅表示相对年龄。

④ 形态示量指标：用符号、等值线、数字表示。

⑤ 地貌界线：从高级到低级类型，线条愈来愈细，或用虚线、点线表示。

关于地貌图例系统及其符号，过去是按照不同比例尺，采用不同图例。近几年来，国际上大力开展地貌图图例的规范化和标准化的研究，向不同比例尺地貌图采用统一地貌图例的方向发展。其中制定了一些国际统一地貌图例，这些图例可以作为参考。但我国地貌条件复杂，在具体的地貌制图实践中，图例可根据我国具体情况进行设计和创造。

(4) 地貌制图的方法

① 野外地貌填图：野外地貌填图是大比例尺地貌制图的主要环节。野外填图必须有大比例尺的地形图作为底图，并在对填图地区进行初步研究的基础上，根据任务实际需要确定地貌制图的比例尺和图的类型。

在具体野外填图时，特别要注意地貌界线的填绘。在全面调查的基础上，可选择制高点上进行观测，并把所能看清的地貌类型及其界线填在图上。如在远处看不清的界线，还必须至近处补充观测或根据沉积物和其他资料定出不同等级类型的分界线。填绘界线时一定要注意按实际填绘，切忌在未看清界线的情况下，完全沿等高线勾绘地貌界线。

在画好地貌界线的基础上，按预先设计好的图例颜色、符号、代号等一一填在图上。

在野外填绘草图后，必须至室内进行整理、清绘、上色，并根据需要缩成较小比例尺的正式图件。

② 地貌图的室内综合：中小比例尺的地貌图是根据大比例尺地貌图及野外和室内收集的资料进行编制的，许多个体形态及面积较小的地貌类型不能表示出来，必须进行综合和概括。中小比例尺的地貌图不是大比例尺地貌图上类型的简单缩小和归并，而是把各形态要素综合成形态成因类型及其组合。由于不同比例尺底图的数学基础不同，精度也不同，地貌制图单元通常按比例尺允许保留最小面积为$0.4cm^2$，长形的最小面积为$0.6cm^2$。小于比例尺许可的限度时，可采用非比例尺符号，使某些面状符号转化为点状符号，或归并入高一级的制图分类。有些内容无法表现的，还要舍弃。

③ 遥感技术的应用：用航空像片作为底图和作为地面实况调查的补充资料进行大比例尺的地貌填图，20世纪50年代已在我国开始，但未得到广泛的应用。近年来，由于航天遥感技术在我国的迅速发展，为中小比例尺地貌制图提供了新的手段和资料。航天遥感所获取的像片直观、形象、界线精确，可节约大量的人力和物力，并能提高制图的速度和精度。

地貌的形态特征，可以通过遥感影像的形状、大小、色调、纹形结构等标志，直接或间接地判读出来。地貌类型的界线在影像上也显示得连续、直观，可在影像上直接勾绘，减少了地面目测和观测点之间的内插、延伸等误差。

地面物质组成，由于其颗粒粗细、水分状况、植物生长状况、水系状况等不同，使不同物质的光谱特性有差异，在遥感影像上可通过间接标志判读和地学分析区别出来，并按不同标志勾绘出界线。

应用遥感影像作为主要依据编制地貌图时，其工作程序与常规方法有所不同。在熟悉制图地区资料，进行初步分类和分级之后，即可选择典型地区的影像（航空像片或卫星像片）建立室内判读标志，并对影像进行初步判读，作出地貌草图，然后到野外进行现场验证和核对，建立野外判读标志，再进行详细的判读和成图。最后，把遥感影像上所作的判读图，转绘到相同比例尺的地形图上即成为地貌图。如果遥感影像经过几何纠正并经过镶嵌，可以直接以影像作为底图，加上部分普通地形图的线画（如地名、等高线、道路等）及地貌图的颜色和线画符号，即成一张影像地貌图。其地貌形态的形象比一般单纯线画图更为直观，图面具有更大的容载量。而且以卫星像片和航空像片作为底图，可以等大编图，这样可以大大节约制图工序和时间。

重要术语

1. 地貌　2. 风化作用　3. 根劈作用　4. 重力地貌　5. 崩塌　6. 滑坡　7. 流水地貌　8. 潮汐　9. 风蚀蘑菇　10. 河流阶地

复习思考题

1. 构造地貌分为哪三级？
2. 陆地上的大型构造地貌可分哪三种？
3. 陆地构造地貌类型有哪些？
4. 简述球状风化。
5. 论述物理风化作用和化学风化作用。
6. 崩塌形成的条件和触发因素分别有哪些？
7. 滑坡裂缝包括哪些？
8. 简述河流的侵蚀。
9. 河流阶地类型有哪些？
10. 喀斯特地貌有哪些？
11. 喀斯特作用的基本条件包括哪四个方面？
12. 风蚀地貌包括哪些类型？
13. 简述风蚀作用。
14. 简述岩性和构造对海岸的影响。
15. 简述风蚀雅丹地貌。

第四章　土的分类与工程性质

地壳中原来整体坚硬的岩石，经风化、剥蚀搬运、沉积，形成固体矿物、水和气体的集合体称为土。由于土的形成年代和自然条件的不同，使各种土的工程性质有很大差异。

土的物质成分包括作为土骨架的固体矿物颗粒、孔隙中的水及其溶解物质以及气体，因此，土是由颗粒（固相）、水溶液（液相）和气（气相）所组成的三相体系。各种土的颗粒大小和矿物成分差别很大，土的三相间的数量比例也不尽相同，而且土粒与其孔隙水溶液及环境水之间又有复杂的物理化学作用。所以，要研究土的工程性质就必须了解土的三相组成性质、比例、环境条件以及在天然状态下土的结构和构造等总体特征。

土的三相组成物质的性质、相对含量以及土的结构、构造等与其形成年代和成因有关的各种因素，必然在土的轻重、疏密、干湿、软硬等一系列物理性质和状态上有不同的反映。土的物理性质和状态又在很大程度上决定了它的力学性质。

在处理各类岩土工程问题和进行土力学计算时，不但要知道土的物理力学性质及其变化规律，从而了解各类土的工程性质，而且还要熟悉表征土的物理力学性质的各种指标的概念、测定方法及其相互换算关系，并掌握土的工程分类原则和标准。

第一节　土的形成与特征

一、土和土体的形成和演变

地壳表面广泛分布着的土体是完整坚硬的岩石经过风化、剥蚀等外力作用而瓦解的碎块或矿物颗粒，再经水流、风力或重力作用、冰川作用搬运在适当的条件下沉积成各种类型的土体（图 4-1）。在搬运过程中，由于形成土的母岩成分的差异、颗粒大小、形态，矿物成分又进一步发生变化，并在搬运及沉积过程中由于分选作用形成在成分、结构、构造和性质上有规律的变化。土体沉积后，靠近地表的土体，将经过生物化学及物理化学变化，即成壤作用，形成土壤。未形成土壤的土，继续受到风化、剥蚀、侵蚀而再破碎、再搬运、再沉积等地质作用。

时代较老的土，在上覆沉积物的自重压力及地下水的作用下，经受成岩作用，逐渐固结成岩，强度增高，成为“母岩”。总之，土体的形成和演化过程，就是土的性质和变化过程，由于不同的作用处于不同的作用阶段，土体就表现出不同的特点。

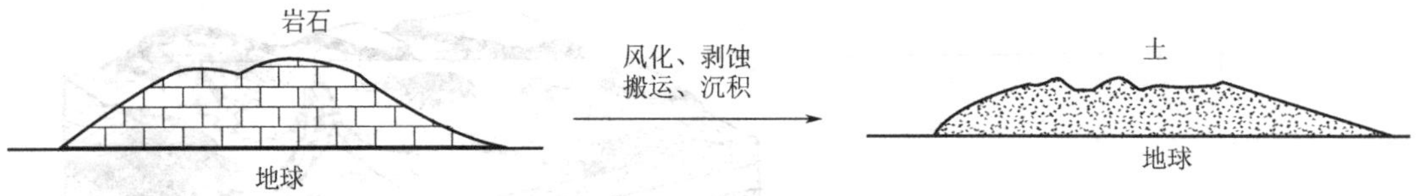

图 4-1 土的形成示意图

二、土的基本特征

从工程地质观点分析，土有以下四个基本特征。

1. 土是自然历史的产物

土是由许多矿物自然结合而成的。它在一定的地质历史时期内，经过各种复杂的自然因素作用后形成各类土的时间、地点、环境以及方式不同，各种矿物在质量、数量和空间排列上都有一定的差异，其工程地质性质也就有所不同。因此，成因类型和地质历史的研究是分析鉴定土的工程性质的基础。

2. 土是三相组合体

土是由三相（固、液、气）所组成的体系（图 4-2）。固相部分主要是土粒，有时还有粒间胶结物和有机质，它们构成土的骨架；液相部分分为水及其溶解物；气相部分分为空气和其他气体。三相组成之间的变化，将导致土的性质的改变。当土骨架的孔隙全部被水占满时，这种土称为饱和土；当土骨架的孔隙仅含空气时，就称为干土；一般在地下水位以上地面以下一定深度内的土的孔隙中兼含空气和水，此时的土体属三相系，称为湿土。

土的三相之间的质和量的变化是鉴别其工程地质性质的一个重要依据。

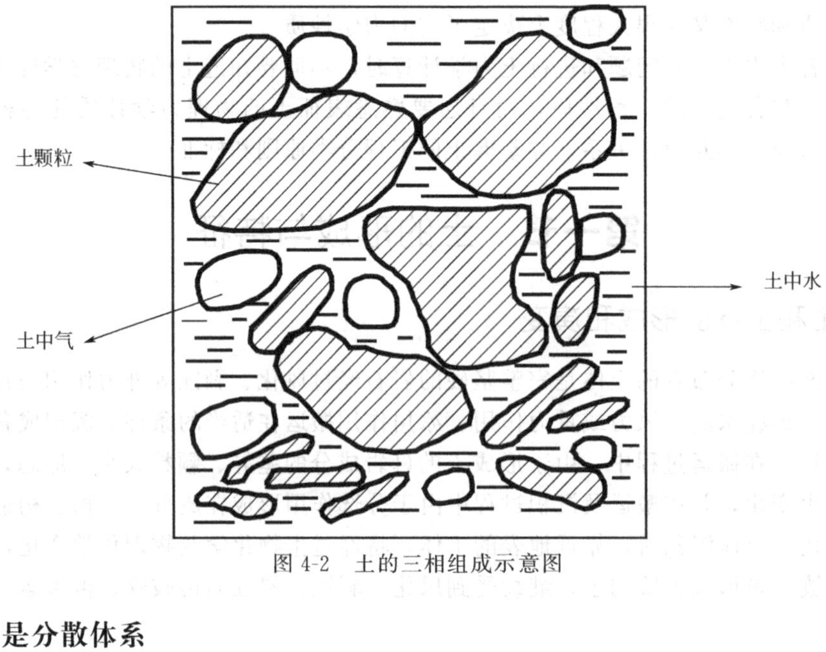

图 4-2 土的三相组成示意图

3. 土是分散体系

由二相或更多相所构成的体系，其一相或某一些相分散在另一相中，称为分散体系。三相组成的土是分散体系。分散体系的性质随着分散程度的变化而变化。根据固相土粒的大小程度，将土划分为：粗分散体系（$>2\ \mu m$）、细分散体系（$0.1 \sim 2\ \mu m$）、胶体体系（$0.01 \sim$

0.1 μm)、分子体系（<0.01 μm)。研究表明，粗分散体系与细分散体系及胶体体系的差别很大。细分散体系和胶体体系具有许多的共性。因此，一般将细分散体系和胶体体系合并在一起作为土的细分散部分加以研究。

土的细分散体系具有特殊的矿物成分，具有很高的分散性和比表面积，因而具有巨大的表面能。当细分散颗粒与水作用时，在固、液相界面上具有很强的物理-化学活性。土中细分散颗粒含量的增多是形成黏性土工程性质的决定因素。

任何土类具有一定的能量，在砂土和黏性土中，其总能量是由内部能量和表面能量之和构成的。内部能量与其土粒体积成正比，而表面能量则与土粒的表面积成正比。

砂土及其他碎屑土的比表面积很小，所以表面能有限，砂土在物理-化学方面，很大程度上是惰性的、不亲水的。

黏性土的比表面积和表面能均很大，因此，具有较大的物理-化学活性和亲水性，表现为极强的黏着性和塑性。

4. 土是多矿物组合体

在一般情况下，土将含有5～10种或更多的矿物，其中除原生矿物外，次生黏土矿物是主要成分。黏土矿物的粒径很小（小于0.002mm)，遇水呈现出胶体化学特性。在土粒之间形成一种特殊的连接，使黏性土表现出复杂多变的工程性质。

三、第四纪地质特征

土是第四纪的沉积物。地质年代中第四纪时期是距今最近的地质年代。在第四纪历史上不仅形成了土，还发生了两大变化，即人类的出现和冰川作用。这反映了第四纪时所特有的自然地理环境，构造运动和火山活动等特点。而第四纪时期沉积的历史相对较短，一般又未经固结硬化成岩作用，因此在第四纪形成的各种沉积物通常是松散的、软弱的、多孔的，与岩石性质有着显著的差异。

第四纪沉积物的形成是由地壳表层坚硬岩石在漫长的地质年代里，经过风化、剥蚀等外力作用，破碎成大小不等的岩石碎块或矿物颗粒，这些岩石碎块在斜坡重力作用、流水作用、风力吹扬作用、剥蚀作用、冰川作用以及其他外力作用下被搬用到适应的环境下沉积成各种类型的土体。由于土体在形成过程中，岩石碎屑物被搬运，沉积通常按颗粒大小、形状及矿物成分作有规律的变化，并在沉积过程中常因分选作用和胶结作用而使土体在成分、结构和性质上表现有规律的变化。

工程地质学中所说的土体，它与人们通常所称的土壤不同。凡第四纪松散物质沉积成土后，再在一个相当长的稳定环境中经受生物化学及物理化学的成壤作用形成的土体，统称为土壤。而未经受成壤作用的松散物质受到外力的剥削、侵蚀而再破碎、搬运、沉积等地质作用，时代较老的土体受上覆沉积物的自重压力和地下水作用下，经受压密固结作用，逐渐形成具有一定强度和稳定性的土体，这就是工程地质学中所说的土体，是人类活动和工程建设研究的对象。当然土体形成后，又可在适应条件下被风化、剥蚀、搬运、沉积，如此周而复始，不断循环。

四、土的成因类型与特征

一般来说，处于相似的地质环境中形成的第四纪松散沉积物，具有很大程度一致性的工程地质特征。因此，对第四纪沉积物形成的地质作用、沉积环境、物质组成等的地质成因研究是很有必要的。根据地质成因类型划分，可将第四纪松散沉积物的土体分为：残积土、坡积土、洪积土、冲积土、湖积土、海积土、风积土及冰积土等。

1. 残积土

残积土是由岩石风化后，未经搬运而残留于原地的土（图 4-3）。它处于岩石风化壳的上部，是风化壳中的剧风化带，向下则逐渐变为半风化的岩石。它的分布主要受地形的控制，在宽广的分水岭地带，由雨水产生地表径流速度小，风化产物易于保留的地方，残积物就比较厚。残积土的厚度在垂直方向和水平方向变化较大；这主要与沉积环境、残积条件有关（山丘顶部因侵蚀而厚度较小；山谷低洼处则厚度较大）。残积土一般形成剥蚀平原。残积物一般透水性强，以致残积土中一般无地下水。

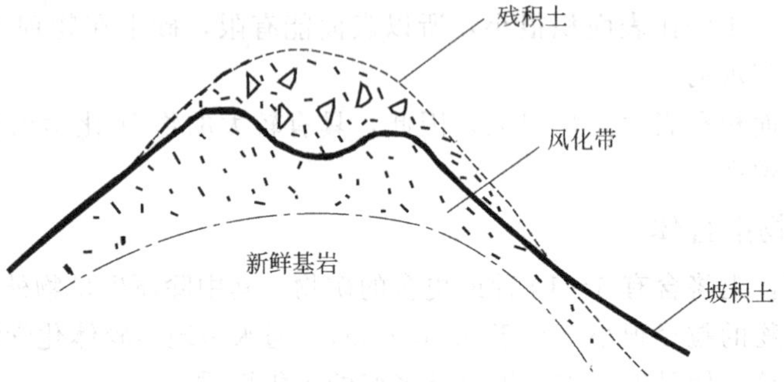

图 4-3 残积土示意图

影响残积土工程地质特征的因素主要是气候条件和母岩岩性条件。

(1) 气候条件 气候影响着风化作用类型，从而使得不同气候条件不同地区的残积土具有特定的粒度成分、矿物成分、化学成分。

① 干旱地区：以物理风化为主，只能使岩石破碎成粗碎屑物和砂砾，缺乏黏土矿物，具有砾石类土和工程地质特征。

② 半干旱地区：在物理风化的基础上发生化学变化，使原生的硅酸盐矿物变成黏土矿物；但由于雨量稀少，蒸汽量大，故土中常含有较多的可溶盐类；如碳酸钙、硫酸钙等。

③ 潮湿地区：在潮湿而温暖，排水条件良好的地区，由于有机质迅速腐烂，分解出 CO_2，有利于高岭石的形成；在潮湿温暖而排水条件差的地区，则往往形成蒙脱石。

由此可见：从干旱、半干旱地区至潮湿地区，土的颗粒组成由粗变细；土的类型从砾石类土过渡到砂类土、黏土。

(2) 母岩岩性条件 母岩的岩性影响着残积土的粒度成分和矿物成分。

① 酸性岩浆岩含较多的黏土矿物，其岩性为粉质黏土或黏土；中性或基性岩浆岩易风化成粉质黏土；

② 沉积岩大多是松软土经成岩作用后形成的，风化后往往恢复原有松软土的特点，如：黏土岩和黏土的特点相似，细砂岩和细砂土的特点相似等。

山区的残积土因原始地形变化大，且岩层风化程度不一，所以其土层厚度、组成成分、结构以至其物理力学性质在很小范围内变化极大，均匀性很差，加上其孔隙度较大，作为建筑物地基容易引起不均匀沉降；在山坡的残积土分布地段，常有因修筑建筑物而产生沿下部基岩面或软弱面的滑动等不稳定问题。

2. 坡积土

坡积土是岩石风化产物经雨水或融化了的雪水的片流搬运作用，顺坡移动堆积而成的土（图 4-4）。其成分与坡上的残积土基本一致。

坡积土的颗粒组成由沿斜坡由上而下、由粗变细的分选现象。在垂直剖面上，下部与基岩接触处往往是碎石、角砾土，其中充填有黏性土或砂土。上部较细，多为黏性土；矿物成分与下部基岩无直接关系；土质（成分、结构）上下不均一，结构疏松，压缩性高，且土层厚度变化大，故对建筑物常有不均匀沉降问题；由于其下部基岩面往往富水，工程中易产生沿下卧残积层或基岩面的滑动等不稳定问题。

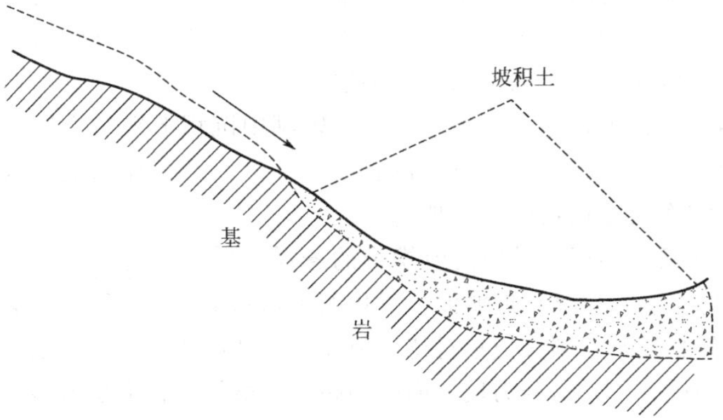

图 4-4 坡积土示意图

3. 洪积土

洪积土是山洪带来的碎屑物质，在山沟的出口处堆积而成的土。山洪流出沟谷后，由于流速骤减，被搬运的粗碎屑物质首先大量堆积下来，离山渐远，洪积物的颗粒随之变细，其分布范围也逐渐扩大。其地貌特征，靠山近处窄而陡，离山较远宽而缓，形如锥体，故称为洪积扇。山洪是周期性发生的，每次的大小不尽相同，堆积下来的物质也不一样，因此，洪积土常呈现不规则交错的层理。洪积平原地形坡度较平缓，有利于城镇、工厂建设和道路的建筑。洪积土多发育在干旱半干旱地区，如我国的华北、西北地区。

洪积土作为建筑物地基，一般认为是较理想的，尤其是离山前较近的洪积土颗粒较粗，地下水位埋藏较深，具有较高的承载力，压缩性低，是建筑物的良好地基。在离山区较远的地带，洪积物的颗粒较细、成分较均匀、厚度较大，一般也是良好的天然地基。但应注意的是上述两地段的中间过渡地带，常因粗碎屑土与细粒黏性土不同而使地下水溢出地表形成沼泽地带，且存在尖灭或透镜体，因此土质较差，承载力较低，工程建设中应注意这一地带的复杂地质条件。

4. 冲积土

冲积土是由于河流的流水作用，将碎屑物质搬运堆积在它流经的区域内，随着从上游到下游水动力的不断减弱，搬运物质从粗到细逐渐沉积下来，一般在河流的上游以及出山口，沉积有粗粒的碎石土、砂土，在中游丘陵地带沉积有中粗粒的砂土和粉土，在下游平原三角洲地带，沉积了最细的黏土。冲积土分布广泛，特别是冲积平原是城市发达、人口集中的地带。对于粗粒的碎石土、砂土，是良好的天然地基，但如果作为水工建筑物的地基，由于其透水性好会引起严重的坝下渗漏；而对于压缩性高的黏土，一般都需要处理地基。

冲积土主要发育在河谷内以及山区外的冲积平原中，一般可分为四个相：即河床相、河漫滩相、牛轭湖相、河口三角洲相。冲积土随其形成条件不同，具有不同的地质工程特性。

(1) 河床相 主要分布在河床地带，冲积土一般为砂土及砾石类土，有时也夹有黏土透镜体，在垂直剖面上土粒由下到上，由粗到细，成分较复杂，但磨圆度较好。山区河床冲积土厚度不大，一般为10m左右；而平原地区河床冲积土则厚度很大，一般超过几十米，其沉积物也较细。古河床相土的压缩性低，强度较高，是工业与民用建筑的良好地基，而现代河床堆积物的密实度差，透水性强，若作为水工建筑物的地基则将引起坝下渗漏。饱水的砂土还可能由于振动而引起液化。

(2) 河漫滩相 冲积土是由洪水期河水将细粒悬浮物质带到河漫滩上沉积而成的。一般为细砂土或黏土，覆盖于河床相冲积土之上。常为上下两层结构，下层为粗颗粒土，上层为细颗粒土。河漫滩相洪积物覆盖于河床相冲积土之上形成的具有双层结构的冲积土体常被作为建筑物的地基，但应注意其中的软弱土层夹层。

(3) 牛轭湖相 冲积土是在废河道形成的牛轭湖中沉积下来的松软土。由含有大量有机质的粉质黏土、粉质砂土、细砂土组成，没有层理。牛轭湖相冲积土是压缩性很高及承载力很弱的软弱土，不宜作为建筑物的天然地基。

(4) 河口三角洲相 冲积土是由河流携带的悬浮物质，如粉砂、黏粒和胶体物质在河口沉积的一套淤泥质黏土、粉质黏土或淤泥。三角洲沉积物常常是饱和的软黏土，承载力低，压缩性高，若作为建筑物地基，则应慎重对待。但在三角洲沉积物的最上层，由于经过长期的压实和干燥，形成所谓硬壳层，承载力较下面的为高，一般可用作低层或多层建筑物的地基。

5. 湖积土

湖积土，又称湖泊沉积物，可分为湖边沉积物和湖心沉积物。

① 湖边沉积物是湖浪冲蚀湖岸形成的碎屑物质在湖边沉积而形成的，湖边沉积物中近岸带沉积的多是粗颗粒的卵石、圆砾和砂土，远岸带沉积的则是细颗粒的砂土和黏性土。湖边沉积物具有明显的斜层理构造，近岸带土的承载力高，远岸带则差些。湖心沉积物是由河流和湖流挟带的细小悬浮颗粒到达湖心后沉积形成的，主要是黏土和淤泥，常夹有细砂、粉砂薄层，土的压缩性高，强度低。

② 湖心沉积物属于静水沉积，颗粒分选性良好，层理细密，岸边浅水处沉积砂砾等粗粒物质，湖心则多为黏土。波浪力是颗粒分选的动力，波浪力影响的范围内，波浪反复淘洗沉积物，粗粒留在岸边，细粒落于远岸，波浪力影响不到的湖心，则沉积细小的黏粒。

若湖泊逐渐淤塞，则可演变为沼泽，沼泽沉积土称为沼泽土，主要由半腐烂的植物残体和泥炭组成的，泥炭的含水量极高，承载力极低，一般不宜作天然地基。

6. 海积土

海积土，又称海洋沉积物。按海水深度及海底地形，海洋可分为滨海带、浅海区和深海区，相应的四种海相沉积物性质也各不相同。滨海沉积物主要由卵石、圆砾和砂等组成，具有基本水平或缓倾的层理构造，其承载力较高，但透水性较大。浅海沉积物主要由细粒砂土、黏性土、淤泥和生物化学沉积物（硅质和石灰质）组成，有层理构造，较滨海沉积物疏松、含水量高、压缩性大而强度低。陆坡和深海沉积物主要是有机质软泥，成分均一。海洋沉积物在海底表层沉积的砂砾层很不稳定，随着海浪不断移动变化，选择海洋平台等构筑物地基时，应慎重对待。

7. 冰积土和冰水沉积土

冰积土和冰水沉积土是分别由冰川和冰川融化的冰下水进行搬运堆积而成。其颗粒以巨大块石、碎石、砂、粉土及黏性土混合组成。一般分选性极差，无层理，但冰水沉积常具斜层理。颗粒呈棱角状，巨大块石上常有冰川擦痕。

8. 风积土

风积土是由风作为搬运动力，将碎屑物由风力强的地方搬运到风力弱的地方沉积下来的土。风积土的生成不受地形的控制，我国的黄土就是典型的风积土。主要分布在沙漠边缘的干旱与半干旱气候带。风积黄土的结构疏松，含水量小，浸水后具有湿陷性。

第二节　土的组成与结构、构造

一、固相

在土的三相组成物质中，固体颗粒（以下简称土粒）是土的最主要的物质成分。土粒构成土的骨架主体，也是最稳定、变化最小的成分。三相之间相互作用中，土粒一般也居于主导地位。例如，不同大小土粒与水相互作用，使水呈不同类型等。从本质而言，土的工程性质主要取决于组成土的土粒的大小和矿物类型，即土的粒度成分和矿物成分。由此可知，各种类型土的划分，主要依据是组成土的土粒成分。而土的结构特征，也是通过土粒大小、形状、排列方式及相互联结关系反映出来的。

1. 粒组划分

土的粒度成分是决定土的工程性质的主要内在因素之一，因而也是土的类别划分的主要依据。土是由各种大小不同的颗粒组成的，颗粒大小以直径（单位：mm）计。土粒能通过的最小筛孔孔径，或土粒在静水中具有相同下沉速度的当量球体直径，称为土的粒径。粒径大小划分的组称为粒组。而土中不同粒组颗粒的相对含量，称为土的粒度成分（或称颗粒级配），它以各粒组颗粒的重量占该土颗粒的总重量的百分数来表示。土的粒径由大到小逐渐变化时，土的工程性质也相应地发生变化。因此，在工程上粒组的划分在于使同一粒组土粒的工程性质相近，而与相邻粒组土粒的性质有明显差别。目前土的颗粒划分标准并不完全一致，一般采用的粒组划分及各粒组土颗粒的性质特征如表 4-1。表中根据界限粒径：200mm、60mm、20mm、5mm、2mm、0.5mm、0.25mm、0.075mm 和 0.005mm，把土粒分为三大粒组：巨粒（漂石、卵石）、粗粒（砾粒、砂粒）、细粒（粉粒、黏粒）。

表 4-1　粒组划分

<table>
<tr><th>粒组</th><th colspan="2">颗粒名称</th><th>粒径范围/mm</th><th>一般特征</th></tr>
<tr><td rowspan="2">巨粒</td><td colspan="2">漂石(块石)</td><td>$d>200$</td><td rowspan="2">透水性很大，无黏性，无毛细水</td></tr>
<tr><td colspan="2">卵石(碎石)</td><td>$60<d\leqslant 200$</td></tr>
<tr><td rowspan="6">粗粒</td><td rowspan="3">砾粒</td><td>粗砾</td><td>$20<d\leqslant 60$</td><td rowspan="3">透水性很大，无黏性，毛细水上高度不超过粒径大小</td></tr>
<tr><td>中砾</td><td>$5<d\leqslant 20$</td></tr>
<tr><td>细砾</td><td>$2<d\leqslant 5$</td></tr>
<tr><td rowspan="3">砂粒</td><td>粗砂</td><td>$0.5<d\leqslant 2$</td><td rowspan="3">易透水，当混入云母等杂质时透水性减少，而压缩性增强；无黏性，遇水不膨胀，干燥时松散，毛细水上升高度不大，随粒径变小而增大</td></tr>
<tr><td>中砂</td><td>$0.25<d\leqslant 0.5$</td></tr>
<tr><td>细砂</td><td>$0.075<d\leqslant 0.25$</td></tr>
<tr><td rowspan="2">细粒</td><td colspan="2">粉粒</td><td>$0.005<d\leqslant 0.075$</td><td>透水性小，湿时稍有黏性，遇水膨胀小，干时稍有收缩，毛细水上升高度较大较快，湿土振动时有水析出(液化现象)</td></tr>
<tr><td colspan="2">黏粒</td><td>$d\leqslant 0.005$</td><td>透水性很小，湿时有黏性、可塑性，遇水膨胀大，干时收缩显著，毛细水上升高度大，但速度慢</td></tr>
</table>

从表 4-1 可以看出，各粒组特征的规律：颗粒越细小，与水的作用越强烈。表现为：毛

细作用由无到毛细上升高度逐渐增大；透水性由大到小，甚至不透水；逐渐由无黏性、无塑性到具有很大的黏性和塑性以及吸水膨胀性等一系列特殊性质（结合水发育的结果）；在力学性质上，强度逐渐变小，受外力时，愈易变形。

各类土都是各粒组颗粒的组合。土的工程性质与土中哪一粒组含量占优势有关。土中含大量砂粒时，则透水性大，黏性和塑性弱；土中含大量黏粒时，则透水性小，有显著的黏性、塑性及膨胀性等。

2. 粒度成分对工程性质影响的实质

随着土组成颗粒愈细小，与水之间的作用愈强烈，以致对土的物理力学性质愈具有重要影响，其原因实质如下。

① 组成土的颗粒大小不同，土的比表面不同，则土粒与水（或气）作用的表面能大小不同。因此，不同大小颗粒与水（或气）相互作用的程度，以致含水的种类、性质和数量不同。

土的比表面一般用单位体积所有土粒的总表面积表示。例如，一个棱边为 1cm 的立方体颗粒，其体积为 $1cm^3$，总表面积为 $6cm^2$，比表面为 $6cm^{-1}$；若将 $1cm^3$ 颗粒分割为棱边为 0.001mm 的许多立方体颗粒，则其总表面积可达 $6\times10^4cm^2$，比表面可达 $6\times10^4cm^{-1}$，可见，由于土粒大小不同而造成比表面数值上的巨大变化，必然导致土的性质的突变。

② 其根本原因还在于天然土中不同大小颗粒的组成矿物类型不同，直接影响土的工程特性。

例如粗大颗粒（卵石、砾石及砂砾等）主要由坚硬的、物理力学性质及化学性质比较稳定的原生矿物或岩石碎屑组成。故其组成土的强度参数内摩擦角值远大于细小颗粒的（如黏粒含量很多的）、主要由次生矿物组成的土，并且因此含水多少对粗颗粒土的工程性质影响不大。

3. 粒度分析

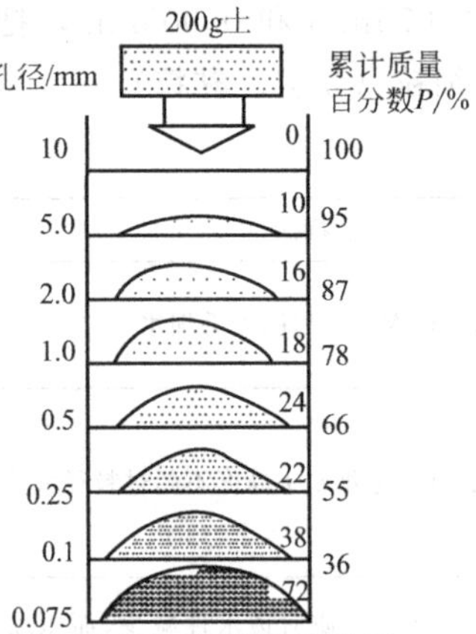

图 4-5 筛分法示意图

土的粒度成分可以通过土的粒度分析（也称颗粒分析）试验测定。工程上，使用的粒径级配的分析方法有筛分法和水分法两种。

(1) 筛分法 筛分法适用于颗粒大于 0.075mm 的土。它是利用一套孔径大小不同的筛子（例如：20mm、2mm、0.5mm、0.25mm、0.1mm、0.075mm），将事先称过重量的烘干土样过筛，称留在各筛上的重量，然后计算相应的百分数。

砾石类土与砂类土采用筛分法（图 4-5）。

例 1 从干砂样中取质量 100g 的试样，放入 0.1～2mm 的标准筛中，经充分振荡，称各级筛上留下来的土粒质量见表 4-2 第二行，试求土粒中各粒组的土粒含量。

表 4-2 筛分析试验结果

序号	筛孔径/mm	2.0		1.0		0.5		0.25		0.15		0.1	底盘
a	各级筛上的土粒质量/g	10		10		25		30		10		5	10
b	小于各级筛孔径的土粒含量/%	90		80		55		25		15		10	
c	各粒组的土粒含量/%		10		25		30		10		5		

解　(1) 留在孔径 2.0mm 筛上的土粒质量为 10g，则小于 2.0mm 的土粒质量为 100－10＝90g，于是小于该孔径（2.0mm）的土粒含量为 90/100＝90％

同理可称得小于其他孔径的土粒含量，见第 b 行。

(2) 因小于 2.0mm 和小于 1.0mm 孔径的土粒含量 90％和 80％，可得 2.0mm 到 1.0mm 粒组的土粒含量 90％－80％＝10％。

同理可算得其他粒组的土粒含量见第 c 行。

(2) 水分法　水分法（静水沉降法）：用于分析粒级小于 0.075mm 的土，根据斯托克斯（Stokes）定理，球状的细颗粒在水中的下沉速度与颗粒直径的平方成正比，$V=Kd^2$。因此可以利用粗颗粒下沉速度快，细颗粒下沉速度慢的原理，把颗粒按下沉速度进行粗细分组。实验室常用比重计进行颗粒分析，称为比重计法。此外还有移液管法等。

4. 粒径级配曲线

将筛分析和比重计试验的结果绘制在以土的粒径为横坐标，小于某粒径之土质量百分数 p（％）为纵坐标，得到的曲线称土的粒径级配累积曲线（图 4-6）。

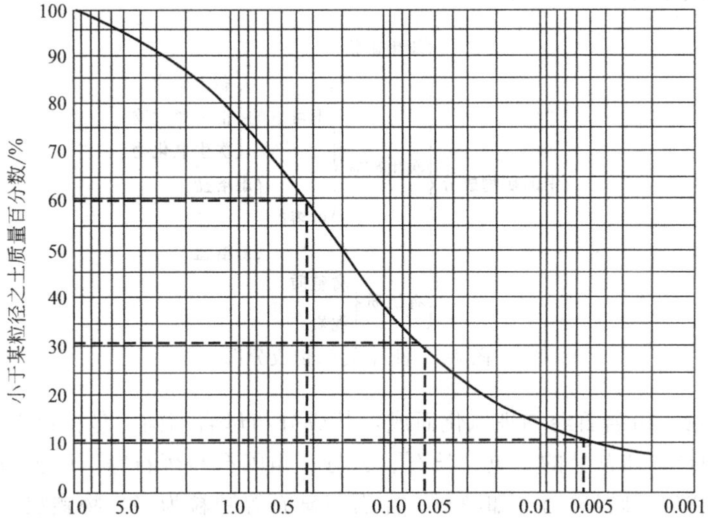

图 4-6　粒径级配累积曲线

土的粒径级配累积曲线是土工上最常用的曲线，从这曲线上可以直接了解土的粗细、粒径分布的均匀程度和级配的优劣。

土的有效粒径（d_{10}）：小于某粒径的土粒质量累计百分数为 10％时，相应的粒径称为有效粒径，用 d_{10} 来表示。

土的限定粒径（d_{60}）：当小于某粒径的土粒质量累计百分数为 60％时，该粒径称为限定粒径，用 d_{60} 来表示。

d_{60} 与 d_{10} 的比值可以反映颗粒级配的不均匀程度，称为土的不均匀系数 C_u：

$$C_u=\frac{d_{60}}{d_{10}} \tag{4-1}$$

还有另外一个量来表征累积曲线的弯曲情况，从而评述土粒度成分的组合特征，称为曲率系数 C_c：

$$C_c=\frac{d_{30}^2}{d_{60}\times d_{10}} \tag{4-2}$$

不均匀系数 C_u 反映大小不同粒组的分布情况。C_u 越大表示土粒大小的分布范围越大，颗粒大小越不均匀，其级配越良好，作为填方工程的土料时，则比较容易获得较大的密实度。

曲线系数 C_c 描写的是累积曲线的分布范围，反映曲线的整体形状；或称反映累积曲线的斜率是否连续。

在一般情况下：①工程上把 $C_u \leqslant 5$ 的土看作是均粒土，属级配不良；$C_u > 5$ 时，称为不均粒土；$C_u > 10$ 的土属级配良好。②经验证明，当级配连续时，C_c 的范围约为 1～3；因此当 $C_c < 1$ 或 $C_c > 3$ 时，均表示级配线不连续。

从工程上看：$C_u \geqslant 5$ 且 $C_c = 1 \sim 3$ 的土，称为级配良好的土；不能同时满足上述两个要求的土，称为级配不良的土。

5. 土的矿物成分

土中固体部分的成分，绝大部分是矿物质，另外或多或少有一些有机质，而土粒的矿物成分主要决定于母岩的成分及其所经受的风化作用。不同的矿物成分对土的性质有着不同的影响，其中以细粒组的矿物成分尤为重要。

土中的矿物成分由图 4-7 所示。

- 土中的矿物成分
  - 原生矿物
  - 次生矿物
    - 不可溶的
      - 黏土矿物
      - 倍半氧化物
      - 次生氧化物
    - 可溶的
      - 难溶盐
      - 中溶盐
      - 易溶盐
  - 有机质
    - 腐殖质
    - 泥炭

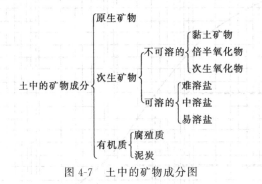

图 4-7　土中的矿物成分图

(1) 原生矿物　由岩石经物理风化而成，其成分与母岩相同。包括以下两种。

① 单矿物颗粒：如常见的石英、长石、云母、角闪石与辉石等，砂土为单矿物颗粒。

② 多矿物颗粒：母岩碎屑，如漂石、卵石与砾石等颗粒为多矿物颗粒。

但总的来说，土中原生矿物主要有：硅酸盐类矿物、氧化物类矿物、硫化物矿物、磷酸盐类矿物。

(2) 次生矿物　岩屑经化学风化而成，其成分与母岩不同，为一种新矿物，颗粒细。包括：可溶性的次生矿物和不可溶性的次生矿物。

① 可溶性的次生矿物主要指各种矿物中化学性质活泼的 K、Na、Ca、Mg 及 Cl、S 等元素，这些元素呈阳离子及酸根离子，溶于水后，在迁移过程中，因蒸发浓缩作用形成可溶的卤化物，硫酸盐和碳酸盐。

② 不可溶性的次生矿物有次生二氧化硅，倍半氧化物，黏土矿物。

a. 次生二氧化硅，由二氧化硅组成，例如：燧石、玛瑙、蛋白石等都属这类矿物。

b. 倍半氧化物是由三价的 Fe、Al 和 O、OH、H_2O 等组成的矿物，可用 R_2O_3 表示。例如：针铁矿（$Fe_2O_3 \cdot H_2O$）、褐铁矿（$Fe_2O_3 \cdot 3H_2O$）、三水铝石（$Al_2O_3 \cdot H_2O$）。

c. 黏土矿物。黏土矿物的微观结构由两种原子层（晶面）构成：一种是由 Si-O 四面体构成的硅氧晶片；另一种是由 Al-OH 八面体构成的铝氢氧晶片，因这两种晶片结合的情况不同，形成三种黏土矿物：蒙脱石，伊利石（水云母）、高岭石。高岭石相邻晶胞之间具有较强的氢键连接，结合牢固，水分子不能自由进入晶体内部，因而可形成较粗的黏粒，比表面积小，亲水性弱，压缩性较低，抗剪强度较大。

蒙脱石相邻晶胞间距较大，连接较弱，水分子易进入晶体内部，故可形成较细小的颗粒，比表面积较大，亲水性较强，膨胀性显著，压缩性高，抗剪强度低。

伊利石的工程性质则介于两者之间。

黏土矿物的鉴定方法主要有：X衍射分析、电子显微镜法、差热分析、薄片鉴定等。一般配合使用，互相对比参考，以取得较好的效果，即应采用综合分析方法。

(3) 有机质　在自然界中，一般的土，特别是淤泥质土中，通常都含有一定数量的有机质，当其在黏性土中的含量达到或超过5%（在砂土中的含量达到或超过3%）时，就开始对土的工程性质具有显著的影响。例如，在天然状态下，这种黏性土的含水量显著增大，呈现高压缩性和低强度性等。

有机质在土中一般呈混合物状态，与组成土粒的其他成分稳固地结合在一起，有时也以整层或透镜体形式存在，如在古湖沼和海湾地带的泥炭层和腐殖层等。

有机质对土的工程性质的影响的实质，在于它比黏土矿物有更强的胶体特性和更高的亲水性。因此，有机质比黏土矿物对土性质的影响更强烈。

有机质对土的工程性质的影响程度，主要取决于下列因素。

① 有机质含量越高，对土的性质影响愈大。

② 有机质的分解程度愈高，影响愈强烈，如完全分解或分解良好的腐殖质的影响最大。

③ 土被水浸程度或饱和度不同，有机质对土有截然不同的影响。当含有机制的土体较干燥时，有机质可起到较强的粒间联结作用；而当土的含水量增大，则有机质将使土粒结合水膜剧烈增厚，削弱土的粒间联结，必然使土的强度显著降低。

④ 与有机质土层的厚度、分布均匀性及分布方式有关。

二、液相

组成土的第二种主要成分是土中水。在自然条件下，土中总是含水的。土中水可以处于液态、固态或气态。土中细粒越多，即土的分散度越大，水对土的性质的影响也越大。

研究土中水，必须考虑到水的存在状态及其与土粒的相互作用。

存在于土粒矿物的晶体格架内部或是参与矿物构造中的水称为矿物内部结合水，它只有在比较高的温度（80～680℃，随土粒的矿物成分不同而异）下才能化为气态水面与土粒分离，从土的工程性质上分析，可以把矿物内部结合水当作矿物颗粒的一部分。

存在于土中的液态水可分为结合水和自由水两大类。

1. 结合水

结合水指受电分子吸引力吸附于土粒表面的土中水，这种电分子吸引力高达几千到几万个大气压，使水分子和土粒表面牢固的黏结在一起。

由于土粒表面一般带有负电荷，围绕土粒形成电场，在土粒电场范围内的水分子和水溶液中的阳离子（如 Na^{+}、Ca^{2+}、Al^{3+} 等）一起被吸附在土粒表面。因为水分子是极性分子，它被土粒表面电荷或水溶液中离子电荷吸引而定向排列。

土粒周围水溶液中的阳离子和水分子，一方面受到土粒所形成电场的静电引力作用，另一方面又受到布朗运动（热运动）的扩散力作用。在最靠近土粒表面处，静电引力最强，把水化离子和水分子牢固地吸附在颗粒表面，形成固定层。在固定层外围，静电引力比较小，水化离子和水分子的活动性比在固定层中大些，形成扩散层。固定层和扩散层中所含的阳离子与土粒表面负电荷一起即构成双电层。

结合水因离颗粒表面远近不同，受电场作用力的大小也不同，所以分为强结合水和弱结合水。

(1) 强结合水（吸着水） 强结合水指紧靠土粒表面的结合水，它的特征是：①没有溶解盐类的能力；②不能传递静水压力；③只有吸热变成蒸汽时才能移动。

这种水极其牢固的结合在土粒表面上，其性质接近于固体，密度约为1.2～2.4g/cm^3，冰点为－78℃，具有极大的黏滞度、弹性和抗剪强度。

如果将干燥的土移在天然湿度的空气中，则土的质量将增加，直到土中吸着的强结合水达到最大吸着度为止。

土粒越细，土的比表面积越大，则最大吸着度就越大。砂土为1%，黏土为17%。

(2) 弱结合水（薄膜水）

弱结合水紧靠于强结合水的外围形成一层结合水膜。它仍然不能传递静水压力，但水膜较厚的弱结合水能向临近的较薄的水膜缓慢移动。

当土中含有较多的弱结合水时，土则具有一定的可塑性。砂土比表面积较小，几乎不具可塑性，而黏土的比表面积较大，其可塑性范围较大。

弱结合水离土粒表面积愈远，其受到的电分子吸引力愈弱小，并逐渐过渡到自由水。

2. 自由水

自由水是存在于土粒表面电场影响范围以外的水。它的性质和普通水一样，能传递静水压力，冰点为0℃，有溶解能力。自由水按其移动所受到作用力的不同，可以分为重力水和毛细水。

(1) 重力水 重力水是存在于地下水位以下的透水土层中的地下水，它是在重力或压力差作用下运动的自由水。位于结合水外层，靠近固体颗粒的那部分重力水，仍然要受静电引力的影响，水分子排列较整齐，运动较规则，水流表现为层流运动；孔隙中央远离颗粒表面的那部分水分子，完全不受静电引力的作用，只受重力的作用，流速较大，水分子的运动轨迹较杂乱，可出现紊流运动。

重力水对土粒有浮力作用，对土中的应力状态和开挖基槽、基坑以及修筑地下构筑物时所应采取的排水、防水措施有重要的影响。

(2) 毛细水 毛细水是存在于地下水面以上毛细带中细小孔隙、裂隙（直径为0.002～0.5mm的毛细孔隙、宽度小于0.25mm的毛细裂隙）中的水。孔隙更细小者，土粒周围的结合水膜有可能充满孔隙而不能再有毛细水；粗大的孔隙则毛细力极弱，难以形成毛细水。故毛细水主要在砂土、粉土和粉质黏性土中含量较大。

毛细孔隙和毛细裂隙就如同细小的玻璃管一样，可发生毛细作用。即在表面张力作用下可沿重力水面上升一定的距离，形成毛细上升带。

毛细水的形成是由于两种力的作用：一是上凹的弯液面产生向上的表面张力，可把水上拉一定的距离；二是自身重力使水滴向下运动。当二者达到平衡时，水位便稳定不变，形成毛细水带。

毛细水按其所处部位和与重力水所形成的地下水面的关系，可分为毛细上升水和毛细悬挂水两种形式。前者是从地下水面因毛细作用上升而形成的毛细水，下部与地下水面相连，并随地下水面升降一起发生升降变化，往往呈较稳定的毛细水带；后者为毛细力作用使下渗水流部分保持在毛细孔隙中，或地下水面以上原有毛细水带因地下水面急剧下降而脱离地下水，从而仍保持在毛细孔隙中的水悬挂在包气带中。

毛细水能作垂直方向的运动，能够有条件地传递静水压力，能被植物吸收，按其性质来说接近于重力水。同时，它又有结合水的特性，如冰点较低，必须低于0℃才能冻结等。

毛细水是受到水与空气交界面处表面张力作用的自由水。其形成过程通常用物理学中毛细管现象解释。分布在土粒内部相互贯通的孔隙，可以看成是许多形状不一，直径各异，彼此连通的毛细管。

毛细水的工程地质意义如下。

① 产生毛细压力，使土粒间的有效应力增高而增加土的强度，但当土体浸水饱和或失水干燥时，土粒间的弯液面消失，这种由毛细压力造成的粒间有效应力即行消失，所以，为安全计以及从最不利的可能条件考虑，工程设计上一般不计入；反而必须考虑毛细水上升使土层含水量增大，从而降低土的强度和增大土的压缩性等的不利影响。

② 毛细水上升接近建筑物基础底面时，毛细压力将作为基底附加压力的增值，而增大建筑物的沉降。

③ 毛细水上升接近或浸没基础时，可助长地基土的冰冻现象，在寒冷地区将加剧冻胀作用；造成地下室潮湿，促使土的沼泽化。

④ 毛细水浸润基础或管道时，水中盐分对混凝土和金属材料常具有腐蚀作用。

⑤ 毛细水对土中气体的分布与流通起有一定作用，常是导致产生密闭气体的原因。

三、气相

土的孔隙中没有被水占据的部分都是气体。

1. 土中气体的来源

土中气体的成因，除来自空气外，也可由生物化学作用和化学反应所生成。

2. 土中气体的特点

(1) 土中气体的成份 土中气体除含有空气中的主要成分 O_2 外，还包括：水汽、CO_2、N_2、CH_4、H_2S 等气体，并含有一定放射性元素。

(2) 土中气体的含量 土中气体 O_2 含量比空气中少。空气中 O_2 为 20.9%，土中 O_2 为 10.3%；土中气体 CO_2 含量比空气中高很多；空气含量为 0.03%，土中气体为 10%；土中气体中放射性元素的含量比在空气中的含量大 2000 倍。

3. 土中气体的分类

土中气体按其所处状态和结构特点，可分为以下几大类：吸附气体、溶解气体、密闭气体及自由气体。

(1) 吸附气体 由于分子引力作用，土粒不但能吸附水分子，而且能吸附气体，土粒吸附气体的厚度不超过 2～3 个分子层。土中吸附气体的含量决定于矿物成分、分散程度、孔隙度、湿度及气体成分等。在自然条件下，在沙漠地区的表层中可能遇到比较大的气体吸附量。

(2) 溶解气体 在土的液相中主要溶解有 CO_2、O_2、水汽（H_2O），其次为 H_2、Cl_2、CH_4。其溶解数值取决于温度、压力、气体的物理化学及溶液的化学成分。溶解气体的作用主要为：①改变水的结构及溶液的性质，对土粒施加力学作用；②当 T、P 增高时，在土中可形成密闭气体；③可加速化学潜蚀过程。

(3) 自由气体 自由气体与大气连通，对土的性质影响不大。

(4) 密闭气体 封闭气体的体积与压力有关，压力增大，则体积缩小；压力减少，则体积增大。因此密闭气体的存在增加了土的弹性。密闭气体可降低地基的沉降量，但当其突然排除时，可导致基础与建筑物的变形。密闭气体在不可排水的条件下，由于密闭气体可压缩性会造成土的压密。密闭气体的存在能降低土层透水性，阻塞土中的渗透通道，减少土的渗透性。

四、土的结构

土的粒度成分、矿物成分及土中水溶液成分等，均为土的物理成分；而土的结构、构造则是其物质成分的联结特点、空间分布和变化形式。在黏性土中，土粒间除有结合水膜形成的联结（亦称水胶联结）外，往往还有其他盐类结晶、凝胶薄膜等联结存在。黏性土的一系列性质与结合水的类型和厚度的关系，只有在土的其他天然结构联结微弱或被破坏时，才能充分地表现出来。土的工程性质及其变化，除取决于其物质成分外，在较大程度上还与诸如土的粒间联结性质和强度、层理特点、裂隙发育程度和方向以及土质的其他均匀性特征等土体的天然结构和构造因素有关。所以只有研究、查明土的结构和构造特征，才能了解土的工程性质在土体的不同方向和在一定地段或地区内的变化情况，从而全面地评定相应建筑地区土体的工程性质。

在岩土工程中，土的结构是指土颗粒本身的特点和颗粒间相互关系的综合特征。具体如下。

① 土颗粒本身的特点：土颗粒大小、形状和磨圆度及表面性质（粗糙度）等。

这些结构特征对粗粒土（如碎石、砾石类土、粗中砂土等）的物理力学性质如孔隙度与密实度、透水性、强度和压缩性等有重要影响。当组成颗粒小到一定程度时（如对黏性土），以上因素变化对土性质影响不大。

② 土颗粒之间的相互关系特点：粒间排列及其联结性质。

据此可把土的结构分为两大基本类型：单粒（散粒）结构和集合体（团聚）结构。这两大类不同结构特征的形成和变化取决于土的颗粒组成、矿物成分及所处环境条件。常见的土结构有以下三种。

1. 单粒结构

单粒结构是土颗粒在水中或空气中由于重力作用堆积而形成，颗粒粗大，颗粒间的分子引力很小，粒间几乎没有连结或连结很微弱（毛细力连接），故又称为散粒结构。巨粒土和粗粒土通常具有单一颗粒相互堆砌在一起的单粒结构。

在沉积过程中，只能在重力作用下一个一个沉积下来，每个颗粒受到周围颗粒的支撑，相互接触堆积。因此，颗粒间孔隙一般小于组成土骨架的基本土粒。

单粒结构对土的工程性质的影响主要在于其松密程度。因此，根据颗粒排列的紧密程度不同，可将单粒结构分为松散结构和紧密结构（图 4-8）。

土粒堆积的松散程度取决于沉积条件和后来的变化作用。快速堆积的土松散，缓慢堆积的土密实；形成后由于重力压实而逐渐密实。具有单粒结构的土，空隙度和空隙比比较小，但孔隙较大，透水性较强；土粒间一般没有黏聚力，但土粒相互依靠支撑，内摩擦力较大；受压力时土体积变化较小，同时由于有较强的透水性，孔隙水易排出，在荷载作用下压密过程很快。因此，即使原来比较疏松，当建筑物封顶时，地基土的沉降也基本结束。所以，对于具有单粒结构的土，一般情况下可以完全不必担心它的强度和变形问题。

2. 蜂窝结构

当土颗粒较细（粒级在 0.02～0.002mm 范围），在水中单个下沉，碰到已沉积的土粒，由于土粒之间的分子吸力大于颗粒自重，则正常土粒被吸引不再下沉，形成很大孔隙的蜂窝状结构[图 4-9(a)]。

(a) 松散结构　　(b) 紧密结构

图 4-8 单粒结构的松散与紧密

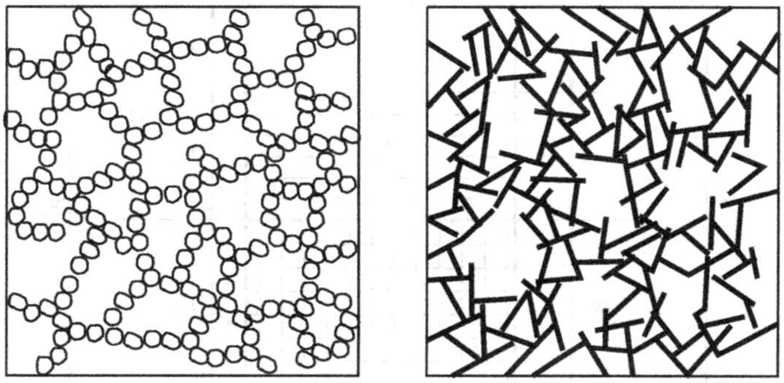

(a) 土的蜂窝结构　　(b) 土的絮状结构

图 4-9 蜂窝结构和絮状结构

3. 絮状结构

粒径小于 0.005mm 的黏土颗粒，在水中长期悬浮并在水中运动时，形成小链环状的土集粒而下沉。这种小链环碰到另一小链环被吸引，形成大链环状的絮状结构[图 4-9(b)]，此种结构在海积黏土中常见。

上述三种结构中，以密实的单粒结构土的工程性质最好，蜂窝状其次，絮状结构最差。后两种结构土，如因振动破坏天然结构，则强度低，压缩性大，不可用作天然地基。

土结构研究方法较多，目前常用的方法基本上分两大类：一类为直接方法，即对结构形态特征进行直接观察，如各种显微镜下观察；另一类是间接方法，即通过受试样结构控制的物理、力学性质的测定来分析土结构特征，如：X 射线衍射、声速、电导率、热导率、磁化率、弹性模量等。

五、土的构造

同一土层中，土颗粒之间相互关系的特征称为土的构造。常见的有下列几种。

(1) 层状构造 土层由不同颜色，不同粒径的土组成层理，平原地区的层理通常为水平层理。层状构造是细粒土的一个重要特征。

(2) 分散构造 土层中土粒分布均匀，性质相近，如砂、卵石层为分散构造。

(3) 结核状构造 在细粒土中掺有粗颗粒或各种结核，如含礓石的粉质黏土，含砾石的冰碛土等。其工程性质取决于细粒土部分。

(4) 裂隙状构造 土体中有很多不连续的小裂隙，有的硬塑与坚硬状态的黏土为此种构造。裂隙强度低，渗透性高，工程性质差。

第三节 土的物理力学性质

一、土的物理性质

土是土粒（固体相），水（液体相）和空气（气体相）三者所组成的；土的物理性质就是研究三相的质量与体积间的相互比例关系以及固、液两相相互作用表现出来的性质。表示土的三相比例关系的指标，称为土的三相比例指标，也称为土的基本物理性质。土的三相指标示意图见图 4-10。土的物理性质指标，可分为两类：一类是必须通过试验测定的，如含水量、密度和土粒比重；另一类是可以根据试验测定的指标换算的；如孔隙比、孔隙率和饱和度等。

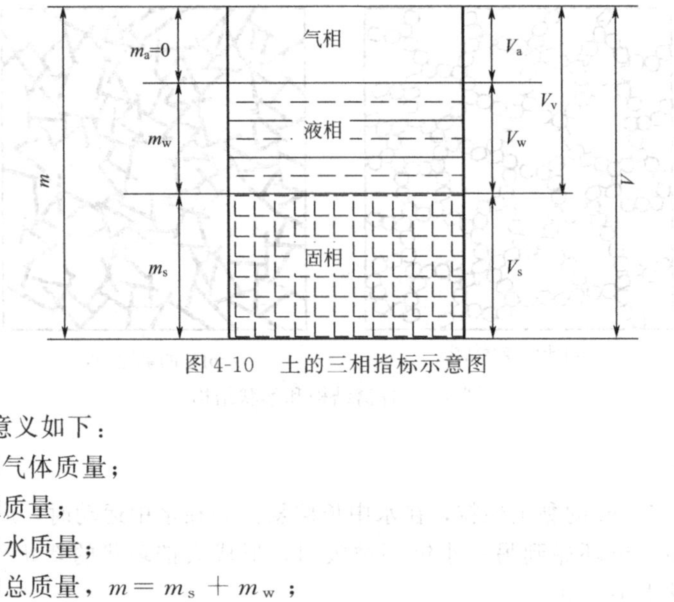

图 4-10 土的三相指标示意图

图中符号的意义如下：

m_a ——土中气体质量；

m_s ——土粒质量；

m_w ——土中水质量；

m ——土的总质量，$m=m_s+m_w$；

V_s ——土粒体积；

V_w ——土中水体积；

V_a ——土中气体体积；

V_v ——土中孔隙体积，$V_v=V_w+V_a$；

V ——土的总体积，$V=V_s+V_w+V_a$。

1. 土的密度

土的密度是指土的总质量 m 与总体积 V 之比，也即为土的单位体积的质量。其中：$V=V_s+V_v$；$m=m_s+m_w$。

按孔隙中充水程度不同，有天然密度、干密度、饱和密度之分。

(1) 天然密度（湿密度 ρ） 天然状态下土的密度称天然密度（g/cm^3），以式(4-3)表示

$$\rho=\frac{m}{V}=\frac{m_s+m_w}{V_s+V_v} \tag{4-3}$$

土的密度取决于土粒的密度，孔隙体积的大小和孔隙中水的质量多少，它综合反映了土的物质组成和结构特征。砂土一般是 1.4g/cm^3，粉质砂土及粉质黏土 1.4g/cm^3，黏土为 1.4g/cm^3，泥炭沼泽土 1.4g/cm^3。

土的密度可在室内及野外现场直接测定。室内一般采用"环刀法"测定，即称得环刀内土样质量，求得环刀容积，最后取两者之比值。

(2) 干密度（ρ_d）　土的孔隙中完全没有水时的密度，称干密度（单位：g/cm^3）；是指土单位体积中土粒的重量，即：固体颗粒的质量与土的总体积之比值。

$$\rho_d = \frac{m_s}{V} \tag{4-4}$$

干密度反映了土的孔隙率，因而可用以计算土的孔隙率，它往往通过土的密度及含水率计算得来，但也可以实测。土的干密度一般常在 1.4～1.7g/cm^3。在工程上常把干密度作为评定土体紧密程度的标准，以控制填土工程的施工质量。

(3) 饱和密度（ρ_{sat}）　土的孔隙完全被水充满时的密度称为饱和密度（单位：g/cm^3）。即，土的孔隙中全部充满液态水时的单位体积质量，可用式(4-5)表示：

$$\rho_{sat} = \frac{m_s + V_v \rho_w}{V} \tag{4-5}$$

式中　ρ_w——水的密度（工程计算中可取 1g/cm^3）。

土的饱和密度的常见值为 1.8～2.30g/cm^3。

(4) 浮密度（ρ'）　土的浮密度是土单位体积中土粒质量与同体积水的质量之差，即

$$\rho' = \frac{m_s - V_s \rho_w}{V} \text{或} \rho' = \rho_{sat} - \rho_w \tag{4-6}$$

由此可见，同一种土在体积不变的条件下，它的各种密度在数值上有如下关系

$$\rho_s > \rho_{sat} > \rho > \rho_d > \rho' \tag{4-7}$$

2. 土粒密度（ρ_s）

土粒密度是指固体颗粒的质量 m_s 与其体积 V_s 之比（g/cm^3），即土粒的单位体积质量

$$\rho_s = \frac{m_s}{V_s} \tag{4-8}$$

土粒密度仅与组成土粒的矿物密度有关，而与土的孔隙大小和含水多少无关。实际上是土中各种矿物密度的加权平均值。砂土的土粒密度一般为 2.65g/cm^3 左右；粉质砂土的土粒密度一般为 2.68g/cm^3；粉质黏土的土粒密度一般为 2.68～2.72g/cm^3；黏土的土粒密度一般为 2.7～2.75g/cm^3。土粒密度是实测指标。

3. 土粒比重（土粒相对密度 d_s）

土粒质量与同体积的 4℃时纯水的质量之比，称为土粒比重（无量纲），即

$$d_s = \frac{m_s}{V_s} \cdot \frac{1}{\rho_{w1}} = \frac{\rho_s}{\rho_{w1}} \tag{4-9}$$

式中　ρ_s——土粒密度，g/cm^3；

ρ_{w1}——纯水在 4℃时的密度（单位体积的质量），等于 1g/cm^3 或 1t/m^3。

实用上，土粒比重在数值上就等于土粒密度，但前者无量纲。土粒比重决定于土的矿物成分，它的数值一般为 2.6～2.8；有机质土为 2.4～2.5；泥炭土为 1.5～1.8。同一种类的土，其比重变化幅度很小。

土粒比重可在试验室内用比重瓶测定。将置于比重瓶内的土样在 105～110℃下烘干后

冷却至室温用精密天平测其质量，用排水法测得土粒体积，并求得同体积 4℃ 纯水的质量，土粒质量与其比值就是土粒比重。由于比重变化的幅度不大，通常可按经验数值选用。

4. 干重度（γ_d）、饱和重度（γ_{sat}）、浮重度（γ'）

单位体积土颗粒所受到的重力称为干重度，又称干土重力密度，其值等于干密度乘以重力加速度，即

$$\gamma_d = \rho_d g \tag{4-10}$$

单位体积饱和土所受到的重力称为土的饱和重度，其值可按式（4-11）计算

$$\gamma_{sat} = \rho_{sat} g \tag{4-11}$$

在地下水位以下，土受到水的浮力作用，单位体积土中，土颗粒所受到的重力扣除浮力后的重度称为浮重度，又称有效重度，即

$$\gamma' = \frac{m_s - V_s \rho_w g}{V} = \gamma_{sat} - \rho_w g = \gamma_{sat} - \gamma_w \tag{4-12}$$

式中 γ_w ——水的重度，一般取 $10kN/m^3$。

5. 土的含水性

土的含水性指土中含水情况，说明土的干湿程度。

含水率（含水量 w） 土的含水率（含水量 w）是指土中水的质量与土粒质量之比，以百分数表示，即

$$w = \frac{m_w}{m_s} \times 100\% = \frac{m - m_s}{m_s} \times 100\% \tag{4-13}$$

土的含水率也可用土的密度与干密度计算得到

$$w = \frac{\rho - \rho_s}{\rho_s} \times 100\% \tag{4-14}$$

室内测定：一般用“烘干法”，先称小块原状土样的湿土质量，然后置于烘箱内维持 100～105℃烘至恒重，再称干土质量，湿、干土质量之差与干土质量的比值就是土的含水量。

天然状态下土的含水率称土的天然含水率。一般砂土天然含水率都不超过 40%，以 10%～30%最为常见；一般黏土大多在 10%～80%之间，常见值 20%～50%。

土的孔隙全部被普通液态水充满时的含水率称饱和含水率（w_{sat}）

$$w_{sat} = \frac{V_v \rho_w}{m_s} \times 100\% \tag{4-15}$$

6. 饱和度（S_r）

饱和度（S_r）是指土中孔隙水的体积与孔隙体积之比，以百分数表示，即

$$S_r = \frac{v_w}{v_v} \times 100\% \tag{4-16}$$

或天然含水率与饱和含水率之比

$$S_r = \frac{w}{w_{sat}} \times 100\% \tag{4-17}$$

饱和度愈大，表明土中孔隙中充水愈多，它在 0～100%；干燥时 $S_r = 0$；孔隙全部为水充填时，$S_r = 100\%$。工程上 S_r 作为砂土湿度划分的标准：

$S_r < 50\%$ 稍湿的

$S_r = 50\% \sim 80\%$ 很湿的

$S_r > 80\%$　　　　饱和的

工程研究中，一般将 S_r 大于 95% 的天然黏性土视为完全饱和土；而砂土 S_r 大于 80% 时就认为已达到饱和了。

7. 孔隙率（n）与孔隙比（e）

孔隙率（n）是土的孔隙体积与土体积之比，或单位体积土中孔隙的体积，以百分数表示，即

$$n = \frac{V_v}{V} \times 100\% \tag{4-18}$$

孔隙比定义为土中孔隙体积与土粒体积之比，以小数表示，即

$$e = \frac{V_v}{V_s} \tag{4-19}$$

孔隙比和孔隙率（度）都是用以表示孔隙体积含量的概念。土的孔隙比或孔隙率都可用来表示同一种土的松密程度。它随土形成过程中所受的压力、粒径级配和颗粒排列的状况而变化。一般说，粗粒土的孔隙率小，细粒土的孔隙率大。

孔隙比 e 是个重要的物理性指标，可以用来评价天然土层的密实程度。一般 $e < 0.6$ 的土是密实的低压缩性土；$e > 1.0$ 的土是疏松的高压缩性土。

二、指标间的相互关系

1. 孔隙比与孔隙率的关系

设土体内土粒体积 $V_s = 1$，则孔隙体积 $V_v = e$，土体体积 $V = V_s + V_v = 1 + e$，于是，可得

$$n = \frac{V_v}{V} = \frac{e}{1+e} \text{ 或 } e = \frac{n}{1-n} \tag{4-20}$$

2. 干密度与湿密度和含水量的关系

设土体体积 $V = 1$，则土体内土粒质量 $m_s = \rho_d$，水的质量：$m_w = w\rho_d$，于是，可得

$$\rho = \frac{m}{V} = \frac{m_s + m_w}{V} = \rho_d(1+w) \tag{4-21}$$

或

$$\rho_d = \frac{\rho}{1+w} \tag{4-22}$$

3. 孔隙比与比重和干密度的关系

设土体内土粒体积 $V_s = 1$，则孔隙体积 $V_v = e$，土粒质量 $m_s = \rho_s$，于是，由 $\rho_d = \frac{m_s}{V}$ 得

$$\rho_d = \frac{\rho_s}{1+e} \tag{4-23}$$

$$e = \frac{\rho_s}{\rho_d} - 1 \tag{4-24}$$

$$e = \frac{d_s \rho_w}{\rho_d} - 1 \tag{4-25}$$

4. 饱和度与含水量、比重和孔隙比的关系

设土体内土粒体积 $V_s = 1$，则孔隙体积 $V_v = e$，土粒质量 $m_s = \rho_s$，孔隙水质量 $m_w = w\rho_s$

孔隙水体积 $V_w = \dfrac{w\rho_s}{\rho_w}$

由 $S_r = \dfrac{V_w}{V_v}$ 得

$$S_r = \frac{\frac{w\rho_s}{\rho_w}}{e} = \frac{w\rho_s}{e\rho_w} = \frac{wd_s}{e} \tag{4-26}$$

当 $S_r = 100\%$ 时，土饱和，则

$$e = w_m d_s \tag{4-27}$$

式中 w_m——饱和含水量；

d_s——土粒比重。

常见的物理性质指标及互相关系换算公式见表 4-3。

表 4-3 土的三相比例指标换算公式

名称	符号	三相比例指标	常用换算公式	单位	常见的数值范围
土粒比重	d_s	$d_s = \dfrac{m_s}{V_s\rho_{w1}}$	$d_s = \dfrac{S_r e}{w}$		黏性土:2.72～2.75 砂土:2.65～2.69
含水量	w	$w = \dfrac{m_w}{m_s} \times 100\%$	$w = \dfrac{S_r e}{d_s}$ $w = \dfrac{\rho}{\rho_d} - 1$		20%～60%
密度	ρ	$\rho = \dfrac{m}{V}$	$\rho = \dfrac{d_s(1+w)}{1+e}\rho_w$	g/cm³	1.6～2.0
干密度	ρ_d	$\rho_d = \dfrac{m_s}{V}$	$\rho_d = \dfrac{d_s}{1+e}\rho_w$	g/cm³	1.3～1.8
饱和密度	ρ_{sat}	$\rho_{sat} = \dfrac{m_s + V_v\rho_w}{V}$	$\rho_{sat} = \dfrac{d_s + e}{1+e}\rho_w$	g/cm³	1.8～2.3
浮密度	ρ'	$\rho' = \dfrac{m_s - V_s\rho_w}{V}$	$\rho' = \dfrac{d_s - 1}{1+e}\rho_w$	g/cm³	0.8～1.3
重度	γ	$\gamma = \rho g$	$\gamma = \dfrac{d_s(1+w)}{1+e}\gamma_w$	kN/m³	16～20
干重度	γ_d	$\gamma_d = \rho_d g$	$\gamma_d = \dfrac{d_s}{1+e}\gamma_w$	kN/m³	13～18
饱和重度	γ_{sat}	$\gamma_{sat} = \rho_{sat} g$	$\gamma_{sat} = \dfrac{d_s + e}{1+e}\gamma_w$	kN/m³	18～23
浮重度	γ'	$\gamma' = \rho' g$	$\gamma' = \dfrac{d_s - 1}{1+e}\gamma_w$	kN/m³	8～13
孔隙比	e	$e = \dfrac{V_v}{V_s}$	$e = \dfrac{d_s\rho_w}{\rho_d} - 1$		黏性土、粉土:0.4～1.2 砂土:0.3～0.9
孔隙率	n	$n = \dfrac{V_v}{V} \times 100\%$	$n = \dfrac{e}{1+e}$		黏性土、粉土:30%～60% 砂土:25%～45%
饱和度	S_r	$S_r = \dfrac{V_w}{V_v} \times 100\%$	$S_r = \dfrac{wd_s}{e}$		0～100%

例 2　某原状土样，经试验测得天然密度 $\rho=1.67\text{g/cm}^3$，含水量 $w=12.9\%$，土粒比重 $d_s=2.67$，求孔隙比 e，孔隙度 n 和饱和度 S_r。

解　绘三相草图

(1) 设土的体积 $V=1.0\text{cm}^3$

根据密度定义得：$m=\rho V=1.67\times1=1.67\text{g}$

(2) 根据含水量定义得：$m_w=wm_s=0.129m_s$

从三相图可知：$m=m_a+m_w+m_s$

$\because m_a=0$

$m_w+m_s=m$，即 $0.129m_s+m_s=1.67$

$$\therefore m_s=\frac{1.67}{1.129}=1.48g$$

$m_w=1.67-1.48=0.19\text{g}$

(3) 根据土粒比重定义：土粒的质量与同体积纯蒸馏水在 4℃时质量之比，即

$$d_s=\frac{m_s}{V_s(\rho_w^{4℃})}=\frac{\rho_s}{\rho_w}$$

$\because d_s=2.67\quad \rho_w=1$

$\rho_s=2.67\times1=2.67\text{g/cm}^3$

$$\therefore V_s=\frac{m_s}{\rho_s}=\frac{1.48}{2.67}=0.554\text{cm}^3$$

(4) $V_w=\dfrac{m_w}{\rho_w}=\dfrac{0.19}{1.0}=0.19\text{cm}^3$

(5) 从三相可知

$V=V_a+V_w+V_s=1\text{cm}^3$

或 $V_a=1-V_w-V_s=1-0.554-0.19=0.256\text{cm}^3$

$\therefore V_v=V-V_s=1-0.554=0.446$

(6) 根据孔隙比定义：$e=\dfrac{V_v}{V_s}$得

$$e=\frac{V_a+V_w}{V_s}=\frac{0.256+0.19}{0.554}=0.805$$

(7) 根据孔隙率定义：$n=\dfrac{V_v}{V}$得

$$n=\frac{V_a-V_w}{V}=\frac{0.256+0.19}{1}=0.446=44.6\%$$

或 $n=\dfrac{e}{1+e}=\dfrac{0.805}{1+0.805}=0.446=44.6\%$

(8) 根据饱和度定义：$S_r=\dfrac{V_w}{V_v}$得

$$S_r=\frac{V_w}{V_a+V_w}=\frac{0.19}{0.256+0.19}=0.426=42.6\%$$

例 3　薄壁取样器采取的土样，测出其体积 V 与重量分别为 36.5cm^3 和 65.2g，把土样放入烘箱烘干，并在烘箱内冷却到室温后，测得重量为 47.5g。试求土样的 ρ（天然密度），ρ_d（干密度），w（含水量），e（孔隙比），n（孔隙率），饱和度。（$d_s=2.69$）。

解 ① $\rho=\dfrac{m}{V}=\dfrac{m_s+m_w}{V_s+V_v}=\dfrac{65.2}{36.5}=1.79\text{g/cm}^3$

② $\rho_d=\dfrac{m_s}{V}=\dfrac{m-m_v}{V}=\dfrac{47.5}{36.5}=1.30\text{g/cm}^3$

③ $w=\dfrac{m_w}{m_s}\times100\%=\dfrac{m-m_s}{m_s}=\dfrac{65.2-47.5}{47.5}\times100\%=37.26\%$

④ $e=\dfrac{d_s\rho_w}{\rho_d}-1=\dfrac{2.69\times1}{1.30}-1=1.07$

⑤ $n=\dfrac{e}{1+e}=\dfrac{1.07}{1+1.07}\times100\%=51.70\%$

⑥ $S_r=\dfrac{wd_s}{e}=\dfrac{37.26\%\times2.69}{1.07}=93.67\%$

三、黏性土的水理性质

黏性土的水理性质一般指的是黏性土的液限、塑限（由实验室测得）及由这两个指标计算得来的液性指数和塑性指数。这几个指标也是工程中必需提供的。对于饱和黏性土还有灵敏度和触变性。

1. 界限含水量

黏性土由于其含水量的不同，而分别处于固态、半固态、可塑状态及流动状态。可塑状态就是当黏性土在某含水量范围内，可用外力塑成任何形状而不发生裂纹，并当外力移去后仍能保持既得的形状。土的这种性能叫做可塑性。黏性土由一种状态转到另一种状态的分界含水量，叫做界限含水量，它对黏性土的分类及工程性质的评价有重要意义。

如图 4-11 所示，土由可塑状态转到流动状态的界限含水量叫做液限（也称塑性上限含水量或流限），用符号 w_L 表示，土由半固态转到可塑状态的界限含水量叫做塑限（也称塑性下限含水量），用符号 w_P 表示，土由半固体状态不断蒸发水分，则体积逐渐缩小，直到体积不再缩小时土的界限含水量叫缩限，用符号 w_s 表示。它们都以百分数表示。

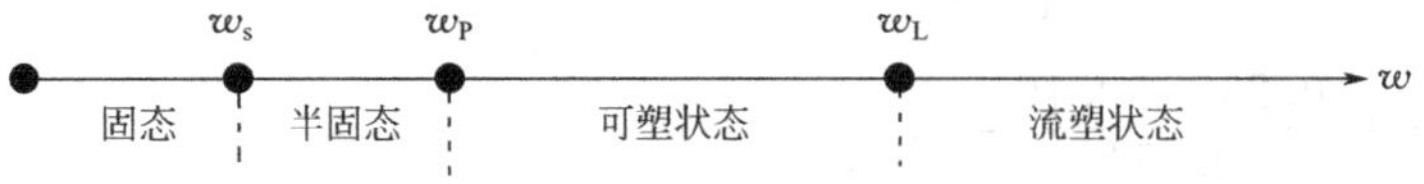

图 4-11 黏性土物理状态与含水量的关系

我国目前采用锥式液限仪（图 4-12）来测定黏性土的液限 w_L。其工作过程是：将调成均匀的浓糊状试样装满盛土杯内（盛土杯置于底座上），刮平杯口表面，将 76g 重圆锥体轻放在试样表面的中心，使其在自重作用下徐徐沉入试样，若圆锥体经 5s 恰好沉入 10mm 深度，这时杯内土样的含水量就是液限 w_L 值。为了避免放锥时的人为晃动影响，可采用电磁放锥的方法，以提高测试精度，实践证明其效果较好。

黏性土的塑限 w_P 采用“搓条法”测定。即用双手将天然湿度的土样搓成小圆球（球径小于 10mm），放在毛玻璃板上再用手掌慢慢搓滚成小土条，用力均匀，搓到土条直径为 3mm，出现裂纹，自然断开，这时断裂土条的含水量就是塑限 w_P 值。

上述测定塑限的搓条法存在着较大的缺点，主要是由于采用手工操作，受人为因素的影响较大，因而成果不稳定。近年来许多单位都在探索一些新方法，以便取代搓条法，如以联合法测定液限和塑限。

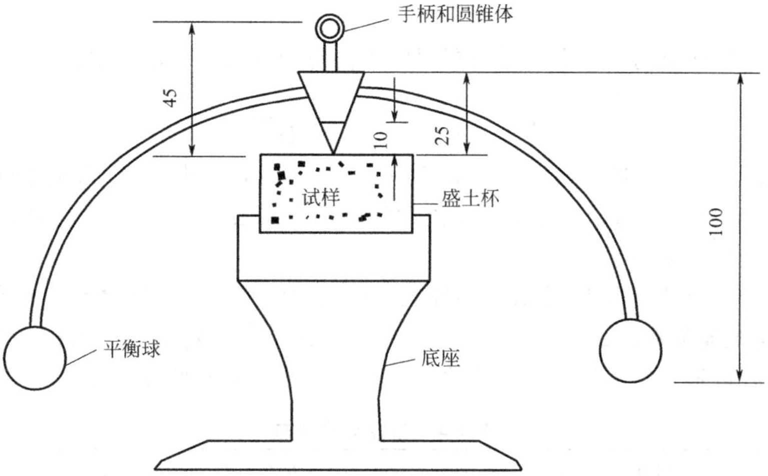

图 4-12　锥式液限仪

联合测定法求液限、塑限是采用锥式液限仪以电磁放锥法对黏性土试样以不同的含水量进行若干次试验，并按测定结果在双对数坐标纸上作出 76g 圆锥体的入土深度与含水量的关系曲线。

根据大量试验资料看，它接近于一根直线，如同时采用圆锥仪法及搓条法分别做液限、塑限试验进行比较，则对应于圆锥体入土深度为 10mm 及 2mm 时土样的含水量分别为该土的液限和塑限。

因此，在工程实践中，为了准确、方便，迅速地求得某土样的液限和塑限时，则需用电磁放锥的锥式液限仪对土样以不同的含水量做几次（一般做三次）试验，即可在坐标纸上以相应的几个点近似地定出直线，然后可在直线上求出液限和塑限［详见国家标准《土工试验方法标准》（GB/T 50123—1999）］。

早在 20 世纪 50 年代以来，我国一直以 76g 圆锥仪下沉深度 10mm 作为液限标准，但这与碟式仪测得的液限值不一致。对国内外一些研究成果分析表明，取圆锥仪下沉深度 17mm 为液限标准，则与碟式仪值相当。目前由于资料积累不足，在计算塑性指数、液性指数以及相应的土的分类，与地基承载力的相关关系中，仍然以圆锥沉入 10mm 为标准。

2. 塑性指数和液性指数

塑性指数：是指液限和塑限的差值（省去“%”），即土处在可塑状态的含水量变化范围用符号 I_P 表示，即

$$I_P = w_L - w_P \tag{4-28}$$

显然，塑性指数愈大，土处于可塑状态的含水量范围也愈大。塑性指数的大小与土中结合水的可能含量有关，土中结合水的含量与土的颗粒组成、土粒的矿物成分以及土中水的离子成分和浓度等因素有关。从土的颗粒来说，土粒越细、且细颗粒（黏粒）的含量越高，则其比表面和可能的结合水含量愈高，因而 I_P 也随之增大。从矿物成分来说，黏土矿物可能具有的结合水量大（其中尤以蒙脱石类为最大），因而 I_P 也大。从土中水的离子成分和浓度来说，当水中高价阳离子的浓度增加时，土粒表面吸附的反离子层的厚度变薄，结合水含量相应减少，I_P 也小，反之随着反离子层中的低价阳离子的增加，I_P 变大。

由于塑性指数在一定程度上综合反映了影响黏性土特征的各种重要因素，因此，在工程

上常按塑性指数对黏性土进行分类。按塑性指数 I_P 值可划分为黏土（$I_P>17$）、粉质黏土（$10<I_P\leqslant 17$）。

液性指数：黏性土的天然含水量和塑限的差值与塑性指数之比，用符号 I_L 表示，即

$$I_L=\frac{w-w_P}{w_L-w_P}=\frac{w-w_P}{I_P} \tag{4-29}$$

从式（4-29）可见，当土的天然含水量 w 小于 w_P 时，I_L 小于 0，天然土处于坚硬状态；当 w 大于 w_L 时，I_L 大于 1，天然土处于流动状态；当 w 在 w_P 与 w_L 之间时，即 I_L 在 0～1 之间，则天然土处于可塑状态。

因此可以利用液性指数 I_L 来表示黏性土所处的软硬状态。I_L 值愈大，土质愈软，反之，土质愈硬。《建筑地基基础设计规范》（GB 50007—2011）规定黏性土根据液性指数值划分为坚硬、硬塑、可塑、软塑及流塑五种软硬状态，其划分标准见表 4-4。

表 4-4　黏性土的状态

状态	坚硬	硬塑	可塑	软塑	流塑
液性指数	$I_L\leqslant 0$	$0<I_L\leqslant 0.25$	$0.25<I_L\leqslant 0.75$	$0.75<I_L\leqslant 1.0$	$I_L>1.0$

值得注意，液限和塑限都是用重塑土测定的。用 I_L 判别动性土的状态时，没有考虑土的结构影响。保持原状结构的土，即使天然含水量大于液限，仍有一定的强度，并不呈流动的性质，此状态可称为潜流状态。也就是说，虽然原状土并不流动，但是，一旦天然结构被破坏，强度立即丧失而出现流动状态。所以，用上述标准判别重塑土的软硬程度是合适的，但对天然土就偏于保守。

例 4　从某地基取原状土样，测的土的液限为 37.5%，塑限为 22.0%，天然含水量为 27.0%，问地基土处于何种状态？

解　已知：$w_L=37.5\%$　　$w_P=22.0\%$　　$w=27.0\%$

$I_P=w_L-w_P=0.375-0.22=0.155=15.5\%$

$$I_L=\frac{w-w_P}{I_P}=\frac{0.27-0.22}{0.155}=0.32$$

$\because 0.25<I_L\leqslant 0.75$

$\therefore$ 该地基土处于可塑状态

3. 灵敏度和触变性

天然状态下的黏性土，通常都具有一定的结构性，当受到外来因素的扰动时，土粒间的胶结物质以及土粒、离子、水分子所组成的平衡体系受到破坏，土的强度降低和压缩性增大，土的结构性对强度的这种影响，一般用灵敏度来衡量。土的灵敏度是以原状土的强度与同一土经重塑（指在含水量不变条件下使土的结构彻底破坏）后的强度之比来表示的。

重塑试样具有与原状试样相同的尺寸、密度和含水量，测定强度所用的常用方法有无侧限抗压强度试验和十字板抗剪强度试验，对于饱和黏性土的灵敏度 S_t，可按式(4-30)计算

$$S_t=q_u/q'_u \tag{4-30}$$

式中　q_u——原状试样的无侧限抗压强度（kPa）；

　　　q'_u——重塑试样的无侧限抗压强度（kPa）。

根据灵敏度可将饱和黏性土分为：低灵敏（$1<S_t\leqslant 2$）、中灵敏（$2<S_t\leqslant 4$）和高灵敏（$S_t>4$）三类。土的灵敏度愈高，其结构性愈强，受扰动后土的强度降低就愈多。所以在基础施工中应注意保护基槽，尽量减少土结构的扰动。

饱和黏性土的结构受到扰动，导致强度降低，但当扰动停止后，土的强度又随时间而逐渐增长。这是由于土粒、离子和水分子体系随时间而逐渐趋于新的平衡状态的缘故。黏性土的这种抗剪强度随时间恢复的胶体化学性质称为土的触变性。例如在黏性土中打桩时，桩侧土的结构受到破坏而强度降低，但在停止打桩以后，土的强度渐渐恢复，桩的承载力逐渐增加，这也是受土的触变性影响的结果。

四、土的力学性质

土的力学性质是指土在外力作用下所表现的性质，主要为变形和强度特性。

1. 土的压缩性

(1) 土的压缩变形的本质　土的压缩性是指在压力作用下体积压缩变小的性能。从理论上，土的压缩变形可能是：①土粒本身的压缩变形；②孔隙中不同形态的水和气体的压缩变形；③孔隙中水和气体有一部分被挤出，土的颗粒相互靠拢使孔隙体积减小。

试验表明：土的压缩是气体压缩的结果。接近自然界的假设：土的压缩主要是由于孔隙中的水分和气体被挤出，土粒相互移动靠拢，致使土的孔隙体积减小而引起的。

研究土的压缩性，就是研究土的压缩变形量和压缩过程，即研究压力与孔隙体积的变化关系以及孔隙体积随时间变化的情况。

① 有侧限压缩（无侧胀压缩）：指受压土的周围受到限制，受压过程中基本上不能向侧面膨胀，只能发生垂直方向变形。

② 无侧限压缩（有侧胀压缩）：指受压土的周围基本上没有限制，受压过程中除垂直方向变形外，还将发生侧向的膨胀变形。

目前常用的研究方法有室内压缩实验和现场载荷试验两种。

(2) 压缩试验和压缩系数

①压缩曲线。若以纵坐标表示在各级压力下试样压缩稳定后的孔隙比 e，以横坐标表示压力 p，根据压缩试验的成果，可以绘制出孔隙比与压力的关系曲线，称压缩曲线（图 4-

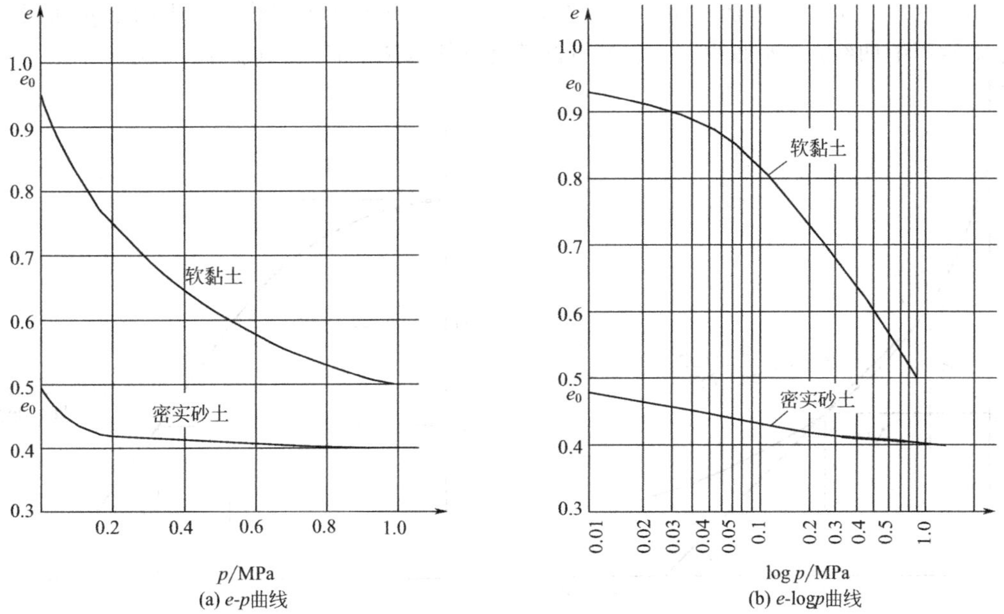

(a) e-p曲线　(b) e-log$p$曲线

图 4-13　压缩曲线

13）。

压缩曲线的形状与土样的成分、结构、状态以及受力历史等有关。若压缩曲线较陡，说明压力增加时孔隙比减小得多，则土的压缩性高；若曲线是平缓的，则土的压缩性低。

② 压缩系数。e-p 曲线中某一压力范围的割线斜率称为压缩系数（图 4-14）。可采用式（4-31）计算

$$a=\tan\alpha=\frac{e_1-e_2}{p_2-p_1}\qquad 或\ a=-\frac{\Delta e}{\Delta p}=\frac{e_i-e_{i+1}}{p_{i+1}-p_i}\tag{4-31}$$

式中　a——土的压缩系数，MPa^{-1}；

p_1——一般是指地基某深度处土中竖向自重应力，MPa；

p_2——地基某深度处土中自重应力与附加应力之和，MPa；

e_1——相应于 p_1 作用下压缩稳定后的孔隙比；

e_2——相应于 p_2 作用下压缩稳定后的孔隙比。

此式为土的力学性质的基本定律之一，称为压缩定律。其比例系数称为压缩系数，用 a 表示，单位是 MPa^{-1}。

压缩系数是表示土的压缩性大小的主要指标，压缩系数大，表明在某压力变化范围内孔隙比减少得越多，压缩性就越高。

在工程实际中，规范常以 $p_1=0.1MPa$，$p_2=0.2MPa$ 的压缩系数即 a_{1-2} 作为判断土的压缩性高低的标准。

低压缩性土：$a_{1-2}<0.1MPa^{-1}$

中压缩性土：$0.1\leqslant a_{1-2}<0.5MPa^{-1}$

高压缩性土：$a_{1-2}\geqslant 0.5MPa^{-1}$

③ 压缩指数（C_c）。将压缩曲线的横坐标用对数坐标表示。$C_c=(e_1-e_2)/(\lg p_2-\lg p_1)$，因为 e-$\lg p$ 曲线在很大压力范围内为一直线，故 C_c 为一常数，故用 e-$\lg p$ 曲线可以分析研究 C_c，C_c 越大，土的压缩性越高。

当 $C_c<0.2$ 时，属于低压缩性土；当 $C_c>0.4$ 时属于高压缩性土。土的 e-p 曲线改绘成半对数压缩曲线 e-$\lg p$ 曲线时，它的后段接近直线（图 4-15）。其斜率 C_c 为

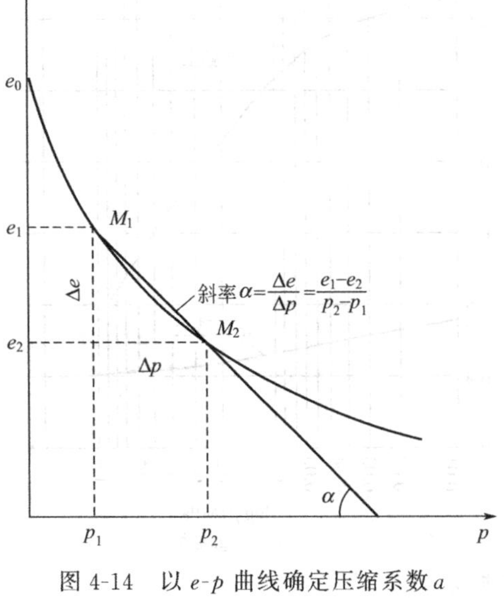

图 4-14　以 e-p 曲线确定压缩系数 a

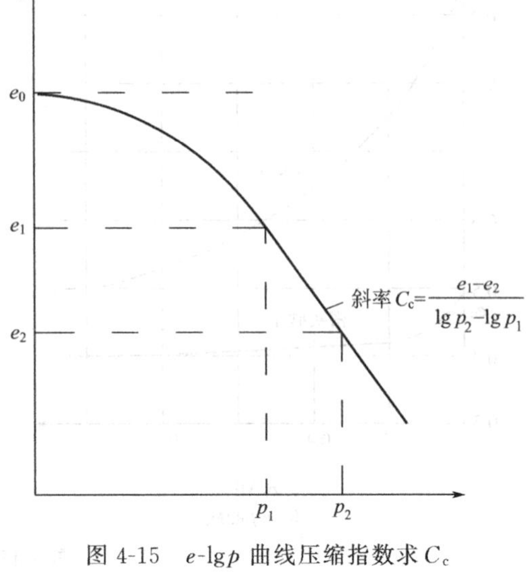

图 4-15　e-$\lg p$ 曲线压缩指数求 C_c

$$C_c=\frac{e_1-e_2}{\lg p_2-\lg p_1}=(e_1-e_2)/\lg\frac{p_2}{p_1} \tag{4-32}$$

④ 压缩模量（E_s）。根据 e-p 曲线，可以求算另一个压缩性指标——压缩模量 E_s 。它的定义是土的完全侧限条件下的竖向附加压应力与相应的应变增量之比值。图的压缩模量 E_s 的计算式可由其定义得

$$E_s=\frac{\Delta p}{\Delta \varepsilon}=\frac{p_2-p_1}{\frac{e_1-e_2}{1+e_1}}=\frac{1+e_1}{a} \tag{4-33}$$

式中　E_s——土的压缩模量，MPa；

a 、e_1——意义同式（4-31）。

土的压缩模量 E_s 是以另一种方式表示土的压缩性指标，它与压缩系数 a 成反比，即 E_s 越小土的压缩性越高。为了便于比较和应用，通常采用压力间隔 $p_1=0.1$MPa 和 $p_2=0.2$MPa 所得的压缩模量 $E_{s(0.1\text{-}0.2)}$ ，则式（4-33）改为

$$E_{s(0.1\text{-}0.2)}=\frac{1+e_{0.1}}{a_{0.1\text{-}0.2}} \tag{4-34}$$

式中　$E_{s(0.1\text{-}0.2)}$——压力间隔为 0.1～0.2MPa 时土的压缩模量，MPa；

$a_{0.1\text{-}0.2}$——压力间隔为 0.1～0.2MPa 时土的压缩系数；

$e_{0.1}$——压力为 0.1MPa 时土的孔隙比。

2. 土的抗剪性

（1）土的剪切破坏的本质　土体的破坏通常都是剪切破坏。例如，土坡丧失稳定引起的路堤毁坏、路堑边坡的崩塌和滑坡等。土是由固体颗粒组成的，土粒间的连结强度远远小于土粒本身的强度，故在外力作用下，土粒之间发生相对错动，引起土中的一部分相对于另一部分产生移动。研究土的强度特征，就是研究土的抗剪强度特性，简称抗剪性。

土的抗剪强度 τ_f：是指土体抵抗剪切破坏的极限能力，其数值等于剪切破坏时滑动面上的剪应力。

剪切面（剪切带）：土体剪切破坏是沿某一面发生与剪切方向一致的相对位移，这个面通常称为剪切面。

土体在外力和自重压力作用下，土中各点在任意方向平面上都会产生法向应力 σ 和剪应力 τ。当通过该点某一方向上的剪应力等于该点上所具有的抗剪强度 τ_f时，则该点不会破坏，处于稳定状态。

土的极限平衡条件为

$$\tau=\tau_f \tag{4-35}$$

无黏性土一般无连结，抗剪力主要是由颗粒间的摩擦力组成，这与粒度、密实度和含水情况有关。黏性土颗粒间的连结比较复杂，连结强度起主要作用，黏性土的抗剪力主要与联结有关。

土的抗剪强度主要依靠室内试验和原位测试确定。试验中，仪器的种类和试验方法以及模拟土剪切破坏时的应力和工作条件好坏，对确定强度值有很大的影响。

（2）土的抗剪强度　研究土的抗剪强度，最常借用直剪切试验方法。

将土样放在上、下部分可以错动的金属盒内，法向应力为：$\sigma=\frac{P}{A}$ 。

在下盒从小到大逐渐施加水平力，当水平剪力增至 T 时，土样发生剪切破坏，此时的剪切应力 $\tau=\frac{T}{A}$ ，即为土样在该法向应力作用下时的抗剪强度 τ_f。

抗剪强度是随着法向应力而改变，同一种土制备三个相同的土样，在σ_1、σ_2、σ_3作用下，得不同τ_f。以抗剪强度τ_f为纵坐标，以法向压力为横坐标，可绘制该土样的$\tau_f \sim \sigma$关系曲线。

试验结果表明，抗剪强度与正应力之间的关系可用以下直线方程表示

无黏性土 $$\tau_f = \sigma \tan\phi \tag{4-36}$$

黏性土 $$\tau_f = \sigma \tan\phi + c \tag{4-37}$$

式中 τ_f ——土的抗剪强度，MPa；

σ ——剪切面的法向压力，MPa；

$\tan\phi$ ——土的内摩擦系数；

ϕ——土的内摩擦角，(°)；

c——土的内聚力，MPa。

以上公式说明：①土的抗剪强度由土的内摩擦力$\sigma\tan\phi$和内聚力c两部分组成；②内摩擦力与剪切面上的法向压力成正比，其比值为土的内摩擦系数$\tan\phi$。

无黏性土的剪抗强度决定于与法向压力成正比的内摩擦力$\sigma\tan\phi$，而土的内摩擦系数主要取决于土粒表面的粗糙程度和土粒交错排列的情况，土粒表面越粗糙，棱角越多和密实度愈大，则土的内摩擦系数越大。

黏性土的抗剪强度由内摩擦力和内聚力组成。土的内聚力主要由土粒间结合水形成的水胶连结或毛细水连结组成。黏性土的内摩擦力较小。

土的抗剪强度指标：土的内摩擦角ϕ和内聚力c可使用三轴剪切试验测定。

3. 土的流变特性与动力特性

(1) 土的流变特性 土的变形及强度不仅决定于外力的大小，而且受到时间的影响，对黏性土来说尤其明显。黏性土的主要流变特性包括：蠕变、应力松弛、长期强度等。

蠕变是指在长期不变的剪应力作用下，剪切变形随时间而缓慢增长的现象。应力松弛是指当变形一定时会引起应力随时间而逐渐降低的现象，又称强度的衰减。

蠕变可分为体积蠕变和剪切蠕变。体积蠕变的结果，增大土的压缩量，并使土体进一步压密。

剪切蠕变一般就指土的蠕变，即在一定剪切应力作用下土的剪切变形随时间缓慢的增长。土的蠕变特性决定于剪应力大小，一般可分为两种变形：衰减型、非衰减型。

蠕变破坏所需的时间决定于剪应力大小，剪应力值越大，则破坏时间越早。

黏性土的蠕变具有黏塑性和黏滞性流变特性，其实质是由于黏粒周围的水化膜之黏滞性引起。蠕变的性质除与外荷大小有关外，主要决定于土的类型，即：成分、结构和所处的物理状态。黏粒越多，蠕变越大，蠕变速率也越大。含蒙脱石的黏土蠕变速率最大，伊利石次之，高岭土最小。

实验室所测的强度，只是短时间的强度，因此必须研究其长期强度，以取得强度与时间关系曲线（长期强度曲线）。按长期强度曲线，可把强度分为：瞬时强度、长期强度、极限长期强度。剪切历时愈长，土的τ_f愈小，只有当土体中剪应力小于土的极限长期强度$\tau_{f\infty}$时，土体才处于长期稳定状态。

(2) 土的动力特性 当土体受到如地震、爆破、机械震动、车辆运行等动力作用时，土内必须产生新的压力而引起土的变形。土在动力作用下的变形可分为弹性变形与残余变形。当动荷载强度较小不超过土的弹性极限时，它所引起的变形主要为弹性变形，弹性模量、泊松比、振动阻尼系数等为其主要动力参数。

当动力强度较大时，它所引起的变形为残余变形，动力越大，变形越大，结果使土的结构破坏，土体压缩沉降，强度减弱，严重者可使土体失去强度而威胁建筑物及边坡等稳定性。

五、无黏性土的密实度

无黏性土的密实度指的是碎石土和砂土的疏密程度。

无黏性土的密实度与其工程性质有着密切的关系，密实的无黏性土由于压缩性小，抗剪强度高，承载力大，可作为建筑物的良好地基。但如处于疏松状态，尤其是细砂和粉砂，其承载力就有可能很低，因为疏松的单粒结构是不稳定的，在外力作用下很容易产生变形，且强度也低，很难作为天然地基。如它位于地下水位以下，在动荷载作用下还有可能由于超静水压力的产生而发生液化。例如我国海城 1975 年 2 月 4 日的 7.3 级地震，震中区以西 25～60km 的下辽河平原，发生强烈砂土液化，大面积喷砂冒水，许多道路、桥梁、工业设施、民用建筑遭受破坏。1976 年 7 月 28 日唐山的 7.8 级地震，也引起大区域的砂土液化。因此，凡工程中遇到无黏性土时，首先要注意的就是它的密实度。

对于同一种无黏性土，当其孔隙比小于某一限度时，处于密实状态，随着孔隙比的增大，则处于中密、稍密直到松散状态。无黏性土的这种特性，是因为它所具有的单粒结构决定的。

密实度的评价方法有三种：①室内测试孔隙比确定相对密实度的方法；②利用标准贯入试验等原位测试方法；③野外观测方法。

无黏性土的相对密实度：以最大孔隙比 e_{max} 与天然孔隙比 e 之差和最大孔隙比 e_{max} 与最小孔隙比 e_{min} 之差的比值 D_r 表示，即

$$D_r=\frac{e_{max}-e}{e_{max}-e_{min}} \tag{4-38}$$

无黏性土的最小孔隙比是最紧密状态的孔隙比，用符号 e_{min} 表示，e_{min} 一般采用“振击法”测定；无黏性土的最大孔隙比是土处于最疏松状态时的孔隙比，用符号 e_{max} 表示。e_{max} 一般用“松砂器法”测定。

从式(4-38)可知，若无黏性土的天然孔隙比 e 接近于 e_{min}，即相对密度 D_r 接近于 1 时，土呈密实状态，当 e 接近于 e_{max} 时，即相对密度 D_r 接近于 0，则呈松散状态。

无黏性土的天然孔隙比 e 如果接近 e_{max}（或 e_{min}），则该无黏性土处于天然疏松（或密实）状态，这可用无黏性土的相对密实度进行评价。根据 D_r 值可把砂土的密实度状态划分为下列三种：

密实的	$1\geqslant D_r>0.67$
中密的	$0.67\geqslant D_r>0.33$
松散的	$0.33\geqslant D_r>0$

通常砂土的相对密度的实用表达式为

$$D_r=\frac{(\rho_d-\rho_{dmin})\rho_{dmax}}{(\rho_{dmax}-\rho_{dmin})\rho_d} \tag{4-39}$$

因为最大或最小干密度可直接求得。

相对密实度试验适用于透水性良好的无黏性土，如纯砂、纯砾等。对于不同的无黏性土，其 e_{min} 与 e_{max} 的测定值也是不同的，e_{min} 与 e_{max} 之差（即孔隙比可能变化的范围）也是不一样的。一般土粒粒径较均匀的无黏性土，其 e_{max} 与 e_{min} 之差较小；对不均匀的无黏性土，则其差值较大。

相对密实度是无黏性粗粒土密实度的指标，它对于土作为土工构筑物和地基的稳定性，特别是在抗震稳定性方面具有重要的意义。

对于砂土，也可用天然孔隙比 e 来评定其密实度。但是矿物成分、级配、粒度成分等各种因素对砂土的密实度都有影响，并且在具体的工程中，难于取得砂土原状土样，因此，利用标准贯入试验、静力触探等原位测试方法来评价砂土的密实度得到了工程技术人员的广泛采用。砂土根据标准贯入试验的锤击数 N 分为松散，稍密、中密及密实四种密实度，其划分标准见表 4-5。

表 4-5 按标准贯入实验锤击数 N 来划分砂土的密实度

密实度	密实	中密	稍密	松散
标贯击数 N	$N>30$	$30\geqslant N>15$	$15\geqslant N>10$	$N\leqslant 10$

D_r 在工程上常应用于：①评价砂土地基的允许承载力；②评价地震区砂土液化；③评价砂土的强度稳定性。

例 5 某天然砂层，密度为 1.49g/cm³，含水量 13.5%，由试验求得该砂土的最小干密度为 1.20g/cm³；最大干密度为 1.56g/cm³；问该砂层处于哪种状态？

解 已知 $\rho=1.49$ $w=13.5\%$ $\rho_{dmin}=1.20\ g/cm^3$ $\rho_{dmax}=1.56\ g/cm^3$

由公式 $\rho_d=\dfrac{\rho}{1+w}$ 得 $\rho_d=1.31\ g/cm^3$

$$D_r=\frac{(\rho_d-\rho_{dmin})\rho_{dmax}}{(\rho_{dmax}-\rho_{dmin})\rho_d}=\frac{(1.31-1.20)\times 1.56}{(1.56-1.20)\times 1.31}=0.36$$

则 $0.33<D_r\leqslant 0.67$

该砂层处于中密状态。

第四节 土的工程分类与鉴别

一、土的工程分类

土的工程分类是地基基础勘察与设计的前提，一个正确的设计必须建立在对土的正确评价的基础上，而土的工程分类正是工程勘察评价的基本内容。因此土的工程分类是岩土工程界普遍关心的问题之一，也是勘察、设计规范的首要内容。在 20 世纪 80 年代到 90 年代制定的一批规范发展和丰富了土的分类系统，我国的岩土分类学研究达到了一个新的水平。

制定土的工程分类方法时，应选用最能反映土的工程性质且又便于测定的指标作为分类的依据，分类体系应逻辑严密而又简明实用。但由于各类工程特点不同，分类依据的侧重点也就不同，因而形成了服务于不同工程类型的分类。例如，我国建筑、水利、港工、公路各专业对土都有不同的分类方法，这样对同样的土，如果采用不同的规范分类，定出的土名可能会有差别，所以在使用规范时必须充分注意这个问题。

目前，应用较多的工程分类主要有国家标准《建筑地基基础设计规范》（GB 50007—2011）和《岩土工程勘察规范》（GB 50021—2001）的分类。

该分类体系的主要特点是，在考虑划分标准时，注重土的天然结构联结的性质和强度，始终与土的主要工程特性——变形与强度特征紧密联系。因此，首先考虑了按堆积年代和地质成因划分，同时将一些在特殊条件下形成并具有特殊工程特性的区域性特殊土与普通土区别开来。在以上基础上，总体再按颗粒级或塑性指数分为碎石土、粉砂、粉土和黏性土四大类，并结合堆积年代、成因和某些特殊性质综合定名。

这种分类方法简单明确，实用性和科学性较强，多年来以被我国各工程界所熟悉，并得到了广泛的应用。其划分原则和标准分述如下。

1. 按沉积年代划分

(1) 老沉积土　第四纪晚更新世 Q_3 及其以前沉积的土，为老沉积土。

(2) 一般沉积土　第四纪全新世 Q_4 文化期以前沉积的土，为一般沉积土。

(3) 新近沉积土　第四纪全新世 Q_4 文化期以来沉积的土，为新近沉积土。

2. 按照地质成因划分

按照地质成因可将土划分为：残积土、坡积土、洪积土、冲积土、淤积土、冰积土和风积土等。

3. 按照有机质含量划分

按照有机质含量划分土见表 4-6。

表 4-6　土按有机质含量分类

分类名称	有机质含量 W_u/%	现场鉴别特征	说明
无机土	$W_u<5\%$		
有机质土	$5\%\leqslant W_u\leqslant10\%$	深灰色，有光泽，味臭，陈腐殖质外尚含少量未完全分解的动植物体，浸水后水面出现气泡，干燥后体积收缩	1. 如现场能鉴别或有地区经验时，可不做有机含量测定； 2. 当 $\omega>\omega L$，$1.0\leqslant e<1.5$ 时称淤泥质土； 3. 当 $\omega>\omega L$，$e\geqslant1.5$ 时称淤泥
泥炭质土	$10\%<W_u\leqslant60\%$	深灰或黑色，有腥臭味，能看到未完全分解的植物结构，浸水膨胀，易崩解，有植物残渣浮于水中，干缩现象明显	可根据地区特点和需要按 W_u 细分为： 弱泥炭质土 $10\%<W_u\leqslant25\%$ 中泥炭质土 $25\%<W_u\leqslant40\%$ 强泥炭质土 $40\%<W_u\leqslant60\%$
泥炭	$W_u>60\%$	除有泥炭质土特征外，结构松散，土质很轻，暗无光泽，干缩现象极为明显	

注：有机质含量 W_u 按灼失量试验确定。

4. 按照颗粒级配和塑性指标划分

按照颗粒级配和塑性指标可将土划分为碎石土、砂土、粉土和黏性土。把粒径大于 2mm 的颗粒质量超过总质量 50%的土，定名为碎石土；把粒径大于 2mm 的颗粒质量不超过总质量的 50%，粒径大于 0.075mm 的颗粒质量超过总质量 50%的土，定名为砂土；把粒径大于 0.075mm 的颗粒质量不超过总质量的 50%，且塑性指数等于或小于 10 的土，定名为粉土；把塑性指数大于 10 的土定名为黏性土。具体分类见表 4-7～表 4-10。

表 4-7　碎石土分类

土的名称	颗粒形状	颗粒级配
漂石	圆形及亚圆形为主	粒径大于 200mm 的颗粒质量超过总质量 50%
块石	棱角形为主	
卵石	圆形及亚圆形为主	粒径大于 20mm 的颗粒质量超过总质量 50%
碎石	棱角形为主	
圆砾	圆形及亚圆形为主	粒径大于 2mm 的颗粒质量超过总质量 50%
角砾	棱角形为主	

表 4-8 砂土分类

土的名称	颗粒级配
砾砂	粒径大于 2mm 的颗粒质量占总质量 25%～50%
粗砂	粒径大于 0.5mm 的颗粒质量超过总质量 50%
中砂	粒径大于 0.25mm 的颗粒质量超过总质量 50%
细砂	粒径大于 0.075mm 的颗粒质量超过总质量 85%
粉砂	粒径大于 0.075mm 的颗粒质量超过总质量 50%

注：定名时应根据颗粒级配由大到小以最先符合者确定。

表 4-9 粉土分类

土的名称	颗粒级配
砂质粉土	粒径大于 0.005mm 的颗粒质量不超过总质量 10%
黏质粉土	粒径小于 0.005mm 的颗粒质量超过总质量 10%

表 4-10 黏性土分类

土的名称	颗粒级配
粉质黏土	$10<I_P\leqslant 17$
黏土	$I_P>17$

注：塑性指数应由相应于 76g 圆锥仪沉入土中深度为 10mm 时测定的液限计算而得。

二、土的野外鉴别

野外鉴别地基土要求快速，又无仪器设备，主要凭感觉和经验。对碎、卵石土密实程度的鉴别见表 4-11；砂土的野外鉴别见表 4-12；黏性土、粉土的野外鉴别见表 4-13；新近堆积土的野外鉴别见表 4-14。

表 4-11 碎、卵石土密实程度的鉴别

密实度	骨架颗粒含量和排列	可挖性	可钻性
密实	骨架颗粒含量大于全重的 70%，呈交错排列，连续接触	锹镐挖掘困难；用撬棍方法松动，井壁一般较稳定	钻进较困难，冲击钻进时钻杆、吊锤跳动剧烈，孔壁较稳定
中密	骨架颗粒含量大于全重的 60%～70%，呈交错排列，连续接触	锹镐可挖掘，井壁有掉块现象，从井壁取出大颗粒处，能保持颗粒凹面形状	钻进较困难，冲击钻进时钻杆、吊锤跳动不剧烈，孔壁有坍塌现象
稍密	骨架颗粒含量小于全重的 60%，排列混乱，大部分不接触	锹可挖掘，井壁易坍塌，从井壁取出大颗粒后，砂性土立即坍塌	钻进较容易，冲击钻进时钻杆、吊锤稍有跳动，孔壁易坍塌

注：碎石土的密实度，应按列表中各项特征综合确定。

表 4-12 砂土的野外鉴别

鉴别特征	砾砂	粗砂	中砂	细砂	粉砂
观察颗粒粗细	约有 1/4 以上颗粒比荞麦或高粱(2mm)大	约有 1/2 以上颗粒比小米(0.5mm)大	约有 1/2 以上颗粒与砂糖或白菜籽粒(>0.25mm)近似	大部分颗粒与玉米粉(>0.1mm)近似	大部分颗粒与面粉(0.1mm)近似
干燥时状态	颗粒完全分散	颗粒基本完全分散，个别胶结	颗粒部分分散，部分胶结，胶结部分一碰即散	颗粒大部分分散，少量胶结，胶结部分稍加碰撞即散	颗粒少部分分散，大部分胶结，稍加压即能分散

续表

鉴别特征	砾砂	粗砂	中砂	细砂	粉砂
湿润时用手拍后的状态	表面无变化	表面无变化	表面偶有水印	表面偶有水印（翻浆）	表面有翻浆现象
黏着程度	无黏着感	无黏着感	无黏着感	无黏着感	无黏着感

表 4-13　黏性土、粉土的野外鉴别

鉴别方法＼分类	黏土	粉质黏土	粉土
	塑性指数 $I_P>17$	塑性指数 $10<I_P\leqslant17$	塑性指数 $I_P\leqslant10$
湿润时用刀切	切面非常光滑，刀刃有黏腻阻力	稍有光滑面，切面规则	无光滑面，切面粗糙
用手捻摸时的感觉	湿土用手捻摸时有滑腻感，水分较大时极易黏手，感觉不到有颗粒的存在	仔细捻摸能感觉到有细颗粒，稍有滑腻感，有黏滞感	感觉有细颗粒存在或感觉粗糙，有轻微黏滞感或无
黏着程度	湿土极易黏着物质（包括金属与玻璃），干燥后不易剥去，用水反复洗才能去掉	能黏着物质，干燥后较易剥去	不黏着物质，干燥后一碰就掉
湿土搓条情况	能搓成小于 0.5mm 的土条（长度不小于手掌），手持一端不致断裂	能搓成小于 0.5～2mm 的土条	能搓成小于 2～3mm 的土条
干土性质	坚硬，类似陶瓷碎片，用锤击方可打碎，不易击成粉末	用锤击易碎，用手难捻碎	用手很易捻碎

表 4-14　新近堆积土的野外鉴定

堆积环境	颜色	结构性	含有物
河漫滩，山前洪、冲积扇的表层，古河道，已填塞的湖、塘、沟、谷和河道泛滥区	较深而暗，呈褐、暗黄或灰色，含有机质较多时带灰黑色	结构性差，用手扰动原状土样时极易变软，塑性较低的土还有振动水析现象	在完整的剖面中无颗粒状核体，但可能含有圆形、亚圆形钙质结核体或贝壳等，在城镇附近可能含有少量碎砖、瓦片、陶瓷、铜币，或朽木等人类活动的遗物

第五节　土的工程地质特征

自然界中的土，由于形成年代、作用和环境不同，以及形成后经历的变化过程不同，各具有不同的物质组成和结构特征，导致不同的工程地质特征。

一般土按粒度成分特点，常分为巨粒土、粗粒土、细粒土三大类。其中，粗粒土又分为砾类土和砂类土两类。前两大类土的粒间一般无联结或只具有微弱的水联结，因不具有黏性，故又称无黏性土。细粒土一般含有较多的黏粒，具有结合水联结所产生的黏性，故又称为黏性土。巨粒土和粗粒土的工程地质性质主要取决于粒度成分和土粒排列的松密情况，这些成分和结构特征直接决定着土的孔隙性、透水性和力学性质。细粒土的性质主要取决于粒间联结特性（稠度状态）和密实度，而这些都与土中黏粒含量、矿物亲水性及水和土粒相互作用有关。

表 4-15 综合列出了粗粒土和细粒土的工程地质特征，并分别列出砾类土、砂类土、黏

性土的工程地质特征。

表 4-15 一般土的工程地质特征

土的类型 / 特征	粗粒土		细粒土		
	砾类土	砂类土	粉土	粉类黏土	黏土
主要矿物成分	岩屑和残余矿物，亲水性弱		次生矿物有机物，亲水性强		
孔隙水类型	重力水	毛细水，重力水	结合水为主，毛细水、重力水为次		
联结类型	无	毛细水或无联结	结合水联结为主，有时有胶结类型		
结构排列形式	单粒结构		集合体排列		
孔隙大小	很大	大	细小		
孔隙率 n/%	33～38	35～45	38～43	40～45	45～50
孔隙比	0.5～0.6	0.55～0.80	0.60～0.75	0.67～0.80	0.75～1.0
含水量 w/%	10～20	15～30	20～30	20～35	25～45
土的密度 ρ/(g/cm^3)	1.9～2.1	1.8～2.0	1.7～1.9	1.75～1.95	1.8～2.0
土粒的相对密度 d_s/(g/cm^3)	2.6～2.75	2.65～2.70	2.65～2.70	2.68～2.72	2.72～2.76
塑性指数 I_P		＜1	1～7	7～17	＞17
液限 w_L			20～27	27～37	37～55
塑限 w_P			17～20	17～23	20～27
膨胀和收缩量		不明显	很小	小	很大
水中崩解		散开	很快	慢	较慢
毛细水上升高度/m	极小	＜1	1.0～1.5	1.5～4	4～5
渗透系数/(m/d)	＞50	0.5～50	0.5～1.0	0.001～0.1	＜0.001
透水性	极强	强	中等	弱或不透水	
压缩性	低	低	中等	中等到高压缩	
压缩过程	快	快	较快	慢	极慢
内聚力 c/×10^5Pa	不定	接近于 0	0.05～0.2	0.1～0.4	0.1～0.6
内摩擦角 φ/(°)	35～45	28～40	18～28	18～24	8～20
对土性质起决定性作用的因素	粒度成分和密度		联结(稠度)和密度		

一、砾类土的工程地质特征

砾类土又称卵砾土。其颗粒粗大，主要由岩石碎屑或石英、长石等原生矿物组成。呈单粒结构及块石状和假斑状构造，具有孔隙大、透水性强、压缩性低、抗剪强度大的特点。但这些特点与黏土的含量及孔隙中填充物性质和数量有关。典型的流水沉积的砾石类土，分选较好，孔隙中充填少量砂粒，透水性强，压缩性很低，抗剪强度大。基岩风化碎石和山坡堆积碎石类土，分选较差，孔隙中充填大量砂粒和粉、黏粒等细小颗粒，透水性相对较弱，内摩擦角较小，抗剪强度较低，压缩性稍大。总的来说，砾类土一般可构成良好地基，但由于透水性强，常使基坑涌水，坝基、渠道渗漏。

二、砂类土的工程地质特征

砂类土也称砂土。一般颗粒较大，主要由石英、长石、云母等原生矿物组成。一般没有联结，呈单粒结构及伪层状构造，并有透水性强、压缩性低、压缩速度快、内摩擦角较大、抗剪强度较高等特点，但均与砂粒大小和密度有关。通常中粗砂土的上述特征明显，且一般构成良好地基，为较好的建筑材料，但可能产生涌水或渗漏。粉细砂土的工程地质性质相对较差，特别是饱水粉砂、细砂土受振动后易液化。

在野外鉴定砂土种类时，应同时观察研究砂土的结构、构造特征和垂直、水平方向的变化情况。当采取原状砂样有困难时，应在野外现场大致测定其天然容重和含水量。

三、黏性土的工程地质特性

黏性土中黏粒含量较多，常含亲水性较强的黏土矿物，具有水胶联结和集合体结构，有时有结晶联结，孔隙微小而多。常因含水量不同呈固态、塑态和流态等不同稠度状态，压缩速度小而压缩量大，抗剪强度主要取决于黏聚力，内摩擦角较小。

黏性土的工程地质性质主要取决于其联结和密实度，即与其黏粒含量、稠度、孔隙比有关。常因黏粒含量增多，黏性土的塑性、胀缩性、透水性、压缩性和抗剪强度等有明显变化。从粉质黏土到黏土，其塑性指数、胀缩量、黏聚力渐大，而渗透系数和内摩擦角则渐小。稠度影响最大，近流态和软塑态的土，有较高压缩性，较低抗剪强度；固态或硬塑态的土，则压缩性较低，抗剪强度较高。黏性土是工程最常用的土料。

黏性土的研究，通常以原状样的室内试验为主，以野外鉴定为辅。其主要的物理指标有含水量、相对密度、重度、干重度、孔隙率、孔隙比、饱和度、液性指数和塑性指数，其主要的力学性质指标有压缩指标（压缩系数、压缩模量）及抗剪强度指标（黏聚力、内摩擦角）。

第六节　特殊土的工程性质

我国幅员广阔，地质条件复杂，分布土类繁多，工程性质各异。有些土类，由于地质、地理环境、气候条件、物质成分及次生变化等原因而各具有与一般土类显著不同的特殊工程性质，当其作为建筑场地、地基及建筑环境时，如果不注意这些特点，并采取相应的治理措施，就会造成工程事故。人们把这些具有特殊工程性质的土称为特殊土。各种天然或人为形成的特殊土的分布，都有其一定的规律，表现一定的区域性。

在我国，具有一定分布区域和特殊工程意义的特殊土包括各种静水环境沉积的软土，主要分布于西北、华北等干旱、半干旱气候区的湿陷性黄土；西南亚热带湿热气候区的红黏土；主要分布于南方和中南地区的膨胀土；高纬度、高海拔地区的多年冻土及盐渍土、人工填土和污染土等。本节主要阐述我国软土、黄土、红黏土、膨胀土、填土、盐渍土、污染土、冻土的分布、特征及其工程性质问题。

一、软土

软土一般指天然含水率高、孔隙比较大、抗剪强度低、压缩性高、渗透性低、灵敏度高的一种以灰色为主的细粒土。由于它有特殊的工程性质，稍有不慎，会使建筑其上的建筑物和结构物发生问题，甚至破坏。软土主要分布在我国东南的沿海地区。

软土在形成过程中有生物和微生物作用的参与，含有植物和动物的残骸，分解后形成丰富有机质的淤泥直至泥炭。大多数软土在咸水和半咸水中沉积，易产生絮凝结构。颗粒成分为细粒土，富含黏土矿物。常沉积在沿海的滨海、三角洲、海湾、溺谷和潟湖，陆地的河流漫滩、废河道、牛轭湖及湖泊和沼泽中，在沉积剖面上有季节性韵律层理和地壳构造性层理。主要为冰后期的新近沉积，成岩的时间短。

1. 软土的分布概况

中国软土分布很不平衡，主要分布在漫长的沿海地区，其次在长江、珠江等大河的漫滩阶地地区，再次在大的湖泊和沼泽地区。这与软土形成主要受气候，其次受地质、地貌，水文等因素的制约性是一致的。由于第四纪古气候的冷暖变化，海平面的升降，我国沿海从南到北，在地质、地貌和水文等区域因素的影响下，在土质海岸带一般都有软土的分布。气候是全球性的，海平面升降也是全球性的，各国的沿海，在土质海岸带也或多或少的有软土的分布，如芬兰、挪威、瑞典、美国、俄罗斯、加拿大、英国、日本、泰国等。我国在陆地所分布的河流、湖泊和沼泽软土，其他国家陆地水体中也分布有软土，如瑞典、墨西哥、美国等。

2. 软土的成因类型

(1) 三角洲沉积软土 三角洲是河流与海洋相互作用的结果，沉积环境复杂，是多种岩性岩相的复合体，无论从平面分布上，还是垂直剖面上，都可以分为三个实体。

① 从平面上，从陆地到水体三角洲沉积物可分为三个带。a. 三角洲平原带：三角洲的陆上沉积主要为河流、湖泊、沼泽和潟湖沉积，往往还有风成沉积。b. 三角洲前缘带：围绕三角洲平原带的边缘呈环带状分布，它处于海岸、河流带入的沉积物，经海洋作用的再改造再分配，从而形成纯净的砂质沉积带，而泥质和有机质较少。c. 前三角洲带：位于三角洲前缘向海的前方，沉积物富含有机质和泥质，它是河流搬运来的细小黏土悬浮物质和胶体溶液在海底沉积而成，含海相化石，纯属海相沉积。

② 从剖面上，自上而下三角洲的沉积结构可分为三个层。a. 顶积层：以河流作用为主，在海洋动力的作用影响下，沉积环境复杂多变，沉积物类型多，岩相变化大，是冲积、湖积和沼泽堆积的交互沉积。岩性多以砂、粉砂为主，间夹黏土及泥炭。具明显的水平层理和交错层理。b. 前积层：为水下三角洲斜坡部分的堆积，它随着三角洲向海延伸为河、海交互沉积物。前积层以粉砂及黏质粉砂为主，时有黏土夹层。砂代表水下河道及河口水下沙滩、砂嘴的堆积，呈条带状或透镜体状。黏土质沉积代表浅水海湾的堆积，前者具薄斜层理和波状层理，后者有机质含量高，有规则的层理，常会有咸水软体动物化石。c. 底积层：主要为海相沉积。河流携带的最细小悬浮泥沙和胶体物质在三角洲的最前端的浅海海底沉积，主要是淤泥与黏土组成。具水平层理，含海相生物化石。

(2) 滨海沉积软土 除三角洲堆积外，还有沿平直海岸线的沉积、海湾沉积、海峡沉积以及潟湖沉积等。沿海岸带沉积的特点是有高度的分选作用，颗粒大小自粗而细地由陆向海方向有规律的排列。比重大的矿物也集中于近岸地带，而细的矿物被带到远方。不同的粒径特点如下。

① 砾石相：海岸带砾石主要分布于蚀岩岸及山地河流的入海处，在海峡中常冲蚀基岩形成砾石堆积。砾石相沿岸呈狭长带状分布，宽度不大，具明显的层理构造。

② 砂相：海岸带砂相沉积范围最广，砂来源于河流、岩岸以及古海底沉积，其中河流的供源是主要的。由于海浪的充分分选作用，砂分选好，磨圆度也好。

③ 淤泥相：淤泥沉积在沿岸的海湾、潟湖及远离海岸的低洼地方。淤泥成分来自河流及沿海的风化带，它在沿岸常与细砂及粉砂混合堆积或与之交互成层。潟湖中除堆积一些细粒沉积物外，在潮湿气候区，由于潟湖内生物的繁殖、死亡和堆积，沉积物中有机质含量

大，且常常形成泥炭层，但在干燥气候区则形成盐沼及盐滩。

（3）河流沉积软土　河流搬运作用的沉积物称冲积物。有山谷河流冲积物和平原河流冲积物两种。在宽阔河谷地区，河道由于曲折过多、过甚及侧侵蚀的结果，形成河道的迁移现象，而产生弓形的废河道或称牛轭湖，在废河道和牛轭湖中，沉积物主要是富含有机质的黑色黏土、粉质黏土和黏质粉土，有时有薄层透镜状粉砂和砂的夹层，层理近于水平，并形成不连续的带状层理。

（4）湖泊和沼泽沉积软土　湖泊地质作用与海洋地质作用类似，但波浪、潮汐和底流作用远不及海洋。湖泊沉积物因湖泊的大小、深度、地形、围岩、气候等的不同而复杂多变。在淡水湖泊中，以碎屑沉积为主，也有碳酸盐类和硅质的生物沉积。岩相从湖岸到湖心有明显的分选性。

① 边岸带沉积：滨岸带在湖岸波浪的作用及河流注入的影响下，水流呈浑浊状，沉积物颗粒较粗，有时有砾石层及砂砾堆积。沿湖三角洲相沉积中尚有明显的斜层理。

② 过渡带沉积：位于滨岸带与湖心带之间，水流是紊流状，细粒物质被带走，只有较粗的悬浮物质可以沉积下来，一般为黏质砂土及粉砂。

③ 湖心带沉积：湖泊中心部位，水流比较平静，细粒悬浮物质在此带内不间断地沉积，形成层理较厚的黏土和淤积的互层，这是冬夏季节性沉积的标志。湖泊中化学沉积，在潮湿气候区常形成铁盐，在寒冷气候区常形成泥灰。

沼泽是湖泊淤积的产物。在沼泽地带主要进行生物沉积作用，沉积物中含有大量的植物和动物残骸，它们在还原环境中分解，形成丰富的淤泥和泥炭。

3. 软土的成分和微结构

软土的成分和微结构的工程地质研究，属于工程地质中的应用基础研究。我国沿海软土和海洋上的物质成分主要用X射线衍射仪进行分析确定的，分析结果可以看出非黏土矿物成分主要为石英、长石、云母和碳酸盐。在北方地区（环渤海沿海）的软土中，长石和碳酸盐的含量较高，而南方地区（东南沿海地区）的软土中，长石和碳酸盐含量明显减少，甚至消失；黏土矿物的含量北方地区比南方地区略低；黏土矿物成分北方以伊利石为主，而东南地区以高岭石为主。

衍射分析的结果表明，北方和南方的沿海软土在矿物成分上的差异，主要是物质沉积前所经受的风化程度不同所造成的。把我国北方的黄土和南方的红土与北方沿海软土和南方沿海软土的成分进行了对比，说明上述看法是有根据的。

软土可划分成四种主要微结构类型。

（1）粒状胶结结构　这类结构的软土主要以砂粒、粉粒和钙质集粒（凝聚体）占优势，含有少量的黏土和无定形物质或有机质作为粒间胶结剂，存在于颗粒之间或颗粒表面上。土的结构以颗粒为骨架，骨架颗粒之间基本上相互接触，由吸附在颗粒表面的胶结物固定颗粒的相互位置。这类土结构的强度和稳定性不仅取决于颗粒本身的刚度和颗粒之间的胶结联结强度，还取决于每个颗粒与相邻接触胶结联结的数目（也就是颗粒的配位数），单位体积中颗粒的平均配位数越多，土的空间结构体系越稳定。所以这类结构稳定性也取决于颗粒排列方式，镶嵌密集排列（配位数多）远比架空开放排列（配位数少）的结构稳定。这类结构的土在宏观鉴定中通常属于“轻亚黏土”或“粉质黏性土”。

（2）粒状链接结构　这类软土结构中的砂粒、粉粒或集粒（凝聚体）较少，平均分配在土中后，颗粒之间的平均中心距大于这些颗粒的平均直径，因此颗粒之间只有部分接触而大部分不能互相接触，颗粒之间的强度与稳定性依靠粒间的链条维系。这些链条长短不一，短链尚可承受一定的应力，而长链只能承受微弱的拉力和扭力。这类结构的软土的强度比前一类低，有较大压缩变形。随着时间的增加，在长期压力下变形将逐渐减少，最终因为颗粒间的距离缩短而使结构变形趋向稳定。这类结构的软土在宏观测试中被判定为“淤泥质亚黏土”。

(3) 絮状链接结构 这类结构的软土中几乎没有砂粒，粉粒也极少，而黏土含量很高，有机质含量也很高。由黏土畴和有机质所形成的絮凝体，构成这种松软结构的柔性骨架，絮凝体间由粗细不匀、长短不等的链条拉结，形成絮状链接结构，这类结构是沿海软土中最具有特色的典型微结构类型。强度很低，变形很大，尤其是在长期应力作用下，流动变形十分严重。这种结构的软土的含水量高达50%～100%，孔隙比常常大于1.5，因此宏观测试中常鉴定为“淤泥”。这类土一般存在于沉积层的上层部分，有时可厚达十米至几十米。

(4) 黏土基质结构 这类结构土中含有大量的黏土颗粒，这些黏土颗粒以黏土畴形式凝聚（或叠聚）成凝聚体（或叠聚体），再由这些叠聚体或凝聚体再凝聚成范围更大的黏土基质，少数粉粒完全包埋在黏土基质中，不起骨架作用。如果黏土基质中凝聚体或叠聚体排列比较疏松，而且是趋向于形成“边-面”连接的不定向排列，具有较多的孔隙，就形成开放的基质结构，承载力低，塑性变形大。如果叠聚体作定向排列，形成“面-面”连结的紧密排列形式的定向基质结构，能承受较高的基础压力。这类结构一般存在于较深的土层中。

软土的成分与微观结构研究，是把基础研究的理论成果和测试技术应用到解决软土的工程地质问题，如解决软土的流变、触变、时空分异等。从成分和微结构上进行解释和验证，发展软土的土质学，用微观与宏观、室内与野外、土样与土体相结合的综合分析方法，更加符合实际，为解决日益增多的工程问题提供了可能。

4. 软土的工程地质特征

软土地基在工程地质中归入特殊土地基，软土在工程性质方面主要有以下特点。

(1) 高含水率和高孔隙比，天然含水率一般在35%以上，孔隙比在1.0以上，且天然含水率等于或大于液限。

(2) 高压缩性，软土的压缩系数大，$a_{1-2}>0.5\text{MPa}^{-1}$，属高压缩性土，压缩性随液限的增加而增加。

(3) 抗剪强度低，不排水的抗剪强度一般在20kPa以下。

(4) 弱透水性，渗透系数值在$10^{-6}\sim10^{-8}$cm/s之间，垂直方向的渗透性较水平方向要小，由于渗透性很弱，在加荷的初期，在土体中常出现较高的孔隙水压力。

(5) 结构灵敏性，或称触变性，当软土的原状结构一经扰动或破坏，即转变稀释流动状态，目前常用灵敏度S_t来表示结构灵敏性的程度。

(6) 流变性，除了固结引起地基变形的因素外，在剪应力作用下的流变性质足以使地基处于长期变形过程中。

5. 软土地基处理方法

软土地基的承载能力低，沉降大，不均匀沉降也大，且沉降稳定的时期长，几年到数十年。软土地基是最需要人工处理的地基。目前比较好的地基处理办法有如下的几种。

(1) 桩基法 软土大部分分布在河网地区，人类早就在这里用木桩搭桥过河，在水边筑码头，水上建住所了。直到现在软土地区仍是用桩基最多的地区。目前桩的种类和名称很多，按桩材分有：①木桩；②混凝土桩，又可分为预制混凝土桩、就地灌注混凝土桩；③钢桩；④组合桩，即一根桩用两种材料组成。按桩的功能有：①抗轴向压的桩，又可分摩擦桩、端承摩擦桩；②抗侧压的桩；③抗拔桩。按成桩方法分有：①打入桩，即将预制的木桩、混凝土桩、钢柱打入土层中；②灌注桩，又可从成孔工艺分沉管灌注桩、钻孔灌注桩；③静压桩；④螺旋桩。目前桩的技术已有较完整的技术体系，其设计方法、施工工艺、现场监测都较成熟，专著很多，本文在此不作具体介绍。

(2) 排水固结法　排水固结法的原理是软土地基在荷载作用下，土中孔隙水慢慢排出，孔隙比减小，地基发生固结变形。同时，随着超静水压力逐渐消散，土的有效应力增大，地基土的强度逐步增长。根据排水和加压系统的不同，排水固结法可分为下述的几种。

① 堆载预压法。在建造建筑物之前，通过临时堆载土石等方法对地基加载预压，达到预先完成部分或大部分地基沉降，并通过地基土的固结，提高地基的承载力，然后撤除荷载，再建造建筑物。

② 砂井法。砂井法也称袋装砂井、塑料排水板、塑料管等法，在软土地基中，设置一系列砂井，在砂井之上铺设砂垫或砂沟，人为地增加土层固结排水通道，缩短排水距离，从而加速固结。砂井法与堆载预压法联合使用效果更好，可总称为砂井堆载预压法。

③ 真空预压法。与堆载预压法相比，真空预压法就是以真空造成的负压力，来代替临时堆载的荷载。真空预压法与堆载预压法可联合使用，称为真空堆载联合预压法。

④ 降低地下水位法。降低地下水位能减少孔隙水压力，使有效应力增大，促进地基土的固结。

⑤ 电渗法。在土中插入金属电极并通以直流电，由于电场的作用，土中的水从阳极流向阴极，这种现象称为电渗。将水从阴极排除，又不让水在阳极得到补充，借助电渗作用可逐渐排除土中水，以提高地基土的承载力。

(3) 置换及拌入法　以砂、碎石等材料置换软土地基中部分软土体，形成复合地基，或在软土地基中部分土体内掺入水泥、水泥砂浆以及石灰等物，形成加固体，与未加固部分一起，形成复合地基，以提高地基承载力，减少沉降量。其方法有如下几种。

① 开挖置换法。开挖置换法是将基底下一定深度的软土挖除，然后填较好的土石料，分层夯实作为符合要求的持力层。

② 碎石桩法。利用一种能产生水平向振动的管状机械设备，在高压水泵下边振边冲，在软土地基中成孔，再在孔内分批填入碎石等材料，制成一根根桩体，群桩体和原来的软土一起，构成复合地基。

③ 高压喷射注浆法。以高压喷射直接冲击，破坏土体，使水泥浆液或其他浆液与土拌和、凝固后，成为拌和桩体。在软土地基中设置这种桩体群，形成复合地基或挡土结构。

④ 深层搅拌法。利用水泥、石灰或其他材料作为固化剂的主剂，通过深层的搅拌机械，在地基深处将软土与固化剂强制搅拌，产生一系列的物理化学反应后，形成坚硬的拌和柱体，与原来的软土一起，组成复合地基。

⑤ 石灰桩法。在软土地基中用机械成孔，填入生石灰并加以搅拌或压实，形成桩体，利用生石灰的吸水、膨胀、放热作用，和土与石灰的离子交换反应、凝硬反应等作用，改善桩体周围土体的物理力学性质。石灰桩和周围被改良的土体一起，形成复合地基。

二、黄土与湿陷性黄土

1. 基本概念

湿陷性黄土是我国一种主要的、分布较广的区域性土。研究湿陷性黄土的分布、特征与防治对于黄土地区的工程建设有重要意义。

黄土，是第四纪干旱和半干旱气候条件下形成的一种特殊沉积物。黄土具有的基本特征是：颜色多呈黄色、淡灰黄色或褐黄色；颗粒组成以粉土粒（其中尤以粗粉土粒为主，粒径为0.005～0.01mm）为主，约占60%～70%，粒度较均匀，黏粒含量较少，一般仅占10%～20%；含碳酸盐、硫酸盐及少量易溶盐；含水量小，一般仅8%～20%；孔隙比大，一般1.0左右，且具有肉眼可见的大孔隙；具有垂直节理，常呈现直立的天然边坡。

黄土按其成因，可分为原生黄土和次生黄土。一般认为，具有上述特征，没有层理的风成黄土为原生黄土；原生黄土经水流冲刷、搬运和重新沉积而形成的为次生黄土。次生黄土有坡积、洪积、冲积、坡积-洪积、冲积-洪积及冰水沉积等多种类型。次生黄土的结构强度一般较原生黄土为低，而湿陷性较高，一般不完全具备上述黄土特征，具有层理，并含有较多的砂粒以至细砾，故也称为黄土状土。

黄土和黄土状土在天然含水量条件下时一般呈坚硬或硬塑状态，具有较高的强度，低或中等压缩性，但遇水浸湿后，有的即使在其自重作用下也会产生剧烈而大量的沉陷（称为湿陷性），强度也随之迅速降低；而有些地区的黄土却不发生湿陷。可见，同是黄土，但遇水浸湿后的反应却有很大差别。

天然黄土在上覆土的自重压力作用下，或在上覆土的自重压力与附加压力共同作用下，受水浸湿后土的结构迅速破坏而发生显著附加下沉的，称为湿陷性黄土；否则，称为非湿陷性黄土。由于非湿陷性黄土的工程性质接近一般黏性土，因此分析、判断黄土是否具有湿陷性、其湿陷性强弱程度，以及地基湿陷类型和湿陷等级，是黄土地区工程勘察与评价的核心问题。

2. 湿陷性黄土的分布

黄土的分布很广，面积约63万平方千米，共中湿陷性黄土约占3/4，遍及甘、陕、晋的大部分地区以及豫、宁、冀等部分地区。此外，新疆和鲁、辽等地也有局部分布。由于各地的地理、地质和气候条件的差别，因此湿陷性黄土的组成成分、分布地带、沉积厚度、湿陷特征和物理力学性质也因地而异，其湿陷性由西北向东南逐渐减弱，厚度变薄。详见《湿陷性黄土地区建筑规范》(GB 50025—2004）附录A：中国湿陷性黄土工程地质分区略图。

3. 黄土湿陷性的形成与影响因素

(1) 黄土湿陷性的形成原因 对黄土湿陷的原因，可以归纳为内因和外因两个方面。研究表明，黄土的结构特征及其物质组成是产生湿陷的内在因素；水的浸湿和压力作用是产生湿陷的外部条件。

黄土的结构是在形成黄土的整个历史过程中造成的，干旱和半干旱的气候是黄土形成的必要条件。季节性的短期降雨把松散的粉粒黏聚起来，而长期的干旱气候又使土中水分不断蒸发，于是少量的水分连同溶于其中的盐类便集中在粗粉粒的接触点处。可溶盐类逐渐浓缩沉淀而成为胶结物。随着含水量逐渐减少，土粒彼此靠近，颗粒间的分子引力以及结合水和毛细水的联结力也逐渐加大，这些因素都增强了土粒之间抵抗滑移的能力，阻止了土体的自重压密，形成了以粗粉粒为主体骨架的多孔隙和大孔隙结构。

黄土结构中零星分布着较大砂粒，附于砂粒和粗粉粒表面的细粉粒和黏粒等胶结物，以及大量集合于大颗粒接触点处的各种可溶盐和水分子形成胶结性联结，从而构成了矿物颗粒的集合体。周边有几个颗粒包围着的孔隙就是肉眼可见的大孔隙。当黄土受水浸湿时，结合水膜增厚楔入颗粒之间，于是结合水联结消失，盐类溶于水中，骨架强度随着降低，土体在上覆土层的自重压力或在自重压力与附加压力共同作用下，其结构迅速破坏，土粒向大孔滑移，粒间孔隙减少，从而导致大量的附加沉陷。这就是黄土湿陷现象的内在过程。

(2) 黄土湿陷性的影响因素 黄土湿陷性强弱与其微结构特征、颗粒组成、化学成分等因素有关，在同一地区湿陷性又与其天然孔隙比和天然含水量有关．并取决于浸水程度和压力大小。

① 黄土中骨架颗粒的大小、含量和胶结物的聚集形式。骨架颗粒愈多，彼此接触，则粒间孔隙大，胶结物含量较少，呈薄膜状包围颗粒，粒间联结脆弱，因而湿陷性愈强；相反，骨架颗粒较细，胶结物丰富，颗粒被完全胶结，则粒间联结牢固，结构致密，湿陷性弱或无湿陷性。

② 黄土中黏土粒含量的多少。黏土粒含量愈多，并均匀分布在骨架颗粒之间，则具有较大的胶结作用，土的湿陷性愈弱。

③ 黄土中的盐类。如以较难溶解的碳酸钙为主而具有胶结作用时湿陷性减弱，而石膏及易溶盐含量愈大，则土的湿陷性愈强。

④ 黄土的物理性质指标。物理性质指标主要指天然孔隙比和天然含水量。当其他条件相同时，黄土的天然孔隙比愈大，则湿陷性愈强。实际资料表明，西安地区的黄土，$e<0.9$，则一般不具湿陷性或湿陷性很小；兰州地区的黄土，如 $e<0.86$，则湿陷性一般不明显。黄土的湿陷性随其天然含水量的增加而减弱。

⑤ 黄土浸湿程度和压力的作用。在一定的天然孔隙比和天然含水量情况下，黄土的湿陷变形量将随浸湿程度和压力的增加而增大，但当压力增加到某一个定值以后，湿陷量却又随着压力的增加而减少。

⑥ 黄土的堆积年代和成因。黄土的湿陷性从根本上与其堆积年代和成因有密切关系。我国黄土按形成年代的早晚，有老黄土和新黄土之分。黄土形成年代愈久，由于盐分溶滤较充分，固结成岩程度大，大孔结构退化，土质愈趋密实，强度高而压缩性小，湿陷性减弱甚至不具湿陷性；反之，形成年代愈短，其特性正好相反（表 4-16）。这充分反映了我国黄土的地层年代划分及其湿陷性特征。

表 4-16　黄土的地层划分

<table>
<tr><th colspan="2">时代</th><th colspan="3">地层名称</th><th>说明</th></tr>
<tr><td rowspan="2">全新世 Q_4</td><td>Q_4^2</td><td>—</td><td>新近堆积黄土</td><td rowspan="3">新黄土</td><td>一般有湿陷性，常具有高压缩性</td></tr>
<tr><td>Q_4^1</td><td>—</td><td rowspan="2">一般湿陷性黄土</td><td rowspan="2">有湿陷性</td></tr>
<tr><td colspan="2">晚更新世 Q_3</td><td>马兰黄土</td></tr>
<tr><td colspan="2">中更新世 Q_2</td><td>离石黄土</td><td>—</td><td rowspan="2">老黄土</td><td rowspan="2">一般无湿陷性</td></tr>
<tr><td colspan="2">早更新世 Q_1</td><td>午城黄土</td><td>—</td></tr>
</table>

按成因而言，风成的原生黄土及暂时性流水作用形成的洪积、坡积黄土均具有大的孔隙性，且可溶盐未充分溶滤，故均具有较大的湿陷性；冲积黄土一般湿陷性较小或无湿陷性。老黄土一般无湿陷性。

此外，对于同一堆积年代和成因的黄土的湿陷性强烈程度还与其所处环境条件有关。如在地貌上的分水岭地区和地下水位深度愈大的地区的黄土，湿陷性愈大；埋藏深度愈小而土层厚度愈大的，湿陷影响愈强烈。

4. 黄土湿陷性评价

在黄土地区勘察中，湿陷性评价正确与否直接影响设计措施的采取。黄土的湿陷性计算与评价，按一般的工作次序，其内容主要有：①判别湿陷性与非湿陷性黄土；②判别自重与非自重湿陷性黄土；③判别湿陷性黄土场地的湿陷类型；④判别湿陷等级；⑤确定湿陷起始压力等。

(1) 湿陷性与非湿陷性黄土的判别 黄土的湿陷性试验是在室内的固结仪内进行的，其方法是：分级加荷至规定压力，当下沉稳定后，使土样浸水直至湿陷稳定为止，其湿陷系数 δ_s 的计算式是

$$\delta_s = \frac{h_p - h_p'}{h_0} \tag{4-40}$$

式中 h_0——原状土样的原始高度，cm；

h_p——原状土样在规定压力下，下沉稳定后的高度，cm；

h_p'——上述加压稳定后的土样，在浸水作用下，下沉稳定后的高度，cm。

利用 δ_s 的值，可判定黄土是否有湿陷性。一般规定：当 $\delta_s < 0.015$ 时，为非湿陷性黄土；$\delta_s \geqslant 0.015$ 时，为湿陷性黄土，且该值越大，湿陷性越强烈。

工程实际中还规定（一般压力为200kPa作用下）：δ_s 为 0.015～0.03 时，湿陷性轻微，δ_s 为 0.03～0.07 时，湿陷性中等；$\delta_s > 0.07$ 时，湿陷性强烈。

(2) 自重与非自重湿陷性黄土的判别

① 自重湿陷性。当某一深处的黄土层被水浸湿后，仅在其上覆土层的饱和自重压力（饱和度 $S_r > 85\%$）下产生湿陷变形的，称自重湿陷性。

② 非自重湿陷性黄土。当某一深度处的黄土层浸水后，除上覆土的饱和自重外，尚需要一定的附加荷载（压力）才发生湿陷的，称非自重湿陷性。

测定方法：也是在室内固结仪上进行，即分级加荷至上覆土层的饱和自重压力，当下沉稳定后，使土样浸水湿陷达稳定为止。

自重湿陷系数 δ_{zs} 的计算公式

$$\delta_{zs} = \frac{h_z - h_z'}{h_o} \tag{4-41}$$

式中 h_o——土样的原始高度，cm；

h_z——原始土样加压至土的饱和自重压力时，下沉稳定后的高度，cm；

h_z'——上述加压稳定后的土样，在浸水作用下，下沉稳定后的高度，cm。

一般规定：当 $\delta_{zs} < 0.015$ 时，为非自重湿陷性黄土，$\delta_{zs} = 0.015$ 时，为自重湿陷性黄土。

黄土的湿陷性一般是自地表以下逐渐减弱，埋深 7、8m 以上的黄土湿陷性较强。不同地区，不同时代的黄土是不同的，这与土的成因，固结成岩作用、所处的环境等条件有关。

(3) 湿陷性黄土场地的湿陷类型的划分 在黄土地区地基勘察中，应按照实测自重湿陷量或计算自重湿陷量制定建筑物场地的湿陷类型。实测自重湿陷量应根据现场试坑浸水试验确定。

计算自重湿陷量按公式（4-42）计算

$$\Delta_{zs} = \beta_0 \sum_{i=1}^{n} \delta_{zsi} h_i \tag{4-42}$$

式中 δ_{zsi}——第 i 层土在上覆土的饱和（$S_r > 85\%$）自重应力作用下的湿陷系数；

h_i——第 i 层土的厚度，cm；

n——总计算厚度内湿陷土层的数目，总计算厚度应从天然地面算起（当挖、填方厚度及面积较大时，自设计地面算起）至其下全部湿陷性黄土层的底面为止，但其中 $\delta_{sz} < 0.015$ 土层不计；

β_0——修正系数，对陕西地区取 1.5，陇东地区取 1.2，关中地区取 0.7，其他地区取 0.5。

实际工程中当 $\Delta_{zs}\leqslant 7\text{cm}$，定为非自重湿陷性黄土场地；$\Delta_{zs}>7\text{cm}$，定为自重湿陷性黄土场地。

(4) 黄土地基的湿陷等级 湿陷等级应根据基底下各土层累积的总湿陷量和计算自重湿陷量的大小等因素按表 4-17 判定。

总湿陷量计算公式

$$\Delta_s=\beta_0\sum_{i=1}^{n}\delta_{si}\cdot h_i \tag{4-43}$$

式中 δ_{si}——第 i 层土的湿陷系数；

h_i——第 i 层土的厚度，cm。计算时，土层厚度自基础底面（初勘时从地面下 1.5m）算起；对非自重湿陷性黄土地基，累计算至其下 5m 深度或沉降计算深度为止；对自重湿陷性黄土，应根据建筑物类别和地区建筑经验决定，其中非湿陷性土层不累计。

表 4-17 湿陷性黄土地基的湿陷等级

湿陷类型 / 计算自重湿陷量/cm / 总湿陷量/cm	非自重湿陷性场地	自重湿陷性场地	
	$\Delta_{zs}\leqslant 7$	$7<\Delta_{zs}\leqslant 35$	$\Delta_{zs}>35$
$\Delta_s\leqslant 30$	Ⅰ（轻微）	Ⅱ（中等）	—
$30<\Delta_s\leqslant 60$	Ⅱ（中等）	Ⅱ或Ⅲ	Ⅲ（严重）
$\Delta_s>60$	—	Ⅲ（严重）	Ⅳ（很严重）

(5) 湿陷起始压力 黄土的湿陷量是压力的函数。事实上存在着一个压力界限值，压力低于这个数值，黄土即使浸了水也只产生压缩变形，而不会出现湿陷现象，这个界限值称为湿陷起始压力 p_{sh}（kPa）。

湿陷起始压力 p_{sh} 是一个有一定实用价值的指标。例如，在设计非自重湿陷性黄土地基上荷载不大的基础和土垫层时，可以有意识地选择适当的基础底面尺寸及埋深，或土垫层厚度，使基底压力或垫层底面的总压力（自重应力与附加应力之和）不超过基底下土的 p_{sh}，以避免湿陷的可能性。

湿陷起始压力 p_{sh} 可用室内压缩试验或野外载荷试验确定，有单线法和双线法两种。

试验结果证明：黄土的湿陷起始压力随着土的密度、湿度、胶结物含量以及土的埋藏深度等的增加而增加。

三、红黏土

1. 红黏土的特征、分布与研究意义

红黏土是指在亚热带湿热气候条件下，碳酸盐类岩石及其间夹的其他岩石，经红土化作用形成的高塑性黏土。红黏土一般呈褐红、棕红等颜色，液限大于 50%。经流水再搬运后仍保留其基本特征，液限大于 45%的坡、洪积黏土，称为次生红黏土。在相同物理指标情况下，次生红黏土的力学性能低于红黏土。

红黏土及次生红黏土广泛分布于我国的云贵高原、四川东部、广西、粤北及鄂西、湘西等地区的低山、丘陵地带顶部和山间盆地、洼地、缓坡及坡脚地段。黔、桂、滇等地古溶蚀地面上堆积的红黏土层，由于基岩起伏变化及风化深度的不同，造成其厚度变化极不均匀，

常见为5～8m，最薄为0.5m，最厚为20m。在水平方向常见咫尺之隔，厚度相差达10m之巨。土层中常有石芽、溶洞或土洞分布其间，给地基勘察、设计工作造成困难。

2. 红黏土的成分、物理力学特征及其变化规律

(1) 红黏土的组成成分 由于红黏土系碳酸盐类以及其他类岩石的风化后期产物，母岩中的较活性的成分SO_4^{2-}、Ca^{2+}、Na^+、K^+等经长期风化淋滤作用相继流失，SiO_2部分流失，此时地表多集聚含水铁铝氧化物及硅酸盐矿物，并继而脱水变为氧化铁铝Fe_2O_3和Al_2O_3或$Al(OH)_3$，使土染成褐红至砖红色（红土化作用）。因此，红黏土的矿物成分除含有一定数量的石英颗粒外，大量的黏土颗粒则主要为多水高岭石、水云母类、胶体SiO_2及赤铁矿、三水铝土矿等组成，不含或极少含有机质。其中，多水高岭石的性质与高岭石基本相同，它具有不活动的结晶格架，当被浸湿时，晶格间距极少改变，故与水结合能力很弱；而三水铝土矿、赤铁矿、石英及胶体SiO_2等铝、铁、硅氧化物，也都是不溶于水的矿物，它们的性质比多水高岭石更稳定。

红黏土颗粒周围吸附的阳离子成分，也以水化程度很弱的Fe^{3+}、Al^{3+}为主。

红黏土的粒度较均匀，呈高分散性。黏粒含量一般为60%～70%，最大达80%。

(2) 红黏土的一般物理力学特性

① 天然含水量高。一般为40%～60%，高达90%。

② 密度小，天然孔隙比一般为1.4～1.7，最高2.0，具有大孔性。

③ 高塑性。液限一般为60%～80%，高达110%；塑限一般为40%～60%，高达90%；塑性指数一般为20～50。

④ 由于塑限很高，所以尽管天然含水量高，一般仍处于坚硬或硬可塑状态。液性指数一般小于0.25。但其饱和度一般在90%以上，因此，甚至坚硬红黏土也处于饱水状态。

⑤ 一般呈现较高的强度和较低的压缩性。

⑥ 不具有湿陷性。原状土浸水后膨胀量很小（<2%），但失水后收缩剧烈。原状土体积收缩率为25%，而扰动土可达40%～50%。不具有湿陷性的原因，主要在于其生成环境及其相应的组成物质和坚硬的粒间联结特性。

红黏土的一般特点是天然含水量和孔隙比很大，但其强度高、压缩性低，工程性能良好，它的物理力学性质具有独特的变化规律，不能用其他地区的其他黏性土的物理、力学性质相关关系来评价红黏土的工程性能。

红黏土呈现高孔隙性首先在于其颗粒组成的高分散性，是黏粒含量特别多和组成这些细小黏粒的含水铁铝硅氧化物在地表高温条件下很快失水而相互凝聚胶结，从而较好地保存了它的絮状结构的结果。红黏土之所以有较高的强度，主要是因为这些铁、铝、硅氧化物颗粒本身性质稳定及互相胶结所造成的。特别是在风化后期，有些氧化物的胶体颗粒会变成结晶的铁、铝、硅氧化物，而且他们是抗水的、不可逆的，故其粒间联结强度更大。另外，由于红黏土颗粒周围吸附的阳离子成分主要为Fe^{3+}、Al^{3+}，这些铁、铝化的颗粒外围的结合水膜很薄，也加剧了其粒间的联结强度。

此外，红黏土的天然含水量很高，也是由于其高分散性，表面能很大，因而吸附大量水分子的结果。故这种土中的孔隙被结合水且主要是强结合水（吸着水）所充填。强结合水，由于受土颗粒的吸附力很大，分子排列很密，具有很大的黏滞性和抗剪强度。土的塑限w_P值很高，因此红黏土的天然含水量虽然很高，且处于饱和状态，但它的天然含水量一般只接近其塑限值，故使之具有较高的强度和较低的压缩性。同时，促成红黏土独特的物理力学性质的另一个重要因素，是由于分布地区环境地表温度高，又处于明显的地壳上升阶段，对于

一般分布在山坡、山岭或坡脚地势较高地段的红黏土，其地表水和地下水的排泄条件好，使土的天然含水量也只接近于塑限，而与其液限的差值很大（达 30%～50%），必然使土体处于坚硬或硬可塑状态，呈现较好的力学性能。

(3) 红黏土的物理力学性质变化范围及其规律性　从各地区已有资料可知，红黏土本身的物理力学性质指标又有相当大的变化范围。以贵州省的红黏土为例，其天然含水量的变化范围达 25%～88%，天然孔隙比 0.7～2.4，液限 36～125，塑性指数 18～75，液性指数 0.45～1.4，内摩擦角 2°～31°，内聚力 10～140kPa，变形模量 4～36MPa。其物理力学性质变化如此之大，承载力自然会有显著的差别，貌似均一的红黏土，其工程性能的变化却十分复杂，这也是红黏土的一个重要特点。因此，为了作出正确的工程地质评价，仅仅掌握红黏土的一般特点是不够的，还必须弄清决定其物理力学性质的因素，掌握红黏土的变化规律。

① 在沿深度方向，随着深度的加大，红黏土的天然含水量、孔隙比和压缩性都有较大的增高，状态由坚硬、硬塑可变为可塑、软塑以至流塑状态，因而强度则大幅度降低。

红黏土的天然含水量及孔隙比从上往下得以增大的原因：一方面系地表水往下渗滤过程中，靠近地表部分易受蒸发，愈往深则愈易集聚保存下来；另一方面可能直接受下部基岩裂缝水的补给及毛细作用所致。

② 在水平方向，随着地形地貌及下伏基岩的起伏变化，红黏土的物理力学指标也有明显的差别。在地势较高的部位，由于排水条件好，其天然含水量、孔隙比和压缩性均较低；强度较高，而地势较低处则相反。在地势低洼地带，因经常积水．即使是上部土层，其强度也大为降低。

在古岩溶面或风化面上堆积的红黏土，由于下伏基岩面起伏很大，造成红黏土厚度急剧变化，使其物理力学性质在水平方向上也很不均匀。

③ 平面分布上，次生坡积红黏土与红黏土的差别也较显著。如黔西某地，不同成因的红黏土物理力学性质统计资料表明：原生残积红黏土土质致密，含水比 w/w_L 一般小于 0.7，自然边坡角大于 40°；次生坡积红黏土颜色较浅，其物理性质与残积土有时相近，但较松散，结构强度较差，故雨、旱季土质变化较大，含水比一般为 0.7～0.8，自然边坡角远小于 30°，强度指标较残积土有明显降低。

四、膨胀土

1. 膨胀土的分布与研究意义

膨胀土是指含有大量的强亲水性黏土矿物成分，具有显著的吸水膨胀和失水收缩且胀缩变形往复可逆的高塑性黏土。

膨胀土在我国的分布较广，我国是世界上膨胀土分布广、面积大的国家之一。据现有资料，在广西、云南、湖北、河南、安徽、四川、河北、山东、陕西、浙江、江苏、贵州和广东等地均有不同范围的分布。按其成因，大体有残积-坡积、湖积、冲积-洪积和冰水沉积四个类型。其中，以残积-坡积型和湖积型者胀缩性最强。从形成年代看，膨胀土一般为上更新统（Q_3）及其以前形成的土层。从分布的气候条件看，在亚热带气候区的云南、广西等地的膨胀土与全国其他温带地区者比较，胀缩性明显强烈。

膨胀土一般强度较高，压缩性低，易被误认为较好的天然地基，可是当土体受水浸湿和失水干燥后，土体具有膨胀和收缩特性。在膨胀土地区进行工程建筑，如果不采取必要的设计和施工措施，会导致大批建筑物的开裂和损坏，并往往造成坡地建筑场地崩塌、滑坡、地裂等严重的不稳定因素。

2. 膨胀土的工程地质特征

(1) 膨胀土现场工程地质特征

① 地形、地貌特征。膨胀土多分布于Ⅱ级以上的河谷阶地或山前丘陵地区，个别处于Ⅰ级阶地。在微地貌方面有如下共同特征：

a. 呈垄岗式低丘，浅而宽的沟谷，地形坡度平缓，无明显的自然陡坎；人工地貌如沟渠、坟墓、土坑等很快被夷平，或出现剥落、“鸡爪冲沟”；

b. 在池塘、库岸、河溪边坡地段，常有大量坍塌或小滑坡发生；旱季地表出现地裂，长达数米至数百米，宽数厘米至数十厘米，深数米，特点是多沿地形等高线延伸，雨季闭合。

② 土质特征。颜色呈黄、黄褐、灰白、花斑（杂色）和棕红等色。多由高分散的黏土颗粒组成，常有铁锰质及钙质结核等零星包含物，结构致密细腻。一般呈坚硬至硬塑状态，但雨天浸水剧烈变软。近地表部位常有不规则的网状裂隙。裂隙面光滑，呈蜡状或油脂光泽，时有擦痕或水迹，并有灰白色黏土（主要为蒙脱石或伊利石矿物）充填，在地表部位常因失水而张开，雨季又会因浸水而重新闭合。

(2) 膨胀土的物理、力学及胀缩性指标

① 黏粒含量多达35%～85%。其中，粒径<0.002mm的胶粒含量一般在30%～40%范围，液限一般为40%～50%，塑性指数多在22～35之间。

② 天然含水量接近或略小于塑限，常年不同季节变化幅度为3%～6%，故一般呈坚硬或硬塑状态。

③ 天然孔隙比小，变化范围常在0.50～0.80之间。云南的较大，为0.70～1.20。同时，其天然孔隙比随土体湿度的增减而变化。即土体增湿膨胀，孔隙比变大；土体失水收缩，孔隙比变小。

④ 自由膨胀量一般越过40%，也有超过100%的。

⑤ 膨胀土在天然条件下一般处于硬塑或坚硬状态，强度较高，压缩性较低。但这种土往往由于干缩、裂隙发育，呈现不规则网状与条带状结构，破坏了土体的整体性，降低承载力，并可使土体丧失稳定性。同时，当膨胀土的含水量剧烈增大（如出于地表浸水或地下水位上升）或土的原状结构被扰动时，土体强度会骤然降低，压缩性增高，这显然是由于土的内摩擦角和内聚力都相应减小及结构强度破坏的缘故。

3. 膨胀土的判别

膨胀土的判别是解决膨胀土问题的前提。因为只有确认了膨胀土及其胀缩性等级，才可能有针对性地进行研究，确定需要采取的防治措施。

膨胀土的判别方法，应采用现场调查与室内物理性质和胀缩特性试验指标鉴定相结合的原则。即首先必须根据土体及其埋藏、分布条件的工程地质特征，以及建在同一地貌单元的已有建筑物的变形、开裂情况等作初步判断；然后，再根据试验指标进一步验证，综合判别。

凡具有前述土体的工程地质特征及已有建筑物变形、开裂特征的场地，且土的自由膨胀率大于或等于40%的土，应判定为膨胀土。

4. 影响膨胀土胀缩变形的主要因素

(1) 影响土体胀缩变形的主要内在因素 包括土的黏粒含量、蒙脱石含量、天然含水量、结构强度、密实度等。黏粒含量及亲水性强的蒙脱石含量越多，土的膨胀性和收缩性越

大；天然含水量越小，可能的吸水量越大，故膨胀率越大，但失水收缩率越小；同样成分的土，吸水膨胀率随天然孔隙比的增大而减小，而收缩则相反；土的结构强度越大，土体抵抗胀缩变形的能力越强，若其结构遭破坏，土的胀缩性随之增强。

(2) 影响土体胀缩变形的主要外在因素 包括气候条件、地形地貌、建筑物地基不同部位的日照、通风，以及局部渗水影响等各种引起地基土含水量剧烈或反复变化的因素。

① 气候条件。雨季土中水分增加，干旱季节则减少。房屋建造后，室外土层受季节性气候影响较大。因此，基础的室内外两侧土的胀缩变形有明显差别，有时甚至外缩内胀，致使建筑物受到反复的不均匀变形的影响，从而导致建筑物的开裂。季节性气候变化对地基土中水分的影响随深度的增加而递减。因此，确定建筑物所在地区的大气影响深度对防治膨胀土的危害具有实际意义。

② 地形地貌条件。如在丘陵区和山前区，不同地形和高程地段地基土的初始状态及其受水蒸发条件不同，因此地基土产生胀缩变形的程度也各不相同。凡建在高旷地段膨胀土层上的单层浅基建筑物裂缝最多，而建在低洼处且附近有水田水塘的单层房屋裂缝就少。这是由于高旷地带蒸发条件好，地基土容易干缩，而低洼地带土中水分不易散失，且有补给源，湿度较能保持相对稳定的缘故。

③ 日照、通风的影响。膨胀土地区地基上建筑物的开裂情况的许多调查资料表明，房屋向阳面，即南、东、西，尤其是南、西两面开裂较多；背阳面，即北面开裂很少，甚至没有。

④ 建筑物周围树木的影响。在炎热和干旱地区，建筑物周围的阔叶树（特别是不落叶的桉树）对建筑物的胀缩变形造成不利影响。尤其在旱季，当无地下水或地表水补给时，由于树根的吸水作用，会使土中的含水量减少，更加剧了地基土的干缩变形，使近旁有成排树木的房屋产生裂缝。

⑤ 局部渗水的影响。对于天然湿度较低的膨胀土，当建筑物内、外有局部水源补给（如水管漏水、雨水和施工用水等未及时排除）时，必然会增大地基胀缩变形的差异。

另外，在膨胀土地基上建造冷库或高温构筑物（如无隔热措施），也会因不均匀胀缩变形而开裂。

五、填土

1. 填土分布概况与研究意义

填土是在一定的地质、地貌和社会历史条件下，由于人类活动而堆积的土。由于我国幅员辽阔，历史悠久，因此在我国大多数古老城市的地表面，广泛覆盖着各种类别的填土层。这种填土层无论从堆填方式、组成成分、分布特征及其工程性质等方面，均表现出一定的复杂性。各地区填土的分布和物质组成特征，在一定程度上可反映出城市地形、地貌变迁及发展历史。例如，在我国的上海、天津、杭州、宁波、福州等地，填土分布和特征都各有其特点。

上海地区多暗浜、暗塘、暗井，常用素土和垃圾回填，回填前没有清除水草，含有大量腐殖质。在黄浦江沿岸，则多分布由水力冲填泥砂形成的冲填土。

浙江杭州、宁波等地由于城市的发展，建筑物的变迁，地表以碎砖瓦砾等建筑垃圾为主填积而成，一般厚度 2～3m，个别地方厚达 4～5m。

天津的旧城区和海河两岸一般表层都有填土，主要成分有素土、瓦砾炉渣、炉灰、煤灰等杂物，有些地区是几种杂土混合填成。

在一般的岩土工程勘察与设计工作中，如何正确评价、利用和处理填土层，将直接影响到基本建设的经济效益和环境效益。在我国20世纪三四十年代以前，对填土常不分情况一律采取挖除换土，或采用其他人工地基，大大增加了工程造价，并影响周边环境。到20世纪50年代，随着我国国民经济的发展，在利用表层填土作为天然地基方面取得不少好经验，这些经验已逐步反映在一些地区的地基设计规范或技术条例中。在几经修订的《建筑地基基础设计规范》中，对于填土的分类及评价都有了不同程度的反映。

根据国内外资料，对填土的分类与评价主要是考虑其堆积方式、年限、组成物质和密实度等几个因素。关于按密实度划分问题，出于填土本身的复杂性，目前尚无统一的标准。在国内有些地区和单位曾用钎探或其他动力触探的方法判定杂填土的密实程度及其均匀性，有关经验资料尚待进一步积累、总结研究。

2. 填土的工程分类

填土根据其组成物质和堆填方式形成的工程性质的差异，可划分为素填土、杂填土和冲填土三类。

(1) 素填土 素填土是由碎石、砂土、粉土或黏性土等一种或几种材料组成的填土，其中不含杂质或杂质很少。按其组成的物质，可分为碎石素填土、砂性素填土、粉性素填土和黏性素填土。填土经分层压实者，称为压实填土。在一些古老的城市中，由于地形的起伏或有沟、塘存在，在历史上已将这些低洼地段用较均一的素土进行了回填；在地形起伏较大的山区或丘陵地带建设中，平整场地的结果，必然出现大量的填方地段，利用填方地段作为建筑场地不但可以节约用地，降低造价，而且也往往是工程实践中难以避免的问题。过去，由于经验不足，在填方地区的工程，有时不论填方质量一律将基础穿过填土层而砌置在较好的天然土层上，大大增加了工程造价，延长了施工时间。但也有的工程由于对填土质量不够重视，结果因填土变形而造成地坪严重开裂或设备基础倾斜，影响了生产，花费了大量处理费用。为了解决这个问题，近30年来，建工、冶金、铁道系统的有关单位，采取了适当控制，提高填土质量方法，不但保证了地坪和设备基础的质量，而且利用分层压实的填土作地基，建成了具有30t、50t吊车的单层工业厂房、振动荷载较大的大型设备基础、铁路桥梁等重要工程和其他建筑，并进行了相应的试验研究，积累了较多的经验。

(2) 杂填土 杂填土是指含有大量杂物的填土。按其组成物质成分和特征，可分为如下类型。

① 建筑垃圾土。主要为碎砖、瓦砾、朽木等建筑垃圾夹土石组成，有机质含量较少。

② 工业废料土。由工业废渣、废料，诸如矿渣、煤渣、电石渣等夹少量土石组成。

③ 生活垃圾土。由居民生活中抛弃的废物和土类组成。一般含有机质和未分解的腐殖质较多，组成物质混杂、松散。

对以上各类杂填土的大量实验研究认为，以生活垃圾和腐蚀性及易变性工业废料为主要成分的杂填土，一般不宜作为建筑物地基；对以建筑垃圾或一般工业废料为主要组成的杂填土，采用适当（简单、易行、收效好）的措施进行处理后可作为一般建筑物地基；当其均匀性和密实度较好，能满足建筑物对地基承载力要求时，可不作处理直接利用。

(3) 冲填土 冲填土（亦称吹填土）系由水力冲填泥砂形成的沉积土，即在整理和疏浚江河航道时，有计划地用挖泥船，通过泥浆泵将泥砂夹大量水分吹送至江河两岸而形成的一种填土。在我国长江、上海黄浦江、广州珠江两岸，都分布有不同性质的冲填土。

3. 填土的工程地质问题

(1) 素填土的工程地质问题

① 素填土的工程性质取决于它的密实度和均匀性。在堆填过程中，未经人工压实者，一般密实度较差，但堆积时间长，由于土的自重压密作用，也能达到一定密实度。如堆填时间超过10年的黏性土、超过5年的粉土、超过2年的砂土，均具有一定的密实度和强度，可以作为一般建筑物的天然地基。

② 素填土地基的不均匀性。反映在同一建筑场地内，填土的各指标（干重度、强度、压缩模量）一般均具有较大的分散性，因而防止建筑物不均匀沉降问题是利用填土地基的关键。

③ 对于压实填土应保证压实质量，保证其密实度。

(2) 杂填土的工程地质问题

① 不均匀性。杂填土的不均匀性表现在颗粒成分、密实度和平面分布及厚度的不均匀性。杂填土颗粒成分复杂，有天然土的颗粒、有碎砖、瓦片、石块以及人类生产、生活所抛弃的各种垃圾，而且有些成分是不稳定的，如某些岩石碎块的风化，或炉渣的崩解以及有机质的腐烂等。另外，对杂填土地基的变形问题，还应考虑颗粒本身强度，如炉渣之类的工业垃圾，颗粒本身多孔质弱，在不很高的压力下即可能破碎；含大量瓦片的杂填土，除瓦片间空隙很大可压密外，当压力达到一定程度时，往往由于瓦片的破坏而引起建筑物的沉陷。

由于杂填土颗粒成分复杂，排列无规律，而瓦砾、石块、炉渣间常有较大空隙，且充填程度不一，造成杂填土密实程度的特殊不均匀性。

杂填土的分布和厚度往往变化悬殊，一般与填积前的原始地形密切相关。

② 工程性质随堆填时间而变化。堆填时间愈久，则土愈密实，其有机质含量相对减少。杂填土在自重下的沉降稳定速度决定于其组成颗粒大小、级配、填土厚度、降雨及地下水情况。一般认为，填龄达5a左右其性质才逐渐趋于稳定，承载力则随填龄增大而提高。

③ 由于杂填土形成时间短，结构松散，干或稍湿的杂填土一般具有浸水湿陷，这是杂填土地区雨后地基下沉和局部积水引起房屋裂缝的主要原因。

④ 含腐殖质及水化物问题。以生活垃圾为主的填土，其中腐殖质的含量常较高，随着有机质的腐化，地基的沉降将增大；以工业残渣为主的填土，要注意其中可能含有水化物，因而遇水后容易发生膨胀和崩解，使填土的强度迅速降低，地基产生严重的不均匀变形。

(3) 冲填土的工程地质问题　由于冲填土的形成方式特殊，因而具有以下不同于其他类填土的工程特性。

① 冲填土的颗粒组成和分布规律，是与所冲填泥砂的来源及充填时的水力条件有着密切的关系。在大多数情况下，冲填的物质是黏土和粉砂，在吹填的入口处，沉积的土粒较粗，顺出口处方向则逐渐变细。如果为多次冲填而成，由于泥砂的来源有所变化，则更加造成在纵横方向上的不均匀性，土层多呈透镜体状或薄层状构造。

② 冲填土的含水量大，透水性较弱，排水固结差，一般呈软塑或流塑状态。特别是当黏粒含量较多时，水分不易排出，土体形成初期呈流塑状态，后来土层表面虽经蒸发干缩龟裂，但下面土层仍处于流塑状态，稍加扰动即发生触变现象。因此，冲填土多属未完成自重固结的高压缩性的软土。在愈近于外围方向，组成土粒愈细，排水固结愈差。

③ 冲填土一般比同类自然沉积饱和土的强度低，压缩性高。冲填土的工程性质，是与其颗粒的组成和均匀性、排水固结条件以及冲填形成的时间均有密切关系。对于含砂量较多

的冲填土，它的固结情况和力学性质较好；对于含黏土颗粒较多的冲填土，评估其地基的变形和承载力时，应考虑欠固结的影响。

六、盐渍土

1. 基本概念

通常，将地表深度 1.0m 范围内易溶盐含量大于 0.3%，且具有溶陷、盐胀、腐蚀等特性的土称为盐渍土。盐渍土在干旱、半干旱地区均有分布。我国盐渍土主要分布在江苏北部、河北、河南、山西、松辽平原西部和北部，以及西北和内蒙古等省区。

盐渍土的形成及所含盐的成分和数量，与当地地形地貌、气候、地下水的埋深及矿化度、土壤性质和人为活动有关。当土中粉粒含量高、盐分来源充分、地下水矿度较高且埋深小、毛细水能达地表或接近地表、气候较干燥（旱季长、雨季短）、蒸发强烈而风多、年平均降雨量小于年蒸发量时，便可能形成盐渍土。

2. 盐渍土的类型

盐渍土按地理分布，有滨海型、冲积平原型及内陆型；按所含盐类，可分为氯盐、硫酸盐、碳酸盐等盐渍土。

氯盐类盐渍土主要含 $NaCl$、KCl、$CaCl_2$、$MgCl_2$ 等。其溶解度很大（330～750g/L），易随渗流迁移。具强烈的吸湿性，有保持一定水分的能力，结晶时体积并不膨胀。干燥时强度高，压缩性小，作填筑土料易压实。但吸水潮湿后，氯盐易溶，使土有很大塑性和压缩性，强度大大降低。因此，氯盐类盐渍土又称“湿盐土”。

硫酸盐类盐渍土，主要含 Na_2SO_4 和 $MgSO_4$，其溶解度也很大（110～350g/L），结晶时具有结合一定量水分子的能力。因此，遇水体积膨胀，失水干燥则体积缩小。故硫酸盐类盐渍土，常称为“松胀盐土”。

碳酸盐类盐渍土主要含 $NaHCO_3$、Na_2CO_3，其溶解度也较大（如 Na_2CO_3 为 215g/L），其水溶液具碱性反应。由于含钠离子较多，吸附作用强，黏粒易形成较厚水化膜，体积膨胀。干燥时紧密坚硬且强度较高，潮湿时具有很大的亲水性，塑性、膨胀性和压缩性都很大，不易排水，很难干燥。碳酸盐类盐渍土具有明显碱性反应，故又称“碱土”。

3. 盐渍土的主要工程地质性质

(1) 溶陷性 盐渍土中的可溶盐经水浸泡后溶解、流失，致使土体结构松散，在土的饱和自重压力或在一定压力作用下产生溶陷。

(2) 盐胀性 盐胀作用是盐渍土由于昼夜温差大而引起的，多出现在地表下不太深的地带，一般约为 0.3m。

(3) 腐蚀性 盐渍土均具有腐蚀性，其腐蚀程度与盐类的成分和建筑结构所处的环境条件有关。

(4) 吸湿性 氯盐渍土含有较多的钠离子，其水解半径大，水化膨胀力强，从而在钠离子周围可形成较厚的水化薄膜，因此氯盐渍土具有较强的吸湿性。氯盐渍土吸湿深度一般只限于地表，深度约 0.10m。

(5) 物理力学性质 盐渍土的液限、塑限随土中含盐量的增大而降低，当土的含水量等于其液限时，土的抗剪强度近乎等于零，因此高含盐量的盐渍土在含水量增大时极易丧失其强度；反之，当盐渍土的含水量较小含盐量较高时，土的抗剪强度就较高，盐渍土具有较高结构强度。

七、污染土

1. 污染土及其外观特征

污染土是指出于外来的污染物质侵入土体而改变了原生性状的土。污染土的定名可以在土的原分类定名前冠以“污染”二字，如污染中砂、污染黏土等。污染土的外观特征如下。

(1) 污染土经污染腐蚀后，往往会变色变软，其状态由硬塑或可塑变为软塑，有的变为流塑。污染土的颜色也与正常土不同，有的呈黑色、褐色、灰色等，有的呈棕红、杏红，有铁锈斑点。

(2) 建筑物地基内的土层被污染后，颗粒分散，表面粗糙，甚至出现局部空穴，建筑物本身也出现不均匀沉降。

(3) 地下水质呈黑色或其他不正常颜色，有特殊气味。

2. 污染物的种类及来源

地基土的污染主要由于在工厂生产过程中，某些对土有腐蚀作用的废渣、废液渗漏进入地基，引起地基土发生化学变化。这些污染物主要有酸、碱、煤焦油、石灰渣等。污染源主要有制造酸碱的工厂、石油化纤厂、煤气工厂、污水处理厂以及燃料库和某些轻工业工厂，如印染、造纸、制革等企业等。此外，还有金属矿、冶炼厂、铸钢厂、弹药库等场地的地基土也可能受到污染。

3. 地基土腐蚀作用的过程

(1) 当土被污染时，首先是土颗粒间的胶结盐类被溶蚀，胶结强度被破坏，盐类在水作用下溶解流失，土的孔隙比和压缩性增大，抗剪强度降低。

(2) 土颗粒本身的腐蚀，腐蚀后形成的新物质在土的孔隙中产生结晶而膨胀，并逐渐溶蚀或分裂碎化成小颗粒，新生成含结晶水的盐类，在干燥条件下，体积增大而膨胀，浸水收缩，经反复交替作用，土质受到破坏。

(3) 地基土遇酸碱等腐蚀性物质，与土中的盐类形成离子交换，从而改变土的性质。

4. 地基土的腐蚀现象及对地基的危害实例

地基土经污染腐蚀后出现如下两种变形特征。

(1) 使地基土的结构破坏而形成沉陷变形。如腐蚀的产物为易溶盐，在地下水中流失或使土变成稀泥。南京某厂的硝酸厂房的硝酸储槽基础，因地基受强烈腐蚀而下沉严重。吉林某厂浓硝酸成品的酸泵房，生产不到 4 年，因地基腐蚀造成基础下沉，以致拆毁重建。某工厂建厂前地下水的 pH 值为 6～7，数年后 pH 值降低到 3，由于土粒结构被破坏，变成疏松多孔，使地基产生不均匀变形，造成其软化装置倾斜。某厂的酸库因硫酸渗入土内而产生强烈作用（$pH<1$），使墙基、地坪下的土变成稀泥；另一工厂也因强碱渗漏，受侵蚀的地基产生不均匀变形，引起喷射，炉体倾斜。

(2) 污染破坏可引起地基土的膨胀。腐蚀后的生成物具有结晶膨胀性质，如氢氧化钠厂房、生石灰埋入地基内等。太原某厂的苯胺厂房碱液部的框架柱、梁因地基受碱液腐蚀而膨胀，引起基础上升而开裂。该厂电解车间碱液槽边的排架柱，也因地基腐蚀而抬起，造成吊车梁不平和屋面排水反向。太原矿山机器厂金工车间，由于在室内地坪下回填了掺有大量白云质生石灰块的杂土，几年后地下水位上升至基底附近，生石灰块产生强烈化学反应，形成巨大膨胀压力，使长 40m、宽 6～7m 的车间地坪严重隆起达 58cm，机器严重倾斜，经多次调整都未解决问题。地坪附近的墙体严重开裂，个别柱基也被抬起而拉裂。

八、冻土

在寒冷地区，当气温低于0℃时，土中液态水冻结为固态冰，冰胶结了土粒，形成一种特殊联结的土，称为冻土。当温度升高时，土中的冰融化为液态水，这种融化了的土称为融土，其中所含水分比未冻结前的土中水分增加很多。所以，冻土的强度较高，压缩性低；而融土的强度剧烈变低，压缩性大大增强。冻结时，土中水分结冰膨胀，土体积随之增大，地基被隆起；融化时，土中的冰融化，土体积缩小，地基沉降。土的冻结和融化，土体膨胀和缩小，常给建筑物带来不利的影响，导致破坏。

冬季冻结，春季融化，冻结和融化具有季节性，这是最常见的现象，这种冻结的土称为“季节冻土”。由于气候条件不同，冻结土的深度也不同。我国秦岭以北及西南高山地区，在冬季，土都具有不同程度的冻结现象，例如，沈阳、北京、太原及兰州以北的地区，冻结深度都超过1m，黑龙江北部和青藏高原等地区可达2m以上。由于气候寒冷，冬季冻结时间长，夏季融化时间短，冻融现象只发生在表层一定深度，而下面土层的温度终年低于零度而不融化。这种多年（3年以上）冻结而不融化的冻土称为“多年冻土”。

土在冻结过程中，不单纯是土层中原有水分的冻结。还有未冻结土层中水向冻结土层迁移而冻结。所以，土的冻胀不仅仅是水结冰时体积增加的结果，更主要的是水分在冻结过程中由下部向上部迁移富集再冻结的结果。重力水和毛细水在0℃或稍低于0℃就冻结，冻结后不再迁移；而结合水以薄膜形式存在于土粒表面，由于吸附的关系，结合水外层一般要到－10℃左右才冻结，内层甚至在－10℃也不完全冻结。所以，当气温稍低于0℃时，重力水和毛细水都先后冻结，而结合水仍不冻结，依然从水膜厚处向薄处移动。当含盐浓度不同时，结合水由浓度低处向高处移动，水分移动虽缓慢，数量也不大，但如有不断补给来源，一定时间内的移动水量还是很可观的。水的补给主要通过下面的毛细水补给，由于结合水向上移动，在温度合适时它也被冻结，这就造成冻结后的水分比冻结前的水分大量富集。所以，结合水的存在，毛细水不断的补给，合适的冻结温度和一定的时间，是大量水迁移的必要条件。土中水的迁移取决于当地的土质条件和水文地质条件，细粒土的冻胀很明显；含粉粒多的细粒土的渗透性较强，且毛细水可能及时补给，故水更容易大量富集。但是，地下水条件也很重要。地下水面浅，毛细水才能源源不断地供应，地下水面太深，供应就不可能，水的迁移就很少，土的冻胀也就不明显。所以，只有在一定的低温、合适的土质条件和地下水埋藏较浅的情况下，土的冻胀才最强烈。此外，地形、植物及雪覆盖情况，也影响到温度的变化，对土的冻胀也有影响。

土的冻胀程度一般用冻胀率η（又称为冻胀量或冻胀系数）来表示，它是冻结后土体膨胀的体积与未冻结土体体积的百分比，其值愈大，则土的冻胀性愈强。一般按土的冻胀率将土划分为五类：Ⅰ级不冻胀土，$\eta \leqslant 1.0\%$；Ⅱ级弱冻胀土，$1.0\% < \eta \leqslant 3.5\%$；Ⅲ级冻胀土，$3.5\% < \eta \leqslant 6.0\%$；Ⅳ级强冻胀土，$6.0\% < \eta \leqslant 12.0\%$；Ⅴ级特强冻胀土，$\eta > 12.0\%$。

土的冻胀程度除与气温条件有关外，与土的粒度成分、冻前土的含水量和地下水位的关系最为密切，在同样的条件下，粗粒的土比细粒的土冻胀程度小；冻前土的含水量愈小，则土的冻胀程度愈小；无地下水位补给条件比有地下水补给条件土的冻胀程度小。一般认为，冻结期间地下水位低于冻结深度的距离小于毛细上升高时，地下水就能不断补给。试验资料表明，黏性土在无地下水补给条件下开始产生冻胀的含水量w基本上接近塑限w_P，且随着天然含水量的增大其冻胀率也增大。

重要术语

1. 残积土　2. 坡积土　3. 洪积土　4. 风积土　5. 土的粒径　6. 土的粒度成分　7. 有效粒径　8. 限定粒径　9. 不均匀系数　10. 曲线系数　11. 毛细水　12. 土的结构　13. 土的构造　14. 饱和密度　15. 饱和度　16. 孔隙率　17. 孔隙比　18. 液限　19. 塑限　20. 触变性

复习思考题

1. 土的基本特征有哪些?
2. 土体和土壤的含义是什么?
3. 土根据地质成因可分为哪几类?
4. 如何理解土的三相组成?
5. 土的粒度成分如何影响工程性质?
6. 粒度分析方法有哪些?
7. 如何看土的粒径级配曲线?
8. 土中的矿物成分有哪些?
9. 简述毛细水的工程地质意义。
10. 土的结构有哪几种?
11. 土的构造有哪几种?
12. 土的基本物理性质指标的定义及其换算关系是什么?
13. 如何理解灵敏度和触变性?
14. 土的力学性质包括哪些?
15. 如何评价无黏性土的密实度?
16. 我国土的工程分类体系是什么?
17. 论述砾类土、砂类土、黏性土的工程地质特征。
18. 软土、黄土、红黏土、膨胀土、填土、盐渍土、污染土、冻土的特征及其工程性质有哪些?

第五章　地下水的工程地质问题

第一节　地下水概述

一、含水层与隔水层

岩石能含水的基本条件是它具有空隙。岩石内部并不是致密的，有许多相互连通的孔隙、裂隙和洞穴，因此地下水可以在岩石中通过。岩石能被水透过的性能，称为岩石的透水性。能透水的岩层称为透水层。透水性好的岩石是岩溶发育的石灰岩和白云岩，以及空隙大的砾岩和砂岩。而有些岩石（如泥岩、页岩），虽然有很多空隙，但因空隙太小或彼此间连通性差，地下水很难在其中流动，这种透水性能差，对地下水的运动、渗透起阻滞和阻隔作用的岩层，称为隔水层或不透水层。透水层和隔水层是相对的。当某种岩层较其顶底板岩层的透水性都好时，则它为透水层，而其顶底板岩层则起隔水作用成为隔水层。自然界中也有能透水而不含水的情况，如透水层位于地下水面以上时就是如此。所以，所谓含水层是指能透水并且含有地下水的岩层。

含水层和隔水层可以相互转换。同一岩层，在不同场合下，可以归为含水层，也可以归为隔水层。例如，作为大型供水水源，供水能力强的岩层，才是含水层；渗透性较差的岩层，只能看做隔水层。但是，对于小型供水水源，渗透性较差的岩层可以看做含水层。

二、地下水类型

自然界中有各种各样的地下水。有的埋藏浅、有的埋藏深。有的水量大，有的水量小。总之，各种地下水在形成、分布、运动、水质、水量等方面都有很大的不同。人们对地下水提出了许多分类方案，其中常见的有如下两种。

1. 按地下水的埋藏条件分类

(1) 包气带水　包气带是介于地面与地下水面之间的地带。包气带中的水是以气体状态存在的气态水，或是因静电引力而吸附于颗粒、裂痕、溶洞表面的结合水，或是因毛细管作用而存在的毛细管水，以及“过路”重力水（图5-1）。过路重力水出现于雨后不久，这时下渗水的重力效应大于固体质点表面对水的引力，因而水向下运动。包气带水影响植物生长与土壤的物理性质，但不能被开采取用。

包气带中如有局部隔水层存在，隔水层以上的透水层便可局部蓄水，这种水称为上层滞水（图5-2）。它能自由流动，可以为人们所取用，但其水量不大，并有季节性变化；在补

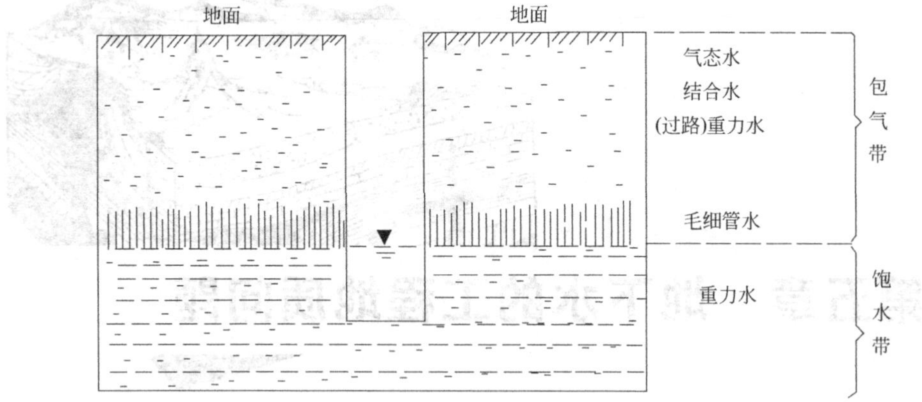

图 5-1 包气带和饱水带

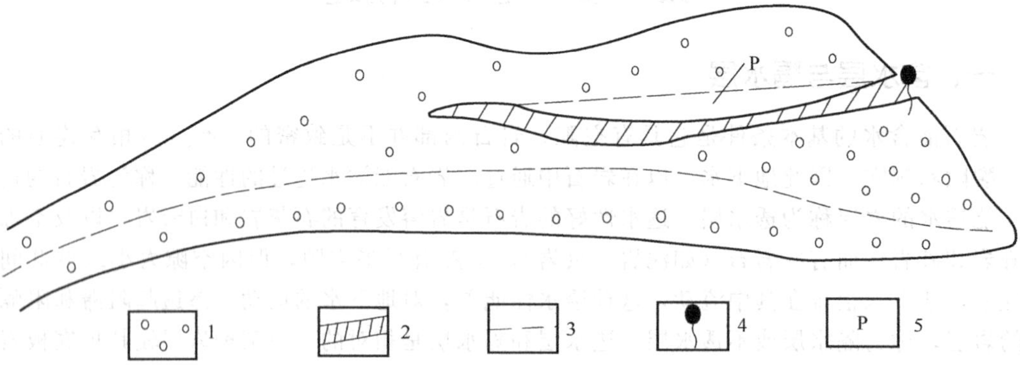

图 5-2 上层滞水

1—透水层；2—隔水层；3—地下水面；4—泉；5—上层滞水

给充沛的季节水量大，在干旱季节水量小，甚至消失。在地形切割处，它也能以泉的形式排泄。

(2) 潜水 潜水是指埋藏于地表以下第一个稳定隔水层之上含水层中，具有自由水面的重力水。潜水一般藏在第四系疏松沉积物的孔隙中及出露地表基岩的裂隙中。潜水具有的自由水面称为潜水面；潜水面至地表面的距离称为潜水的埋藏深度；潜水面至隔水层顶面之间的充水岩层称为潜水含水层；潜水面至隔水层顶面之间的距离称为潜水含水层厚度；潜水面上任意一点的标高称为潜水位（图 5-3）。

潜水主要受大气降水和地表水的补给。多数情况下，补给区与分布区一致。所以潜水的埋藏深度及含水层厚度经常是变化的，而且变化范围较大，其中以气候、地形的影响最为显著。例如，山区地形切割严重，潜水面一般较深，可达几十米甚至百余米；平原地区地势平坦，地形切割微弱，潜水埋藏浅，一般只有几米，有时会至露出地表形成沼泽。此外，潜水面的形状也与地形有密切的关系。它随当地地形的起伏而变化，地形高的地方，潜水位也高；地面坡度愈大，潜水面坡度也愈大，两者基本一致，只是潜水面的坡度总小于当地的地面坡度。

潜水埋藏深度及含水层的厚度不仅因地而异，而且在同一个地区还因时而异。雨季降水充沛，潜水获得补给量较多，因而含水层厚度加大，埋藏深度较小；旱季则相反。

潜水被人们广泛利用，一般的水井多半打在潜水含水层中。对采矿工作来说，潜水对

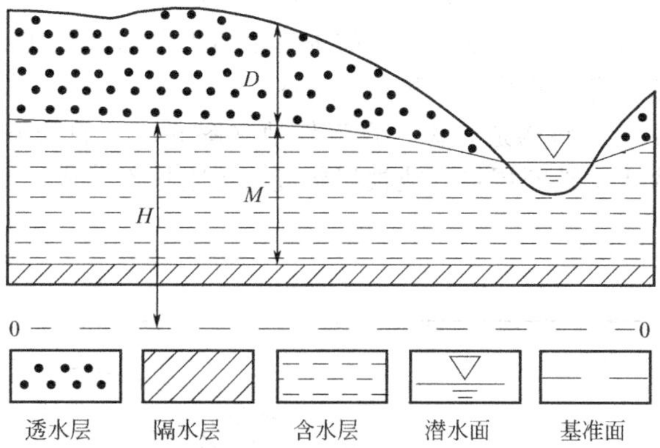

图 5-3　潜水埋藏示意图

D—潜水位埋藏深度；*M*—含水层厚度；*H*—潜水位

建井及露天开采的影响较大，对地下开采的影响较小。

(3) 承压水（自流水）　承压水是指充满于上、下两个稳定隔水层之间含水层中的重力水（图 5-4）。其补给区与分布区不一致，受大气降水的影响较小，不易受污染。由于承压水充满于两个隔水层之间，其隔水顶板承受静水压力。当地形适宜时经钻孔揭露承压含水层后，水可以喷出地表形成自喷，因此亦称为自流水。

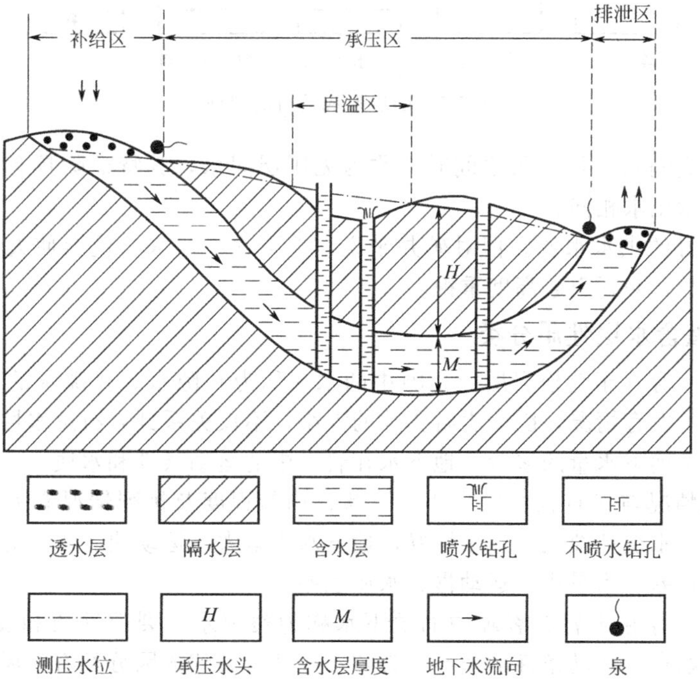

图 5-4　自流盆地构造示意图

形成自流水的向斜构造，称为自流盆地（图 5-4）。自流盆地按其水文地质特征分为补给区、承压区和排泄区三部分。在补给区由于上面没有隔水层存在，具有潜水性质，直接接受大气降水或地表水补给。含水层上部具有隔水层的地段称为承压区，地下水承受静水压力。当钻孔打穿顶板隔水层底面后，自流水便涌入钻孔内，并沿着钻孔上升到一定高度后，趋于稳定不再上升，此时的水面高程称为静止水位或测压水位。从静止水位到顶板隔水层底面的垂直距离称为承压水头，两隔水层之间的垂直距离为含水层厚度。盆地一端地形较低的地段内，自流水通过泉水等形式排出，称为排泄区。

适宜于储存自流水的单斜构造，称为自流斜地（图 5-5）。自流斜地通常是因含水层岩相变化或尖灭，以及含水层被断层错开或被岩浆侵入体阻挡而形成。

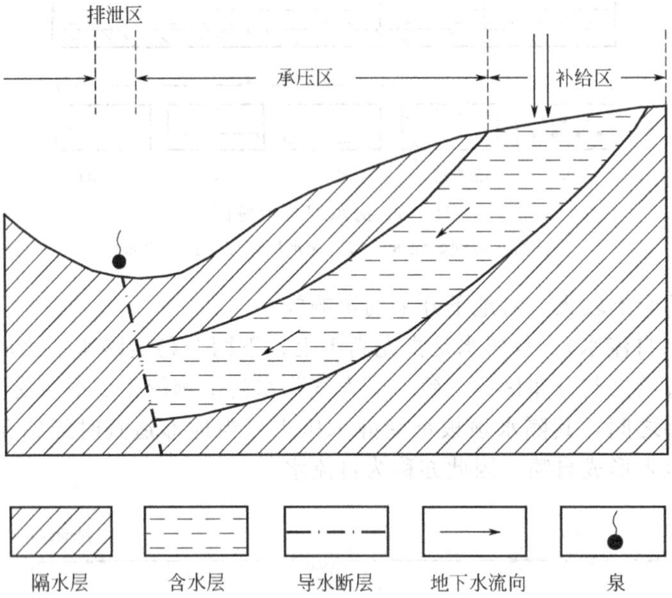

图 5-5 断层形成的自流斜地

当地下水未充满两个隔水层之间时，称为无压层间水，其特征除具有自由水面而不承压外，基本上与承压水相同。

自流水是很好的供水水源。但对矿井来说，地下水量过大，就会使大量地下水流入井下至造成淹井事故，必须引起高度重视。

2. 地下水按含水层性质分类

(1) 孔隙水 存在于疏松岩层的孔隙中的水，称为孔隙水。孔隙水的存在条件和特征取决于岩石孔隙的发育情况，因为岩石孔隙的大小，不仅关系到岩石透水性的好坏，而且也直接影响到岩石中地下水量的多少、地下水在岩石中的运动条件和水质。

岩石的孔隙情况与岩石颗粒的大小、形状、均匀程度及排列情况有关。如果岩石颗粒大而且均匀，则含水层孔隙大，透水性好，地下水水量大、运动快、水质好；相反，则含水层孔隙小、透水性差、水量小、运动慢、水质也差。

(2) 裂隙水 存在于岩石裂隙中的地下水称为裂隙水。裂隙性质和发育程度的不同，决定了裂隙水的赋存和运动条件的差异。裂隙水按基岩裂隙成因分类有：风化裂隙水、成岩裂隙水、构造裂隙水。

① 风化裂隙水。分布在风化裂隙中的地下水多数为层状裂隙水，由于风化裂隙彼此相连通，因此在一定范围内形成的地下水也是相互连通的水体，水平方向透水性均匀，垂直方向随深度而减弱，多属潜水，有时也存在上层滞水。如果风化壳上部的覆盖层透水性很差时，其下部的裂隙带有一定的承压性。风化裂隙水主要受大气降水的补给，有明显季节性循环交替性，常以泉的形式排泄于河流中。

② 成岩裂隙水。具有成岩裂隙的岩层出露地表时，常赋存成岩裂隙潜水。岩浆岩中成岩裂隙水较为发育。玄武岩经常发育柱状节理及层面节理，裂隙均匀密集，张开性好，贯穿连通，常形成贮水丰富、导水畅通的潜水含水层。成岩裂隙水多呈层状，在一定范围内相互连通。具有成岩裂隙的岩体为后期地层覆盖时，也可构成承压含水层，在一定条件下可以具有很大的承压性。

③ 构造裂隙水。由于地壳的构造运动，岩石受挤压、剪切等应力作用下形成的构造裂隙，其发育程度既取决于岩石本身的性质，也取决于边界条件及构造应力分布等因素。构造裂隙发育很不均匀，因而构造裂隙水分布和运动相当复杂。当构造应力分布比较均匀且强度足够时，则在岩体中形成比较密集均匀且相互连通的张开性构造裂隙，赋存层状构造裂隙水。当构造应力分布相当不均匀时，岩体中张开性构造裂隙分布不连续，互不沟通，则赋存脉状构造裂隙水。具有同一岩性的岩层，由于构造应力的差异，一些地方可能赋存层状裂隙水，另一些地方则可能赋存脉状裂隙水。反之，当构造应力大体相同时，由于岩性变化，裂隙发育不同。张开裂隙密集的部位赋存层状裂隙水，其余部位则为脉状裂隙水。层状构造裂隙水可以是潜水，也可以是承压水。柔性与脆性岩层互层时，前者构成具有闭合裂隙的隔水层，后者成为发育张开裂隙的含水层。柔性岩层覆盖下的脆性岩层中便赋存承压水。脉状裂隙水多赋存于张开裂隙中。由于裂隙分布不连续，所形成的裂隙各有自己独立的系统、补给源及排泄条件，水位不一致。有一定压力，分布不均，水量小，水位、水量变化大。但是，不论是层状裂隙水还是脉状裂隙水，其渗透性常常显示各向异性。这是因为，不同方向的构造应力性质不同，某些方向上裂隙张开性好，另一些方向上的裂隙张开性差，甚至是闭合的。

综上所述，裂隙水的存在、类型、运动、富集等受裂隙发育程度、性质及成因控制，所以我们只有很好地研究裂隙发生、发展的变化规律，才能更好地掌握裂隙水的规律性。

(3) 喀斯特水（岩溶水）　喀斯特是发育在可溶性岩石地区的一系列独特的地质作用和现象的总称，又称为岩溶。这种地质作用包括地下水的溶蚀作用和冲蚀作用。产生的地质现象就是由这两种作用所形成的各种溶隙、溶洞和溶蚀地形。埋藏于溶洞、溶隙中的重力水，称为喀斯特水，或称为岩溶水。

喀斯特发育的必备条件是：有可溶性的岩层、有裂隙存在、有侵蚀性地下水、地下水在岩层中是流动的。岩石的溶解度越大，透水性越好，水的侵蚀性越强，则喀斯特越发育。

在喀斯特化岩石中的地下水，可以是潜水，也可以是承压水。一般在裸露的石灰岩分布区的喀斯特水，主要是潜水；当喀斯特化岩层为其他岩层所覆盖时，就成为喀斯特承压水。

喀斯特的发育特点决定了喀斯特水的特征。其主要特点是：水量大，运动快，在垂直和水平方向上都分布不均匀；喀斯特溶洞、溶隙较其他岩石中的孔隙、裂隙要大得多，降水易渗入，几乎能全部渗入地下。喀斯特溶洞不但迅速接受降水渗入，而且喀斯特水在溶洞或暗河中流动很快，年水位差可达数十米多；喀斯特水埋藏很深、在高峻的喀斯特山区常缺少地下水露头，甚至地表也没有水，造成缺水现象。大量喀斯特水都以地下径流的形式流向低处，在沟谷或与喀斯特化岩层接触处，以群泉的形式出露地表。

喀斯特水的水量大、水质好，可作为大型供水水源，但喀斯特水对采矿会构成严重威胁，尤其是喀斯特化岩层厚度巨大时，如我国华北的奥陶纪灰岩水、华南长兴组及茅口组灰岩水多是造成煤矿矿井重大水患的水源。

三、泉

泉是地下水的天然露头，是地下水的一种重要的排泄方式。在山区和丘陵的沟谷及山坡脚——含水层出露的最低处，泉的分布最为普遍；而在平原区则很难找到。泉是在一定的地形、地质、水文地质条件的结合下产生的。按泉的形成方式可分为上升泉和下降泉。

1. 下降泉

由潜水含水层形成的泉称为下降泉。根据泉水出露的原因又可分为以下三种。

(1) 侵蚀下降泉 当河谷、冲沟切割到潜水含水层时，潜水即出露形成泉。因这种泉的出露与流水侵蚀作用有关，所以称为侵蚀下降泉［图 5-6 中 (a)、(b)］。

(2) 接触下降泉 当地形被切割到含水层下面的隔水层时，潜水被迫从两者的接触处涌出地表，这种泉称为接触下降泉［图 5-6(c)］。

(3) 溢流下降泉 当岩石透水性变弱或当隔水底板隆起时，潜水因流动受阻而涌溢于地表时，称为溢流下降泉［图 5-6 中(d)、(e)、(f)、(g)］。

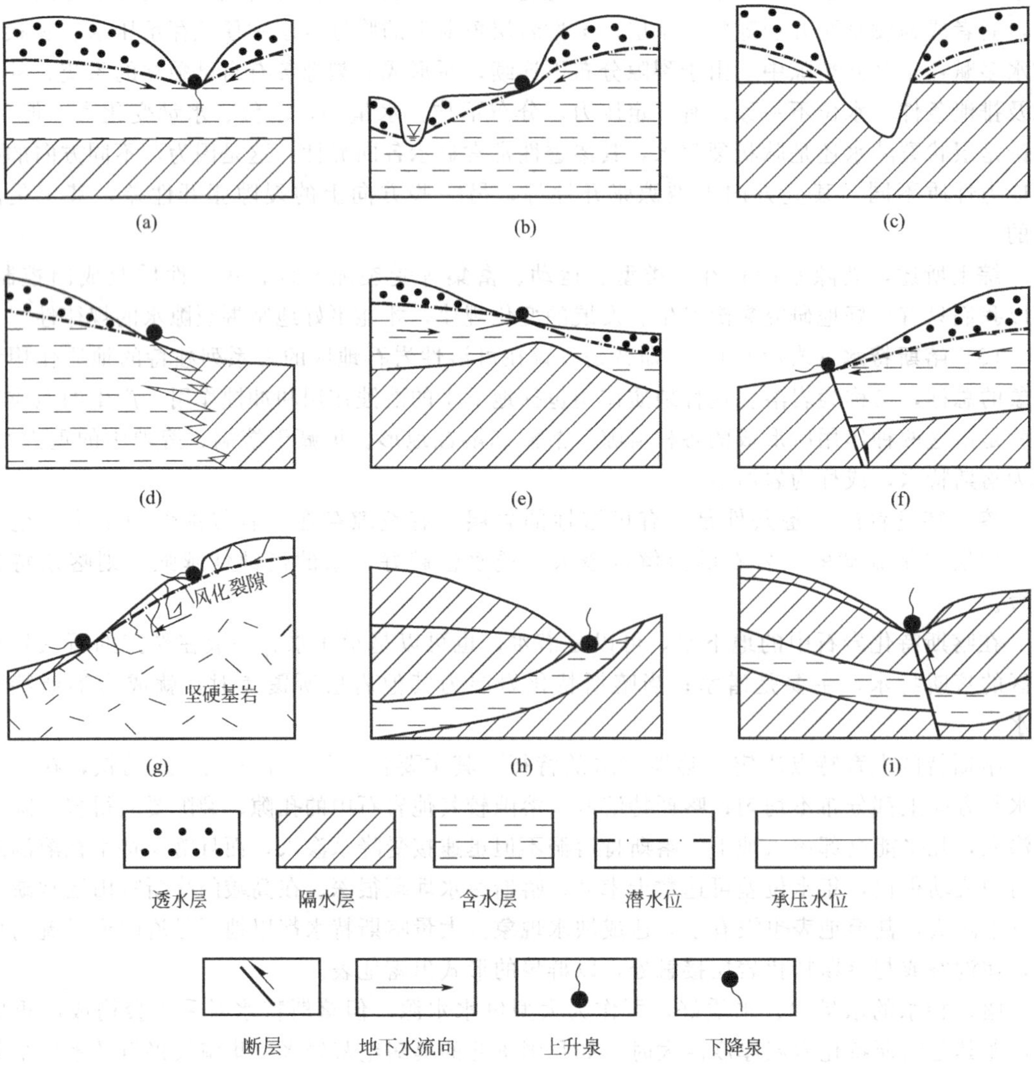

图 5-6 泉的成因类型

2. 上升泉

由承压含水层形成的泉称为上升泉。根据泉出露的原因又可以分为以下两种。

(1) 侵蚀上升泉　当河流、冲沟切穿承压含水层的隔水顶板时，承压水便会喷涌成泉，这种泉称为侵蚀上升泉［图 5-6(h)］。

(2) 断裂上升泉　当导水断层或张性裂隙通过承压含水层时，地下水便沿断层或裂隙上升，在地面标高低于承压水测压水位处便会出现泉，这种泉称为断裂上升泉［图 5-6(i)］。

温泉一般为上升泉。温泉的热源有两个方面：地热或岩浆活动。由于在增温带中愈往深处温度越高，因此，当承压含水层埋藏很深，并有很深的断裂时，地下水向深部循环，受到地热增温的影响，然后沿断裂带上升到地表，就可形成温泉。我国许多温泉属于此类，如重庆的北温泉、南温泉等。另一类温泉与岩浆活动有关。当岩浆喷出地表时就会形成火山爆发，没有喷出的岩浆，则在地下较浅处逐渐冷凝成各种各样的侵入岩。地表面的水源不断地渗入地下，在地下深处受到岩浆热的烘烤，以热水或水蒸气的形式喷出地表。这种泉水一般温度较高，有时还形成间歇喷泉。我国西藏地区就有很多这类高温喷泉、间歇喷泉、沸泉等。世界上凡是火山特别多的国家，如冰岛、意大利和日本，这种类型的温泉也多。

第二节　地下水运动的基本规律

一、达西定律

1852—1855 年，法国水力学家达西（H. Darcy）通过大量的实验，得到了地下水线性渗透定律，称达西定律。

实验装置由装满均匀砂的圆筒、测压管及水位控制设备等组成，如图 5-7 所示。水由砂柱上端流入，经砂柱渗流至下端流出。上下游用溢水设备控制水位，使实验过程中水头不变，保持稳定流条件。砂柱两端各设一根测压管，分别测定上下两个过水断面的水头。在砂柱下端出口处测定流量。

根据实验结果，得到下列关系式(即达西公式)

$$Q=KA\frac{H_1-H_2}{L}=KAI \tag{5-1}$$

式中　Q——渗透流量（出口处流量，即通过砂柱各断面的体积流量）；

A——$A=\frac{\pi}{4}D^2$ 为过水断面的面积［砂柱的横断面积，包括砂颗粒和孔隙面积，如图 5-8(a) 所示］；

H_1、H_2——分别为上、下游过水断面的水头；

L——渗透途径（上、下游过水断面的距离）；

I——水力梯度；

K——渗透系数。

以上实验中通过过水断面 A 的流量 $Q=vA$，则渗透流速 v 为

$$v=\frac{Q}{A} \tag{5-2}$$

由公式(5-1) 及 $Q=vA$ 得

$$v=KI \tag{5-3}$$

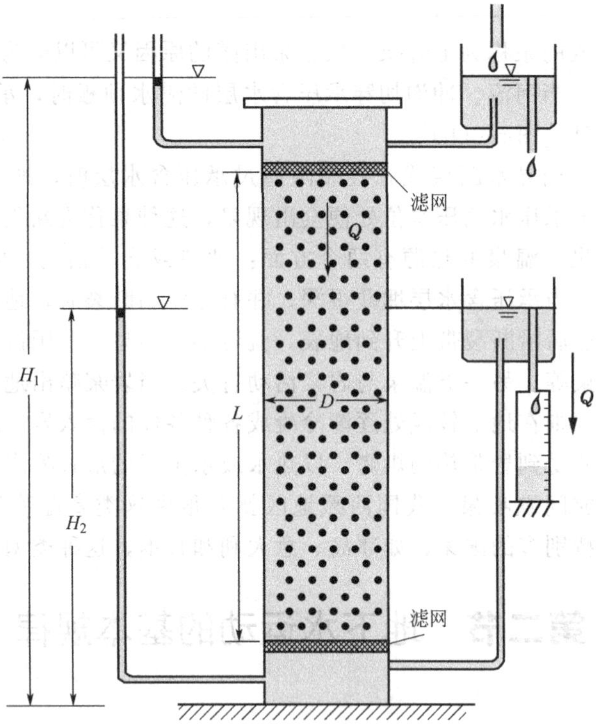

图 5-7 达西实验装置示意图

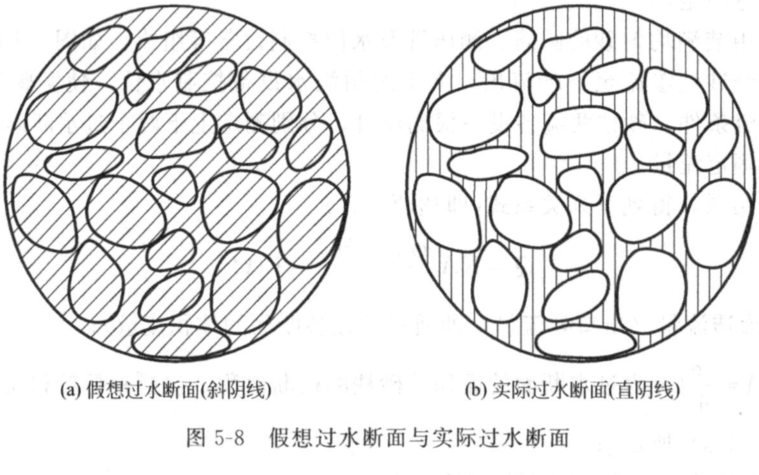

图 5-8 假想过水断面与实际过水断面

这是达西定律的另一种表达形式：渗透流速与水力梯度的一次方成正比，即线性渗透定律 K 为其线性比例系数，称为渗透系数。

以下分别探讨式(5-3) 中各项的物理含义。

1. 渗透流速与实际流速

上述过水断面 A 系指砂柱的横断面积，包括砂颗粒所占据的面积及孔隙所占据的面积 [图 5-8(a)]；而水流实际过水断面是扣除结合水所占范围以外的孔隙面积 A_n [图 5-8(b)]，即

$$A_n = An_e \tag{5-4}$$

式中　n_e——有效孔（空）隙度。

有效孔隙度n_e为重力水流动的孔隙体积（不包括不连通的死孔隙和不流动的结合水所占据的空间）与岩石体积（包括孔隙体积）之比。显然，有效孔隙度n_e小于孔隙度n。由于重力释水时孔隙中所保持的除结合水外，还有孔角毛细水乃至悬挂毛细水，因此，有效孔隙度n_e大于给水度μ。黏性土由于孔隙细小，结合水所占比例大，所以有效孔隙度很小。对于空隙大的岩层（例如溶穴发育的可溶岩，有宽大裂隙的裂隙岩层），$n_e \approx \mu \approx n$。

设通过空隙过水断面A_n的实际平均流速为u，它是地下水的质点流速在A_n面积上的平均值。渗透流速是假想渗流的速度，相当于渗流在包括骨架与空隙在内的断面A上的平均流速，也称比流量或达西流速，它不代表真实水流速度。

据流量相等原理有

$$vA = uA_n = Q \tag{5-5}$$

所以，渗透流速与实际流速的关系为

$$v = u\frac{A_n}{A} = un_e \tag{5-6}$$

由此说明，渗透流速总是小于实际流速。

2. 水力梯度

渗流场中水头相等的各点连成的面（线）称为等水头面（线）。沿等水头面（线）法线方向（水头降低方向）的水头变化率称为水力梯度，无因次，记为I，即

$$I = -\frac{\mathrm{d}H}{\mathrm{d}n} \tag{5-7}$$

式中　n——等水头面（线）的外法线方向，也是水头降低的方向。

在各向同性介质中，水力梯度I为沿水流方向单位长度渗透途径上的水头损失。水在空隙中运动时，必须克服水与隙壁以及流动快慢不同的水质点之间的摩擦阻力（这种摩擦阻力随地下水流速增加而增大），消耗机械能，造成水头损失。水力梯度可以理解为水流通过单位长度渗透途径为克服摩擦阻力所耗失的机械能。因此，求算水力梯度I时，水头差必须与渗透途径相对应。

3. 渗透系数与渗透率

渗透系数K，也称为水力传导率，是重要的水文地质参数。水力梯度量纲为1，由达西定律$v=KI$可以看出，渗透系数与渗透流速的量纲均为[L/T]，一般采用单位为m/d或cm/s。在式(5-3)中，令$I=1$，则$v=K$，意即水力梯度为1时，渗透系数在数值上等于渗透流速。当水力梯度为定值时，渗透系数愈大，渗透流速愈大；渗透流速为定值时，渗透系数愈大，水力梯度愈小。由此可见，渗透系数可定量说明岩石的渗透性能。渗透系数愈大，岩石的渗透能力愈强。

水流在岩石空隙中运动，需要克服隙壁与水及水质点之间的摩擦阻力，所以，渗透系数不仅与岩石的空隙性质（空隙的大小、多少）有关，还与流体的某些物理性质（容重、黏滞性）有关。黏滞性不同的两种液体在相同的岩石中运动，黏滞性大的液体（如油）的渗透系数会小于黏滞性小的液体（如水）。

我们引入渗透率k表征岩层对不同流体的固有渗透性能，渗透率k仅仅取决于岩石的空隙性质，与渗流的液体性质无关。渗透系数与渗透率的关系为

$$K = \frac{\rho g}{\mu}k \tag{5-8}$$

式中 ρ——液体密度；

g——重力加速度；

μ——液体动力黏滞系数；

k——量纲为$[L^2]$，常用单位为μm^2（即达西）或cm^2。

从式(5-8) 可知，渗透系数与水的黏滞系数成反比，而后者随温度增高而减小，因此渗透系数随温度增高而增大，在地下水温度变化较大时，需要作相应的换算；在地下水矿化度显著增高时，水的比重和黏滞系数均增大，在研究石油、卤水或地下热水的运动时，采用与液体性质无关的渗透率则更为方便。

二、达西定律的实质及适用范围

达西定律是在解决生产实际问题的过程中，通过纯化条件下的控制性实验获得的。它从数量上揭示了渗流与介质渗透性及水力梯度之间的数量关系——渗透流量与过水断面及上下游水头差成正比，与渗流途径成反比；或渗透流速与水力梯度成正比，其线性比例系数 K 即渗透系数。达西定律体现了地下水运动服从质量守恒及能量守恒定律。

实验表明，达西定律适用范围的上限是雷诺数 Re 小于 1～10 间某一数值的层流运动；雷诺数大于此范围的层流及紊流运动，v 与 I 不是线性关系，渗流不符合达西定律（Bear，1979）。

绝大多数情况下，地下水的运动都符合线性渗透定律，因此，达西定律适用范围很广。它不仅是水文地质定量计算的基础，还是定性分析各种水文地质过程的重要依据。这就要求科技工作者深入掌握达西定律的物理实质，灵活地运用它来分析问题。

第三节 地下水的物理化学性质

地下水是自然界中水循环的一部分。在其循环的过程中，它携带和溶解了自然界中各种矿物质和微生物，因此地下水是含有各种复杂成分的天然溶液。为了利用地下水和防治地下水的危害，必须研究它的物理性质和化学成分。

一、地下水的物理性质

1. 温度

地下水的温度变化幅度极大，有 0℃以下至 100℃以上的地下水。其温度的变化与自然地理条件、地质条件、水的埋藏深度有关，通常地下水温度变化与当地气温状态相适应。位于变温带内的地下水温度呈现出周期性日变化和周期性年变化，但水温变化比气温变化幅度小，且落后于气温变化；常温带的地下水温度接近于当地年平均气温；增温带的地下水温度随深度的增加而逐渐升高，其变化规律决定于一个地区的地温梯度。不同地区地下水温度差异很大，如火山区的间歇泉水的温度可达 100℃以上，而多年冻土带的地下水温度可达－50℃。

2. 颜色

地下水的颜色取决于水中化学成分及其悬浮物。地下水一般是无色的，当其中含有某种化学成分或有悬浮杂质时，会呈现各种不同的颜色。如含 FeO 的水呈浅蓝色；含 Fe_2O_3 的水呈褐红色；含腐殖质的水呈黄褐色。

3. 透明度

地下水的透明度取决于水中固体物质及胶体颗粒悬浮物的含量。按其透明度的好坏，地下水可分为透明的、半透明的、微透明的和不透明的。

4. 气味

洁净的地下水是无气味的。地下水是否具有气味主要取决于水中所含气体成分和有机质。如含有 H_2S 时，水具有臭鸡蛋味；含有机质时，水具有雨腥气味等。

5. 味道

通常地下水是无味的，其味道的产生与水中含有某些盐分或气体有关。如含 NaCl 的水具有咸味；Na_2SO_4的水具有涩味；$MgSO_4$的水具有苦味；含有机质的水具有甜味；含 CO_2的水具有清爽可口之感。

6. 密度

地下水的密度取决于所溶解的盐分的多少，一般情况下，地下水的密度与化学纯水相同。当水中溶解较多的盐分时，密度增大。

二、地下水的化学成分

地下水循环于岩石的空隙中，能溶解岩石中的各种成分，根据研究表明，地下水中的化学元素有几十种。通常，它们呈离子状态、化合物分子状态及游离气体状态存在。地下水中常见的离子、化合物及气体成分有以下几类。

离子状态：阳离子有 Na^+、K^+、Ca^{2+}、Mg^{2+}、H^+、NH_4^+、Mn^{2+}等。

阴离子有 Cl^-、SO_4^{2-}、HCO_3^-、CO_3^{2-}、OH^-、NO_3^-、NO_2^-、SiO_3^{2-}等。

化合物状态：Fe_2O_3、Al_2O_3、H_2SO_4等。

气体状态：N_2、O_2、CO_2、H_2S、CH_4等。

在上述成分中以 Cl^-、SO_4^{2-}、HCO_3^-、Na^+、K^+、Ca^{2+}和 Mg^{2+}等离子的分布最广，因而往往以这些成分来表示地下水的化学类型。如地下水中主要阴离子为 HCO_3^-，阳离子为 Ca^{2+}，那么地下水的化学类型就定为重碳酸钙型水；若地下水中主要阴离子为 SO_4^{2-}，阳离子为 Na^+，其化学类型就定为硫酸钠型水。

由于地下水所含化学成分不同，因而表现出不同的化学性质，反映地下水化学性质的指标有以下几个。

1. 水的总矿化度

水的总矿化度是指单位体积水中所含有的离子、分子和各种化合物的总量，用 g/L 来表示。总矿化度表示水的矿化程度，即水中所溶解盐分的多少。矿化度直接反映地下水的循环条件，矿化度高，说明地下水的循环条件差；矿化度低，说明地下水的循环条件好。根据总矿化度，可将地下水分为五类（表 5-1）。

表 5-1　地下水按矿化度分类表

名称	总矿化度/($g \cdot L^{-1}$)
淡水	<1
微咸水	1～3
咸水	3～10
盐水	10～50
卤水	>50

2. 氢离子浓度（pH 值）

水的酸碱度通常用所谓“氢离子浓度”即 pH 值来表示。pH 值是指水中氢离子浓度的负对数值。根据 pH 值，可将地下水分为五类（表 5-2）。

表 5-2 地下水按 pH 值分类表

酸碱性	强酸性	弱酸性	中性	弱碱性	强碱性
pH 值	<5	5～7	7	7～9	>9

3. 水的硬度

地下水的硬度取决于水中 Ca^{2+}、Mg^{2+} 的含量。水的硬度对评价水的工业和生活用水极为重要。如用硬水，可使锅炉产生水垢，导热性变坏，甚至引起爆炸；用硬水洗衣，肥皂泡沫减少，造成浪费。水的硬度可分为总硬度、暂时硬度和永久硬度。

总硬度：是指水中所含 Ca^{2+}、Mg^{2+} 的总量，它包括暂时硬度和永久硬度。

暂时硬度：是指水沸腾后，由 HCO_3^- 与 Ca^{2+}、Mg^{2+} 结合生成碳酸盐沉淀出来 Ca^{2+} 和 Mg^{2+} 的含量。

永久硬度：是指水沸腾后，水中残余的 Ca^{2+} 和 Mg^{2+} 的含量。在数值上等于总硬度减去暂时硬度。

我国对硬度的表示方法使用较多是：是将所测得的钙、镁折算成 CaO 的质量，即每升水中含有 CaO 的毫克数表示，单位为 $mg \cdot L^{-1}$。《中华人民共和国生活饮用水卫生标准》（GB 5749—2006）规定，总硬度（以 $CaCO_3$ 计）限值为 450mg/L。

4. 侵蚀性

地下水的侵蚀性取决于水中侵蚀性 CO_2 的含量。当含有侵蚀性 CO_2 的地下水与混凝土接触时，就可能溶解其中的 $CaCO_3$，从而使混凝土的结构受到破坏。其反应式如下

$$CaCO_3 + H_2O + CO_2 \rightleftharpoons Ca(HCO_3) \rightleftharpoons Ca^{2+} + 2HCO_3^- \tag{5-9}$$

式(5-9) 的反应是可逆的。由式(5-9) 可见，当水中含有一定数量的 HCO_3^- 时，就必须有一定数量的游离 CO_2 与之相平衡。当水中的游离 CO_2 与 HCO_3^- 达到平衡之后，若又有一部分 CO_2 进入水中，那么上述平衡就遭到破坏，反应式将加速向右进行，进入水中的 CO_2 其中一部分与 $CaCO_3$ 起了化学作用，而使 $CaCO_3$ 被溶解，这部分 CO_2 就称为侵蚀性 CO_2。因此，当水中游离的 CO_2 含量超过平衡的需要时，水中就会有一定的侵蚀性 CO_2。

由于近代工业的发展，大气中人为产生的 CO_2 有显著增加，尤其在某些集中的工业区，补给地下水的降水中 CO_2 含量往往很高。地下水中存在侵蚀性 CO_2 时，就会对钢筋混凝土产生腐蚀作用。

第四节 毛细水对建筑工程的影响

土中的水并非处于静止不变的状态，而是运动着的。土中水的运动原因和形式很多，例如：由于表面现象产生的水分移动（土的毛细现象）；在重力的作用下，地下水的流动（土的渗透性问题）；在土中附加应力作用下孔隙水的挤出（土的固结问题）；在土颗粒的分子引力作用下结合水的移动（冰结时土中水分的移动）；由于孔隙水溶液中离子浓度的差别产生的渗透现象等。土中水的运动和变化都将对工程产生影响，在许多工程实践中碰到的问题，如流砂、冻胀、渗透固结、渗流时的边坡稳定等，都与土中水的运动有关。

土的毛细性是指能够产生毛细现象的性质。土的毛细现象是指土中水在表面张力作用下，沿着细的孔隙向上及向其他方向移动的现象。而这种细微空隙中的水，即被称为毛细水。毛细水主要存在于直径为0.5～0.002mm大小的空隙中。毛细水属于包气带水，它又可细分为：过路毛细水、悬挂毛细水、支持毛细水。土中的毛细水会在以下几个方面对工程产生影响。

一、产生毛细压力

干燥的砂土是松散的，颗粒间没有黏结力，水下的饱和砂土也是这样。但含有一定水量的湿砂，就表现出颗粒间有一些黏结力，如湿砂可捏成团，在湿砂中有时可挖成直立的坑壁，短期内不会坍塌等。这些都说明湿砂的土粒间有一些黏结力，这个黏结力是由于土粒间接触面上一些水的毛细压力所形成的。

毛细压力可以用图5-9来说明。图5-9中，两个土粒（假想是球体）的接触面间有一些毛细水，由于土粒表面的湿润作用，使毛细水形成弯面。在水和空气的分界面上产生的表面张力是沿着弯液面切线方向作用的，它促使两个土粒互相靠拢，在土粒的接触面上就产生一个压力，称为毛细压力 P_k。由毛细压力所产生的土粒间的黏结力称为假内聚力或毛细内聚力，它实际上是使土粒间的有效应力增高而增加土的强度。当砂土完全干燥或浸水饱和时，颗粒间没有孔隙水或孔隙水不存在弯液面，这时毛细压力造成的粒间有效应力也就消失了。所以，为了安全，并从最不利的可能条件考虑，工程设计上对毛细压力一般计入。毛细水能传递静水压力和溶解盐分，它对成壤作用和植物生长具有重要意义。但由于毛细力呈现负压，毛细水不能进入井中而无供水意义。

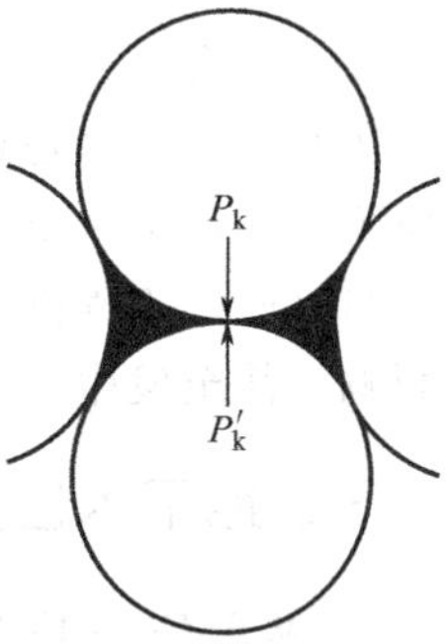

图5-9　毛细压力示意图

二、对土中气体的分布与流通的影响

土中的气体有两种不同的存在形式：一种是封闭气体；另一种是游离气体。游离气体通常存在于近地表的包气带中，与大气连通，随外界条件改变与大气有交换作用，处于动平衡状态，它一般对土的性质影响较小。封闭气体呈封闭状态存在于土孔隙中，通常是由于地下水面上升，而土的孔隙大小不一，错综复杂，使部分气体没能逸出而被水包围，与大气隔绝，呈封闭状态存在于部分孔隙内，对土的性质影响较大，如降低土的透水性，使土不易压实等。饱水黏性土中的封闭气体在压力长期作用下被压缩后，具很大内压力，有时可能冲破土层，个别地方逸出，造成意外沉陷。土中的毛细水能够促成封闭气体的产生，并且使封闭气体处于流通不好的状态，从而增大了封闭气体对土性质的影响。

三、毛细水上升对工程的影响

毛细水上升对工程的影响主要表现在以下四个方面。

（1）毛细水的上升引起建筑物或构筑物地基冻害，甚至破坏其上的建筑物或构筑物。冻土现象是由冻结及融化两种作用所引起的。地基土冻结时，往往会发生土层体积膨胀，使地面隆起，即冻胀现象。但当冻融后，地基会下塌，变得松软，因此可能导致上面建筑物和道路开裂，桥梁、涵管等大量下沉，影响正常使用，甚至发生破坏。

细粒土层，特别是粉土、粉质黏土等冻胀现象严重，因为这类土有较显著的毛细现象，毛细水上升高度大，上升速度快，而黏土毛细孔隙小，对水分迁移的阻力很大，其冻胀性比粉质黏土小。

(2) 毛细水的上升会引起房屋建筑地下室、地下铁道侧壁过分潮湿，对防潮、防湿带来更高的要求。

(3) 当地下水有侵蚀性时，毛细水的上升可能对建筑物和构筑物基础中的混凝土、钢筋等形成侵蚀作用，缩短建筑物和构筑物的使用年限。

(4) 毛细水的上升还可能引起土的沼泽化、盐渍化，对道路、桥梁、水利工程等可能造成影响。

第五节 重力水对建筑工程的影响

重力水存在于较粗大空隙中，具有自由活动能力，在重力作用下流动的水。包括潜水和承压水。重力水是相对毛细水而言的，重力水的运动状态不同、埋藏条件不同、物理化学性质不同，都会对土木工程产生相应的影响。地下水尤其是重力水与工程的设计方案、施工方法与工期、工程投资，以及工程的使用寿命密切相关，若对地下水处理不当，还可产生不良影响，甚至发生工程事故，为以后工程的使用留下隐患。

一、地下水位变化引起的岩土工程问题

1. 潜水位上升引发的工程地质问题

(1) 浅基础地基承载力降低 根据极限荷载理论，对不同类型的砂性土和黏性土地基，以不同的基础型式，分析不同地下水位情况下的地基承载力，得出的结果是：无论是砂性土还是黏性土地基，其承载能力都具有随地下水位上升而下降的必然性。由于黏性土具有黏聚力的内在作用，故相应承载力的下降率较小些，最大下降率在50%左右；砂性土的最大下降率可达70%。

(2) 砂土地震液化加剧 地下水与砂土液化密切相关。没有水，也就没有所谓砂土的液化。经研究发现，随着地下水位上升，砂土抗地震液化能力随之减弱。在上覆土层厚度为3m的情况下，地下水位从埋深6m处上升至地表时，砂土抗液化的能力降低可达74%左右。

(3) 建筑物震陷加剧 对饱和疏松的细粉砂地基土而言，在地震作用下，因砂土液化，使得建在其上的建筑物产生附加沉降，即发生所谓的液化震陷。分析可知，地下水位上升对液化震陷的影响作用。一是对产生液化震陷的地震动荷因素和震陷结果起放大作用；二是砂土越疏松或初始剪应力越小，地下水位上升对液化震陷影响越大。另外，对于大量的软弱黏性土而言，地下水位上升既促使其饱和，又扩大其饱和范围。这种饱和黏性土的土粒孔隙中充满了不可压缩的水体，本身的静强度就较低，故在地震作用下，瞬间即产生塑性剪切破坏，同时产生大幅度的剪切变形。

(4) 土壤沼泽化、盐渍化 当地下潜水位上升至接近地表时，由于毛细作用的结果而使地表土层过湿呈沼泽化，或者由于强烈的蒸发浓缩作用使盐分在上部岩土层中积聚形成盐渍土。这不仅改变了岩土原来的物理性质，而且改变了潜水的化学成分，矿化度增高，增强了岩土及地下水对建筑物的腐蚀性。

(5) 岩土体产生变形、滑移、崩塌失稳等不良地质现象 在河谷阶地、斜坡及岸边地带，地下潜水位或河水位上升时，岩土体浸润范围增大，浸润程度加剧，岩土被水饱和、软

化，降低了抗剪强度；地表水位下降时，向坡外渗流，可能产生潜蚀作用及流砂、管涌等现象，破坏了岩土体的结构和强度；地下水的升降变化还可能增大动水压力。以上种种因素，促使岩土体产生变形、崩塌、滑移等。因此，在河谷、岸边、斜坡地带修建建筑物时，应特别重视地下水位的上升、下降变化对斜坡稳定性的影响。

(6) 地下水的冻胀作用　在寒冷地区，地下潜水位升高，地基土中含水量增多。由于冻结作用，岩土中水分往往迁移并集中分布，形成冰夹层，使地基土产生冻胀、地面隆起、桩台隆胀等。冻结状态的岩土体具有较高强度和较低压缩性，但温度升高岩土解冻后其抗压和抗剪强度大大降低。对于含水量很大的岩土体，融化后的黏聚力约为冻胀时的1/10，压缩性增高，可使地基产生融沉，易导致建筑物失稳开裂。

(7) 对建筑物稳定性的影响　当地下水位在基础底面以下压缩层范围内发生变化时，就将直接影响建筑物的稳定性。若水位在压缩层范围内上升，水浸湿、软化地基土，使其强度降低、压缩性增大，建筑物就可能产生较大的沉降变形。地下水位上升还可能使建筑物基础上浮，使建筑物失稳。

(8) 对湿陷性黄土、崩解性岩土、盐渍岩土的影响　当地下水位上升后，水与岩土相互作用，湿陷性黄土、崩解性岩土、盐渍岩土产生湿陷、崩解、软化，其岩土结构被破坏，强度降低，压缩性增大，导致岩土体产生不均匀沉降，引起其上部建筑物的倾斜、失稳、开裂和地面或地下管道被拉断等现象，尤其对结构不稳定的湿陷性黄土更为严重。

(9) 膨胀性岩土产生胀缩变形　在膨胀性岩土地区浅层地下水多为上层滞水或裂隙水，无统一的水位，水位季节性变化显著。地下水位季节性升、降变化或岩土体中水分的增减变化，可促使膨胀性岩土产生不均匀的胀缩变形。当地下水位变化频繁或变化幅度大时，不仅岩土的膨胀收缩变形往复，而且胀缩幅度也大。地下水位的上升还能使坚硬岩土软化、水解、膨胀、抗剪强度与力学强度降低，产生滑坡（沿裂隙面）、地裂、坍塌等不良地质现象，导致自身强度的降低和消失，引起建筑物的破坏。因此，对膨胀性岩土的地基评价，应特别注意对场区水文地质条件的分析，预测在自然及人类活动条件下水文地质条件的变化趋势。

2. 地下水位下降引起的岩土工程问题

地下水位下降往往会引起地面沉降、地面塌陷、海水倒灌、地裂缝的产生和复活，以及地下水源枯竭、水质恶化等一系列不良地质问题。

(1) 地面沉降　地面沉降是在自然或人类工程活动影响下，由于地下松散土层固结收缩压密作用，导致地表发生的下降运动。但其下沉部分与周边没有明显断错，仅表现为向下弯曲、破裂、凹陷洼地等地质现象。地面沉降又称地面下沉或地陷等。

① 地下水位下降引起地面沉降的机理。当从承压水含水层中抽取一部分地下水后，孔隙水压力减小，承压水位下降，而上覆土层压力是个定量，分别由土粒骨架和孔隙水承受，因此，为保持平衡，土粒骨架传递应力即有效应力将相应增加。有效应力的增量既作用于含水层也作用于上覆土层，将导致含水层和上覆土层发生固结压缩而产生地面沉降。土性不同，其固结压缩的特性也不同。砂类土层释水固结可瞬间完成，并且砂类土层释水压密为弹性变形，所引起的地面沉降是暂时性的，当含水层获得水量补充后，孔隙水压力增大，承压水位上升，有效应力相应减小，可使含水层回弹。黏性土层透水性比砂类土要小得多，其释水固结过程要滞后一段时间，并且黏性土层释水压密为塑性变形，含水层获得水量补充后变形不能恢复，所以黏性土层固结压密是地面沉降的主要原因。

② 地面沉降危害及实例。随着城市化的发展，地面沉降及其所造成的环境灾害已十分严重。地面沉降的危害性表现为：首先，使区域或地区性地面标高降低，导致海岸线向内陆

迁移，防潮堤需要相应地增高，滨海平原潜水位亦升高，使土壤盐渍化、沼泽化增强，海、河的泄洪能力降低，河水倒灌，城市抗洪能力相应降低；其次，地面不均匀沉降引起地面裂缝不均衡下陷错动，建筑物、道路、井管等市政设施遭到破坏，引起河道纵坡降变形，城市排水管道功能降低，造成城市地面局部积水、道路不平、桥梁下沉、水井水管抬升。

据有关资料，墨西哥的墨西哥城开发地下水较早，于1929年发现地面已经沉降．沉降主要发生于19世纪末。从1898年到1938年40年间的平均沉降量为4cm/a。1938年以后，沉降加速，到1948年这10年中平均沉降速度为15cm/a。1948年到1952年间城市中心部分沉降速度增加到30cm/a，原因是此期间抽水大量增加。1952年以后沉降速度略减，约为25cm/a。由1898年到1956年累计沉降量达5～7m之多。这种长期大幅度的地面沉降，对于建筑物、上下水道以及工程建筑物等带来很大损害，产生很多问题。

在我国，出于抽取地下水而引起地面沉降的现象，在许多大中城市也早已出现。如上海、天津、北京、西安、太原、宁波、杭州等，都有不同程度的地面沉降。表5-3列出了我国东部部分城市地面沉降的情况。

表5-3 中国东部沿海部分城市地面沉降统计表

类别	上海	常州	苏州	南通	无锡	宁波	天津	湛江
最大累计沉降量/mm	2700	820	1056	300	1000	350	2690	413
地面沉降面积/km^2	850	200	56		100	130	1300	

(2) 地面塌陷 地面塌陷指人为和自然地质因素作用下，地表岩、土体中洞穴顶部向下断错塌陷，形成塌陷坑、塌陷洞、塌陷槽的一种地质现象，多发生于岩溶地区。

① 地下水位变化引起地面塌陷的机理。地面塌陷大多是由于人为局部改变地下水位引起的。如地面水渠或地下输水管道渗漏可使地下水位局部上升，基坑降水或矿山排水疏干引起地下水位局部下降。因此，在短距离内出现较大的水位差，水力坡度变大，增强了地下水的潜蚀能力，对岩层进行溶蚀、冲蚀、掏空，形成地下洞穴，当洞顶失去平衡时便发生地面塌陷。

② 地面塌陷危害及实例。地面塌陷使大量的建筑物变形或倒塌、道路坍塌、田土毁坏、水井干枯或报废、名胜古迹或风景点破坏等，给国民经济建设和人民生命财产造成很大的损失。现就地面塌陷危害最为突出的三个方面叙述如下。

a. 危害铁路运输。铁路遭受岩溶地面塌陷的危害及引起的经济损失非常突出。许多地面塌陷造成车站建筑物毁坏、路基沉陷、道路悬空、桥涵开裂倒塌、隧道施工受阻，部分塌陷的根治工程费可达亿元以上，给铁路造成了巨大的经济损失。

b. 危害矿山。在矿山开采中，地下矿坑的抽排地下水及矿坑突水、涌水等都可引起矿区地面塌陷。矿区地面塌陷可造成其上及附近建筑物开裂、农田毁坏、道路中断、采矿滞产、停产、矿井报废等。矿井遭受塌陷的危害仅次于铁路运输。

湖南恩口煤矿1971年先后有4个井田投产，最大排水量8165t/h，地下水位大幅度下降，排水疏干影响范围约达20km。自1972年以来，因该矿开采引起地面塌陷达15km^2，地面塌陷坑洞6000多个，单个洞穴最大面积达7946m^2，塌陷使农田毁坏9500亩，50994m^{2}民房破坏，破坏桥梁4座，小型水库8座。至1982年，总赔偿和治理费达980万余元。

c. 危害城市建设。地面塌陷给我国许多城市建筑物、道路、管线及市政设施、风景点构成很大的危害。据不完全统计，我同遭受地面塌陷灾害较为严重的城市有：辽宁的大连，河北的秦皇岛、唐山，山东的济南、泰安、淄博、枣庄，湖北的武汉、黄石、咸宁，湖南的怀化、娄底、黔城、湘潭、郴州，江苏的南京，浙江的杭州，江西的九江、宜春、上高，云市的昆明、贵州的贵阳、水城、安顺、遵义、六盘水、清镇，广西的桂林、柳州、玉林，广东的广州。其中，以贵州水城的地面塌陷引起的灾害最为突出：水城因水钢水源地内 16 口水井抽取地下水，致使约 $5km^2$ 范围内出现塌陷 1023 个，引起 89 幢房屋开裂或倒塌，423 亩农田毁坏，道路坍裂，电线杆倾倒，直接赔偿和经济损失 260 余万元。

(3) 海水倒灌 近海地区的潜水或承压水层往往与海水相连，在天然状态下，陆地的地下淡水向海洋排泄，含水层保持较高的水头，淡水与海水保持某种动平衡，因而陆地淡水含水层能阻止海水的入侵。如果大量开采陆地地下淡水，引起大面积地下水位下降，可导致海水向地下水开采层入侵，使淡水水质变坏，并加剧水的腐蚀性。

20 世纪初，在欧洲的某些滨海地区，在开发地下水过程中，首先发现海水入侵问题。在含水层中山现盐水，比海平面低，其深度大约相当于淡水位高出海平面高度的 40 倍。荷兰西部的许多城市，以沿海沙丘中的潜水作为供水水源，这些沙丘最高的超出海面 30m 左右。起初并不知道有海水入侵的问题，约 100 年来用水量不断扩大，咸水不断上升，后来发现有些地区，咸水已上升到距井底只有 20m 左右了。因此，海牙的水厂从 1955 年开始引地表水回补地下水，除了补充每年超量用的地下水之外，并逐渐补回历年所过分消耗的水量。所以，向含水层回灌，是防止因采水过量而造成海水入侵的积极办法。

河北平原中的南皮县乌马营镇，潜水原先的矿化度达 2～3g/L。1969 年起，引地表水进行灌溉，河渠从汛期蓄水到次年二三月，时间长达 6 个月，以后又在渗补淡水的同时，打井排抽咸水，防止咸水水位上升，并促使淡水下移。到 1973 年，已经形成厚度几米到 20m 左右的淡水层。这种使原有咸水分布区形成淡水的方法，和滨海地区引地表水回灌含水层以防海水入侵在原理上是一样的。

不仅潜水含水层在开采时可能发生海水入侵，滨海地区的自流水含水层当其测压水位降到海平面以时，也会引起海水入侵。

(4) 地裂缝的产生与复活 地裂缝是指地表岩体在地质构造作用和人为因素的影响下，产生开裂并在地面上形成具有一定长度和宽度裂缝的构造。诱发地裂缝的因素虽很多，但相当部分地裂缝的产生都与地下水开采有关，地下水位大面积、大幅度下降是发生地裂缝的重要诱因之一。而且，在许多岩溶矿区和覆盖型岩溶水源地，地裂缝常常是地面塌陷产生的征兆。

地裂缝发生在人类活动的地区便会酿成灾害，是影响人类活动和经济建设的主要地质灾害之一。它穿越居民区、厂矿、农田、道路、地下管道等设施，会导致建筑物错断损坏、农田毁坏、道路变形、管道破裂，严重影响人民生活和厂矿安全。

据统计，我国不仅在西安、关中盆地发现地裂缝，而且在山西、河南、江苏、山东等地也发现地裂缝，如表 5-4 所示。

表 5-4 华北七省地裂缝一览表

省别	发生地裂缝县数	地裂缝数	出现时间/年	资料截止时间/年
河北	39	228	1963,1968,1978,1983	1989
山西	21	43	1965,1971,1975,1983	1989
陕西	29	165	1959,1964,1976,1982	1988
山东	24	51	1967,1974	1992

续表

省别	发生地裂缝县数	地裂缝数	出现时间/年	资料截止时间/年
江苏	36	110	1967,1974	1992
安徽	26	50	1974	1992
河南	26	107	1972,1976,1987	1989

(5) 地下水源枯竭、水质变差 人类盲目开采地下水，当开采量大于补给量时，地下水资源就会逐渐减少，以至枯竭，造成泉水断流，井水枯干，地下水中有害离子含量增多，矿化度增高。

由于城市人口增长，生活污水集中排放；再者，随着工业不断发展，各种厂矿排放各种固体、液体、气体等废物，从而使地下水污染，这是水质变差的主要原因。另外，随着农业发展，大量施用化肥和农药，也会使地下水水质受到损害。工农业的现代化使地下水的水质受到污染的极大威胁，成为迫切需要解决的重大课题。

我国东北、华北与西北都属于干旱半干旱地区，有相当大的范围内依靠地下水作为生活和工农业供水水源。由于过去未意识到有地下水污染问题，建立厂矿时对此未加考虑，因此造成不少地方污染泛滥。地下水源污染问题不仅影响当前的国计民生，而且将长远地影响到子孙后代的利益。如果再不加以警惕注意，它所引起的后果将很严重，处理是十分困难的。

二、地下水的渗透破坏作用

1. 地下水渗透破坏的概念及本质

渗透破坏或称渗透变形是指岩土体在渗流作用下，整块或其颗粒发生移动，或其颗粒成分发生改变的作用和现象。渗透破坏常见于疏松土层之中，岩石联结强度较高，但具有软弱夹层、断层破碎带、宽大裂隙或洞穴中填充有疏松堆积物时，也会发生。它将引起岩土体出现空洞，发生地面塌陷和裂缝，或在水流出口处出现涌泉、涌砂，形成渗透堆积，从而影响工程建筑物的场地、地基和围岩的稳定性。渗透破坏在水工建筑中最为常见，它可以对工程建筑物造成很大的危害，因此研究渗透破坏具有很大的实际意义。

渗透破坏与渗流在运动过程所产生的动水压力密切相关。疏松土是多孔性物体，当渗流通过其孔隙时，水流受到土粒的阻力，根据力的相互作用原理，水流就会给土粒产生作用力（渗水压力），垂直作用于土粒表面。除渗水压力外，作用于土粒表面上的还有土粒周围切线方向的渗透水摩擦力。每颗土粒都受到渗水压力和摩擦力的作用，二者之和即为每颗土粒所受到的渗透合力。当渗透合力大于土粒的重力时，土粒就会被水流带走。当一定体积的土体受到的渗透合力大于其重力时，土体就会发生整体失稳。这就是地下水渗透破坏的本质。

2. 渗透破坏的类型

渗透破坏是在渗流动水压力作用下，受各种因素影响或控制的一种工程的或天然的土体破坏变形，而在工程活动过程中，较易见到其全过程。由于影响因素或所处的地质条件不同，或在相同地质条件下而工程性质不同时，渗透破坏常表现为不同的形式，一般分为潜蚀、流砂和接触冲刷，而接触冲刷是潜蚀的特殊形式。因此，实际上渗透破坏仅为潜蚀和流砂两种类型。

(1) 潜蚀　渗流在一定水力坡度下，产生较大的动水压力而冲动挟走或溶蚀土体中部分细小颗粒而形成潜蚀，它在天然条件下和工程活动中都会发生。

① 潜蚀的分类。潜蚀可分为机械潜蚀和化学潜蚀。疏松土中，较高动水压力的渗流使土松动，并从中把细小颗粒冲动挟走，而较大颗粒仍留在原处，进一步发展会使土体中形成孔洞，引起地表塌陷。这完全是渗流的机械冲刷所致，故称机械潜蚀；易溶盐类（岩盐、钟盐、石膏等）及某些较难溶解的盐类（如方解石、菱镁矿、白云石等）在流动水流的作用下，尤其是在地下水循环比较剧烈的地域，盐类逐渐被溶解或溶蚀，使岩土体颗粒间的胶结力被削弱或破坏，导致岩土体结构松动，甚至被破坏的现象为化学潜蚀。化学潜蚀与岩溶不同，其渗流的机械冲刷是主要的。化学溶解只是从属的，后者为前者创造了条件。因此，机械潜蚀和化学潜蚀一般同时进行，且二者是相互影响，相互促进的。

潜蚀在自然条件下便有分布和发育。黄土中，渗流可沿着垂直裂隙和蠕虫穴入渗，在临近低地，如河谷、冲沟、路堑的斜坡处具较大动水压力，其方向又与土的垂直裂隙方向一致，便容易冲刷挟走土粒，产生地下洞穴，经地表塌陷，就会形成与岩溶相似的地形，即黄土“喀斯特”，实为黄土潜蚀。有的黏土层也会出这种作用形成黏土潜蚀。

潜蚀更常见于工程场地，特别是疏松土的坝基，必须论证其潜蚀的可能性。水坝上下游水位形成很大水头差，坝基渗流具有很大水力坡度，产生很大动水压力，具有强烈的潜蚀坝基的能力，它一般都远超过自然界所具有的强度。当坝基岩土体具备适当条件时，细小颗粒就能被渗流不断冲刷挟走，形成孔洞，进一步发展，孔洞不断扩大，甚至形成自坝后下游通过坝基直到坝前上游的连通孔道，使坝基产生不均匀沉陷，或者在坝后下游处或坝体本身，形成坍塌、塌坑，破坏大坝，直至失稳。

② 潜蚀产生的条件。潜蚀产生的条件主要有：一是有适宜的岩土颗粒组成；二是有足够的水动力条件。

具有下列条件的岩土体易产生以下潜蚀作用：

a. 当岩土层的不均匀系数（$C_u=d_{60}/d_{10}$）愈大，愈易产生潜蚀作用。一般当 $C_u>10$ 时，即易产生潜蚀；

b. 两种相互接触的岩土层，当其渗透系数之比 $k_1/k_2>2$ 时，易产生潜蚀；

c. 当地下渗透水流的水力梯度大于岩土的潜蚀临界水力梯度时，易产生潜蚀。

接触冲刷是潜蚀的特殊形式，系指粗细粒土层接触时，在平行或垂直于接触面的渗流作用下，细颗粒被冲动挟走，以至细粒土层被冲刷掏空，危及建筑物安全。当建筑物与性质相同或不同的土层接触时，由于接触松弛而产生集中渗流所造成的冲刷，也可称为接触冲刷。

③ 防止潜蚀的措施。防止潜蚀的有效措施，原则上可分为以下两大类。

a. 改变渗透水流的水动力条件，使水流梯度小于临界水力梯度，可用堵截地表水流入岩土层、阻止地下水在岩土层中流动、设反滤层、减小地下水的流速等。

b. 改善岩土的性质，增加其抗渗能力。如爆炸、压密、打桩、化学加固处理等，可以增加岩土的密实度，降低岩土层的渗透性能。

(2) 流砂　流砂是指松散细颗粒土被地下水饱和后，在动水压力即水头差的作用下，产生的悬浮流动现象。流砂多发生在颗粒级配均匀的粉、细砂等砂性土中，有时在粉土中亦会发生。流砂现象发生在土体表面渗流逸出处，不发生于土体内部，其表现形式是所有颗粒同时从一个近似于管状通道中被渗透水流冲走。流砂发展的结果是使基础发生滑移或不均匀下沉、基坑塌陷、基础悬浮等。

① 流砂形成的条件。

a. 岩性。土层由粒径均匀的细颗粒组成（一般粒径在 0.01mm 以下的颗粒含量在 30%～35%以上），土中含有较多的片状、针状矿物（如云母、绿泥石等）和附有亲水胶体矿物颗粒，从而增加了岩土的吸水膨胀性，降低了土粒质量。因此，在不大的水流冲力下，细小土颗粒即悬浮流动。

b. 水动力条件。水力梯度较大，流速增大，动水压力 f_d 等于或超过了十颗粒的有效重度时，就能使土颗粒悬浮流动形成流砂。动水压力 f_d 是指地下水在渗流时作用于单位体积土骨架（土颗粒）上的力。其表达式如下

$$f_d = \gamma_w I \tag{5-10}$$

式中 γ_w ——地下水的重度；

I ——地下水渗流水力坡度。

土颗粒的有效重度 γ' 为

$$\gamma' = \frac{G-1}{1+e}\gamma_w \tag{5-11}$$

式中 G——土的颗粒相对密度；

e——土的孔隙比。

$$G = \frac{\rho_s}{\rho_w} \tag{5-12}$$

式中 ρ_s ——土颗粒密度；

ρ_w ——纯水在 4℃时的密度。

形成流砂的水动力条件可表示为

$$f_d = \gamma' = \frac{G-1}{1+e}\gamma_w \tag{5-13}$$

出现流砂时的水力坡度称为临界水力坡度，用 I_{cr} 表示。由式(5-10) 及式(5-13) 可得

$$I_{cr} = \frac{G-1}{1+e} \tag{5-14}$$

c. 土的渗透系数（k）愈小，排水条件不通畅时，易形成流砂。

d. 砂土孔隙率（n）愈大，愈易形成流砂。

② 流砂的分类。流砂是一种不良工程地质现象，在建筑物深基础工程和地下建筑工程的施工中所遇到的流砂现象，按其严重程度可分为以下三种。

a. 轻度流砂。当基坑围护桩间隙处隔水措施不当或施工质量欠佳时，或当地下连续墙接头的施工质量欠佳时，有些细小的土颗粒随着地下水渗漏一起穿过缝隙而流入基坑，增加坑底的泥泞程度。

b. 中等流砂。在基坑底部，尤其是靠近围护桩的地方，常会出现一堆粉细砂缓缓冒起，仔细观察可看到粉细砂堆中形成许多小的排水沟，冒出的水夹带着细小土粒在慢慢地流动。

c. 严重流砂。基坑开挖时如发生上述现象而仍继续往下开挖，流砂的冒出速度会迅速增加，有时会像开水初沸时的翻泡，此时基坑底部成为流动状态，给施工带来很大困难，甚至影响邻近建筑物的安全。如果在沉井施工中产生严重流砂，则沉井会突然下沉，无法用人力控制，以致沉井发生倾斜，甚至发生重大事故。

③ 防止流砂的措施。流砂对岩土工程危害很大，所以在可能发生流砂的地区应尽量利用其上面的土层作天然地基，也可利用桩基穿透流砂层。总之，应尽可能避免水下大开挖施

工。若必须时，可以利用下列方法防治流砂。

a. 人工降低地下水位。将地下水降至可能产生流砂的地层以下，然后再开挖。

b. 打板桩。其目的，一方面是加固坑壁；另一方面是改善地下水的径流条件，即增长渗流途径，减小地下水力梯度和流速。

c. 水下开挖。在基坑开挖期间，使基坑中始终保持足够的水头（可加水），尽量避免产生流砂的水头差，增加坑侧壁土体的稳定性。

d. 其他方法。如冻结法、化学加固法、加重法、爆炸法等。

(3) 管涌　地基土在具有某种渗透速度（或梯度）的渗透水流作用下，其细小颗粒被冲走，岩土的孔隙逐渐增大，慢慢形成一种能穿越地基的细管状渗流通道，从而掏空地基或坝体，使地基或斜坡变形、失稳的现象称为管涌。管涌现象可以发生在渗流逸出处，也可能发生于土体内部。管涌通常是由于工程活动而引起的，但在有地下水出露的斜坡、岸边或有地下水溢出的地带也有发生。

① 管涌产生的条件。管涌多发生在非黏性土中，其颗粒特征是：颗粒大小比值差别较大，往往缺少某种粒径，磨圆度较好，孔隙直径大而连通，细粒含量较少，不能全部充满孔隙。颗粒多由相对密度较小的矿物构成，易随水流移动，有较大的和良好的渗透水流出路径等。具体包括以下四个条件：

a. 土由粗颗粒（粒径为 D）和细颗粒（粒径 d）组成，其 $D/d>10$；

b. 土的不均匀系数 $d_{60}/d_{10}>10$；

c. 两种相互接触土层渗透系数之比 $k_1/k_2>2\sim3$；

d. 渗透水流的水力梯度大于土发生管涌的临界水力梯度。

② 管涌的防止。管涌的防止原则是在可能发生管涌的岩层中修建挡水坝、挡土墙工程及基坑排水工程时，为防止管涌的发生，设计时必须控制地下水溢出带的水力梯度，使其小于产生管涌的水力梯度。最常用的具体方法与防止流砂的方法相同，主要是控制渗流、降低水力梯度、设置保护层、打板桩等。

3. 渗透破坏形成条件的综合分析

渗透破坏的发生和发展条件中，具有动水压力的渗流显示着主导作用。在一定的水动力条件之下，岩土的性质及结构、地质构造，是渗透破坏的根本条件。

土的物理力学性质是影响渗透破坏的根本因素。土颗粒成分的不均匀程度、容重、紧密度、渗透性，以及黏性土的凝聚力等，对渗透破坏都有很大影响；土的容重与孔隙率有关，土的孔隙愈少，容重愈大，便不易被渗流破坏；土的紧密度也具有相似的作用；土的渗透系数大小及其变化，对土中渗流动水压力的分布有很大影响。渗透破坏中渗流不仅要克服土粒质量，还需克服颗粒间的摩擦力，对黏性土在克服凝聚力的同时，还须首先克服黏性土的起始水力坡度。因此，在同样水动力条件下，黏性土抵抗渗透破坏的能力比砂土大些。

地质构造对渗透破坏的影响显著，在坝基下表现得最为明显。坝基为较厚黏性土层时，即使夹有一些薄的、不连续的砂土透镜体，渗透破坏的可能性也很小；但坝基由亚砂土或砂土层构成时，发生渗透破坏的可能性就很大；坝基为双层或多层构造时，情况较复杂。

渗流特征是影响渗透破坏的另一重要条件。渗透破坏不仅与动水压力大小有关，还与其方向变化有关。从流网中不仅可以看到大坝上下游总的水头大小，还可看出坝基各部分渗流的方向及水力坡度的大小和变化。坝基地质构造和岩土性质的变化，常使各地点的水力坡度大小不等，有的比平均水力坡度小，有的比平均水力坡度大。另外，渗流方向与土层重力方向的关系，决定了渗流与土粒间的平衡条件。坝基中各单元土体所在位置不同，渗流的动水压力对其影响也不一样。

地形条件也对渗透破坏有一定影响。沟谷切割，能影响到坝基渗流的补给或排泄条件。坝前上游沟谷切穿上层不透水层，就增大坝基渗流和下游水力坡度；坝后下游沟谷切穿表土层使盖重减轻，都为渗透破坏提供了条件。因此，施工期间在大坝上游或下游取土，应避免破坏天然黏性土铺盖或盖重，以防引起恶劣后果。

4. 渗透破坏的预测

工程兴建前，特别是水工建筑物，必须预测场地或地基渗透破坏的可能性，以便制定相应措施，保障建筑物安全。

天然条件或工程作用下，地下水的渗透速度或水力坡度达到一定大小时，岩土体才开始表现为整块移动或颗粒移动、颗粒成分改变，从而导致岩土体变形与破坏。这个一定大小的渗透速度或水力坡度，分别称为该岩土体的“临界渗透速度”或“临界水力坡度”，是论证场地或地基渗透稳定性的数量指标。渗透破坏的预测就是通过确定临界渗透速度，主要是临界水力坡度而实现的。

应该注意，潜蚀和流砂的临界渗透速度或临界水力坡度不宜混用。发生流砂的岩土体，不一定出现潜蚀，而发生潜蚀的岩土体，在一定的渗流条件下，都可能出现流砂。

场地渗透破坏的预测在坝基工程中最常见，大体分为四个步骤：首先，确定坝基“临界水力坡度”；再选择坝基“允许水力坡度”；进一步确定坝基各点“实际水力坡度”；最后，比较坝基允许水力坡度与实际水力坡度，判定能否发生渗透破坏。只有使“实际水力坡度”等于或小于“允许水力坡度”，才能保证地基的渗透稳定性。

三、地下水的浮托作用

当建筑物基础底面位于地下水位以下时，地下水对基础底面产生静水压力，即产生浮托力。如果基础位于粉土、砂土、碎石土和节理裂隙发育的岩石地基上，则按地下水位100％计算浮托力；如果基础位于节理裂隙不发育的岩石地基上，则按地下水位50％计算浮托力；如果基础位于黏性土地基上，其浮托力较难确切地确定，应结合地区的实际经验考虑。

地下水不仅对建筑物基础产生浮托力，同样对其水位以下的岩体、土体也产生浮托力。所以，在确定地基承载力设计值时，无论是基础底面以下土的天然重度或是基础底面以下土的加权平均重度，地下水位以下都取有效重度。

四、承压水对基坑的作用

当深基坑下部有承压含水层时，必须分析积压水头是否会冲毁基坑底部的黏性土层，通常用压力平衡概念进行验算，即

$$\gamma M=\gamma_{w}H \tag{5-15}$$

式中 γ、γ_{w}——黏性土的重度和地下水的重度；

H——相对于含水层顶板的承压水头值；

M——基坑开挖后黏性土层的厚度。

所以，基坑底部黏性土层的厚度必须满足式(5-16)，如图 5-10 所示。

$$M>\frac{\gamma_{w}}{\gamma}HK \tag{5-16}$$

式中 K——安全系数，一般取 1.5～2.0，主要视基坑底部黏性土层的裂隙发育程度及坑

底面积大小而定。

如果 $M < \frac{\gamma_w}{\gamma}HK$，则必须用深井抽汲承压含水层中的地下水，使承压水头下降（图5-11），而且，相对于含水层顶板的承压水头 H_w 必须满足式(5-17)

$$H_w < \frac{\gamma}{K\gamma_w}M \tag{5-17}$$

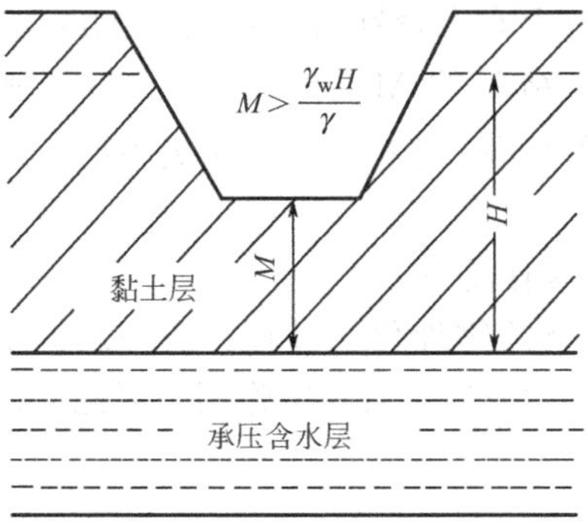

图 5-10　基坑底黏土层最小厚度

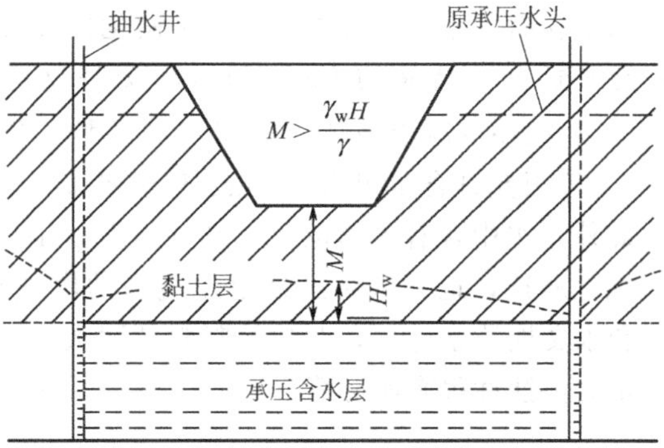

图 5-11　抽水降低承压水头

五、地下水对混凝土的侵蚀作用

土木工程建筑物，如房屋及桥梁的基础、地下硐室的初砌和边坡支挡建筑物等，都要长期与地下水接触，地下水中的各种化学成分与建筑物中的混凝土产生化学反应，使混凝土中某些物质被溶蚀，强度降低，结构遭受破坏；或者在混凝土中生成某种新的化合物，这些新的化合物生成时体积膨胀，使混凝土开裂破坏。其侵蚀类型有以下三种。

1. 碳酸侵蚀性（分解性侵蚀）

地下水含有 CO_2 和 HCO_3^-，CO_2 与混凝土中的 Ca $(OH)_2$ 作用，生成碳酸钙沉淀：

$$Ca(OH)_2 + CO_2 = CaCO_3 \downarrow + H_2O$$

由于 $CaCO_3$ 不溶于水，它可充填混凝土的孔隙，在混凝土周围形成一层保护层，能防止 $Ca(OH)_2$ 的分解。但是，当地下水中的 CO_2 的含量超过一定数值，超量的 CO_2 再与 $CaCO_3$ 反应，生成重碳酸钙，并溶于水，即

$$CaCO_3 + H_2O + CO_2 \rightleftharpoons Ca^{2+} + 2HCO_3^-$$

上述反应式是可逆的。当水中含有一定数量的碳酸氢根离子时，就必须有一定数量的游离 CO_2 与之相平衡。这一平衡所需的 CO_2 称为平衡 CO_2。当水中的游离 CO_2 与 HCO_3^- 达到平衡后，若又有一部分 CO_2 进入水中，那么上述平衡遭到破坏，则反应式要向右进行，使水中 HCO_3^- 增加，从而达到新的反应平衡。因此，当水中含有超过平衡所需的游离 CO_2 时，就能使碳酸盐溶解于水而生成 HCO_3^-，其中有一部分用于平衡新增加的 HCO_3^-，另一部分则消耗于对碳酸盐的溶解。被消耗成 CO_2，被称为侵蚀性 CO_2。可见，超过平衡所需的游离 CO_2，只有一部分是侵蚀性 CO_2，而另一部分则为平衡 CO_2。地下水中侵蚀性 CO_2 越多，对混凝土的腐蚀越强。地下水的流速、流量很大时，CO_2 易补充，平衡难建立，则腐蚀加快。HCO_3^- 离子含量越高，对混凝土的腐蚀越弱。

2. 硫酸盐侵蚀性（结晶性侵蚀）

含有一定量硫酸根离子的水渗入碳酸盐物质中时，便产生硫酸盐侵蚀性。这是由于硫

酸根离子与碳酸盐物质中的一些组分产生化学作用形成结晶的硫酸盐，这种新的化合物在形成过程中，体积膨胀，从而使硫酸盐类物质破坏。例如，在生成 $CaSO_4 \cdot 2H_2O$ 时，体积增大 1 倍；形成 $MgSO_4 \cdot 7H_2O$ 时，体积增大 430%；生成 $Al(SO_4)_3 \cdot 18H_2O$ 时，体积增大 1400%。试验证明，当水中 $SO_4^{2-}>250mg/L$ 或侵蚀性 $CO_2>3\sim8.3mg/L$ 时，水具有侵蚀性。

3. 镁化性侵蚀性（分解、结晶复合性侵蚀）

水中含有大量的 Mg^{2+}，便产生镁化性侵蚀性。因为含有大量镁盐（特别是 MgCl）的水，与混凝土中结晶的 $Ca(OH)_2$ 起交替反应，其形成结晶的 $Mg(OH)_2$ 和易溶于水的 $CaCl_2$，从而使混凝土破坏。根据水泥品种、建筑物的条件及结构、SO_4^{2-} 含量不同，水中 Mg^{2+} 的极限允许含量可有 750mg/L 至更多。

此外，水中含有大量的氧、硫化氢及 pH<6 的水也具有侵蚀性。

综上所述，地下水对混凝土建筑物的腐蚀是一项复杂的物理化学过程，在一定的工程地质和水文地质条件下，对建筑材料的耐久性影响很大，对人体也有损害作用。因此，研究地下水的侵蚀性很有实际意义。

重要术语

1. 含水层　2. 隔水层　3. 上层滞水　4. 潜水　5. 承压水　6. 总矿化度　7. 泉　8. 流砂　9. 管涌　10. 达西定律

复习思考题

1. 如何理解含水层和隔水层的相对性？
2. 地下水按埋藏条件分为哪几类？
3. 地下水按含水层性质分为哪几类？
4. 潜水和承压水各有哪些特点？
5. 泉分为哪几类？各有什么特点？
6. 简述达西定律。
7. 地下水中常见的阴阳离子有哪些？
8. 毛细水上升对工程的主要影响有哪些？
9. 潜水位上升引发的工程地质问题有哪些？
10. 地下水位下降引起的岩土工程问题有哪些？
11. 潜蚀的产生条件和防止措施有哪些？
12. 流砂的产生条件和防止措施有哪些？
13. 论述地下水对混凝土的侵蚀作用。

第六章　区域稳定性分析

第一节　活断层

一、活断层概述

20 世纪 20 年代 Willis 和 Wood 提出活断层的概念以来，活断层一直是地球科学研究中一个重要领域。不仅因为活断层是地质历史中最新活动的产物，为研究现今地壳动力学提供了最为重要和直接的证据；而且还由于活断层与灾害，尤其是地震灾害有着密切的联系；活断层的存在还直接影响了工程的安全。因此，活断层研究一直受到各种国际地学组织、地球科学家和工程地震学家们的高度重视，在 20 世纪 80 年代、20 世纪 90 年代的国际岩石圈研究计划中，活断层都被列为其中一项重要内容。我国在“八五”、“九五”期间相继开展了主要活断层填图、活断层地震危险性定量研究等项目，“十五”期间，我国在 20 个城市部署了城市活断层探测及其地震危险性评价项目。

晚更新世或距今 10 万～12 万年以来有过活动的断层定义为活断层，该定义包含了活断层鉴定时限标准的涵义，具有一定的科学内涵。其一，该定义符合目前对中国大陆构造运动阶段的认识，因为发生在中更新世末期的共和运动形成了中国大陆现今构造地貌和断裂构造活动的格局，塑造了新的构造活动环境，这次构造运动在中国大陆具有普遍性。其二，从中国大陆现今断层活动特征来看，晚更新世以前活动的断层在晚更新世以来一般没有活动的显示，而晚更新世以来有过活动的大部分断层在现今仍有活动的显示。其三，该定义给出了明确的时限，使得在断层活动性鉴定的实践中具有可操作性。

活断层研究对工程建设有重要意义：其一，活断层的地面错动直接损害跨越该断层的建筑物，也会影响到邻近的建筑物；其二，活断层突然错动时发生的强烈地震活动，将对较大范围内的建筑物和生命财产造成危害。这不仅与工程的区域地壳稳定性密切相关，而且也影响到场地和地基的稳定性。

二、活断层的特性

根据研究资料概括，活断层具有以下基本特性。

(1) 活断层是深大断裂复活运动的产物　活断层往往是地质历史时期产生的深大断裂(切穿上地壳、地壳或岩石圈的断裂)，在现代构造应力条件下重新活动而产生的。

(2) 活断层的继承性和反复性 活断层往往是继承老的断裂活动历史而继续发展的，而且现今发生的地面断裂破坏的地段过去曾多次反复发生过同样的断层活动。一些古地震震中总是沿活断层有规律地分布，岩性和地貌错位反复发生，累积叠加。我国活断层的分布，主要继承了中生代和第三纪以来断裂构造的格架。

(3) 活断层的类型 由于构造应力状态不同，活断层亦可划分为不同类型。根据断层面位移矢量方向与水平面的关系，可将活断层划分为倾滑断层与走滑断层。倾滑断层又可分为逆（冲）断层和正断层；走滑断层又可分为左旋断层和右旋断层；此外，还有倾滑与走滑的组合断层。它们的几何特征与运动特性不同，对工程场地的影响也各异。

受大洋与大陆板块活动的制约，我国东部与西部地区活断层的类型和活动方向显著不同，可大致以东经105°为界，东部地区以NE和NNE向的正断层和走滑-正断层为主，西地区则以NW、NNW和NWW向的走滑和逆冲-走滑断层为主。

(4) 活断层的活动方式 活断层的活动方式有两种：一种是间歇性的突然错动，称地震断层或黏滑型断层；另一种是沿断层面两侧连续缓慢地滑动，称蠕滑型断层。黏滑型断层的围岩强度高，断裂带锁固能力强，能不断地积累应变能可达到相当大的量级。当应力达到岩体的强度极限后，则突然错动而发生大的地震。蠕滑型断层不能积累较大的应变能，持续缓慢的断层活动一般无地震发生，有时可伴有小震。我国大多数活断层属黏滑型断层。一条巨大的活断层，由于不同地段的围岩类型和性质不同，因而可有不同的活动方式。

(5) 活断层的规模和活动速率 活断层的长度和断距是表征其规模的重要数据。通常用强震导致的地面破裂（地震断层或地表错断）的长度（L）和伴随地震产生的一次突然错断的最大位移量（D）表示。地震地表错断长度自小于1km至数百千米，最大位移自几十厘米至十余米。一般震级越大，震源越浅，地表断裂就越长。大于7.5级的浅源地震均伴有地表错断，而小于5.5级的地震除个别特例外均无地表错断。一般认为，地面上产生的最长地震地表断裂，可以代表地震震源断层的长度，而地震震源断层的长度与震级大小是正相关的。

活断层的活动速率是断层活动性强弱的重要指标。世界范围统计资料表明，活断层的活动速率一般为每年不足1mm到几毫米，最强的也仅有几十毫米，根据活断层的滑动速率，可将活断层分为活动强度不同的级别（表6-1）。

表6-1 我国活断层分级

级别	A	B	C	D
速率 R/(mm/a)	$100>R>10$	$10>R>1$	$1>R>0.1$	$R<0.1$
强烈程度	特别强烈	强烈	中等	弱
M_{max}	>8.0	7.0～8.0	6.0～7.0	<6.0

(6) 活断层的活动频率 活断层的活动方式以黏滑为主时，两次突然错动之间的时间间隔就是地震重复周期。地震重复周期可以通过某一断层的多次古地震事件及其年代数据来确定。相邻两次发震之间的时间即为重复周期，此方法称为古地震法。表6-2为用古地震法获得的我国部分活断层的大震重复周期。

表6-2 我国部分活断层的大震重复周期

活断层名称	最近一次地震名称(年份)	重复周期/a	震级
新疆喀什河断裂	新疆尼勒克地震(1812)	2000～2500	8.0
山西霍山山前断裂	山西洪洞地震(1303)	5000左右	8.0

续表

活断层名称	最近一次地震名称(年份)	重复周期/a	震级
宁夏海原南西华山北麓断裂	海原地震(1920)	约1600	8.5
河北唐山	唐山地震(1976)	约7500	7.8
四川鲜水河断裂	四川炉霍地震(1973)	约50	7.9
郯庐断裂中南段	郯庐地震(1668)	3500	8.5

三、活断层的鉴别

活断层的鉴别是对其进行工程评价的基础。可以借助于地质、地貌、地震标志，以及现代测试技术手段等鉴别它。

1. 地质、地貌和水文地质特征

活断层是活动在最新地质时期内的断层，因而与老断层相比，其地质、地貌和水文地质方面的特征更为清楚。第四纪最新沉积物的地层错开，是鉴别活断层最可靠的地质特征。此外，松散未胶结的断层破碎带也可作为鉴别活断层的地质特征，并可取断裂带物质做绝对年龄测定，以确定其最新活动时限。

活断层的构造地貌格局清晰，所以可以通过断崖、河流同步弯折移错、夷平面或阶地解体位错、山脊错列以及两种截然不同地貌单元的直接相接等现象鉴别它。借此可以鉴别断层的性质和错动方向。

活断层带的透水性和导水性较强，常形成脉状含水带，因此沿断裂带泉水呈线状分布，且植被发育。此外，许多活断层沿线常有温泉出露。它们均可作为活断层的判别标志。但需注意，有些老断层沿线泉水也有线状分布的特征，判别时要慎重。

在地表，地质、地貌和水文地质等特征迹象明显的活断层，在遥感图像中信息极为丰富，即使是隐伏的活断层也可提供一定的信息量。因此，利用遥感图像（包括航空照片、卫星影像等）判断活断层，是一种很有效的手段。

2. 历史地震和地表错断资料

历史上有关地震和地表错断的记录，也是鉴别活断层的证据。我国历史悠久、典籍丰富，有关地震的记载长达3000余年。其中，较新历史记载的震中位置、地震强度，以及断裂方向、长度和错距等较为具体、详细，可靠性较强。此外，利用考古学的方法，可以判定某些断陷盆地的下降速率。

3. 使用仪器测定

利用密集的地震台网、重复精密地形测量，以及重力梯度和航磁异常测量等，皆可判定活断层的存在及其两盘相对活动的趋势和幅度。

虽然鉴别活断层的方法较多，但经实践证明，利用综合方法较单一方法要可靠得多。

四、工程活断层的划分标准

由于活断层的存在直接影响了工程的安全，对活断层的鉴定与评价已成为工程选址及可行性研究阶段中一项十分重要的工作。各行业相关技术规范都对场址区活断层的调查与评价问题给予了具体规定，例如，我国国标《建筑物抗震设计规范》（GB 50011—2010）中的4.1.7条规定，当建筑场地范围内有发震断裂时，应对断裂的工程影响进行评价，并规定了不同抗震设防类别情况下的避让距离。在我国《核电厂厂址选择安全规定》中的4.4.4条则有更为严格的规定："如果厂址位于在地表或接近地表处可能产生明显的错动的地表断裂带内，则必须认为这个厂址是不合适的，除非能证明所采取的工程措施是切实可行的"。对这项工作重视不足，尤其是在活断层发育的地区，往往会导致重大的损失。例如，位于美国西部内华达山脉西侧的奥本大坝，由于当初在可行性研究时对活断层调查不够，后来在坝址区发现了活断层，结果不得不废弃已选坝址，造成约2亿美元的经济损失。我国黑山峡河段水电工程坝址选择方案迟迟不能确定下来，大柳树坝址区是否存在活断层，即是否存在抗断问题，是其影响因素之一。

五、活断层对工程的影响与工程安全性对策

中国位于欧亚板块的东南隅，被印度板块、太平洋板块和菲律宾板块所包围，是世界上活断层最为发育的国家之一。一些活动断裂带规模巨大，一些断裂全新世以来具有很高的滑动速率。如青藏高原北缘边界断裂阿尔金活动断裂带全长达1500km，青藏高原西南的北西向喀喇昆仑断裂带右旋滑动速率可达20～25mm/a。因此，在中国大陆活断层的工程评价问题尤为突出。

1. 活断层对工程安全性的影响

一般来说，活断层对工程安全性的影响可以概括为以下4个方面。

（1）断层活动有可能产生破坏性地震，地震动对工程建筑物或构筑物的结构具有破坏作用，造成建筑物倒塌、破坏或功能失效。

（2）地震可能导致液化、震陷、滑坡和崩塌等地震地质灾害，从而导致地基失效或对工程设施的直接破坏。

（3）地震断层地表错动对工程设施产生破坏。到目前为止，中国大陆产生明显地表断层最小震级为6¼级，即1888年甘肃景泰6¼级地震，该地震产生了长38km的地表破裂带，最大水平位移2.3m。一般来说，随着震级的增大地震地表破裂带的规模和位移也增大，如2001年昆仑山口西8.1级大地震的地表破裂带长达425km，地表最大水平位移6m（中国地震局监测预报司，2002)。当然地震地表破裂带的规模与位移大小由于受断错性质、构造环境、岩石介质、第四系覆盖层的特点及厚度等因素的影响，和震级大小不一定呈简单的比例关系。如1976年唐山7.8级地震发生在第四纪覆盖区，地震地表破裂带长度不到10km，最大右旋位移2.3。以人类目前的工程技术，任何建筑物或构筑物还没有能力抗拒地震断层的错动。

（4）活断层除了发生突发断错外，还有可能以缓慢蠕滑的方式活动，同样会造成跨断层或附近建筑物的破坏。如1973年炉霍7.6级地震后，于1984年在主断层上盖了一个纪念碑，纪念碑分两部分跨断层建造，至1998年两侧碑体已有12mm的左旋位移。其蠕滑速率为该断层全新世以来平均滑动速率的1/15。在川滇活动块体边界及其内部活断层中，现今地壳形变观测到的蠕滑速率一般为全新世以来平均滑动速率的1/10，少数达20%～30%。在天山南北缘发育的活动逆冲断裂的断错形式以突发断错为主，其活动速率为10^{-1}～10^{0}量级；根据现今跨断裂的测量结果，断裂的缓慢蠕滑速率为10^{-2}量级。

2. 工程安全性对策

工程安全性对策需要针对活断层对工程安全的影响特征来进行，为保证工程的安全，工程可行性研究中一般包括以下几个方面。

(1) 活断层的查证　通过野外地质地貌调查、探槽与实验室年代测定，根据活断层鉴定的标准，确定工程场区及区域范围内的断层是否为活断层。在隐伏区还需借助化探、浅层

物探、钻探（可能时开挖探槽）等手段来鉴定断层的活动性。为工程选址避开活断层提供科学依据。

（2）活断层特征的获取 对于活断层需进一步查明其长度、宽度、运动性质（正断层、逆断层、走滑断层及其复合运动特点）、错动方式(突发错动和蠕滑错动)、滑动速率、一次错动的位移量与重复特征，以及分段性特征等。在此基础上要评价活断层对工程场地的影响，例如是否存在直接断错影响、对场地构造稳定性影响以及可能产生的地震对工程的影响等。

（3）划分潜在震源区和评价地震活动性参数 根据发震断层最大潜在地震及地震发生特征的分析，划分潜在震源区和评价地震活动性参数。通过对工程场地的地震危险性分析，给出场址不同风险概率水平的抗震设防参数，工程设计根据抗震设防参数进行设防，从而保证工程设施在遭遇未来地震时的安全性。

（4）地震地质灾害评价 根据工程场地的地质条件，结合地震危险性分析结果，进行地震地质灾害评价，评估工程场地遭受上述灾害的可能性及程度，从而作为工程场地避让潜在地震地质灾害地带或采取相应工程安全措施的依据。

六、活断层的工程评价方法

以重要线状工程（如石油、天然气长输管道、高速铁路及其重要生命线工程等）为例，介绍活断层的工程评价方法，其内容不包括由于活断层产生潜在地震及其对工程影响的评价。

活动断裂评价的范围为管道线两侧 20km 的区域，重点是与管道交汇的断裂。

首先，对管道两侧 20km 范围内的断裂进行活动性鉴定。采用断层地质、地貌追索观测和槽探的方法，获得反映断裂活动性的地质剖面，通过断错地貌分析、采集被断错地层与断层上断点覆盖地层的测年样品，综合判定断裂最新断错地表的运动学性质（区分正断层、逆断层、走滑断层）与断错时代，鉴定出哪些断裂为活动断裂，如果断裂活动具有分段性，应区分出活动断裂活动段与不活动段，并将管道沿线 20km 范围内断裂的确切空间位置和活动性鉴定结果标绘在管道线分布图上（比例尺一般为 1/200000）。

其次，根据管道抗断设防的需要，对于鉴定出的与管道相交的活动断裂，应给出以下相关特征与参数：①活动断裂产状及其走向与管道线的交角；②活动断裂带的宽度（即突发性位移发生期间的变形带宽度）；③活动断裂断错的运动学性质，如果不属纯走滑或倾滑活动，则需给出错动方向与断面走向的交角；④未来 100 年可能发生突发位错的可能性评价；⑤活动断裂的平均位移速率与发生突发位错的位移量（包括水平与垂直两个方向的位移量）；⑥活动断裂的断错有两种活动方式，即蠕滑活动与突发断错活动，当活动断裂以蠕滑活动为主或蠕滑活动速率较大时，应给出蠕滑活动的速率。最终给出管道与活动断裂交汇处的大比例尺平面图（一般为 1/25000）（图 6-1），并提供管道抗断设计的相关参数（表 6-3）。

表 6-3 克拉 2——轮南输气管道沿线相交活动断裂的几何学与运动学参数

断层名称	产状	本活动段长度/km	未来突发断错可能性	断错影响带宽度/m	运动性质	平均位移速率/$mm\cdot a^{-1}$	突发断错位移量/m	与管道交汇角β	建议
喀桑托开	345°∠18°	30	可能	30	逆冲	$S_V=0.35$ $S_L=1.08$	$H_V=0.5$ $H_L=1.54$	60°	设防
秋立塔格	150 °∠40°	30	可能	40	逆冲	$S_V=0.16$ $S_L=0.19$	$H_V=0.7$ $H_L=0.95$	90°	设防

注：H_V为突发断错垂直方向位移量；H_L为突发断错水平方向位移量。

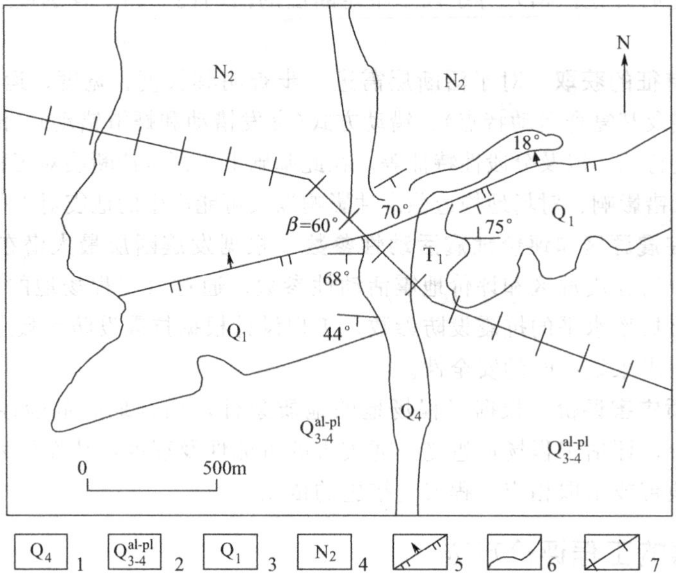

图 6-1 克拉 2——轮南输气管道与喀桑托开活动断裂交汇处平面图

1—全新世砾石层；2—晚更新世-全新世冲洪积砾石层；3—早更新世砾岩；4—上新世泥岩；5—活动逆断裂；6—地层界线；7—管道；T_1—Ⅰ级阶地

第二节 地震

一、地震概述

1. 基本概念

地震是地壳的快速颤动，是地壳运动的一种特殊形式，它主要是由地球的内力作用引起的。

(1) 震源 地球内部发生地震的地方叫震源，也称震源区。它是一个区域，但研究地震时常把它看成一个点，如图 6-2 所示。

(2) 震中 地面上正对着震源的那一点称为震中，实际上也是一个区域，又称为震中区。

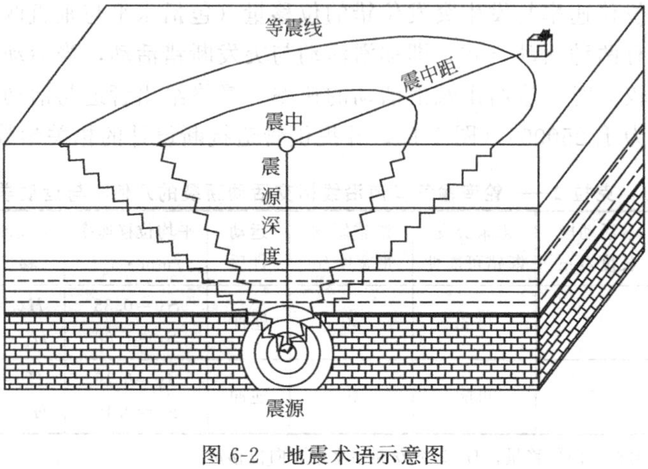

图 6-2 地震术语示意图

(3) 震中距　在地面上，从震中到任一点的距离叫做震中距。

(4) 震源深度　如果把震源看成一个点，那么这个点到地面的垂直距离 h 称为震源深度。根据震源深度可分为浅源地震（$h \leqslant 70$km）、中源地震（70km$< h \leqslant$300km）、深源地震（$h >$300km）。

(5) 远震、近震、地方震　这是根据地震台站至震中的距离远近来划分的。震中距大于 1000km 的地震叫远震，震中距在 100～1000km 范围内的地震叫近震，震中距在 100km 以内的地震叫地方震。例如 1975 年 2 月 4 日辽宁海域、营口一带发生的 7.3 级地震，对于辽南金县地震观测站算地方震，对于北京地震观测站算近震，而对于新疆地震观测站就算远震了。这是指同一地震对不同的地震台站而言，至于同一个地震台站对不同地区的地震，道理也是一样的。

(6) 地震波　由震源的震动引起，并向四周传播的弹性波，称为地震波。地震波从震源发出后，随着传播距离越来越远，振动也会越来越减弱。

根据统计，地球上每年约有 15 万次以上或大或小的地震。人们能感觉到的地震平均每年达 3000 次，具有很大破坏性的达 100 次。大多数地震的震源深度在几十千米的范围内，不超过 100km。如 1976 年的唐山地震，震源深度为 12km；2008 年的汶川地震，震源深度为 14km。通常，将震源深度小于 70km 的叫浅源地震，全球地震的 95%属于此类；深度为 70～300km 的叫中源地层；大于 300km 的叫深源地震。目前已知的最大深度为 720km，是发生于印度尼西亚苏拉威西岛东的地震。深源地震常常发生在太平洋中的深海沟附近。在马里亚纳海沟、日本海沟附近，都多次发生了震源深度达五六百公里的大地震。

2. 地震的成因类型

地震按其成因，可以分为四类：构造地震、火山地震、陷落地震和人工触发地震。

(1) 构造地震　构造地震是由于地壳运动而引起的地震。地壳运动使地壳岩层发生变形，并在岩体内产生应力。随着变形的增加，应力亦逐渐增高。当应力超过岩体的强度时，便从地壳岩层的弱处发生断裂，积累的大量能量，迅速释放出，因此弹性振动就传播到地表上，致使地面振动。构造地震的特点是传播范围广，振动时间长且强烈，具有突然性和灾害性的特点。世界上有 90%的地震属于构造地震。

(2) 火山地震　火山地震是由于火山活动而引起的地震。当岩浆突破地壳和冲出地面时，是十分迅速和猛烈的，同时从火山口喷出大量的气体和水蒸气，引起地壳的振动。这类地震的影响范围不大、强度也不大，地震前有火山喷发作为预兆。火山地震占世界总地震次数 7%左右。

(3) 陷落地震　陷落地震是由于山崩或地面陷落而引起的地震。影响范围很小，一般不超过几平方千米，强度也微弱。这种地震次数很少，占世界总地震次数 3%左右。

(4) 人工触发地震　人工触发地震是由于人类工程活动引起。例如，修水库或人工向地下大量灌水，这样使地下岩层增大负荷，如果地下有大断裂或构造破碎带存在，则促使该处岩层变形，就易触发地震。所以说，修建大小水库或深井灌水只是发生地震的一个可能条件，而主要取决于当地的地质构造。人工触发地震的特点是：一般小震多，震动次数多；最大的震级根据目前已记录的不超过 6.5 级；震中位置多在蓄水处附近，一般 10～20km 范围内，极少超过 40km；震源深度较浅。

3. 地震波及其传播

地震时震源释放的应变能以弹性波的形式向四面八方传播，这就是地震波。地震波使地震具有巨大的破坏力，也使人们得以研究地球内部构造。地震波包括两种，即在介质内部传播的体波和限于界面附近传播的面波。

(1) 体波 体波包括纵波与横波两种类型。

纵波（P 波）：是由震源传出的压缩波，质点的振动方向与波的前进方向一致，一疏一密向前推进，所以又称疏密波。它周期短、振幅小；其传播速度是所有波当中最快的一个，平均 7～13km/s；震动的破坏力较小。

横波（S 波）：是由震源传出的剪切波，质点的振动方向与波的前进方向垂直；传播时介质体积不变，但形状改变；它周期较长、振幅较大；其传播速度较小，平均 4～7km/s，为纵波速度的 0.5～0.6 倍；但震动的破坏力较大。

(2) 面波 是体波达到界面后激发的次生波，只是沿着地球表面或地球内部的边界传播。面波向地面以下传播迅速消失。面波随着震源深度的增加而迅速减弱，即震源愈深面波愈不发育。面波有瑞利波和勒夫波两种。瑞利波（R 波）在地面上滚动，质点在平行于波的传播方向的垂直平面内作椭圆运动，长轴垂直地面。勒夫波（Q 波）在地面上作蛇形运动，质点在水平面内垂直于波的传播方向作水平振动。面波传播速度比体波慢。瑞利波波速近似为横波波速的 0.9 倍；勒夫波在层状介质界面传播，其波速介于上下两层介质横波速度之间。

一个地层波记录图或地震谱（图 6-3）最先记录的总是速度最快、振幅最小、周期最短的纵波，然后是横波，最后到达的是速度最慢、振幅最大、周期最长的面波。面波对地表的破坏力最大，自地表向下迅速减弱。一般情况下，横波和面波到达时振动最强烈。建筑物破坏通常是由横波和面波造成的。

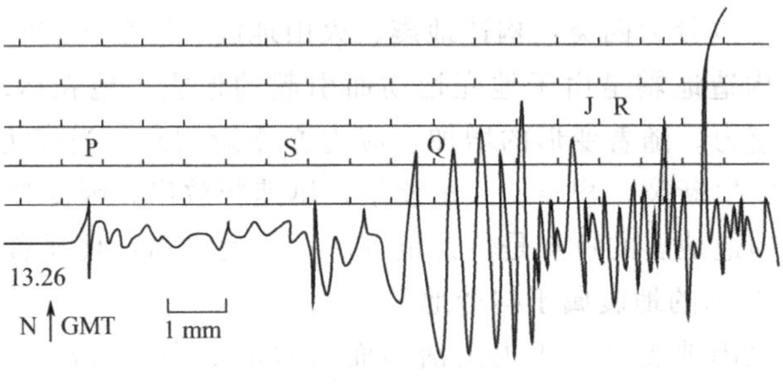

图 6-3 典型的地震波记录图或地震谱

4. 地层的震级与烈度

(1) 地震震级 地震震级即通常地震学上所说的地震的大小，它是依据地震释放出来的能量多少来划分的。释放出来的能量越多，震级就越大。地震时所释放的能量可以根据地层仪记录到的地震波来测定。按照目前国际通用的李希特-古登堡震级的定义：震级是以 μm 为单位（1mm 的千分之一）来表示离开震中 1000km 的标准地震仪所记录的最大振幅，并用对数来表示。这里所说的标准地震仪是指周期为 0.8s，衰减常数约等于 1，放大倍数为 2800 倍的地震仪。具体讲震级是按下列方法决定的：如在离震中 100km 处的地震仪，其记录纸上的振幅是 10mm，用 μm 作单位计算是 10000μm，取其对数则等于 4，根据定义，这次地层的震级是 4 级。

地震的能量（E）与地震的震级（M）之间有一定关系，即将地震台站所收到的地震波的能量和震级加以比较，有如下关系式

$$\lg E = 11.8 + 1.5M \tag{6-1}$$

式中，E 的单位是焦耳。M 与 E 的关系见表 6-4。

表 6-4　地震震级与能量关系表

M/级	$E/(10^{-7}\text{J})$	M/级	$E/(10^{-7}\text{J})$
1	2.0×10^{13}	6	6.3×10^{20}
2	6.3×10^{14}	7	2.0×10^{22}
3	2.0×10^{16}	8	6.3×10^{23}
4	6.3×10^{17}	8.5	2.0×10^{24}
5	2.0×10^{19}		

(2) 地震烈度　地震级是根据地震仪记录推算地震时的能量而划分的，它是表示某处地震能量的大小。但在历史上是没有地震仪记录的，甚至在今天地震仪的使用也不是到处普及。记录地震的强弱是靠一些地物破坏现象和人的感觉来辨别，也就是说确定地震的大小是按一些宏观象作为依据，因而就引出了另一个地震大小的概念——地震烈度。

地震烈度是表明地震对某具体地点的实际影响，它不仅取决于地震能量，同时也受震源深度、震中距离、地震波的传播介质及表土性质等条件的强烈影响。

地震烈度是根据地震时人的感觉、器物动态、建筑物毁坏及自然现象的表现等宏观现象判定的。地震时按其破坏程度的不同，将地层的强弱排列成一定的次序作为确定地震烈度的标准，这就是地震烈度表。由于地震烈度以宏观现象为依据的分度方法，往往给人一种不够精确的印象，不易精确评价。为此通过大量的客观实践的地层观测，总结出地震烈度与地震的加速度的关系，以便地震烈度在工程上应用。目前，我国已制定了地震烈度表如表 6-5 所示。

表 6-5　中国地震烈度表

烈度	名称	加速度 $/\text{cm}\cdot\text{s}^{-2}$	地震系数 K	地震情况
Ⅰ	无震感	<0.25	<1/4000	人没有感觉，只有仪器可以记录
Ⅱ	微震	0.26～0.5	1/4000～1/2000	少数在休息中极宁静的人有感觉，住在楼上者更容易感觉
Ⅲ	轻震	1.1～2.5	1/2000～1/1000	少数人感觉地动(如同有车从旁边通过)，不能立即断定是地震。震动来自的方向或继续时间，有时大约可定
Ⅳ	弱震	2.6～5.0	1/1000～1/400	少数在室外的人和极大多数在室内的人都有感觉。家具等物有些摇动，盘碗及窗户玻璃震动有声，屋梁天花板等格格作响，缸里的水或器皿中液体有些荡漾，个别情形可惊醒睡着的人
Ⅴ	次强震	2.6～5.0	1/400～1/200	差不多人人有感觉，树木摇晃，如同有风吹动；房屋及室内物件全部震动，并格格作响；悬挂物如帘子、灯笼、电灯等来回摆动，挂钟停摆或乱打；器皿中的水满时可溅出一些，窗户玻璃出现裂纹；睡觉的人被惊醒，有些则惊逃户外
Ⅵ	强震	5.1～10	1/200～1/100	人人有感觉，大都惊骇跑到户外；缸中的水激烈的荡漾，墙上挂图、架上的书都会落下来；碗碟器皿打碎，家具移动位置或翻倒，墙上的灰泥产生裂缝；坚固的庙堂房屋有些地方也掉落灰泥，不好的房屋受相当损坏，但总体上还是轻的
Ⅶ	损强震	10.1～25	1/100～1/40	室内陈设物品和家具损伤甚大，池塘里腾起波浪并翻出浊泥，河岸砂砾处有些崩塌，井泉水位改变；房屋有裂缝；坚固的庙堂房屋有些地方也掉落灰泥，不好的房屋严重损伤

续表

烈度	名称	加速度 /cm·s^{-2}	地震系数 K	地震情况
Ⅷ	破坏震	25.1～50	1/40～1/20	树木发生摇摆有时摧折，重的家具物品移动很远或抛翻，纪念碑或人像从座上扭转或倒下；较坚固的庙宇也被破坏，墙壁出现裂缝或部分裂坏，骨架建筑的隔墙倾脱，塔或工厂烟囱倒塌，建筑质量特别好的烟囱顶部也遭破坏；陡坡或潮湿的地方出现小裂缝，有些地方涌出泥水
Ⅸ	毁坏震	50.1～100	1/20～1/10	坚固的建筑物，如庙宇损伤颇重，一般砖砌房屋严重破坏而致不能再住，骨架建筑根基移动，骨架歪斜，地上裂缝颇多
Ⅹ	大毁坏震	100.1～250	1/10～1/4	大的庙宇、大的砖墙即骨架建筑连根基遭受破坏，坚固的砖墙发生危险的裂缝；河堤、坝、桥梁、城桓均严重损伤，个别的被破坏，钢轨也挠曲；地下输送管道被破坏，马路及柏油街道起了裂缝和皱纹，松散软湿之地开裂相当宽而深的长沟，且有局部崩塌；崖顶岩石有部分崩落；水边惊涛拍岸
Ⅺ	灾震	250.1～500	1/4～1/2	砖砌建筑全部坍塌，大的庙宇及骨架建筑也只部分保存；坚固的大桥被破坏，桥柱崩解，钢梁弯曲；城墙开裂崩坏，路基堤坝断开，错离很远；钢轨弯曲且凸起；地下输送线完全破坏；地面开裂甚大，沟道纵横交错，到处土滑山崩，地下水夹泥砂涌出
Ⅻ	大灾震	500.1～1000	>1/2	一切人工建筑物无不毁坏，物件抛掷空中；山川风景变异，范围广大；河流堵塞，形成瀑布，湖底升高，地崩山摧，水道改变等

注：1. Ⅶ类中所说的“不好的房屋”，相当于西北的箍窑，土坯墙托梁窑的房屋；用细木柱子的土墙房屋；砖礇而用土坯或砖填充或空斗砖的房屋。“正常的建筑房屋”相当于真材实料、结构合乎要求的普遍瓦房，以及与之相称的一般庙宇。

2. Ⅸ类中所说的“坚固的建筑物”，即指现代结构的坚固房屋。

3. 一般城墙垛口地震时倒塌的原因与房屋的烟囱倒塌原因相似。

表 6-5 将地震烈度分为 12 度，每一烈度均有相应的地震加速度和地震系数以及相应的地震情况，以作为确定地震烈度的标准。对某地区进行工程地质调查时，必须收集有关该地区的地震烈度资料。这种资料可向有关地震研究机构索取，查阅当地有关历史档案记载（文史记录、碑文、札记等），并到当地向居民进行调查访问。

地震烈度在Ⅴ度以下的地区，具有一般安全系数的建筑物是足够稳定的，不会引起破坏。地震烈度达到Ⅵ度的地区，一般建筑物是不采取加固措施的，但要注意地震可能造成的影响。地震烈度达Ⅶ度～Ⅸ度的地区，会引起建筑物的损坏，必须采取一系列防震措施来保证建筑物的稳定性和耐久性。Ⅹ度以上的地震区有很大的灾害，选择建筑物场地时应予避开。

(3) 震级与地震烈度的关系 震级与地震烈度既有区别，又相互联系。一次地震，具有一个震级，但在不同的地区烈度大小是不一样的。震级是说这次地层大小的量级。而烈度是说该地的破坏程度。在浅源地震（震源深度 10～30km）中，震级和震中烈度（最大烈度）的关系，根据经验大致如表 6-6 所列。

表 6-6 震级与烈度的关系

震级/级	3 级以下	3	4	5	6	7	8	8 以上
震中烈度/度	1～2	3	4～5	6～7	7～8	9～10	11	12

地震烈度本身又可分为基本烈度、建筑场地烈度和设计烈度。

基本烈度是指一个地区的最大地震烈度。就是指从震源发出来的能量在较大区域的影响程度。基本烈度一般靠近震中烈度大，远离震中烈度小。基本烈度的划分已列于表6-5中。

建筑场地烈度也称小区域烈度，它是指建筑场地内因地质条件、地貌地形条件和水文地质条件的不同而引起基本烈度的降低或提高后的烈度。一般来说，建筑场地烈度比基本烈度提高或降低半度至一度。

设计烈度是指抗震设计所采用的烈度，它是根据建筑物的重要性、永久性、抗震性，以及工程的经济性等条件对基本烈度的调整。设计烈度一般可采用国家批准的基本烈度。但遇不良的地质条件或有特殊重要意义的建筑物，经主管部门批准，可对基本烈度加以调整作为设计烈度。

二、我国地震地质的基本特征

我国的地震活动，具有分布广、频度高、强度大和震源浅的特点。除台湾东部、西藏南部和吉林东部的地域属板块接缝带地震带，其余广大地域均属板内地震，而且绝大多数强震都发生在稳定断块边缘的一些规模巨大的区域性深大断裂带上或断陷盆地之内。主要地震区与活动构造带关系密切。基本特征如下。

1. 空间分布的不均一性

地震在我国大陆地区基本上是沿活动性断裂带分布，有一定的方向性。其优势方向在中国东部为NNE向，西部为NW向，中部为近NS向和EW向，大约可以东经105°和北纬35°这两条经、纬线将我国分为四个象限。概括而言，除台湾外，西南、西北地震最多。中国的地震活动往往呈带状分布，主要有：东南沿海及台湾地震带；郯城-庐江地震带；华北地震带；横贯中国的南北向地震带；西藏-滇西地震带；天山南北地震带；河西走廊地震带；塔里木盆地地震带；台湾地震带。

2. 西强东弱、西多东少的发育分布规律

具有明显的西强东弱、西多东少的发育分布规律是受现代构造应力场所控制的。在西部地区，印度板块向北推挤造成强大的近SN向主压应力，北边又盘踞着坚硬的西伯利亚地块，使这一地区产业了一系列巨大的活动断裂。现代构造活动强烈而复杂，因此地震活动的强度大而频度高。东部地区主要受太平洋板块俯冲所造成的NEE向主压应力作用，活动正断层和裂谷型断陷盆地发育，地震活动主要分布于华北断块内，虽有过发生8级地震的历史记载，但地震频度不高；华南断块则以地震活动较微弱为其基本特征。

20世纪以来我国发生的10次大于8级大地震中，除2次发生于台湾临近海域外，其余均发生于新疆、西藏、宁夏、甘肃等西部省份。

3. 地震活动经常发生在断裂带应力集中的特定部位上

主要原因在于构造带阻隔构造应力的传导，而一些特殊的构造部位则特别有利于构造应力的积累，并因应力的突然释放而发生地震：1920年，宁夏海原大地震（8.5级）发生在祁连山北缘大断裂由NWW向转为SSE向的转折处；1950年，西藏察隅地震（8.5级）亦发生在喜马拉雅褶皱断裂带东缘急剧转折部位；1976年，河北唐山大地震（7.8级）发生在活动强烈的NE向沧县-唐山断裂与5条向唐山丰南聚敛的NW向断裂交汇部位。概括这些特定部位，主要有以下特点。

(1) 活动性断裂带的转折突出部位；

(2) 活动性断裂带的端点部位；

(3) 不同方向活动性断裂带的交叉复合部位；

(4) 活动性断裂带的锁闭段；

(5) 断面不平滑的活动断裂及犬牙交错的活动断裂带。

4. 绝大多数强震发生于深大断裂带和断陷盆地边缘地带

绝大多数强震往往发生于活动性的深大断裂带和断陷盆地边缘地带，而断块内部则基本上没有强震分布。如地震活动最为强烈的南北向地震带自云南东部往北，经四川西部至陇东，越过秦岭四到六盘山、贺兰山一带，是由一系列著名的活动断裂带所控制的。四川台块、鄂尔多斯台块、塔里木台块和准噶尔台块等稳定断块则无强震活动，而围限这些断块的深大断裂带则强震频发。

5. 地震活动的周期性和重复性

地震活动的周期性和重复性呈现出成群分布、活跃高潮与低潮相互交替的活动格局。由于东西部地区构造活动性的差异，东部地震活动周期普遍比西部长，东部一个地震活动用期约 300a，西部一般为 100～200a。

三、地震效应

地层区场地的地震效应有：地震力效应、地震破裂效应、地震液化效应和地震激发地质灾害的效应等。

1. 地震力效应

地震力是指地震波对建（构）筑物所直接产生的惯性力。当建筑物经受不住这种地震力的作用时，建（构）筑物将会发生变形、开裂，甚至倒塌。

从物理学知道，力的大小可以由传至单位质量上物体的加速度来测定，如果受力物体的加速度为已知，即可计算受力物体所受的外力。对于建（构）筑物来说，地震的作用是一种外加的强迫运动，当地震时，如果建（构）筑物为刚性体，并承受一个均匀的不变的水平加速度，这时的地震力在物理意义上是地震时建（构）筑物自身的惯性力。设建（构）筑物重力为 G，作用在建（构）筑物上的地震力 P 为：

$$P=\frac{a_{\max}}{g}G \tag{6-2}$$

式中 g——重力加速度，$m\cdot s^{-2}$；

$a_{\max}$——地面最大加速度，$m\cdot s^{-2}$。

令

$$K=P=\frac{a_{\max}}{g} \tag{6-3}$$

则

$$P=KG \tag{6-4}$$

式中 K——地震系数，它是地震时地面最大加速度与重力加速度之比值。

通过大量数据的总结，目前我国的地震烈度表上已列出各级烈度相应的地震最大加速度值，亦即总结出地面最大加速度与地震烈度的关系。其规律是：烈度每增一度，最大地面加速度大致增大 1 倍，亦即地震系数 K 增大 1 倍。

地震时，地震加速度是有方向的，有水平向及垂直向的，因而地震力也有方向性。它们与震源位置和震中位置有关。从震源发射出来的体波（纵波和横波）传到震中位置，这里垂直向地震力最大，传到地表的体波距震中愈远则其垂直向地震力则愈小，而水平向地震力却增大。在距震中的某一距离上，垂直向地震力实际上等于零。除了体波的作用以外，还有从震中沿地面传播出的一种表面波，当振动时，地面各点在通过地震线（震波传播线）的垂直面上绘成椭圆形，这种地面波在大地震时像海水波浪的状态一样向前滚动，质点在地平面内成表面波动，表面波的周期较长，在地面上能引起最大的位移，如图 6-4 所示。表面波质点运动轨迹的形态是随震中距离的不同而变化，但水平向分量则相应地超过垂直分力，所以，在地震区内，离震中愈远，作用于建（构）筑物的地震力就以水平方向地震力为主了。同时，考虑到建（构）筑物的垂直向和水平向的刚度（刚度指物体抵抗形状改变的性质）不同，在许多情况下，特别是在高层建（构）筑物，水平向刚度比垂直向刚度小得多，因而建（构）筑物的损毁主要是由水平分力造成的。故一般在抗震设计中，必须考虑水平向地震力的影响。地震烈度表所示的加速度值也是指水平向加速度值。

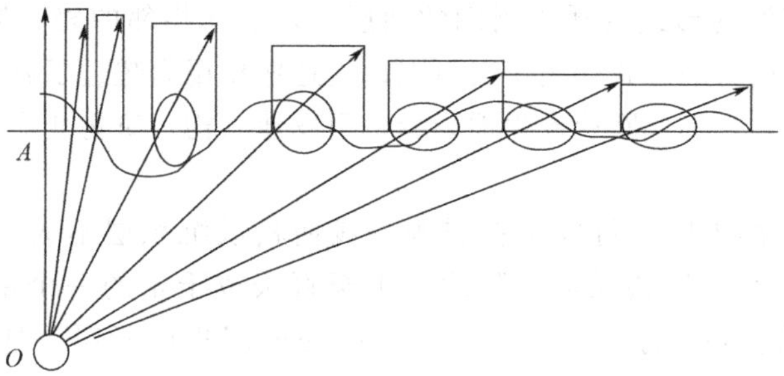

图 6-4　地震波在地表运动中的变化

O—震源；*A*—震中

上述的地震分析属于拟静力法，也称静力系数法。它是把建筑物作为刚性体在静荷载条件下求得的地震力。此法不考虑地震时建（构）筑物和地基的动力反应，如建（构）筑物和地基振动时各自的周期，特别是它们二者的周期近似或相同，则会引发共振，使建（构）筑物的振幅加大而遭破坏。一般认为，拟静力法对振动周期短的低层砖砌或混凝土建（构）筑物比较适用，而对振动周期长的高层或细长建（构）筑物则宜按动力法考虑其动力反应。即地震波对地基土的振动反应以及对建（构）筑物的振动反应。

地基土质条件对于建（构）筑物的抗震性能的影响是很复杂的，它涉及地基土层接收振动能量后振动如何传达到建（构）筑物上。地震时，从震源发出的地震波，在土层中传播时，经过不同性质界面的多次反射，将出现不同周期的地震波。若某周期的地震波与地基土层固有周期相近，由于共振作用，这种地震波的振幅将得到放大，此周期称为卓越周期。也可以说卓越周期是指不同性质的土层对不同周期的地震波有选择放大作用。卓越周期是按地震记录统计的。即统计一定时间间隔内不同周期地震波的频数，作出频数-周期曲线（图 6-5）。图中表明，该地的地震周期以 0.25～0.3s 的振动出现最多，亦即卓越周期为 0.25～0.3s。地基土质随其软硬程度的不同而有不

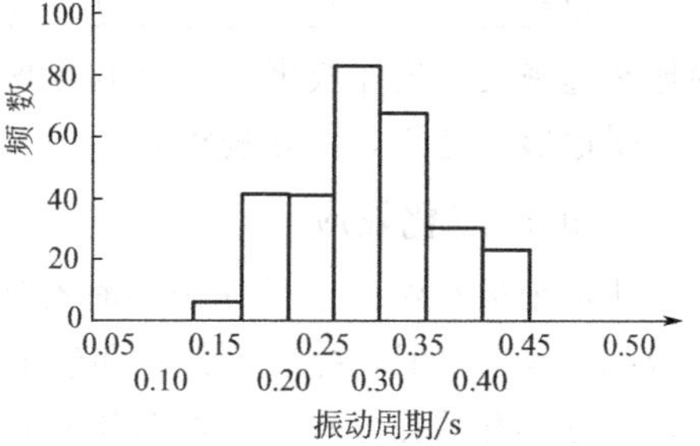

图 6-5　频数-周期曲线

同的卓越周期，可划分为四级：

Ⅰ级——稳定岩层，卓越周期为0.1～0.3s，平均0.15s；

Ⅱ级——一般土层，卓越周期为0.21～0.4s，平均0.27s；

Ⅲ级——松软土层，卓越周期在Ⅱ～Ⅳ级之间；

Ⅳ级——异常松软上层，卓越周期为0.3～0.7s，平均0.5s。

地震时，由于地面运动的影响，使建（构）筑物发生自由振动。一般低层建（构）筑物因刚度较大，其自由振动周期一般都小，大多数小于0.5s；高层建（构）筑物刚度小，其自由振动周期一般在0.5以上。很多震害是由于场地、地基土与工程设施的共振而引起的。经实测，软土场地的高柔建筑、坚硬场地的拟刚性建筑的震害都比较严重，这与上述地基土层的卓越周期与建（构）筑物的自振周期相近有关。为了准确估计和防止这类震害的出现，必须使工程设施的自振周期避开场地的卓越周期。

2. 地震破裂效应

在震源处以地震波的形式传播于周围的地层上，引起相邻的岩石振动，这种振动具有很大的能量，它以作用力的形式作用于岩石上，当这些作用力超过了岩石的强度时，岩石就要发生突然破裂和位移，形成断层产生地裂缝，引发建（构）筑物变形和破坏，这种现象称为地震破裂效应。

(1) 地震断层 在山区，特别是在震源较浅而松散沉积层不太厚的地区，地震断层在地表出露的基本特点是以狭长的、延续几十至百余或千米的一个带，其方向往往和本区区域大断裂相一致。在平原区，由于为巨厚的松散沉积层所覆盖地震震源较深，地层断层在地表的出露占据一个较宽的范围，往往由几个大致相平行的地表断裂带所组成。如1966年邢台地震时，地表的地震断层由四个带组成，总宽近20km。地震强度愈大，发生地震断层的可能性愈大。根据我国300年来的15次大地震统计，震级$M\geqslant7$的地震，则可出现地震断层；当$M\geqslant8$时，地震断层就100%出现；若$M<7$，地震断层出现的可能性极少。从震级与地震断层长度关系的统计来看：在$M=8$的极震区（烈度大于10度）内，可出现长达300km的地震断层；而$M=6.6\sim7.1$的极震区内，发生的地震断层长度已减至数千米。即震级减小1级，地震断层长度就大大地减小。

(2) 地裂缝 地震地裂缝是因地震产生的构造应力作用而使岩土层产生破裂的现象。它对建（构）筑物危害甚大，且又是地震区一种常见的地震效应现象。

地裂缝的成因有两个方面：一是与构造活动有关，与其下或邻近的活动断裂带的变形有关；另一个原因是地震时地震波传播产生的地震力而使岩土层开裂。前一种成因的地裂缝，其分布是严格按照一定的方位排列组合，方向性十分明显，主裂缝带的延伸完全不受地形、地貌控制，但与其附近的断裂带或地震断层的力学关系一致。受活动断裂带控制，造成的地裂缝密集，破坏成带状。由地震波传播产生的地裂缝，它与地震波传播的方向及能量有关，受地形、地貌条件影响较大。

3. 地震液化效应

干的松散粉细砂土受到振动时有变得更为紧密的趋势，但当粉细砂土层饱和时，即孔隙全部为水充填时，振动使得饱和砂土中的孔隙水压力骤然上升，而在地震过程的短暂时间内，骤然上升的孔隙水压力来不及消散，这就使原来由粉细砂粒通过其接触点所传递的压力（称有效压力）减小。当有效压力完全消失时，砂土层会完全丧失抗剪强度和承载能力，变成像液体一样的状态，这就是通常所称的砂土液化现象。

地层液化在地质上有如下的宏观液化现象。

（1）喷水冒砂：它是土体中剩余孔隙压力区产生的管涌所导致的水和砂向地面上喷出的现象。

（2）地下砂层液化：指地基中某些砂层，在其上虽覆盖有一定厚度（一般小于 10m）的非液化土层，但当地震烈度大于 7 度时，地下饱水砂层可发生液化，这时地基的强度降低。

上述两类液化现象都可以导致地表沉陷和变形。如斜坡内埋藏有液化砂层，则地震时可发生大规模的流动性滑坡。液化后的土层，原来具有的明显层理，震后层理紊乱；液化前后的土质，特别是物理力学性质，差异非常显著。

4. 地震激发地质灾害的效应

强烈的地层作用能激发斜坡上岩土体松动、失稳，发生滑坡和崩塌等不良地质现象。若震前久雨，则更易发生。在山区，地震激发的滑坡和崩塌往往是巨大的，它们可以摧毁房屋、道路交通，其至整个村庄也能被掩埋；并因崩塌和滑坡而堵塞河道，使河水淹没两岸村镇和道路。如，1933 年四川叠溪 7.4 级地震，在 15km 范围之内，沿坡和崩塌到处可见，在叠溪附近，岷江两岸山体崩塌，形成了三座高达 100 余米的堆石坝，将岷江完全堵塞，积水成湖。而后，堆石坝溃决时，高达 40 余米的水头顺河而下，席卷了两岸的村镇，造成了严重的灾害和损失。因而一般认为，地震时可能发生大规模滑坡、崩塌的地段，可视为抗震危险的地段，建筑场址和主要线路应尽量避开。

5. 地震效应的影响因素

（1）震中距　离震中愈近，即震中距愈小，地震烈度愈大，持续时间愈长，震害也愈严重。

（2）岩土类型和性质　岩土类型和性质对宏观烈度的影响最为显著，可从岩土的软硬程度、松软土的厚度及地层结构三个方面来考察。

一般来说，在相同的地震力作用下，基岩上震害最轻，其次为硬土，而软土上震害是最重的。大量宏观调查资料证实，地基岩性不同确会造成震害的显著差异。这是由于局部条件的影响，以及地面振动的幅值，包括位移量、速度、加速度等，都被放大，从而加强了地震对建筑物的破坏能力。这种情况多见于孤立突出地形，如较高的山顶或山梁上。地震观察资料表明，由下伏刚性较强的岩层中传来的剪切波，通过表层刚度小的松散沉积物到达地面之后，在传播速度减慢的同时，振幅显著增大，周期增大，加速度也被放大。因此，松散层上的建筑物振动总比较坚固的岩石上的建筑物的振动强。如 1906 年美国旧金山地震时，该市区内不同地基岩土烈度差值可达 3 度；我国 1970 年云南通海地震时，对房屋破坏的详细调查所绘制的等震害指数线图在同一区内明显地表现出基岩指数较硬土小 0.1～0.2，而且在高烈度区内差值比低烈度区为大。

松软沉积物厚度对震害的影响也很明显。早在 1923 年日本关东大地震时就发现了冲积层厚度与震害的相关性，即冲积层愈厚，木架房屋的震害愈严重。1967 年南美洲加拉加斯地震时，建筑物的破坏具有非常明显的地区性。破坏主要集中在市内冲积层最厚的地方，基岩之上房屋破坏普遍较轻；在覆盖层为中等厚度的一般地基土上，中等程度的一般房屋破坏比高层建筑严重；而在覆盖层厚度大的地方，高层建筑物破坏严重。

岩土性质和松软土厚度对震害的影响。其根本原因是表层岩性不同会大大改变地表震动的频谱，或者说不同土石有不同的卓越周期，因此某种土层中总是以某种周期的波最为明显和突出。正是因为地表震动周期随土石性质而变化，在不同的土层上才会有某种结构、某种自振周期的建筑物易于受到破坏的现象。这一点是深厚松散模盖层上高层建筑物易于破坏的主导原因。

地层结构对震害大小也有较大影响。一般情况是：下硬上软的结构震害重，而下软上硬的结构震害较轻，尤其当硬土中有软土夹层时，可消减地震能量。1976 年唐山地震时极震区（>10 度）中有一个低烈度异常带，建筑物破裂而未倒。经勘察发现，该地带在地表以下 3～5m 比深处有一层厚 1.5～5m 的饱和淤泥质土。

(3) 发震断层 发震断层是能量释放中心，越接近发震断层震害越重；反之，震害越轻。对于跨越发震断层的建筑物来说，试图通过提高烈度的方法来抵御强震时的地表变形破裂是无济于事的，而应在选址时避开。若非发震断层的破碎带胶结较好，则无加重震害的趋势，因此对于非发震断层不必特殊防范，只应根据断裂带的物质性质，按一般岩土对待即可。

(4) 地形地貌 大量事实和理论分析表明，场地内微地形对震害有明显影响。其总趋势是：孤立突出的地形震害加重，而低洼平坦的地形震害相对减轻。原因是孤突的地形使山体发生共振或使地震波被多次反射，引起地面位移速度和加速度增大。

(5) 地下水 总趋势是饱水的岩土体会影响地震波的传播速度，使场地烈度增高。地下水埋深越小，烈度的增加值越大。地下水埋深在 1～5m 范围内影响最明显，地下水埋深大于 10m 时影响就不明显了。

(6) 建筑物结构和质地 一般来说，砖石建筑物最易振毁，其次是钢筋混凝土建筑物，而钢结构和低矮轻质建筑物受破坏最小。

第三节 水库诱发地震

一、概述

在一定条件下，人类的工程活动可以诱发地震，诸如修建水库，城市或油田的抽水或注水，矿山坑道的崩塌以及人工爆破或地下核爆炸等都能引起当地出现异常的地震活动，这类地震活动统称为诱发地震。其形成一方面依赖于该区的地质条件、地应力状态和有待释放的应变能积累程度等因素；另一方面也与工程行为是否改变了一定范围内应力场的平衡状态密切相关。在人类工程活动引起的地震事例中，多数是由于水库蓄水所引起的，称为水库诱发地震。一般说来诱发地震的震级比较小，震源深度比较浅，对经济建设和社会生活的影响范围也比较小。但是水库诱发地震也曾经多次造成破坏性后果，更有甚者，水库诱发地震还经常威胁着水库大坝的安全，甚至可能酿成远比地震直接破坏更为严重的次生灾害，因此对水库诱发地震发生的可能性应予以高度重视。

在我国，最早发生的震级大于 6 级的水库诱发地震是新丰江水库 6.1 级地震（1962.3.18），其他地区有非洲赞比亚与津巴布韦边界上的卡里巴水库 6.1 级地震（1963.9.23），希腊的科列马斯塔水库 6.3 级地震（1966.2.5）以及印度的科因纳水库 6.5 级地震（1967.12.10），其中的三次地震造成了不同程度的损害。最严重的是科因纳水库地震，科因纳市绝大部分砖石房屋倒塌，死 177 人伤 2300 人，坝和附属建筑物受到严重损坏，被迫放空水库进行加固处理。科列马斯塔水库地震使房屋倒塌 480 所，死 1 人伤 60 人。新丰江水库地震也造成相当大的损害：极震区房屋严重破坏数千间，死伤数人；水库边坡发生地裂、崩塌和滑坡；且使大坝右侧坝段 108m 高程处产生了上下游贯通的长达 82m 的裂缝，其他坝段相同高度上还有几条规模较小的不连续裂缝。新丰江大坝原来是按地震基本烈度为Ⅵ度设计的。幸而蓄水初期诱发的频繁地震已经引起了党和政府的重视，1960 年 7 月，大坝附近发生 4.3 级（震中烈度Ⅵ度）地震后，立即按Ⅷ度设计Ⅸ度校核进行了大坝第一期加固工程，并于主震发生之前基本完成，非常及时地防止了一次重大事故。主震后对大坝又进行了第二期加固工程，同时还组织了有关生产、科研单位，进行了地震、地震地质、工程地质、地震工程、地球物理和大地测量等多方面的研究工作，为水库诱发地震活动的研究积累了大量的宝贵资料。

水库诱发地震能达到这么高的震级，特别是总是发生在大坝附近而又具破坏性，这不仅引起工程设计人员的关切，也成为一个对广大区域的稳定性有重要影响的环境因素而引起社会上的广泛注意。经研究证实，世界范围内由于水库诱发地震活动性增强的水库已达百余例，其中我国有 13 例。水库诱发地震活动已成为区域稳定性研究环境工程地质研究的重要内容之一。

二、水库诱发地震的共同特点

水库诱发地震不同类型虽各有其特性，但概括起来它们却有很多共性。这主要是：这类地震的产生空间和地震活动随时间的变化与水库所在空间和水库水位或荷载随时间的变化密切相关，表示介质品质的地震序列有其固有特点和震源机制解得出的应力场与同一地区产生天然地震的应力场基本相同。

1. 地震活动与水库的空间联系

（1）震中密集于库坝附近　通常主要是密集分布于水库边岸几公里到十几公里范围之内，或是密集于水库最大水深处及其附近，或是位于水库主体两侧的峡谷区。如库区及附近有断裂，则精确定位的震中往往沿断裂分布。有的水库诱发地震初期距水库较远而随后逐渐向水库集中。

（2）震源极浅，震源体小　水库诱发地震主要发生在库水或水库荷载影响范围之内，所以震源深度很浅。一般多在地表之下 10km 之内，以 4～7km 范围内为最多，且有初期浅随后逐步加深的趋势。

由于震源浅，所以面波强烈，震中烈度一般较天然地震高，零点几级就有感，3 级就可以造成破坏。

我国天然地震震级与震中烈度之间，有如下的关系式

$$M=0.58I_0+1.5 \tag{6-5}$$

式中　M——震级；

I_0——震中烈度。

我国某些水库诱发地震实际震中烈度与按式(6-5) 计算得出的震中烈度的比较如表6-7所示。

由于震源极浅，水库诱发地震往往伴有地声。我国有地声的水库诱发地震有新丰江、丹江口、南冲、佛子岭。国外报导有地声者有蒙太纳、格朗德瓦尔、科列马斯塔、康特拉、福达溪坝等等。

表 6-7 我国某些水库诱发地震实际震中烈度与计算震中烈度

水库名称	震级(M_s)	震源级	实际震中烈度	计算震中烈度	造成的破坏
丹江	4.7	9	Ⅶ	Ⅵ⁻	损坏房屋 1904 间倒墙 305 处
前进	3.0	3	Ⅴ	Ⅲ⁻	有掉瓦现象
南冲	2.8	6	Ⅴ	Ⅱ⁺	掉瓦，个别房屋裂缝

由于震源浅且震源体小，所以地震的影响范围小，等震线衰减迅速，其影响范围多属局部性的。

2. 诱发地震活动与库水位及水荷载随时间变化的相关性

这种相关性已被广泛用以判别地震活动是否属水库诱发地震。一般是水库蓄水几个月之后微地震活动即有明显的增强，随后地震频度也随水位或库容而明显变化，但地震活动峰值在时间上均较水位或库容峰值有所滞后。

我国几个水库诱发地震蓄水开始与微震活动加强有如表 6-8 所示的关系。

表 6-8 我国几个水库诱发地震蓄水时间与地震活动加强时间关系

水库名称	蓄水时间	地震活动加强时间	间隔时间/月
新丰江	1959.10	1959.11	1
丹江口	1967.11	1970.1①	24
前进	1970.5	1971.10	17
南冲	1967.7	1967.8	1
稜窝	1972.11	1973.2	3
柘林	1972.1	1972.10	9
佛子岭	1954.6	1954.12	6

① 1970.1 是根据三峡站记录的 $M_a \geqslant 1.2$ 的地震。较小地震因库区无台未能测得，故此值不可靠，据另一种资料最早为 1968.3，则间距为 4 个月。

地震活动的频度与强度大多数与高水位或大的库容增量正相关。地震频度或强度滞后于水位或库容峰值可能与震源体深度及库盘岩石的渗透性有关。例如，科因纳水库库盘的极厚水平产状的玄武岩夹凝灰岩层渗透性差，滞后时间为 3～6 个月；新丰江水库的花岗岩，在断裂带附近渗透性较好，滞后 2～4 个月，丹江口灰岩峡谷区渗透性更好，滞后仅为 1～3 个月；黑部川第四坝的库盘岩石断裂发育，渗透性良好，滞后时间不足一个月，库盘为灰岩且溶洞发育的前进水库和南冲水库，震源极浅（分别为 3km 和 6km）的诱发地震仅滞后于高水位半个月。

水位的急剧上升与急剧下降，特别是急剧下降，往往有较强地震产生。例如丹江口的 4.7 级震即产生在水位急剧上升后的急剧下降期，新丰江水库 1977 年的 4.7 级震也产生在水位急剧下降期。

3. 水库诱发地震序列的特点

既然水库诱发地震有水的活动和水库荷载参与，这一特点必然在地震序列中有所反映。根据多个水库诱发地震序列的研究，它们的特点如下。

（1）水库诱发地震以前震极丰富为特点，属于前震余震型（茂木 2 型：物质结构某种程度上不均匀的，应力分布不均匀），而相同地区的天然地震往往属主震余震型（茂木 1 型：物质结构均匀的，应力分布均匀的）。以新丰江水库诱发地震为例，从蓄水到主震发生的 19

个月内，共记录到 $M_L=0.44$ 的前震 81719 次。过去认为天然的大地震都是突然发生的属主震余震型，近来以高倍率地震仪测知，大地震都是有前震的，只是前震小而少，因而常被忽略。与水库诱发地震相比，天然地震前震小而少就很突出了。茂木 2 型地震序列表明介质不均匀，被断裂切割为多个块体，且应力分布也是不均匀的，这是由于水库蓄水使岩体弱化所致。

(2) 水库诱发地震余震活动以低速度衰减。例如我国新丰江水库诱发地震，自 1960 年 10 月 18 日新丰江水库设立第一个地震台开始至 1987 年 12 月 31 日止，已记录到 $M_s=0.6$ 级地震 337461 次，活动时间持续室今，整个活动期已 30 余年，科因纳水库地震活动迄今仍未停止。

主震 t 天后，余震次数 n (t) 可以式(6-6) 表示

$$n(t)=n_1t^{-p} \tag{6-6}$$

式中　n_1——常数；

　　　p——衰减速度。

所有天然地震 $P>1.3$，而水库诱发地震则总是小于 1.3 且一般情况下小于 1。例如我国新丰江水库诱发地震 $P=0.90$；又如我国丹江口水库诱发地震活动的 P 值为 1.1，相同地区的天然地震 P 值高达 1.92。

(3) 频度震级关系式中 b 值高和最大余震与主震震级比值高，主震震级不高，已有实例=6.5。

天然地震的前震，其频度与震级关系式（$\lg N=a-bM$）中 b 值都低，一般为 0.3～0.6，表明介质为高强度，以脆性破坏方式发震。同一个地震序列的余震则有所不同，b 值总是较前震 b 值为高，表明主震后介质因破裂而强度降低，破坏方式为黏滑。水库诱发地震与天然地震不同的是前震、余震 b 值极其相近，且一般都大于 1，大大高于同区的天然地震的 b 值（表 6-9）。所以整个水库诱发地震序列近似于“余震”的系列，其 b 值表明介质强度甚至比天然地震余震者还低，可以认为是库水的作用使介质的强度进一步降低所致，表 6-9 中最大余震 M_a 与主震 M_m 之比值近于 1，$M_m-M_a<1$ 均表明介质的不均质和强度低的特点。

表 6-9　部分水库频度震级关系式中各值

水库	前震 b 值	余震 b 值	该地区构造地震 b 值	主震震级 M_m	最大余震震级 M_a	M_a/M_m	M_m-M_a	主震 b 值
新丰江	1.12	1.04	0.72	6.1	5.3	0.87	0.8	0.9
科列马斯塔	1.41	1.12	0.82	6.3	5.5	0.87	0.8	0.78
卡里巴	1.0	1.03	0.84	6.1	6.0	0.98	0.1	1.00
科因纳	1.87	1.27	0.47	6.5	5.9	0.90	0.6	1.00

应该指出，在天然地震为高 b 值的地区，水库诱发地震却可出现低 b 值。例如美国加州天然地震序列 b 值高达 0.8～1.02，而可能属于水库诱发地震的奥洛维尔 1976.8.1 的 5.7 级地震序列 b 值仅为 0.55；安德进水库的地震间隙处 1973.8.3 发生的 4.7 级地震序列 b 值也较该处天然地震序列 b 值低 40%。

(4) 水库诱发地震的震源机制解。根据所有研究过的水库诱发地震的震源机制解，应指出以下值得注意的两点。

① 由震源机制解得出的应力场，与天然地震应力场或根据当地地质特征判定的应力场

相同。

② 水库诱发地震震源机制主要为走向滑动型和正断型两种，且前者多于后者。属于逆冲型机制者极其少见，前苏联努列克水库南侧的诱发地震为逆冲断层型的少数实例之一。

据新丰江水库诱发地震余震的震源力学研究，该处水库诱发地震震源机制以沿 NNW 向断裂的走向滑动为主，而后期则以 NNW 向断裂带上的正断型倾向滑动为主，表明区域构造应力经主震释放之后，库水荷重在诱发中占了主导地位。

三、水库诱发地震的诱发机制

水库诱发地震的确切诱因现在尚未完全查明，但已有震例已经以充分资料证明，这类地震不是由于水库荷载直接造成的，而是水库的某种作用间接诱发的。即水库的某种作用叠加于已有的天然应力场之上，使水库蓄水前由于自然作用积累起来的应变能较早地以地震的方式释放出来。这方面的证据最主要的有以下两点。

(1) 根据水库诱发地震震源机制得出的应力场与该区天然地震应力场或根据近期活动构造所得出的区域应力场完全一致，说明产生地震的应力场并非是由于水库荷载产生的，而是近期构造活动天然形成的。

(2) 震源区由于水库荷载而产生的应力增量一般是很小的，单独不足以使岩体破坏或使岩体中已有断裂面的两侧产生相互错动。以最大水库卡里巴为例，库下震源体由于水库荷载造成的压应力增量为 6.68×10^5 Pa，剪应力增量仅为 2.12×10^5 Pa。我国新丰江水库经过水压应力场及水压变形场计算得出，由于水库荷载造成的附加最大剪应力，在库心为 3×10^5 Pa，在主震发生的峡谷区仅为 0.5×10^5 Pa；由于水库荷载造成的垂直位移在库底为 10cm，水平位移仅约 1cm 左右，至库底下 3～5km 深处水平位移为零。新丰江主震应力降为 1×10^5 Pa，断层水平错距 15cm。对比两组数据就可以看出，6.1 级主震不可能是水库荷载造成的，而主要是蓄水前已经积累起来的构造应变能的释放。但水库也确实起了诱发作用。仍以新丰江水库为例，6.1 级主震前波速比异常持续时间约为 11 个月，天然的 6.1 级地震波速比异常持续时间则约为两年半。可见水的某种作用加速了发震过程。

所以，在讨论诱发机制时，必须首先讨论水库蓄水对库底岩体的各种效应。然后才能分析各种天然应力状态时的诱发机制，最后讨论水库水体范围及水位变化时水库效应的变化。

1. 水库蓄水对库底岩体的各种效应

概括说来，水库蓄水以后对库底岩体可以产生以下三方面的效应。

(1) 水的物理化学效应 这种效应使岩体断裂面及其充填物软化和泥化，从而降低了它的抗剪强度。只有当水库蓄水前库底岩体是干的才会出现这种效应，而天然情况下河谷下的断裂面上一般是含水的，可见这类效应并非是经常都起作用的。

有人认为硬石膏水化膨胀是水库诱发地震的诱因。考虑到深埋地下的硬石膏具有一种自动与水隔绝的能力，即某一导水裂隙如使硬石膏与水接触，则吸水后形成的可塑性的石膏会因体积膨胀迅速充塞导水裂隙，使硬石膏重新与水隔离，所以深埋硬石膏突然大规模水化以致产生地震是不大可能的。

另一个在岩石脆性破裂中可能起重大作用的物理过程是应力腐蚀。实验研究证明，在石英中增加水分会显著地缩短达到破坏所需时间，或在固定压力下加速其裂缝增长速度。有人认为硅氧分子的水化是材料弱化的原因而且还导致静力疲劳。这种效应已经在实验室以玻璃和单晶石英令人信服地证实了，并预计会相当普遍地发生在硅酸盐岩层中。

即使岩体在蓄水前是含水的，由于水压低，微裂纹或裂痕中可以是无水的。蓄水后水压增大，驱使水进入以前是干的微裂纹中，从而产生了应力腐蚀效应。

(2) 水库的荷载效应　水库对库藏岩石的荷载效应是最易理解的，并可根据水深计算其压强。这个荷载会在岩体内造成附加应力，从而恶化断裂面的应力条件。

从岩石力学、土力学中已知，由于地面荷载所造成的垂向附加应力随深度增大而减小，但其影响深度却随荷载面积加大而加深。显然，水库小其影响深度极其有限，能使深部岩体的应力状态发生一定变化从而诱发地震的只能是那些大水库。

此外，如果岩体内发育有相互平行的陡立软弱结构面，它能限制应力向两侧传递、扩展，致使应力集中于结构面所限的岩体中，因而能影响到较大深度，陡立结构面抗剪强度愈低，这种应力集中现象愈明显。所以，大水库下岩体两侧如为深大陡立断裂所限，例如断路盆地，则荷载效应往往能起重要作用。

垂直荷载还能造成岩体变形，从而也会产生一定的附加应力，如与构造应力叠加则在诱发地震中也能起一定作用。新丰江、丹江口水库诱发地震研究中均注意到这一点。

(3) 空隙水压力效应　丹佛废液处理井的诱发地震是空隙水压力效应的极好实例。在这里没有荷载效应，而只是因水的注入使裂隙中的空隙水压力增加了 120×10^5 Pa，相应地降低了作用在裂隙面上的有效正应力，从而按式(6-7) 降低抗剪强度

$$\tau = C + (\sigma_n - P_w)\tan\varphi \tag{6-7}$$

式中　τ——抗剪强度；

C——内聚力；

σ_n——正应力；

P_w——空隙水压力；

φ——内摩擦角。

抗剪强度按上式降低已为实验所证实。某些现场诱发地震试验还得出了诱发地震所需的临界空隙水压力值，向定量预测迈进了一步。兰格利油田是最好实例。

兰格利油田自 1969 年开始利用油田西南边缘的四口注水井进行交替注水和抽水的诱发地震试验。试验证实，在注水期间因空隙水压力升高地震活动大大增强，而抽水期间则减弱以致停止。在注水井附近以水力压裂法测定了震源深度处（地下 1900m）的地应力，测得最大、最小主应力均为水平向，方向为 N70°E 和 N20°W，大小为 590×10^5 Pa 和 315×10^5 Pa。中间主应力为垂直方向，其值为 435×10^5 Pa。根据代表该深度处应力状态的莫尔圆和岩体抗剪强度包络线，预测出诱发地震的临界空隙水压力增值为 240×10^5 Pa，预测值与观测值十分吻合。

只要岩体中裂隙是透水的，库水渗入就会提高裂隙水的水头从而提高空隙水压力，所以这种效应理应广泛地与本库蓄水相伴在诱发地震中起作用。水库诱发地震系列的前震 b 值之所以高到与余震 b 值相等，就表明岩体的强度受到弱化，而弱化的主要原因，一般归之于空隙水压力降低了岩体内不连续面上的抗剪强度。

另外一点也得注意的是，水向岩体深部渗入需要相当长的时间，随着岩体渗透性不同所需时间也不同。有人估算，要深入到地下 2.5～7.5km 约需 100 天，诱发地震活动滞后于水位峰值就是空隙水压力效应滞后的表现。

2. 各种天然应力状态下的诱发机制

既然水库蓄水仅能起诱发作用，那么要产生水库诱发地震必须是岩体之内预先存在着

最大最小应力差相当大的天然应力场。在水库的荷载效应和空隙水压力效应联合作用下，使岩体内产生错动而诱发地震。

假定水库水体为无限延伸的，现在让我们分别讨论各种天然应力状态下诱发地震活动的情况。

天然地应力状态有潜在正断型、潜在走滑型和潜在逆冲型三种情况。

水库荷载应力的主要分量是垂直的（σ_V）、与此同时在水平方向由于侧压力效应使水平应力亦有所增加，其增量为 $\sigma_H=\frac{\mu}{1-\mu}\sigma_V$，如泊松比 μ 取 0.3，则 $\sigma_H=0.43\sigma_V$。显然，上述三种应力状态下荷载效应所造成的后果是不同的。假定无限延伸的水库位于有大间距裂隙的坚硬岩石介质之上，当区域应力场类型不同时，荷载效应和空隙水压力效应所引起的震源体稳定性的变化（据斯诺，1976）如图 6-6 所示，正断型时由于 σ_V 与垂直方向的最大主应力叠加，侧压力效应使水平的最小主应力增值仅为 $0.43\sigma_V$，莫尔圆加大并稍向右移，结果是更接近于包络线，即稳定条件有所恶化。潜在走向滑动型 σ_V 叠加于垂直的中间主应力之上，莫尔圆大小没有变化，但水平的最大、最小主应力同时都增加了 $0.43\sigma_V$，致使莫尔圆右移，使稳定状况稍有改善。潜在逆冲型则由于 σ_V 与垂向的最小主应力叠加，而水平的最

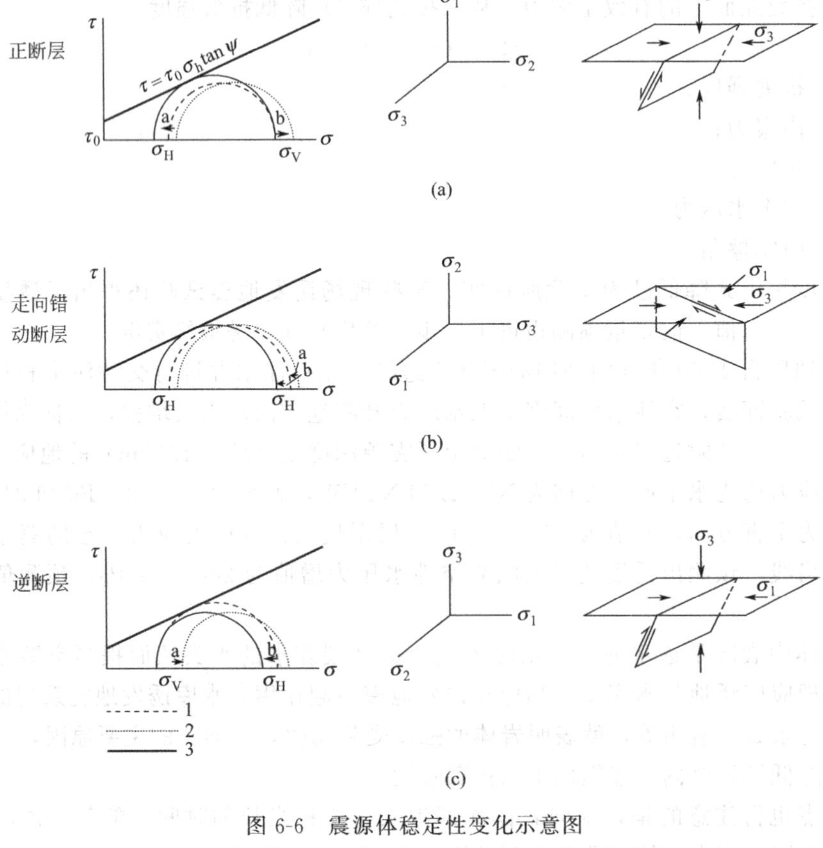

图 6-6 震源体稳定性变化示意图

中间表示三向应力状态（σ_1、σ_2、σ_3的方位）；右侧表示可能的错断方式；左侧表示稳定性的变化，下角标 V、H 分别代表垂直与水平；a、b 分别代表荷载和空隙水压力的影响；1—蓄水前的应力状态；2—叠加了荷载效应（瞬时的）的应力状态；3—叠加了荷载和空隙水压力效应后的应力状态（最终状态）

大主应力的增量仅为 $0.43\sigma_V$，结果是莫尔圆减小并右移，稳定状况大为改善。总之荷载效应仅使潜在正断型的稳定状况有所恶化，而使走向滑动型与逆冲型两者在不同程度上有所改善。

空隙水压力效应同时使最大最小主应力减小一个空隙水压力增值。令其值近似等于 γh（γ 为水的容重，h 为水库水深），则其值近似等于 σ_V。其结果是在种应力状态下都使莫尔圆大为左移，亦即大大接近于包络线，即使震源岩体稳定性恶化。

上述两种效应叠加后，震源岩体稳定性最终变化如下：潜在正断型强烈恶化，走向滑动型因为荷载效应使莫尔圆离开包络线的距离小于空隙水压力效应使之接近包络线的距离，故最终结果是有所恶化。潜在逆冲型的莫尔圆因荷载效应，使之离开包络线的距离大致等于空隙水压力效应，使之接近包络线的距离，但是荷载效应使改变了的莫尔圆小于原始莫尔圆，所以最终是稳定程度稍有改善。

已有的地应力测定结果的 75％属水平应力大于垂直应力的情况，这也就是绝大多数水库蓄水后地震活动性没有明显变化的原因。甚至可以有天然应力状态下有地震活动、蓄水后地震活动反而减小的情况。

3. 水库范围有限且水位变动时水库荷载效应及空隙水压力效应的变化

根据土力学原理，有限延伸的水库所不同于无限延伸水库的是荷载造成的附加应力随远离加荷中轴而迅速减小。图 6-7 图解地表示了无限延伸水库（a）及有限延伸水库（b）的荷载应力及空隙水压力的不同。无限延伸水库荷载应力无空间上的变化，表示荷载应力和空隙水压力的线都是水平的。水位上升立即使荷载应力增高如图中 L 线所示。由于空隙水压力的升高需要有一个渗入时间，所以水位升高后空隙水压力是逐步升高。由时间 $t_1 \sim t_n$ 空隙水压由 $P_w^{t_1}$ 升至稍低于 L 的值的 $P_w^{t_n}$。有限延伸水库的荷载应力分布呈陡倾曲线 L 的形式。如有渗透性良好的破裂带允许水的有效渗入，则随远离加荷轴线空隙水压力的减小大大小于荷载应力的减小，所以代表空隙水压力分布的曲线 $P_w^{t_1}$-$P_w^{t_n}$ 较代表荷载应力分布的 L 线要平缓些，这些曲线与 L 线交于 $M_1 \sim M_n$ 点。这些点分别代表 $t_1 \sim t_n$ 时空隙水压力与荷载应力

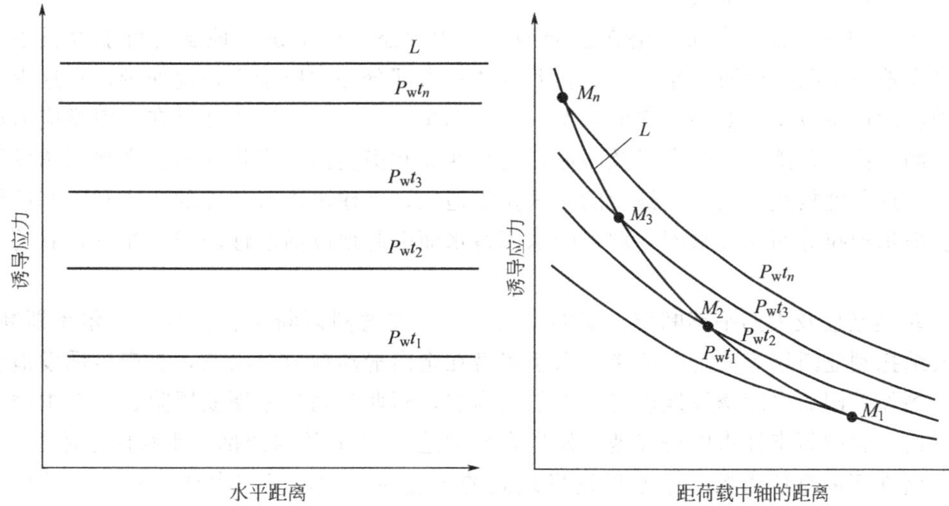

(a) 无限延伸水库 (b) 有限延伸水库

图 6-7 不同水库荷载应力和空隙水压力变化示意图

空隙水压力用随入渗时间（$t_1 \sim t_n$）的增长不断升高的线以（$P_w^{t_1} \sim P_w^{t_n}$）表示；

（$M_1 \sim M_n$）分别表示代表（$t_1 \sim t_n$）时空隙水压力与荷载应力相等的点

相等的点。由此可见，$t_1 \sim t_n$的$M_1 \sim M_n$点是逐渐向水库中轴移动的。M点的右侧空隙水压力效应均大于荷载压力效应。荷载效应对潜在走向滑动型和潜在逆冲型的应力状态起提高稳定性的作用，而空隙水压力对所有应力状态都起降低稳定性的作用（莫尔圆移向包络线），所以空隙水压力超过荷载应力必然使莫尔圆更向接近包络线一方移动，于是就有可能使处于潜在逆冲型应力场中的岩体也产生错动而诱发地震。由于M点最早出现于远离水库轴线处并逐渐向水库轴线方向集中，所以破坏和地震首先在距水库较远处发生并逐渐向水库靠近。前苏联努列克水库的逆冲机制的诱发地震就是上述情况的典型实例。

由于荷载效应是瞬时效应，空隙水压力效应是滞后效应，所以水位变化特别是突变会改变这两种应力的比。持续高水位以后水位突然降落最应引起注意。长时期保持高水位将使空隙水压力增高到接近荷载应力的级别，水位急剧下降使对潜在走向滑动型及逆冲型应力状态起稳定作用的荷载应力突然消失，而空隙水压力则保持高水平，于是往往诱发较强地震，我国水库诱发地震中是不乏此类案例的。为了减弱水库诱发地震活动而放空水库时时，必须考虑到迅速放空有可能增强地震活动。

四、产生水库诱发地震的地质条件

如果能根据地质条件判定水库诱发震级较高的地震的潜在可能性，对库址选择和水库诱发地震的预测将会有很大的指导意义。但迄今为止还不能做出这种判定。显然，今后有意识地为能做出这种判定积累资料是很有必要的。根据已有震例的分布和诱发机制的分析，可以认为，能用以判定水库诱发地震可能性的地质条件有：判定地应力状态和应变积累速度的大地构造条件；判定近期构造活动性、介质储能条件及空隙水压力起作用条件的区域地质条件等两个方面。

1. 大地构造条件

区域的初始构造应力场属何种型式对诱发地震产生的可能性有决定性意义，潜在正断型可能性最大，走向滑动型次之，逆冲型一般不产生甚至会有活动性减弱。而区域构造应力场的型式主要取决于大地构造条件。

（1）板块俯冲、碰撞带属于潜在逆冲型的应力状态，产生诱发地震的可能性很小。例如环太平洋地震带除美国西海岸一带及新西兰的一大部分外均属于板块俯冲带，在这带内水库诱发地震的震例极少。如多地震的日本仅有黑部川一例，却又产生在潜在走滑型应力场的日本海一侧。我国台湾、菲律宾以及印尼、马来西亚和南美西海岸均尚未发现水库诱发地震的震例。接近印度板块与欧亚碰撞带的喜马拉雅地区，已建水库有印度的四座和巴基斯坦的曼格拉、塔尔伯拉等两座大水库，均未因水库蓄水而引起地震活动性增强，相反，有的有所减弱。

（2）转换断层及大的平移断层，诸如美国加州圣安德烈斯断层、新西兰阿尔卑斯断层、土耳其安纳托利亚断层等的附近地带，由于属潜在走向滑动型应力状态，有产生诱发地震的可能性。例如美国的水库诱发地震震例以加州为多，新西兰阿尔卑斯断层附近亦有本摩尔水库地震震例，我国新丰江水库诱发地震发生在延伸达600km的河源邵武平移断层附近等。

（3）潜在正断型应力场产生水库诱发地震的可能性最大，但在大陆上属于此种应力状态者限于东非断裂谷型地堑带或其他大断陷盆地，典型震例为卡里巴。美国的盆地山脉区（内华达、犹他、亚利桑那、蒙大纳等州）亦属此种应力状态，也有水库地震震例。

除了应力状态的类型外，水库诱发地震还需要有相当高的天然地应力和一定的应变速率条件。这也可从大地构造条件反映出来。

2. 区域地质条件

区域地质条件中能够用以判定诱发地震潜在可能性的，有近期构造活动迹象、地热流特征、介质品质及有利于空隙水压力活动的水文地质条件等方面。

明显的新构造活动迹象是天然地震也是水库诱发地震的必要条件，有关活动迹象于前面章节有所论述。这里特别强调的是要判定对诱发地震产生有决定意义的近期地应力状态。

地热流高是已有水库地震震例一般都具有的条件。它表明新构造活动影响到地壳深部或达到地幔。反映地热流高的现象是近期火山活动和温泉。地温异常可加速库水向深部渗入。岩体强度高且比较完整有利于积蓄应变能，如其他条件有利会产生高震级的诱发地震，如我国新丰江水库，印度的科因纳水库。岩体强度低或比较破碎则不能积蓄高应变能，如有诱发地震多属低震级的频繁小震，如黑部川第四库。

原始地下水位低以及蓄水后具有利于库水向深部渗入的通道，是有利于空隙水压力效应的良好水文地质条件。地面上和掩埋的喀斯特地貌有利于库水的入渗和扩散，是易于发生水库地震的条件；高渗透性岩石、可渗水的垂直裂隙、产状较陡的活断层等都可促进浅层库水渗入深部。

五、水库诱发地震工程地质研究的基本原则

坝高大于 100m 和库容大于 $20\times10^{8}m^{3}$ 的水库，在建坝前的工程地质调查中，应将水库诱发地震产生的可能性作为专门研究项目之一。

1. 可行性阶段的研究

目的是初步判定产生可能性，因此进行下列研究是必要的。

(1) 区域地质及地应力状态研究　主要是查明是否存在有利于水库诱发地震产生的上述大地构造及区域地质条件。根据大地构造部位、天然地震震源机制及近期活断层错动机制，判定现代地应力场的基本特征，还需要判定近期活断层的空间方位、水库位置及附加应力是否有利于断层活动。

(2) 地震历史研究　研究历史地震及近期地震的震级、烈度、震中分布、震源深度、震源机制及与近期活断层间的关系。

2. 初步设计阶段的研究及蓄水前监测

早期研究如判定有水库诱发地震可能性且预计烈度大于基本烈度，应在选坝后进行以下详细研究以进一步判定可能性。

(1) 水库及坝区地质地貌及构造新活动性的详细勘察；

(2) 设置固定地震台网进行地震监测；

(3) 进行地应力测量确定构造应力量值及方向，以及它们随深度的变化；

(4) 测定有可能活动的断层带上下盘的透水性和断层带的地下水位；

(5) 在水库附近布设精密水准测量网，进行定期量测，以便了解蓄水前后的地形变化；

(6) 对伴有地震活动的活断层埋设仪器，以便进行蓄水前后活动性的对比。

3. 建库发震后的工程地质研究

水库建成蓄水后地震活动频繁，应进行以下专门研究：

(1) 增设流动台站进行精确测震工作，测定震源位置，确定它与断裂的关系，测定震源参数，研究地震序列；

(2) 装置地应力测试设备观测地应力变化，装置倾斜仪等以观察地形变；

(3) 定期进行精密水准测量与跨断层短基线三角测量、特别是较高震级的地震发生后，要立即测量并与地震前对比；

(4) 研究库水位变动、库容增减及水库充水速率变化与地震频度、震级之间的关系；

(5) 研究较强诱发地震的震害及地震影响场特征；

(6) 对库区主要岩石类型进行岩石力学测试，测定它们的力学参数；

(7) 对诱发地震的发展趋势作出评价与预测；

(8) 配合设计、施工人员，对震害防治与处理措施提出建议。

第四节 地面沉降与地裂缝

一、地面沉降形成条件与危害

地面沉降是指地壳表面在自然因素（如火山、地震）和人为因素（如开采地下水、油气资源）作用下所引发的地表大规模的垂直下降现象。通常由于人为因素所引发的地面沉降一般范围较小但沉降速率较大，而自然因素所引发的地面沉降一般较前者范围大但是沉降速率较小。地面沉降一旦发生，通常难以完全复原。

1. 地面沉降的形成条件

地面沉降已成为全球许多国家大城市和工业区的严重危害。表 6-10 为世界各地部分城市地面沉降的主要情况。

表 6-10 世界各地部分城市地面沉降主要情况

城市	沉降面积/km^2	最大沉降量/m	最大沉降速率/(mm/a)	沉降发生的主要原因
上海	850	2.70	98	抽取地下水
天津	1300	2.69	262	抽取地下水
台北	235	1.90	20	抽取地下水
拉斯维加斯	500	1.0	—	开采石油
墨西哥城	225	9.0	420	抽取地下水
东京	2420	4.6	270	抽取地下水
大阪	630	2.88	163	抽取地下水

通过表 6-10 可以分析得出地面沉降的发生应该具备两个条件。

(1) 长期过量开采地下流体资源 地面沉降主要是由于开采地下流体资源而引发的土层压缩所造成的。地下流体资源主要是指地下水和石油，而地面沉降尤以过量开采地下水所引发的地面沉降为重。地面沉降的机理可以用有效应力原理予以解释。以抽取地下水为例，水位下降会使得含水层土中孔隙水压力降低而土中有效应力升高，即土中孔隙水会向外排出，而土中有效应力的升高又使得土颗粒进一步挤密。土中孔隙体积的进一步减少，就引发了土层压缩变形而导致地面沉降。土中有效应力和孔隙水压力的关系式如式(6-8) 所示

$$\sigma' = \sigma - u_w \tag{6-8}$$

式中 σ' ——有效应力；

σ ——总应力；

u_w ——孔隙水压力。

此外，通过大量的观测资料还可以得出如下关系。例如，地面沉降中心与地下水开采

所形成的漏斗形中心区相一致；地面沉降的速率与地下水的开采量以及开采速率成正比；地面沉降区与地下水集中开采区域基本相一致。因此，地面沉降与地下水开采的动态变化同样有着密切的关系。

(2) 具有松软沉积物为主的土层　过量开采地下流体是引发地面沉降的外因，而地表下松软未固结的沉积物土层的存在则构成了地面沉降的内因。地面沉降一般多发于三角洲、河谷盆地地区，而这些区域多分布着含水量大、孔隙比高、压缩性强的淤泥质土层。一旦由于过量抽取地下水而引发土体中有效应力增长．那么上述淤泥质土层发生压缩变形就是一个必然结果。

此外，地质结构为砂层与黏土层交互的松散土层结构也易发生地面沉降。

2. 地面沉降的危害

地面沉降的危害主要是由于地面标高的缺失而引起的，其危害主要表现在以下几个方面。

(1) 海水倒灌　全球许多沿海城市都面临着地面沉降而引发的部分区域地面标高降低，遭受海水侵袭的可能性升高的问题。例如，我国上海市在黄浦江沿岸就存在地面下沉，并因此引发海水倒灌问题。此外，日本的东京也是地面沉降严重的城市，其沉降范围达 2000 多平方千米，最大沉降量达 4.6m，而且部分地面的标高已降至海平面以下。

(2) 地基不均匀沉降　地面沉降还经常引发建筑物地基的不均匀沉降，而不均匀的地基沉降会造成建筑物上部墙体的开裂甚至倒塌。建筑物支承体系破坏，还会引发路面变形、桥墩下沉、管道破裂等问题。此外，在地面沉降强烈的地区，还往往伴生有比较大的水平位移，从而造成更大的损失。

(3) 港口设施失效　地面沉降如果发生在码头，则会造成码头的下沉，涨潮时海水涌上地面，造成港口货物装卸能力下降甚至失效。

二、地面沉降的监测与防治

1. 地面沉降的监测

地面沉降虽然会造成比较严重的危害，但其发生和发展的过程比较缓慢。因此对地面沉降进行系统的监测是十分必要的。

地面沉降的监测项目主要包括有大地水准测量、地下水动态监测、建筑物破坏程度的监测等。监测的基本方法是首先确立各个监测项目的基准点（如设置水准点、水文观测点、基岩标识等）；其次是定期对各个项目进行监测，并依据所得到的数据，预测地面沉降速度、幅度和范围等，从而制定出相应的治理对策。

2. 地面沉降的防治

地面沉降虽然具有发展缓慢的渐进性特点，但是地面沉降一旦出现，治理起来则比较困难，因而地面沉降的防治主要在于“预防为主，治理为辅”。

对还没有发生严重地面沉降的区域，可以采取如下措施：

① 合理开发利用地下水，防止由于过量抽取地下水而造成地面沉降的进一步发展；

② 加强对地面沉降的监测工作，做好地面沉降发展趋势的预测，做到及早防范；

③ 重要工程项目的建设应避免在可能发生严重地面沉降的地区进行建设；

④ 在进行一般的工程项目建设时，应严格做好规划设计，预先确定引起地面沉降的因素，并能够正确估计发生地面沉降后对拟建项目可能造成的破坏，从而制定出相应的防治

措施。

对已经发生比较严重地面沉降区域，可采取如下补救措施：

① 压缩地下水开采量，必要时应暂时停止对地下水的开采，避免地面沉降的加剧；

② 调整地下水的开采层次，从主要开采浅层地下水转向深层地下水；

③ 向含水层进行人工回灌，避免地面沉降的加剧。回灌时应严格注意控制回灌水的水质标准，防止造成对含水层的污染。

三、地裂缝

1. 地裂缝的基本概念

地裂缝是指地表岩体在地质构造作用和人为因素的影响下，产生开裂并在地面上形成具有一定长度和宽度裂缝的构造。地裂缝的特征有如下三个方面。

(1) 地裂缝发育的方向性和延展性 在同一地区发育的地裂缝具有延伸方向相向，平面上呈直线状或雁行状排列的特点。而地裂缝所造成的建筑物破坏也与其同地裂缝的交角有关，通常与地裂缝的交角越大，建筑物的破坏程度也就越高。以地裂缝发育具有代表性的西安为例，西安市区有 7 条明显的地裂缝，大体呈平行展布，总体定向为 NE70°。

(2) 地裂缝灾害的不均一性 地裂缝灾害效应在地裂缝两侧的影响宽度内呈非对称的特征。例如，西安地裂缝的两侧具有明显的差异沉降，南盘相对下降而北盘相对上升，各条地裂缝之间、同一条地裂缝各段之间，速率很不一致。

(3) 地裂缝灾害的渐进性和周期性 地裂缝所经之处，无论是何种工程均会遭到不同程度的破坏，而且地裂缝的影响和破坏还会随着地裂缝的不断扩展而日益加重。在地裂缝上的建筑物在建成后少则一年，多则三五年，必将出现开裂现象。

地裂缝的周期性主要体现在人为因素的影响。例如，当某一个时期在已经存在有地裂缝的地区过度抽取地下水，则会使地裂缝的活动加剧，从而导致破坏作用增强，反之则会减弱。此外，如果某一个时期地质构造运动强烈，也会促使该地区地裂缝活动加剧。

2. 地裂缝的形成条件

地裂缝按其成因的不同分为两类，一类为构造地裂缝，另一类为非构造地裂缝。

(1) 构造地裂缝 这类地裂缝的形成主要是由于地质构造作用的结果。构造地裂缝大多形成在断裂带上，这是由于断裂带往往会导致地面的张拉变形而形成裂缝。同时，断裂构造在构造应力地不断做地下的蠕变同样会引发地裂缝的发展。此外，岩体中构造应力场的改变也会诱发此类地裂缝产生。

(2) 非构造地裂缝 这类地裂缝的形成原因比较复杂，其形成条件可以归于以下三类。

① 由于其他不良地质条件所产生的地裂缝。例如，滑坡、崩塌、地面沉降等均会伴随地裂缝的发展。

② 人为活动因素的干扰。例如，过度抽取地下水、矿山开挖等都会进一步加剧地裂缝的发展。

③ 第四纪沉积物的差异。例如，黄土的湿陷、膨胀土的胀缩等也会造成地裂缝的发展。

应当指出，在工程实践中，上述地裂缝的形成条件不是相互孤立的，多数地裂缝的形成是上述两类地裂缝形成条件综合作用的结果。因此，在分析地裂缝的形成条件时应结合具体的地质条件予以分析。就总体情况而言，控制地裂缝活动的首要条件是目前该地区地质构造活动的情况，其次是诸如滑坡、崩塌、地面沉降等地质灾害的动力活动情况。

3. 地裂缝的危害

从地裂缝的特征可以看出，地裂缝的危害主要是由于地裂缝两侧相对差异沉降、水平方向相对错动所造成的。地裂缝的危害表现在地裂缝发育的地区，地表建筑物会发生开裂、错动甚至倒塌，道路变形、开裂，地下输排水管道断裂。地裂缝成灾机理如图 6-8 所示。

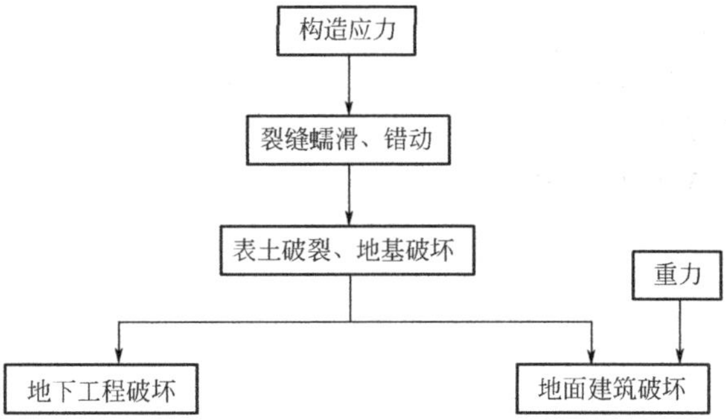

图 6-8　地裂缝成灾机理图

4. 地裂缝的防治

对地裂缝的观测表明，地裂缝所引发的灾害主要集中于由若干主要地裂缝所组成的地裂缝带内，随着与主要地裂缝距离的加大，差异沉降衰减很快，距离主要地裂缝 20m 以外基本上不会对建筑物造成不良影响。因此，目前对于地裂缝的防治措施的主导思想仍是以退让为主、监测控制为辅。主要采取的具体措施可以分为以下三个方面。

(1) 做好选址规划，对地裂缝发育区域予以先期避让　在地裂缝发育地区进行工程建设时，首先应对拟建场地进行详细的岩土工程勘察，确认地裂缝的规模和分布情况，对该地区以往发生的地质构造运动进行系统调查，从而合理规划建筑物的布局，使工程项目尽量避开存在地裂缝的危险区域。

(2) 按制人为因素的诱发作用　对于非构造地裂缝，可以按其成因的不同，采取各种措施来防止或减少地裂缝的发生。例如，通过控制过量抽取地下水而避免诱发地裂缝的产生；采取工程措施避免滑坡和崩塌所引发的地裂缝；做好雨水的排放工作，避免雨水的过量下渗而加剧地裂缝的发展等。

(3) 做好地裂缝监测预报工作　利用工程技术手段，对已经存在地裂缝的区域做好监测工作，通过测量断层位移、地形变形量等方法对地裂缝的发展方向、规模、速率等指标予以预测，为工程建设做好先期储备。

重要术语

1. 活断层　2. 震源　3. 震中　4. 震中距　5. 地震震级　6. 地震力　7. 地震破裂效应　8. 砂土液化现象　9. 诱发地震　10. 地面沉降　11. 地裂缝

复习思考题

1. 活断层有哪些基本特性?
2. 如何鉴别活断层?
3. 活断层对工程安全性的影响有哪几个方面?
4. 地震按成因，可分为哪几类?

5. 地震震级与地震烈度的关系如何?
6. 我国地震地质的基本特征有哪些?
7. 水库诱发地震的共同特点有哪些?
8. 产生水库诱发地震的地质条件有哪些?
9. 地面沉降的形成条件包括哪些?
10. 简述地面沉降的危害。
11. 地面沉降的防治措施有哪些?
12. 地裂缝的特征有哪些?
13. 地裂缝的防治措施有哪些?

第七章　岩体稳定性分析

第一节　斜坡稳定性分析

斜坡包括天然斜坡和人工开挖的边坡。它具有一定的坡度和高度，且在重力和其他地质营力作用下不断地发展变化。自然界的山坡、谷壁、河岸等各种斜坡的形成，正是这些地质营力作用的结果。人类工程活动也经常开挖出许多人工边坡，如路堑边坡、运河渠道、船闸、溢洪道边坡，房屋基坑边坡和露天矿坑的边坡等。

斜坡稳定性分析，在于要阐明工程地段天然斜坡是否可能产生危害性的变形与破坏，论证其变形与破坏的形式、方向和规模，设计稳定而又经济合理的人工边坡，或维护并加大其稳定性而采取经济合理的工程措施，以保证其在工程运行期间不致发生危害性的变形与破坏。

一、斜坡应力分布特征

斜坡的变形与破坏，取决于坡体中的应力分布和岩土体的强度特点，了解坡体中的应力分布特征，对认识斜坡变形与破坏机制很有必要，对正确评价斜坡稳定，制订切合实际的设计和整治方案有指导意义。

1. 斜坡成坡后的应力场

斜坡形成前，岩土体中应力场为原始应力状态。开挖成坡后，坡体质点便向坡面方向移动，应力重新调整，发生明显的应力重分布。根据已有的光弹试验资料，可以看出应力分布有以下特点。

(1) 坡体中主应力方向发生明显偏转。坡面附近的最大主应力与坡面近于平行，其最小主应力与坡面近于正交；坡体下部出现近乎水平方向的剪应力，且总趋势是由内向外增强，愈近坡脚处愈强，向坡体内部逐渐恢复到原始应力状态。

(2) 坡体中产生应力集中现象。坡脚附近会形成明显的应力集中带，坡角愈陡，应力集中愈明显。

(3) 坡面的岩土体由于侧向压力近于零，实际上变为两向受力状态；而向坡体内部逐步地变为三向受力状态。

(4) 坡面或坡顶的某些部位，由于水平应力明显下降而可能出现拉应力，形成张力带。

2. 影响斜坡应力分布的主要因素

斜坡形成后，其应力分布主要受原始应力状态、坡形和岩土体结构特征的影响。

(1) 原始应力状态 首先取决于未被开挖前岩土体的原始应力状态。任何斜坡无例外地处于一定历史条件下的地应力环境之中，特别是在新的构造运动强烈的地区，往往存在较大的水平构造残余应力。

(2) 坡形 坡面几何状态是影响坡体应力分布的主要因素，反映坡面几何状态的主要要素是坡角。坡角增加时，坡顶及坡面张力带的范围扩大，坡脚应力集中带的最大剪应力也随之增高。

(3) 岩土体结构特征 斜坡中存在的各种形式的结构面，对斜坡应力的分布也有很大影响。斜坡岩土体的结构特征对坡体应力场的影响相当复杂，它主要表现为由于岩土体的不均一和不连续，使其沿结构面周边出现应力集中或应力阻滞现象。

二、斜坡变形与破坏

斜坡变形与破坏的发展过程可以是漫长的，如天然斜坡的发展演化；也可以是短暂的，如人工边坡的形成与变化。斜坡变形与破坏的发生条件和影响因素相当复杂，但主要取决于坡体本身所具有的应力特征和坡体抵抗变形与破坏的能力大小。这两者相互关系和发展变化，是斜坡演变的内在矛盾。可见，坡体中由于应力分布所出现的应力集中带，又有抵抗变形与破坏能力较低的结构面，在空间上构成不利于稳定的组合形式时，就成为以上矛盾发展变化的焦点。斜坡变形与破坏是斜坡演化变形的两大形式，前者以坡体内未出现贯通性破坏面为特征；后者是在坡体内已形成贯通性的破坏面，并由此以一定加速度发生位移为标志。二者是一个发展的连续过程，其间存在着量与质的转化过程。要特别注重这一演化过程中的变形问题的研究，这对于定性地揭示坡体应力与结构强度的矛盾关系，鉴定现有条件下坡体的稳定状态，预测斜坡破坏的可能性等，都有重要意义。

1. 斜坡变形

斜坡变形以坡体未出现贯通性的破坏面为特点，但在坡体各个局部，特别在坡面附近也可能出现一定程度的破裂与错动，但从整体看并未产生滑动破坏，它表现为松动和蠕动。

(1) 松动 斜坡形成初始阶段，坡体表面往往出现一系列与坡向近于平行的陡倾角张开裂隙，被这种裂隙切割的岩体便向临空方向松开、移动，这种过程和现象称为松动。它是一种斜坡卸荷回弹的过程和现象。

斜坡常有各种松动裂隙，实践中把发育有松动裂隙的坡体部位，称为斜坡卸荷带，在此可称为斜坡松动带。存在于坡体的这种松动裂隙，可以是应力重分布中新生的，但多数是沿原有的陡倾角裂隙发育而成。它仅有张开而无明显的相对滑动，张开程度及分布密度由坡面向深处逐渐减小。当保证坡体应力不再增加和结构强度不再降低的情况下，斜坡变形不会剧烈发展，坡体不致破坏。

斜坡松动使坡体强度降低，又使各种营力因素更易深入坡体，加大坡体内各种营力因素的活跃程度，它是斜坡变形与破坏的初始表现。所以，划分松动带（卸荷带），确定松动带范围，研究松动带内岩体特征，对论证斜坡稳定性，特别是在确定开挖深度或灌浆范围方面，都具有重要意义。

斜坡松动带的深度除与坡体本身的结构特征有关外，主要受坡形和坡体原始应力状态控制。显然，斜坡越陡、越高，地应力越强，斜坡松动松动裂隙越发育，松动带的深度也便越大。

(2) 蠕动 斜坡岩土体在以自重应力为主的坡体应力长期作用下，向临空方向的缓慢而持续的变形，称为斜坡蠕动。它是在应力长期作用下，岩土体内部一种缓慢的调整性形变，实际上是趋于破坏的一个演变过程。坡体中由自重应力引起的剪应力与岩土体长期抗剪强度相比很低时，斜坡只能减速蠕动；只有当应力值接近或超过岩土体长期抗剪强度时，斜坡才能加速蠕动。因此，斜坡最终破坏总要经过一定的过程，或短暂、或时间漫长。斜坡蠕动大致可分为表层蠕动和深层蠕动两种基本类型。

2. 斜坡破坏

斜坡中出现了与外界连续贯通的破坏面，被分割的坡体便以一定加速度滑移或崩落母体，称为斜坡破坏。

天然斜坡的形成过程往往比较缓慢，而坡体中应力的变化和附加荷载的出现可能很迅速，斜坡破坏便可能出现不同的情况。当迅速形成的坡体应力已超过岩土体极限强度，且足以形成贯通性破坏面时，斜坡破坏便急骤发生，松动及蠕动变形的时间很短暂；反之，若坡体应力小于岩土体极限强度而大于长期强度时，斜坡破坏前总要经过一段较长时间的松动及蠕动变形过程。此外，自然营力对斜坡破坏的影响很大。某些营力（如地震力、空隙水压力）突然加剧，可使一些原来并未明显松动及蠕动变形迹象的斜坡也会突然破坏。

斜坡破坏的形式很多，主要有崩塌、滑坡及滑塌。

三、斜坡稳定性判定

斜坡在自然界总是不断地演变着，其稳定性也在不断变化。因此，应从发展变化的观点出发，把斜坡与周围自然环境联系起来，特别应与工程修建后可能变化的环境联系起来，阐明斜坡演变过程。也就是说，既要论证斜坡当前的“瞬时”稳定状况，又要预测斜坡稳定的发展趋势，还要判明促使斜坡发生演变的主导因素，只有这样才能正确地得出斜坡稳定性的结论，制定和设计出合理的措施来防止斜坡稳定性的降低。

斜坡稳定性判定现仍处在研究探索阶段，其判定方法基本上可概括为自然历史分析法、力学分析法、工程地质比拟法。在实践中，这三种方法应相互验证，彼此补充，综合分析，才能得出准确的结论。自然历史分析法能得出定性结论，是其他各种方法的基础。力学计算和工程地质比拟法，为定量或半定量的分析方法，可直接提供工程设计所必需的数据，是分析论证的发展方向，但必须建立在正确的地质分析的基础上。

1. 自然历史分析法

自然历史分析法首先应对斜坡岩土体结构进行分析，并对已有的斜坡变形与破坏的迹象做深入研究，然后进一步联系斜坡所处自然环境和历史条件的发展变化，查明促使稳定性发生变化的主导因素，以判定稳定现状和发展趋势，得出斜坡稳定性结论。

斜坡结构分析应通过野外的观察并进行观察资料的统计，按斜坡变形与破坏的机制，决定坡体中控制性结构面，来进行岩体结构分类。不同结构类型的斜坡，各有其独特的变形与破坏特点，产生不同机制的变形迹象和破坏方式。

在深入进行坡体稳定性内在条件分析研究的基础上，还应进行斜坡自然环境和形成历史的分析研究，以探寻外在因素的影响，查明影响斜坡演变的主导营力因素的发展变化过程。为了正确阐明斜坡自然环境特征和形成历史，对各种天然营力作用以及人类活动都应认真地分析研究，并追溯它在斜坡形成过程中的历史状况，如区域水文及气象特性、河流地质作用特点、地下水埋藏与运动条件、地形地貌特征、区域地质情况、新构造与地震活动、人类工程作用的现状和历史过程等。

显而易见，自然历史分析法是定性的地质学分析方法，不仅能判定斜坡稳定现状，对斜坡稳定性的演化作出预测，还能为力学计算方法确定边界条件和选用参数，为工程地质比拟法提供比拟依据。因此，自然历史分析法是各种分析方法的基础，至今仍是最主要的分析方法。

2. 力学分析法

斜坡稳定性力学分析法是一种运用很广的方法，它可以得出稳定性的定量概念，常为工程所必需。力学分析法多以岩土力学理论为基础，有的运用松散体静力学的基本理论和方法进行运算，也有的采用弹塑性理论或刚体力学的某些概念，去分析斜坡稳定性。这些方面的基本假定尚不能在理论上完全解决，且因影响斜坡的天然营力因素很复杂，实际上它通常只能进行一些近似估算。应该指明，力学分析法的可靠性，很大程度上还取决于计算参数的选择和边界条件的确定，特别是对结构面抗剪指标的选择至关重要。因此，力学分析法必须以正确的地质分析为基础。

斜坡稳定性力学分析分为土质斜坡稳定性计算和岩质斜坡稳定性计算。土质斜坡稳定性计算通常假定为沿坡体中某一弧状面而滑动的滑体条件基础上，采用“条分法”进行稳定性计算；岩质斜坡稳定性计算，一般假设斜坡上的不稳定滑动岩体由单一的结构面构成，岩体在自重作用下的稳定性是岩体重力所产生的侧向推滑分力与滑动面的抗滑阻力来维持。具体计算方法不再赘述。

3. 工程地质比拟法

工程地质比拟法，在生产实践中经常采用。它主要是应用自然历史分析法认识和了解已有斜坡的工程地质条件，并与将要研究的斜坡工程地质条件相对比，把已有斜坡的研究或设计经验用到条件相似的新斜坡的研究或设计中去。这些研究或设计经验包括：斜坡变形与破坏形式和发展变化规律的经验、斜坡设计的经验、取用滑面抗剪指标的经验，以及斜坡整治的经验等。

对比斜坡要有一个原则可循，斜坡在有的情况下可以对比，而有时就没有对比的根据。这些根据首先是那些需要对比的斜坡的“相似性”，包括两个主要方面：一是斜坡岩性和岩体结构的相似性；二是斜坡类型的相似性。在这种基础上，才能对比影响斜坡稳定性的营力因素和斜坡成因。

工程地质比拟应注意天然斜坡与人工边坡工程地质条件的异同点，这是论证人工边坡稳定性的关键。天然斜坡与人工边坡对比，要对工程地质条件的共同性进行对比，也要参考工程地质条件的差异性，并区别主导因素与一般因素。影响斜坡稳定性因素的主次，常因地而异。一般情况下，岩石性质、岩体结构、水的作用和风化作用是主要的，其他如坡面方位、气候条件等是次要的。在斜坡工程地质条件相似的情况下，其稳定斜坡便可作为确定稳定坡角的依据。

第二节　地基稳定性分析

地基，特别是水工建筑中的重力坝地基（坝基），常有沉降和滑移问题。拦蓄河水，抬高水位，库水便以巨大水平推力作用于大坝。为维持稳定，坝体必须具备足够质量，使坝底与地基接触面或在地基中，产生足够大的摩擦力，来均衡库水的水平推力，不至于发生滑动。如果坝基稳定性不能得到保证，往往导致大坝破坏，甚至造成灾难性事故。法国马尔帕塞薄拱坝修建在片麻岩上，左岸有绢云母页岩夹层，倾向下游，裂隙发育，有的张开，且被黏土充填。1959 年 12 月，由于连日暴雨，水位猛涨，绢云母页岩强度降低，坝基负荷骤增，致使大坝左端岩体滑动，坝体崩溃。

地基也可以在仅有铅直荷载的建筑物作用下，出现不均匀沉降和明显的滑移。加拿大温尼佩格的特朗斯康谷仓，移交使用不久，地基便出现显著不均匀沉降；同时，由于建筑物荷载作用形成地基附加应力超过地基强度，使谷仓向一侧产生明显的滑移，一侧铅直沉降位移竟高达 8.8m 之多，建筑物几乎倾斜了 27°，完全不能继续使用。

为了避免地基的沉降和滑移，需对地基进行处理，主要处理措施有清基、加固、换土垫层、桩基和黄土地基处理等措施。

1. 清基

清除对工程不利的表层物质。对软基来说，主要清除地基表层的那些劣质土层，如淤泥、泥炭、浮砂、盐渍土、植物根系及垃圾等；对硬基来说，主要把地基表层强烈风化、破碎松动的岩体以及浅部的软弱夹层等彻底开挖清除。

2. 加固

加固措施常见的有：砂井、堆载预压、辗压、夯实、镇压层、板桩墙封闭、固结灌浆、锚固等。其中，后两种主要是针对岩体来说的。

砂井用来处理饱和软黏土地基。井点呈梅花形布置，一般砂井直径为 42cm，井距 3m，砂井填料以中粗砂为宜，以增加黏土层排水途径，缩短固结排水距离，加速固结时间，从而增大土体强度，效果比较显著。此法广泛应用于水闸、岸坡工程。

堆载预压适用于处理深厚（一般为十余米至二三十米）软土地基。先用预定荷载加压，使之固结，其效果主要取决于预压荷载的大小和预压时间的长短。顶压荷载应接近或超过设计荷载，预压时间一般应在 6 个月以上。在软土地基上修筑堤坝，放慢施工速度，堤坝本身的质量也会起到一定的预压加固作用。

碾压和夯实，一般适用于杂填土地基的处理，且在地下水位低于有效压（夯）实深度的条件下才能进行。

镇压层是在建筑物一侧或两侧，做成矮而宽的压重层，使软土不易从建筑物底向侧畔挤出。压重层材料用黏性土、砂土、岩石碎块均可，施工也较简单。

板桩墙封闭是用板桩墙来封闭地基周围，里面再充填以压实砂砾，上加钢筋混凝土盖板。黄河下游闸基多位于夹有淤泥质黏土的冲积层上，采用此法处理效果较好。

固结灌浆是加固岩体的通用措施，它是通过钻孔将胶结材料（水泥浆等）压入岩层中，使破碎岩体和裂隙发育的岩体胶结成整体，以增大岩体强度，提高岩体稳定性。

锚固也是加固岩体的常用方法。当地基岩体中发育有控制岩体滑移的软弱结构面，可采用预应力锚筋（杆）或锚索，加固处理。

3. 换土垫层

砂层置换是地基中有较厚黏土、淤泥而又无法完全清除的情况下，可挖去一定深度的软土层，并代之以人工填筑砂垫层的方法，主要起着扩大基础底面积和加大基础砌置深度的作用。

砂垫层为基础的一部分，故要求它的强度、密度及施工质量，应能达到相应基础的基本条件。

据国内经验，用级配好的中粗砂或颗粒更粗的材料（合格石屑、炉渣等）作砂垫层便能满足要求，最好不用粉细砂；当在缺少中粗砂地区而又非用粉细砂不可的情况下，则应掺入一定的卵石或碎石。砂垫层可就地取材，操作简便，易掌握，施工速度快，构筑费用省。

4. 桩基

在深厚的软土地基上，当建筑物的荷载较大，或对地基变形和稳定性要求较高，而采用其他处理措施不能满足要求时，宜采用桩基方案。桩基具有承载力高、沉降量小和沉降较为均匀等优点，因而在软土地区已得到广泛应用。

桩基有两类：一是端承桩，其下端直接支承在硬土层或基岩上；二是摩擦桩，桩身全在软土层中，利用桩身表面与土间的摩擦力支撑建筑物。

5. 黄土地基处理

黄土地基处理措施主要是对具湿陷性的黄土地基而言，常采用预先浸水、强夯、砂桩挤实及硅化等方法处理。

第三节　地下硐室围岩稳定性分析

经济建设的发展，促使国防、水利、电力、交通、采矿以及储备仓库等方面的地下建筑愈来愈多，规模愈来愈大，埋藏愈来愈深。它们的共同特点是：都建设在地下岩土体内，具有一定断面形状和尺寸，并有较大延伸长度，可统称为地下硐室。

硐室周围的岩土体简称围岩。狭义上，围岩常指硐室周围受到开挖影响，大体相当于地下硐室宽度或平均直径3倍左右范围内的岩土体。地下硐室突出的工程地质问题是围岩稳定性问题，尤其像地下飞机库、大跨度引水隧硐和水电站地下厂房等大型硐室的围岩稳定性，常常是工程地质研究的重点。

一、硐室围岩压力

硐室开挖前，岩土体一般处于天然应力平衡状态，称一次应力状态或初始应力状态。一个三向应力不等的空间应力场中，有些地区铅直应力大于水平应力；有的则水平应力大于铅直应力；也有的两者相近，特别是在地壳的相当深处，天然应力比值系数接近于1。

硐室开挖后，便破坏了这种天然应力的平衡状态。硐室周边围岩失去原有支撑，就要向硐室空间松胀，结果改变了围岩的相对平衡关系，形成新的应力状态，称二次应力状态。作用于硐室围岩上的外荷，一般不是建筑物的质量，而是岩土体所具有的天然应力（包括自重应力和构造应力）。这种由于硐室的开挖，围岩中应力、应变调整而引起原有天然应力大小、方向和性质改变的过程和现象，称为围岩应力重分布，它直接影响着围岩的稳定性。

硐室围岩由于应力重分布而形成塑性变形区，在一定条件下，围岩稳定性便可能遭到破坏。为保证硐室的稳定，常需进行支护和衬砌，硐室支护和衬砌上便必然受到围岩变形与破坏的岩土体的压力。这种由于围岩的变形与破坏而作用于支护或衬砌上的压力，称为围岩压力。

围岩应力重分布与岩体的初始应力状态及硐室断面的形状等因素有关。如对于侧压力系数 $k=1$ 的圆形地下硐室，开挖后应力重分布的主要特征是径向应力 s_r，向硐壁方向逐渐减小，至硐壁处为零，而切向力 s_θ 即在硐壁增大，如图7-1所示。通常所说的围岩，就是指受应力重分布影响的一部分岩体。

由此可见，地下开挖后由于应力重分布，引起硐周产生应力集中现象。当围岩应力小于岩体的强度极限（脆性岩石）或屈服极限（塑性岩石）时，硐室围岩稳定。当围岩应力超过了岩体屈服极限时，围岩就由弹性状态转化为塑性状态，形成一个塑性松动圈（图 7-2）。在松动圈形成的过程中，原来硐室周边集中的高应力逐渐向松动圈外转移，形成新的应力升高区，该区岩体挤压得紧密，宛如一圈天然加固的岩体，故称为承载圈。

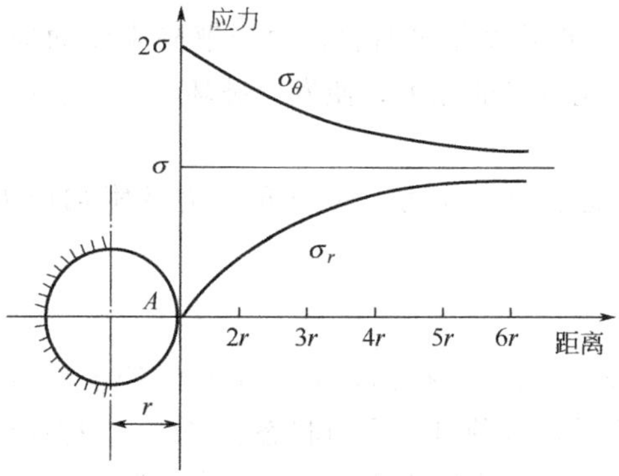

图 7-1　隧道开挖硐周围应力状态

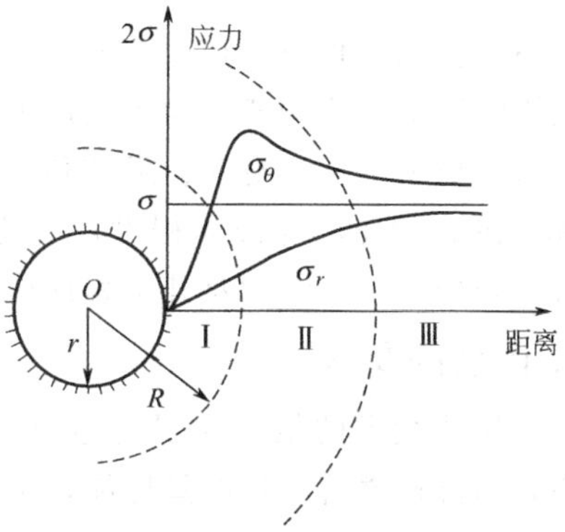

图 7-2　围岩的松动圈和承载圈

Ⅰ—松动圈；Ⅱ—承载圈；Ⅲ—原始应力区

应当指出，如果岩体非常软弱或处于塑性状态，则硐室开挖后，由于塑性松动圈的不断扩展，自然承载圈很难形成。在这种情况下，岩体始终处于不稳定状态，开挖硐室十分困难。如果岩体坚硬完整，则硐室周围岩石始终处于弹性状态，围岩稳定不形成松动圈。

在生产实践中，确定硐室围岩松动圈的范围是非常重要的。因为松动圈一旦形成，围岩就会坍塌或向硐内产生大的塑性变形，要维持围岩稳定就要进行支撑或衬砌。

二、围岩压力的类型

围岩压力是设计支护或衬砌的依据之一，它关系到硐室正常运用、安全施工、节约资金和施工进度等问题，围岩稳定程度的判别与围岩压力的确定紧密相关。

围岩压力就其表现形式可分为如下四类。

1. 松动压力

由于开挖而引起围岩松动或坍塌的岩体以重力形式作用在支护结构上的压力，称为松动压力，亦称散体压力。松动压力是因为围岩个别岩石块体的滑动，松散围岩以及在节理发育的裂隙岩体中，围岩某些部位沿软弱结构面发生剪切破坏或拉张破坏等导致局部滑动引起的。

2. 变形压力

开挖必然引起围岩变形，支护结构为抵抗围岩变形而承受的压力称为变形压力。

3. 冲击压力

在坚硬完整岩体中，地下建筑开挖后的硐体应力如果在围岩的弹性界限之内，则仅在开挖后的短时期内引起弹性变形，而不致产生围岩压力。但当建筑物埋深较大，或由于构造作用使初始应力很高，开挖后硐体应力超过了围岩的弹性界限，这些能量突然释放所产生的巨大压力，称为冲击压力。冲击压力发生时，伴随着巨响，岩石以镜片状或叶片状高速迸发而出，因此冲击压力也称岩爆。

4. 膨胀压力

某些岩体由于遇水后体积发生膨胀，从而产生膨胀压力。膨胀压力与变形压力的基本区别在于它是围岩吸水膨胀引起的。膨胀压力的大小，主要取决于岩体的物理力学性质和地下水的活动特征等。

三、硐室围岩变形与破坏

硐室开挖后，地下形成了自由空间，原来处于挤压状态的围岩，由于解除束缚而向硐室空间松胀变形，这种变形大小超过了围岩本身所能承受的能力，便发生破坏，从母岩中分离、脱落，形成坍塌、滑动、隆破和岩爆。

硐室围岩的变形与破坏程度，一方面取决于地下天然应力、重分布应力及附加应力，另一方面与岩土体的结构及其工程地质性质密切有关。

1. 围岩的变形

导致围岩变形的根本原因是地应力的存在。地下硐室开挖前，岩（土）体处于自然平衡状态，内部储蓄着大量的弹性能，地下硐室开挖后，这种自然平衡状态被打破，弹性能释放，一定范围内的围岩发生弹性恢复变形。另外，由于围岩应力重新分布，各点的应力状态发生变化，导致围岩产生新的弹性变形。这种弹性变形是不均匀的，从而导致地下硐室周边位移的不均匀性。

重新分布的围岩应力在未达到或超过其强度以前，围岩以弹性变形为主。一般认为，弹性变形速度快、量值小，可瞬间完成，一般不易察觉。当应力超过围岩强度时，围岩出现塑性区域，甚至发生破坏，此时围岩变形将以塑性变形为主。塑性变形延续时间长、变形量大，发生压碎、拉裂或剪破。塑性变形是围岩变形的主要组成部分。

如果围岩裂隙十分明显或者围岩破坏严重时，节理、裂隙间的相互错位、滑动及裂隙张开或压缩变形将会占据主导地位，而岩块本身的变形成分退居次要地位。按照岩体结构力学的原理，由于岩体中大小结构面的存在，围岩的变形都会或多或少地存在结构面的变形。

此外，由于岩石的流变效应十分明显，围岩长期处于一种动态变化的高应力作用之中，流变也是围岩变形不可忽略的组成部分。

2. 围岩的破坏类型

硐室开挖后，围岩应力大小超过了岩土体强度时，产生失稳破坏，有的突然而显著，有的变形与破坏不易划分。硐室围岩的变形与破坏，二者是发展的连续过程。弹脆性岩石构成的围岩，变形尺寸小，发展速度快，不易由肉眼察觉，而一旦失稳，突然破坏，其强度、规模和影响都极显著。弹塑性岩石和塑性土构成的围岩，变形尺寸大，甚至堵塞整个硐室空间，但其发展速度极缓慢，而破坏形式有时很难与变形区别。

(1) 冒顶、垮帮和鼓底 一般情况下，硐室围岩的变形与破坏，按其发生的部位，可概括地划分为顶围（板）悬垂与坍落、侧围（壁）突出与滑塌、底围（板）鼓胀与隆破。有时笼统称为冒顶、垮帮和鼓底。顶板塌落后的形状与地下硐室围岩有很大关系，绝大多数顶板坍塌与结构面的切割有关。边墙的滑落与顶板情形类似，结构面的影响是主要的。地下硐室开挖后底板的隆胀是很常见的，特别是在围岩塑性变形显著、岩性软弱和埋深较大的地下硐室，表现得最明显，有时也造成洞壁挤出现象。实际上，由于在地下硐室支护中常常不支护底板，因而几乎所有地下硐室均有不同程度的底板隆胀现象。

(2) 围岩缩径 硐室开挖中或开挖以后，围岩变形可同时出现在顶围、侧围、底围之中，因所处地质条件或施工措施不同，它可在某一或某些方向上表现得充分而明显。实践证明，在塑性土层或弹塑性岩体之中，常可见到顶围、侧围、底围三者以相似的大小和速度向硐室空间方面变形，而不失其完整性，实际上，已很难区分它的变形与破坏的界限，但它可导致支撑和衬砌的破坏。这便是在黏性土或黏土岩、泥灰岩、凝灰岩中常见的围岩缩径，又称“全面鼓胀”。英国曼彻斯特-波尔顿铁路及查帕德铁路上的隧硐某些地段，黏土页岩构成的围岩鼓胀，使衬砌缝闸的灰浆很快便被挤出。格列涅耳的那特日斯隧洞穿过黏土页岩地段，对衬砌呈现有特大压力，达 600kPa。阿尔卑斯山区铁路隧洞，经过页岩或无水石膏的岩体，底围在最初几年中，每年鼓胀 0.25m。陕南褒河某隧洞穿过黏土岩，数月中缩径约为设计尺寸的 1/2。

(3) 岩爆 坚硬而无明显裂隙或者裂隙极细微面不连贯的弹脆性岩体，如花岗岩、片麻岩、闪长岩、辉绿岩、石英岩、辉长岩、白云岩和致密灰岩等，在人们可能活动的深度上开挖硐室，围岩的变形大小极不明显，在短促的时间内完成这种变形。实际上，它的微小和不明显是可以忽略不计的。但在这种条件下经常可遇到一种特殊的围岩破坏，硐室开挖过程中，周壁岩石有时会骤然以爆炸形式，使透镜体碎片或岩块突然弹出或抛出，并发生类似射击的噼啪声响，这就是所谓”岩爆”，有时称”山岩射击”。被抛出或弹出的岩块或碎片，大者达几十吨，小者仅几厘米，由于应力解除，其体积突然增加；而在硐室周壁上留下的凹痕或凹穴，体积突然缩小。因此，被抛出或弹出的岩块或碎片，不能放回原处。岩爆对地下工程常造成危害，可破坏支护，堵塞坑道，严重或造成重大伤亡事故。

(4) 围岩破坏导致的地面沉降 硐室围岩的变形和破坏，导致硐室周围岩体向硐室空间移动。如果硐室位置很深或其空间尺寸不大，围岩的变形破坏将局限在较小范围以内，不致波及地面。但是，当硐室位置很浅或其空间尺寸很大，特别在矿山开发中，地下开采常留下很大范围的采空区，围岩变形与破坏将会扩展或影响波及地面，引起地面沉降，有时会出现地面塌陷和裂缝。

四、硐室围岩稳定性因素分析

硐室修筑之前，首先要选择适宜的工程位置或线路，这就要研究该地区的地质情况，并分析围岩稳定因素。影响围岩稳定的因素有天然的，也有人为的。天然因素中经常起控制作用的是岩石特性、地质构造、水和岩溶作用。弄清这些主要因素，围岩稳定性分析才比较客观，符合实际。

1. 岩石特性

坚硬完整的岩石一般对围岩稳定性影响较小，而软弱岩石则由于强度低，抗水性差，受力容易变形和破坏，对围岩稳定性影响较大。

岩浆岩、变质岩中大部分岩石均是坚硬完整的，如新鲜未风化的花岗岩、闪长岩、致密玄武岩、安山岩、流纹岩、混合岩、片麻岩、石英片岩、变质砾岩等。对于一般不超过 300～500m 或稍深、跨度不超过 10m 或稍大的硐穴，这些岩石的强度是能满足围岩稳定要求的。

但有些岩石，如黏土质片岩、绿泥石片岩、千枚岩和泥质板岩等是软弱的，在这些岩石中开挖硐穴易坍塌，或只有短期稳定。如宝成路施工中发生的一些隧洞坍塌事故，许多都是在软弱的变质岩中；宝凤 23 号隧洞坍塌，发生在绿泥石片岩地段。奥地利一引水洞穿过千枚岩，开挖后便裂成碎片，坍塌崩块。

沉积岩较复杂，其强度比岩浆岩和变质岩要差。除胶结良好的砂岩、砾岩和石灰岩、白云岩比较坚硬外，大都比较软弱，如泥质页岩、钙质页岩、黏土岩、石膏、岩盐、煤岩，还有胶结不良的砂岩、砾岩和部分凝灰岩等。四川红层中黏土页岩新鲜岩样，2 个月便风化裂成大小为0.5cm的碎块；辽宁的安山凝灰岩新鲜岩样，2个月也风化碎裂。

疏松土层总的说来是强度低、易变形，若无特殊措施，在其中开挖大跨度硐室，是十分困难的。饱水淤泥和砂层，常可出现流砂。秦岭坛子湾隧洞原在基岩内掘进，后遇沟谷底部砂卵石堆积，洞顶坍落，地面坍塌，边挖边坍，进度迟缓，4个月才掘进60m。意大利加迪柯隧道有420m的一段遇到砂砾石和块石层，因坍塌使工期延长了1年。黏性土及遇水软化的黏土岩、风化严重的岩石，常易泥化、崩解或膨胀，给硐室施工造成很大困难。模式口引水洞桩号3＋475段到3＋517段的强风化辉绿岩，浸水一昼夜便大部分变为黏土质稀泥，崩解强烈，在这些地段易坍落。黏性土中洞穴不仅顶围、侧围不稳，且可出现底围鼓胀，至形成缩径，随挖随缩。易溶岩如石膏、芒硝、岩盐等，遇水迅速溶解，直接破坏围岩稳定。

2. 岩体结构

块状结构的岩体作为地下硐室的围岩，其稳定性主要受结构面的发育和分布特点所控制，这时的围岩压力主要来自最不利的结构面组合，同时与结构面和临空面的切割关系有密切关系；碎裂结构围岩的破坏往往是由于变形过大，导致块体间相互脱落，连续性被破坏而发生坍塌，或某些主要连通结构面切割而成的不稳定部分整体冒落，其稳定性最差。

3. 地质构造

地质构造对于围岩的稳定性起重要作用。若硐室轴线与岩层走向近于直交，可使工程通过软弱岩层的长度较短；若与岩层走向近于平行而不能完全布置在坚硬岩层里，断面又通过不同岩层时，则应适当调整硐室轴线高程或左右变移轴线位置，使围岩有较好的稳定性，硐室应尽量设置在坚硬岩层中，或尽量把坚硬岩层作为顶围。

围岩常是强度不等的坚硬和软弱岩层相间的岩体。软弱岩层强度较低，容易变形破坏。

构造变动中，常沿坚硬和软弱岩层接触处错动，形成厚度不等的层间破碎带，大大破坏了岩体完整性。硐室通过坚硬和软弱相间的层状岩体时，易在接触面处变形或坍落。

褶皱的形式、疏密程度及其轴向与硐室轴线的交角不同，围岩稳定性是不同的。硐身横穿褶皱轴，比平行褶皱有利。当硐室通过背斜轴部时，顶围向两侧倾斜，由于拱的作用，利于顶围的稳定；向斜则相反，两侧岩体倾向硐室内，并因硐室顶存在张裂，对围岩稳定不利。另外，向斜轴部多易储存、聚集地下水，且多承压，更削弱了岩体的稳定性。

硐室通过断层时，断层带宽度愈大、走向与洞轴交角愈小，它在硐室内出露便越长，对围岩稳定性影响便越大。断层带破碎物质的碎块性质及其胶结情况也都影响围岩稳定性，破碎带组成物质如为坚硬岩块，且挤压紧密或已胶结，便比软弱的断层泥与组织疏松的糜棱岩或未胶结的压碎岩要稳定。此外，在断层带还应特别注意以下几点。

（1）断层泥、未胶结的糜棱岩、片状岩或揉皱带，一般在构造岩带中起“软弱层”的作用，要特别注意其分布特点和力学性质。

（2）胶结的角砾岩和紧密的压碎岩，具有一定强度，稳定性尚好；未胶结或疏散的，稳定性极差。

（3）断层带地下水的影响更应注意。各类构造岩的透水性差异很大，地下水运移方式和富集情况也各异。构造岩带地下水的水动力条件，常是分析围岩稳定的重要依据。硐室通过大断裂带，应将破碎带视为散粒结构体来对待，其围岩稳定性很差。此外，隧硐通过裂隙密集带或挤压破碎带时，也应按照上述进行研究，论证围岩稳定性。

4. 构造应力的影响

构造应力随地下硐室的埋深增加而增大。因此，一般地下硐室埋藏越深，稳定性越差。

根据经验，沿构造应力最大主应力方向延伸的地下硐室比垂直最大主应力方向延伸的地下硐室稳定；地下硐室的最大断面尺寸沿构造应力最大主应力的方向延伸时较为稳定，这是由围岩应力分布决定的。一般地质构造复杂的岩层中构造应力十分明显，尽量避开这些岩层，因为对地下硐室的稳定非常重要。

5. 地下水与岩溶的影响

围岩中地下水的赋存、活动状态，既影响着围岩的应力状态，又影响着围岩的强度。当硐室处于含水层中或地下硐室围岩透水性强时，这些影响更为明显。静水压力作用于衬砌上，等于给衬砌增加了一定的荷载，因此衬砌强度和厚度设计时，应充分考虑静水压力的影响。另外，静水压力使结构面张开，减小了滑动摩擦力，从而增加了围岩坍塌、滑落的可能性；动水压力的作用促使岩块沿水流方向移动，也冲刷和带走裂隙内的细小矿物颗粒，从而增加裂隙的张开程度，增加围岩破坏的程度。地下水对岩石的溶解作用和软化作用，也降低了岩体的强度，影响围岩的稳定性。

硐室通过含水层，便成为排水通道，改变了原来地下水动力条件，裂隙水常以管状或脉状方式汇入硐室内。较大断层破碎带或延伸较远的张开裂隙，常见有大量地下水涌流。硐室通过向斜轴部，一般可见丰富地下水涌出，并常以承压形式出现，流量很大，水头很高，冲力很猛。灰岩地区硐室通过地下暗河或其他集中水流，将突然大量涌水。硐穴遇有地下水，会影响施工，突然涌水会造成严重事故。

地下水通过断层、裂隙、破碎带或裂隙密集带流向硐室内，水力坡度有时会很大，可能产生机械潜蚀，严重者可形成流砂，水带泥石一起涌向硐室。北京永定河某工程引水硐境内遇到断层地下水，导致两断层间的尖顶块分离体顺断面滑塌，造成严重事故。地下水还使软弱夹层软化或泥化，降低强度；对一些特殊岩层，地下水会使岩层产生膨胀、崩解和溶解，都不同程度地影响围岩稳定及硐室施工。有的地下水对硐室混凝土衬砌还有一定侵蚀性，也应引起足够重视。

地下硐室围岩的稳定性除了受到上述天然因素的影响外，人为因素也是不可忽视的，如开挖方法、开挖强度、支护方法和时间等因素。

五、保障硐室围岩稳定性措施

研究硐室围岩稳定性，不仅在于正确地以此为根据进行工程设计与施工，也为了有效地改造围岩，提高其稳定性，这是至关重要的。

保障围岩稳定性的途径有：一是保护围岩原有稳定性，使之不至于降低；二是赋予岩体一定的强度，使其稳定性有所增高。前者，主要是采用合理的施工和支护衬砌方案；后者，主要是加固围岩。

1. 合理施工

围岩稳定程度不同，应选择不同的施工方案。施工方案选定合理，对保护围岩稳定性有很大意义。所遵循的原则，一是尽可能先挖断面尺寸较小的导洞，二是开挖后及时支撑或衬砌，这样就可以缩小围岩松动范围，或制止围岩早期松动，防止围岩松动，或把松动范围限制在最小限度。针对不同稳定程度的围岩，已有不少施工方案，归纳起来，可分为以下三类。

(1) 分部开挖，分部衬砌，逐步扩大断面 围岩不太稳定，顶围易塌，那就在硐室最大断面的上部先挖导洞，立即支撑，达到要求的轮廓，作好顶拱衬砌，然后在顶拱衬砌保护下扩大断面，最后作侧墙衬砌。这便是上导洞开挖、先拱后墙的办法。为减少施工干扰和加速运输，还可用上下导洞开挖、先拱后墙的办法。

围岩很不稳定，顶围坍落，侧围易滑。这样可先在设计断面的侧部开挖导洞，由下向上逐段衬护，到一定高程再挖顶部导洞，作好顶拱衬砌，最后挖除残留岩体。这便是侧导洞开挖、先墙后拱的方法，或称为核心支撑法。

(2) 导洞全面开挖，连续衬砌 围岩较稳定，可采用导洞全面开挖、连续衬砌的办法施工，或上下双导洞全面开挖，或下导洞全面开挖，或中央导洞全面开挖。将整个断面挖成后，再由边墙到顶拱一次衬砌。这样，施工速度快，衬砌质量高。

(3) 全断面开挖 围岩稳定，可全断面一次开挖。施工速度快，出渣方便。小尺寸隧洞常用这种方法。

2. 支撑、衬砌与锚喷加固

支撑是临时性加固洞壁的措施，衬砌是永久性加固洞壁的措施。此外，还有喷浆护壁、喷射混凝土、锚筋加固、锚喷加固等。

(1) 支撑 按材料，支撑可分为木支撑、钢支撑和混凝土支撑等。在不太稳定的岩体中开挖时，应考虑及时设置支撑，以防止围岩早期松动。支撑是保护围岩稳定性的简易可行的办法。

(2) 衬砌 衬砌的作用与支撑相同，但经久耐用，使洞壁光滑平整。砖、石衬砌较便宜，钢筋混凝土、钢板衬砌的成本较高。衬砌一定要与洞壁紧密结合，填严塞实其间空隙才能起到良好效果。作顶拱的衬砌时，一般要预留压浆孔。衬砌后再回填灌浆，在渗水地段也起防渗作用。

(3) 锚喷加固 锚喷支护是喷射混凝土支护与锚杆支护的简称。其特点是通过加固地下硐室围岩，提高围岩的自承载能力来达到维护地下硐室稳定的目的。它是近 30 年来发展起来的一种新型支护方式。这种支护方法技术先进、经济合理、质量可靠、用途广泛，在世界各地的矿山、铁路交通、地下建筑以及水利工程中得到广泛使用。

在支护原理上，锚喷支护能充分发挥围岩的自承能力，从而使围岩压力降低，支护厚度减薄。在施工工艺上，喷射混凝土支护实现了混凝土的运输、浇筑和捣实的联合作业，且机械化程度高，施工简单，因而有利于减轻劳动强度和提高工效；在工程质量上，通过国内外工程实践后表明是可靠的。

锚喷支护在围岩加固、软岩支护等方面均有其独到的支护效果。但是到现在为止，锚喷支护仍在发展和完善之中，无论是作用机理的探讨，还是设计与施工方法的研究均有待于科学技术工作者作出新的成就，以缩短理论和实践的差距。

① 喷层的力学作用。喷层的力学作用有两个方面。其一是防护加固围岩，提高围岩强度。地下硐室掘进后立即喷射混凝土可及时封闭围岩暴露面，由于喷层与岩壁密贴，故能有效地隔绝水和空气，防止围岩因潮解风化产生剥落和膨胀，避免裂隙中充填料流失，防止围岩强度降低。此外，高压高速喷射混凝土时，可使一部分混凝土浆液渗入张开的裂隙或节理中，起到胶结和加固作用，提高了围岩的强度。其二是改善围岩和支架的受力状态。含有速凝剂的混凝土喷射液，可在喷射后几分钟内凝固，及时向围岩提供了支护抗力（径向力），使围岩表层岩体由未支护时的双向受力状态变为三向受力状态，提高了围岩强度。

② 锚杆的力学作用。目前，比较成熟和完善的有关锚杆支护力学原理有悬吊作用、减跨作用和组合作用。

a. 悬吊作用。认为锚杆可将不稳定的岩层悬吊在坚固的岩层上，以阻止围岩移动或滑落。这样锚杆杆体中所受到的拉力即为围岩的自重，只要锚杆不被拉断，支护就是成功的，当然，锚杆也能把结构面切割的岩块连接起来，阻止结构面张开。

b. 减跨作用。在地下硐室顶板岩层打入锚杆，相当于在地下硐室顶板上增加了新的支点，使地下硐室的跨度减小，从而使顶板岩石中的应力较小，起到了维护地下硐室的作用。

c. 组合作用。在层状岩层中打入锚杆，把若干薄岩层锚固在一起，类似于将叠置的板梁组成组合梁，从而提高了顶板岩层的自支承能力，起到维护地下硐室稳定的作用，这种作用称为组合梁作用。另一种组合作用力——组合拱，深入到围岩内部的锚杆，由于围岩变形使锚杆受拉，或在预应力作用下锚杆内受力，这样相当于在锚杆的两端施加一对压力 P。由于这对力的作用，使沿锚杆方向一个圆锥体范围的岩体受到控制。这样按一定间距排列的多根锚杆的锥体控制区连成一个拱圈控制带，这就是组合拱，组合拱间的围岩相互挤压相当于天然的拱碹，从而起到维护围岩的作用。

3. 灌浆加固

在裂隙严重的岩体和极不稳定的第四纪堆积物中开挖地下硐室，常需要加固以增大围岩稳定性，降低其渗水性。最常用的加固方法就是水泥灌浆，其次有沥青灌浆、水玻璃灌浆等。通过这种办法，在围岩中大体形成一圆柱形或球形的固结层，起到加固的目的。

重要术语

1. 松动　2. 蠕动　3. 斜坡破坏　4. 工程地质比拟法　5. 地下硐室

复习思考题

1. 影响斜坡应力分布的主要因素有哪些？
2. 斜坡稳定性判定方法有哪些？
3. 地基沉降和滑移的处理措施有哪些？
4. 围岩压力的类型有哪些？
5. 围岩的破坏类型有哪些？
6. 硐室围岩稳定性因素有哪些？
7. 保障硐室围岩稳定性措施有哪些？

第八章　不良地质现象的工程地质问题

地壳上部岩土体受内外力地质作用和人类工程经济活动的影响而发生变化。这些变化又使原有宏观地质、地貌和地形条件发生改变，如崩塌、岩移、滑坡、泥石流、岩溶、地震等。这些地质现象虽然仅在部分建筑场地出现，但它们对工程的安全和使用造成不同程度的不良影响，甚至危害巨大，因而称之为不良地质现象。不良地质现象常给工程建筑的稳定性和正常使用造成危害，并给人类的生命财产造成巨大威胁。尤其是像大型高速滑坡和灾害性泥石流，规模大、突发性强、破坏力大，是重大的地质灾害。

根据国土资源部统计资料，2010—2014 年地质灾害造成的人员死亡失踪达 4636 人，直接经济损失达 312.4 亿元（图 8-1）。例如，2014 年 7 月 9 日凌晨，云南省怒江州福贡县匹河乡沙瓦河发生泥石流灾害，造成 17 人失踪、1 人受伤，直接经济损失 2107 万元。该泥石流灾害是在特定的地质环境条件控制下，由局地强降雨引发的特大型地质灾害。

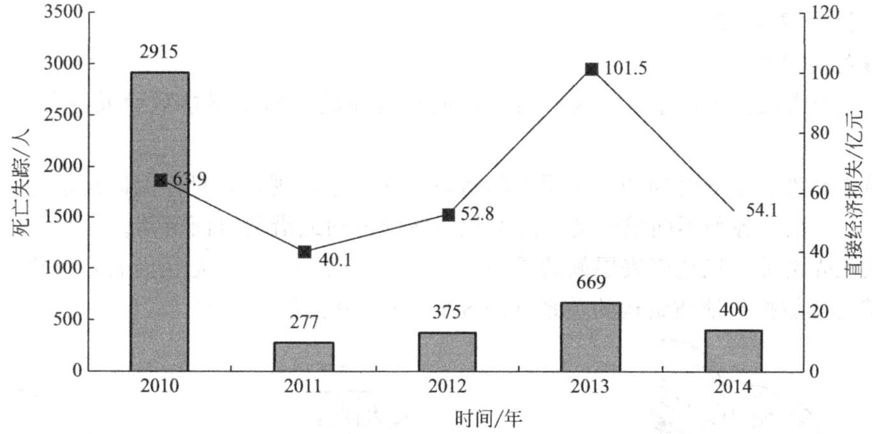

图 8-1　2010—2014 年地质灾害造成的人员死亡失踪和直接经济损失情况

因此，研究不良地质现象的形成条件和发展规律，以便采取相应的防治措施，防灾减灾，保障人民生命财产和工程建筑的安全具有重要意义。本章着重讨论滑坡与崩塌、泥石流、岩溶与土洞、地下硐室的涌突水，以及不良地质现象对地下工程选址和道路选线的影响。

第一节　滑坡与崩塌

一、滑坡

坡面上大量土体、岩体或其他碎屑堆积，主要在重力和水的作用下，沿一定的滑动面整体下滑的现象称为滑坡。规模大的滑坡一般是长期缓慢地往下滑动，滑动过程可延续几年、十几年甚至更长时间，其滑动速度在突变阶段显著增大。有些大型滑坡滑动速度很快，称为大型高速滑坡，滑动速度达到20m/s以上。例如，1983年3月发生的甘肃洒勒山滑坡，滑坡体为$5\times10^7m^3$，最大滑速达30～40m/s，损失惨重。

1. 滑坡的形态特征

滑坡的规模有大有小，小型滑坡的滑动土石体仅有数十或数百立方米，大型滑坡的滑动土石体则可达数百万、数千万甚至数亿立方米。滑坡的规模越大，其造成的破坏通常也越大。滑坡在平面上的边界和形态受滑坡的规模、类别和所处的发育阶段有关。为了正确地识别滑坡，必须知道滑坡的形态特征。一般地，滑坡在滑动过程中，常会在地面上留下一系列滑动后的形态特征，这些形态特征可以作为判断滑坡是否存在的可靠标志。通常一个发育完全的滑坡一般由下列要素组成：滑坡体、滑动面、滑坡后壁、滑坡舌、滑坡裂缝等（详见第三章第二节）。

2. 滑坡的分类

滑坡现象在成因上与形态方面都十分复杂，滑动时表现出各不相同的特点。为了更好地认识和治理滑坡，对滑坡作用的各种环境和现象特征以及形成滑坡的各种因素综合考虑进行总结，以便反映出各类滑坡的特征及其发生、发展规律，从而有效地预防滑坡的发生，或在滑坡发生后进行有效的治理，减少它的危害，需要对滑坡进行分类。

(1) 按滑坡体的主要物质组成和滑坡与地质构造关系划分　本类滑坡可分为覆盖层滑坡、基石滑坡和特殊滑坡。

① 覆盖层滑坡。

a. 黏性土滑坡。黏性土本身变形滑动，或与其他成因的土层接触面或沿基岩接触面而滑动。

b. 黄土滑坡。不同时期的黄土层中的滑坡，多群集出现，常见于高阶地前缘斜坡上。

c. 碎石滑坡。各种不同成因类型的堆积层体内滑动或沿基岩面滑动。

d. 风化壳滑坡。风化壳表层间的滑动。多见于岩浆岩（尤其是花岗岩）风化壳中。

② 基石滑坡按与地质结构的关系（图8-2）又可分为如下几类。

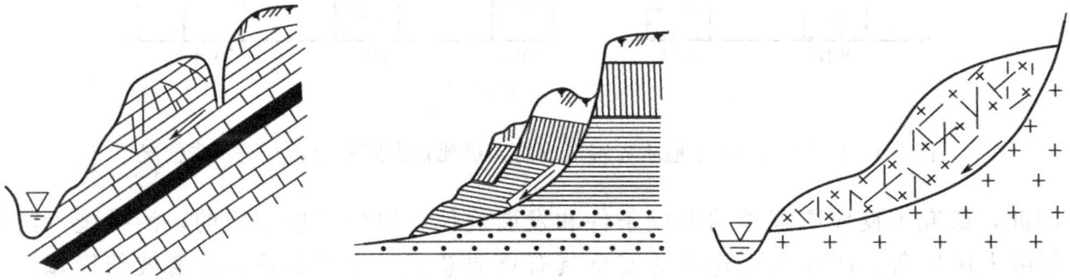

(a) 均质滑坡　(b) 顺层滑坡　(c) 切层滑坡

图8-2　滑坡按地质结构的分类

a. 均质滑坡。发生在层理不明显的泥岩、页岩、泥灰岩等软弱岩层中，滑动面均匀光滑。

b. 顺层滑坡。沿岩层面或裂隙面滑动，或沿坡积层与基岩交界面或基岩间不整合面等滑动。

c. 切层滑坡。滑动面与层面相切的滑坡，在坚硬岩层与软弱岩层相互交替的岩体中的切层滑坡等。

③ 特殊滑坡。特殊滑坡包括融冻滑坡、陷落滑坡等。

(2) 按滑坡体的厚度划分　滑坡按滑坡体的厚度进行分类，可分为浅层滑坡（厚度一般不大于6m）、中层滑坡（厚度6～20m）、厚层滑坡（厚度20～30m）和超厚层滑坡（厚度大于30m）。

(3) 按滑坡体规模的大小划分　滑坡按滑坡体规模的大小，可分为小型滑坡（滑坡体的体积小于$3\times10^4m^3$）、中型滑坡（滑坡体的体积为$3\times10^5\sim5\times10^5m^3$）、大型滑坡（滑坡体的体积为$5\times10^5\sim3\times10^6m^3$）、巨型滑坡（滑坡体的体积大于$3\times10^6m^3$）。

(4) 按形成的年代划分

① 新滑坡。新滑坡是指由于开挖山体形成，正在反复活动或者停止活动不久，仍然存在滑动危险的滑坡。新滑坡具有很大的潜在危险性，是监测、预防、治理的主要对象。

② 古滑坡。古滑坡是指久已存在的滑坡，其中又可分为死滑坡（目前处于较稳定状态的滑坡）与活滑坡（正处于极限平衡状态的滑坡）。

(5) 按滑坡力学特征分类

① 推移式滑坡。滑体上部局部破坏，上部滑动面局部贯通，向下挤压下部滑体，最后整个滑体滑动，多是由于滑体上部增加荷载或地表水沿拉张裂隙渗入滑体等原因所引起的。

② 平移式滑坡。始滑部位分布在滑动面的许多点，同时局部滑动，然后逐步发展成整体滑动。

③ 牵引式滑坡。滑体下部先失去平衡发生滑动，逐渐向上发展，使上部滑体受到牵引而跟随滑动，大多是因坡脚遭受冲刷和开挖而引起的（图8-3）。

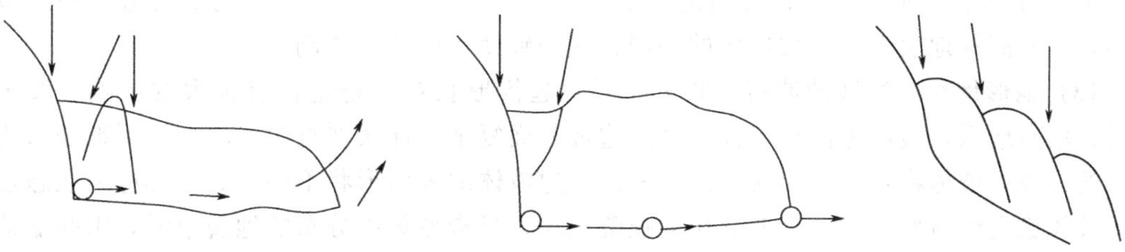

(a) 推移式滑坡　(b) 平移式滑坡　(c) 牵引式滑坡

图8-3　滑坡按力学特征分类

3. 滑坡的形成条件

滑坡产生的根本原因在于边坡岩土体的性质、坡体介质内部的结构构造和边坡体的空间形态发生变化。滑坡的形成与地层岩性、地质构造、地形地貌等内部条件和水作用、地震、大型爆破和其他人为因素等外部条件密切相关。

(1) 地质条件　地质条件包括边坡体的岩性和地质构造。

① 边坡体的岩性。天然边坡是由各种各样的岩体或土体组成。由于介质性质的不同，其抗剪切能力，抗风化能力和抗水冲刷、破坏能力也不相同，抗滑动的稳定性自然各异。例

如，由土体组成的边坡体，坡体的介质力学指标易受水的影响而明显降低，因此较其他介质的边坡更容易滑动。

② 边坡体内部的地质构造。边坡体内部的结构构造情况如岩层或土层层面、节理、裂缝等常常是影响边坡体稳定性的决定性因素。尤其是当其中的一些裂缝或结构构造面的产状比较陡峭时，就很容易引起边坡体的滑动。滑坡体常在以下情况发生。

a. 硬质岩层中夹有薄层软质岩、软弱破碎带或薄风化层，软弱夹层的倾角较陡且有地下水活动时，岩层可能沿着软弱夹层产生滑动。

b. 边坡体有玄武岩等层状介质时，极易顺岩体的层面发生顺层滑坡，含煤地层易沿煤层发生顺层滑坡。

c. 变质岩类中的片岩、千枚岩、板岩等的结构构造面密集，易产生滑坡；坡积地层或洪积地层下方常有基岩面下伏，下伏的基岩面坚硬且隔水，当大气降水沿土体空隙下渗后，极易在下伏基岩面之上形成软弱的饱和土层，使土体沿此软弱面滑动。

d. 存在断层破碎带、节理裂缝密集带的边坡体，易沿此类结构面发生滑坡。

(2) 气候径流条件 气候径流条件主要包括气候条件和水文地质作用。

① 气候条件。气候条件变化会使岩石的风化作用加剧，炎热干燥的气候会使土层开裂破坏，这些都会对边坡的稳定性造成影响。

② 水文地质作用。地表水以及地下水的活动常常是导致产生滑坡的重要因素。有关资料显示，90%以上的边坡滑动都和水的作用有关。水的作用表现在以下几个方面。

a. 因水的渗入而使边坡体的重量发生变化而导致边坡的滑动。大气降水沿土坡表面下渗，使土层上体的重量增加，改变了土坡原有的受力状态，而有可能引起土坡的滑动。

b. 水的渗入造成土坡介质力学性质指标的变化而导致边坡滑动。斜坡堆积层中的上层滞水和多层带状水极易造成堆积层产生顺层滑动。斜坡上部岩层节理裂缝发育、风化剧烈，形成含水层，下部岩层较完整或相对隔水时，在雨季容易沿含水层和隔水层界面产生滑坡。

c. 断裂带的存在使地下水、地表水和不同含水层之间发生水力联系，坡体内水压力变化复杂导致坡体滑动，渗流动水力作用导致的边坡体受力状态的改变也会导致坡体滑动。

d. 地下水在渗流中对坡体介质的溶解溶蚀和冲蚀改变了边坡体的内部构造而导致边坡滑动，或河流等地表水对土坡岸坡的冲刷、切割致使边坡产生滑动。

(3) 地形地貌 边坡的坡高、倾角和表面起伏形状对其稳定性有很大的影响。坡角愈平缓、坡高愈低，边坡体的稳定性愈好。边坡表面复杂、起伏严重时，较易受到地表水或地下水的冲蚀，坡体稳定性也相对较差。另外，边坡体的表面形状不同，其内部应力状态也不同，坡体稳定性自然不同。高低起伏的丘陵地貌，是滑坡集中分布的地貌单元，山间盆地边缘、山地地貌和平原地貌交界处的坡积和洪积地貌也是滑坡集中分布的地貌单元。凸形山坡或上陡下缓的山坡，当岩层倾向与边坡顺倾向时，易产生顺层滑动。

(4) 其他因素 其他因素包括地震、爆破、机械振动、人为破坏、堆载等导致滑坡的因素。

在地震过程中，受地震波的反复作用，边坡岩土体结构很容易遭到破坏，并造成边坡沿其中的一些裂缝、结构面或其他软弱面向下滑动；人们在平整场地、修筑道路、开挖渠道、基坑以及开采过程中，都有可能破坏边坡原有的稳定性而引起滑坡；不适当地在坡体上部堆放荷载，可引起推移式滑坡；不合理地开采矿藏，使山体斜坡失稳滑动或引起崩塌性滑坡；大型爆破产生的动力效应也能诱发山体滑坡；斜坡上修筑渠道或铺设管道，由于渠道或管道漏水，引起坡体滑动等其他因素都可能导致滑坡的产生。

4. 滑坡的发育过程

一般来说，滑坡的发生是一个长期的变化过程，通常将滑坡的发育过程划分为三个阶段：蠕动变形阶段、滑动破坏阶段和渐趋稳定阶段。研究滑坡发育的过程对于认识滑坡和正确地选择防滑措施具有很重要的意义。

(1) 蠕动变形阶段　斜坡在发生滑动之前通常是稳定的。有时在自然条件和人为因素作用下，可以使斜坡岩土强度逐渐降低（或斜坡内部剪切力不断增加），造成斜坡的稳定状况受到破坏。在斜坡内部某一部分因抗剪强度小于剪切力而首先变形，产生微小的移动，之后变形进一步发展，直至坡面出现断续的拉张裂缝。随着拉张裂缝的出现，渗水作用加强，变形进一步发展，后缘拉张，裂缝加宽，开始出现不大的错距，两侧剪切裂缝也相继出现。坡脚附近的岩土被挤压，滑坡出口附近潮湿渗水，此时滑动面已大部分形成，但尚未全部贯通。斜坡变形再进一步发展，后缘拉张裂缝不断加宽，错距不断增大，两侧羽毛状剪切裂缝贯通并撕开，斜坡前缘的岩土挤紧并鼓出，出现较多的鼓胀裂缝，滑坡出口附近渗水混浊，这时滑动面已全部形成，接着便开始整体地向下滑动。从斜坡的稳定状况受到破坏，坡面出现裂缝，到斜坡开始整体滑动之前的这段时间称为滑坡的蠕动变形阶段。蠕动变形阶段所经历的时间有长有短。长的可达数年之久，短的仅数月或几天的时间。一般来说，滑动的规模愈大，蠕动变形阶段持续的时间愈长。斜坡在整体滑动之前出现的各种现象，叫做滑坡的前兆现象。尽早发现和观测滑坡的各种前兆现象，对于滑坡的预测和预防都是很重要的。

(2) 滑动破坏阶段　滑坡在整体往下滑动的时候，滑坡后缘迅速下陷，滑坡壁越露越高，滑坡体分裂成数块，并在地面上形成阶梯状地形，滑坡体上的树木东倒西歪地，形成“醉林”（图 8-4）。滑坡体上的建筑物严重变形以致倒塌毁坏。随着滑坡体向前滑动，滑坡体向前伸出，形成滑坡舌。在滑坡滑动的过程中，滑动面附近湿度增大，并且由于重复剪切，岩土的结构受到进一步破坏，从而引起岩土抗剪强度进一步降低，促使滑坡加速滑动。滑坡滑动的速度大小取决于滑动过程中岩土抗剪强度降低的绝对数值，而且和滑动面的形状、滑坡体厚度和长度以及滑坡在斜坡上的位置有关。如果岩土抗剪强度降低的数值不多，滑坡只表现为缓慢的滑动；如果在滑动过程中，滑动带岩土抗剪强度降低的绝对数值较大，滑坡的滑动就表现为速度快、来势猛，滑动时往往伴有巨响并产生很大的气浪，有时造成巨大灾害。

图 8-4　醉林

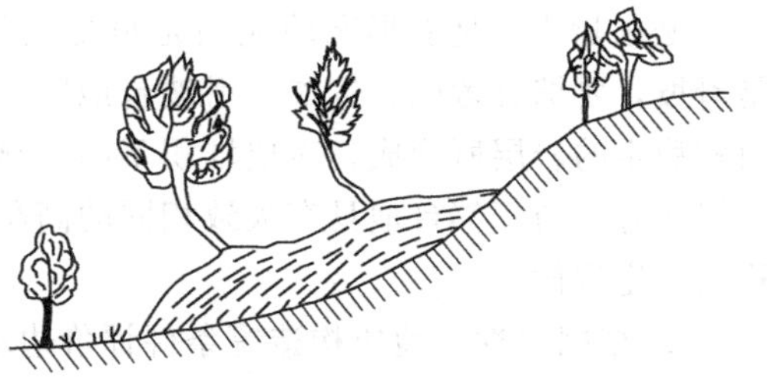

图 8-5　马刀树

(3) 渐趋稳定阶段　由于滑坡体在滑动过程中具有动能，所以滑坡体能越过平衡位置，滑到更远的地方。滑动停止后，除形成特殊的滑坡地形外，在岩性、构造和水文地质条件等方面都相继发生了一些变化。例如，地层的整体性已被破坏，岩石变得松散破碎，透水性增强含水量增高，经过滑动，岩石的倾角或者变缓或者变陡，断层、节理的方位也发生了有规律的变化；地层的层序也受到破坏，局部的老地层会覆盖在第四纪地层之上等。在自重的作用下，滑坡体上松散的岩土逐渐压密，地表的各种裂缝逐渐被充填，滑动带附近岩土的强度由于压密固结又重新增加，这时对整个滑坡的稳定性也大为提高。经过若干时期后，滑坡体上东倒西歪的“醉林”又重新垂直向上生长，但其下部已不能伸直，因而树干呈弯曲状，有时称它为“马刀树”(图 8-5)，这是滑坡趋于稳定的一种现象。当滑坡体上的台地已变平缓，滑坡后壁变缓并生长草木，没有崩塌发生；滑坡体中岩土压密，地表没有明显裂缝，滑坡前缘无水渗出或流出清凉的泉水时，就表示滑坡已基本趋于稳定。滑坡趋于稳定之后，如果滑坡产生的主要因素已经消除，滑坡将不再滑动，而转入长期稳定。若产生滑坡的主要因素并未完全消除，且又不断积累，当积累到一定程度之后，稳定的滑坡便又会重新滑动。

5. 滑坡稳定性评价

滑坡的工程地质评价方法有地质分析法、力学分析法和工程地质类比法三种。

(1) 地质分析法

① 以边坡的地貌形态演化来预测和评价边坡稳定性，可根据以下地貌特征进行判断。

a. 边坡出现独特的簸箕形或圈椅形地貌，与上下游河谷平顺边坡不相协调，在岩石外露的陡坡下，中间则有一个坡度较为平缓的核心台地。

b. 在边坡高处的陡坡下部出现洼地、沼泽或其他负地形，而又不是硅酸盐类岩层，陡坡的后缘有环状或弧形裂缝。

c. 在地层、构造等条件类似的河段上，局部边坡的剖面呈现上陡、中缓、下陡等地貌形态，而缓坡高程与当地阶地又不相协调。

d. 在现在河床受冲刷的凹岸，山坡反而稍微突出河中，有时形成急滩，或在古河床受冲刷的凹岸，河岸边有大块孤石分布，这很可能是由于滑坡体下缘已被冲走而残留的大孤石。

e. 双沟同源地形。一般山坡上的沟谷多是一沟数源，而在一些大型滑坡体上，两侧为冲沟环抱，而上游同源或相距很近，有时甚至形成环谷。青壮年期的滑坡地形，后部台地清晰，可见陷落洼地或池沼，双沟上游的距离亦较远，而老年期滑坡地形表面剧烈起伏形成缓坡，一直延伸到河岸，地形等高线呈明显紊乱。

f. 在山坡上出现树干下部歪斜上部直立的“马刀树”和东倒西歪的“醉树”。

g. 陡峭峡谷段出现缓坡，有可能是滑坡地形，但必须区别因地层岩性变化而出现的缓坡。

必须指出，地貌形态的成因是很复杂的，在判断滑坡标志时，不能仅根据一点就判断是滑坡，要综合考虑。例如，滑坡台地应与河流侵蚀阶地或冲积台地区别开来。侵蚀阶地是由较稳定的岩层所构成，表层堆积不厚，显示早期河床的侵蚀基准面。冲积台地覆盖层下有一层底砾，与相邻台地具有大致相同的高程。滑坡台地主要由坡积层所构成，无底砾层，高程无一定规律。

② 根据岩性、地质构造等条件评价边坡的变形破坏方式和判别滑坡。

a. 不同岩层组成的边坡有其常见的变形破坏方式。例如，有些岩层中滑坡特别发育，这是由于该岩层含有特殊的矿物成分、风化物，易于形成滑带，如高灵敏的海相黏土、裂缝黏土、第三系、侏罗系的红色页岩，泥岩层、二叠系煤系地层以及古老的泥质变质岩系都是易滑地层。在黄土地区，边坡的变形破坏方式以滑坡为主，而在花岗岩、厚层石灰岩地区则以崩塌为主；在片岩、千枚岩、板岩地区则往往产生地层挠曲和倾倒等蠕动变形。坚硬完整的块状或厚层状岩石，如花岗岩、砾岩、石灰岩等可形成数百米高的陡坡；而淤泥及淤泥质土地段，由于软土的塑性流动，边坡随挖随坍，难以开挖渠道，河岸边坡堆积层中含石块较大，其坡角为 30°～40°，而含砾岩或软质碎石较多的，其坡角为 25°～30°。

b. 滑坡范围内的岩石常有扰动松脱现象，其基岩层位、产状特征和外围不连续；局部地段新老地层呈倒置现象。

c. 滑带或滑面与倾向坡脚断层面的区别是：滑面产状有起伏波折，总体有下凹趋势，而断层面一般产状较稳定；滑坡带厚度变化大，物质成分较杂，所含砾石磨圆度好而挤碎性差，而断层带物质与两侧岩性有关，构造岩类型多样；滑坡坡痕与主滑方向一致，只存在于黏性软塑带中或基岩表面一层，而断层擦痕与坡向或滑体的方向无关，且深入基岩呈平行的多层状。

③ 根据水文地质表示判断滑坡。山坡泉水较多，呈点状不规则分布，说明山坡可能已滑动，使地下水通道切断，坡脚成为高地地下水排泄面；斜坡含水层的原有状况被破坏，使边坡成为复杂的单独含水体。

④ 根据边坡变形体的外形和内部变形迹象判断边坡的演变阶段。

a. 具有以下标志可认为滑坡处于稳定阶段。

(a) 山坡滑坡地貌已不明显，原有滑坡平台宽大且已夷平，土体密实，无不均匀沉陷现象。

(b) 滑坡壁面稳定，长满树木，找不到新的擦痕；前缘的斜坡较缓，土体密实，无坍塌现象；滑坡舌迎河部分为含有大孤石的密实土层。

(c) 河水目前已远离滑坡台地，台地外有的已有海滩阶地。

(d) 滑坡两侧自然沟谷切割很深，已达基岩。

(e) 原滑坡台地的坡脚有清澈的泉水外露。

b. 具有以下标志可认为滑坡可能处于复活阶段。

(a) 边坡产生新的裂缝，并逐渐扩展。

(b) 虽有滑坡平台，但面积不大，并向下缓倾或山坡表面不均匀陷落的局部平台，参差不齐。

(c) 滑坡地表潮湿、坡脚泉水出露点多。

(d) 在处于当前河流冲刷条件下，滑坡前缘土体松散、崩塌。

(e) 在勘探或钻探时发现有明显的滑动面，滑面光滑，并见擦痕，滑面见新生黏土矿物，可认为是滑坡是否复活的主要根据。

⑤ 根据周期性规律判定促进边坡演变的主导因素。促进边坡变形破坏的各种因素，在地质历史进程中都有其周期性变化规律。在某一时期必然由某一主导因素所制约。例如，河流由侵蚀到淤积、再侵蚀、再淤积的循环往复；气候、水文的季节性和多年性变化；地震的周期性出现，使边坡变形破坏也会具有周期性的规律。因此，研究这些规律，对预测滑坡的形成与发展有重要的意义。

⑥ 按稳定性的区域性评价。在地质、地貌和气候条件相似的地区，边坡变形破坏的演变规律也会具有相似性。因此研究滑坡的区域性规律，对预测、防止滑坡的发生、发展有理论和实践的意义。

必须指出，地质分析法应建立在详细的滑坡工程地质勘察资料的基础上，并与工程地质定量评价相结合，才能做出正确的结论。

(2) 力学分析法　滑坡是斜地上岩土体遭到破坏，使滑坡体沿着滑动面（带）下滑而造成的地质现象。滑动面有平直的或弧形的，如图 8-6 所示。在均质滑坡中，滑动面多呈圆形。

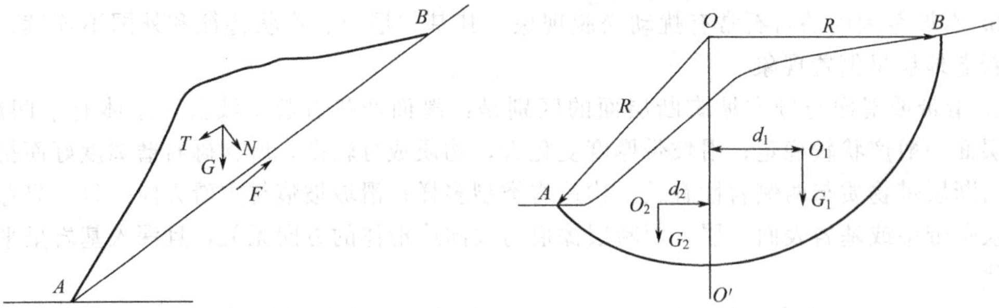

(a) 平面滑动　　　　(b) 圆弧滑动

图 8-6　滑坡力学平衡示意图

在平面滑动情形下，滑坡体的稳定性系数 K 为滑动面上的总抗滑力 F 与岩土体重力 G 所产生的总下滑力 T 之比，即

$$K=\frac{\text{总抗滑力}}{\text{总下滑力}} \tag{8-1}$$

或

$$K=\frac{\text{抗滑力矩}}{\text{滑动力矩}} \tag{8-2}$$

当 $K=1$ 时，边坡处于极限平衡状态；当 $K<1$ 时，边坡失稳，滑动；当 $K>1$ 时，边坡稳定。工程上一般要求 $K=1.1\sim1.5$，视工程等级与性质而选取。

（3）工程地质类比法 对拟建工程地区的工程地质条件与具有类似工程地质条件相邻地区的已建工程，进行分析比较而获取对拟建工程岩体稳定性程度的认识，以便参考。

6. 滑坡勘察与监测

（1）滑坡的勘察 滑坡的勘察应查明滑坡的类型、要素、范围、性质、地质背景及其危害程度，分析滑坡的成因，判断稳定程度，预测其发展趋势，提出防止对策及整治方案，包括以下工作。

① 工程地质测绘。测绘可根据滑坡的规模，选用 1∶200～1∶2000 的地形图、地质图为底图。测绘与调查的内容包括：当地滑坡史、易滑地层分布、气象、地质构造图及工程地质图；微地貌形态及其演变过程，圈定各滑坡要素及分布范围；研究滑动带的部位、划痕指向、滑面的形态等。

② 勘察。勘察的主要任务是查明滑坡体的范围、厚度、地质剖面、滑面的个数、形态及物质的成分，查明滑坡体内地下水的水层的层数、分布、来源、动态及各含水层间的水力关系。勘察的方法可以采用井探、槽探、洞探，如要研究深部滑动可采用钻探并可用地面物探方法。

③ 工程地质试验。主要是测定滑坡体内各土层的物理力学性质及水理性质，特别要重点研究滑带土的抗剪程度指标及变化规律，有时可采用室内和野外原位测试相结合。为了检验采用的滑动面的抗剪强度计算指标是否正确，可采用反演分析法。

（2）滑坡的监测 滑坡的监测内容主要是位移观测、地下水动态和水压监测，目的是确定不稳定区的范围，研究边坡的破坏过程和模式，预测边坡破坏的发展趋势，制订合理的处理方案，并包括边坡破坏的中、短期和临滑预报。

① 位移观测。位移是边坡稳定性最直观而灵敏的反映，许多观测资料表明，除局部坍塌和大爆炸引起的边坡破坏外，具有一定的规模的滑坡，从变形到开始破坏，都具有明显的移动过程。

② 地下水动态和水压监测。应用水压计观测边坡坡体内地下水压及地下水位的变化，对分析边坡稳定，检验疏干效果，预报滑坡的发展有重要的作用。边坡如有排水设施，可观测地下水涌水量。

7. 滑坡的防治原则和防治措施

(1) 滑坡防治的原则　为了预防和制止斜坡变形破坏对建筑物造成的危害，对斜坡变形破坏需要采取防治措施。实践表明，要确保斜坡不发生变形破坏，或发生变形破坏之后不再继续恶化，必须加强防治。防治的总原则应该是“以防为主，及时治理”。具体的防治原则可概括为以下几点。

① 以查清工程地质条件和了解影响斜坡稳定性的因素为基础。查清斜坡变形破坏地段的工程地质条件是最基本的工作环节，在此基础上分析影响斜坡稳定性的主要及次要因素，并有针对性地选择相应的防治措施。

② 整治前必须搞清斜坡变形破坏的规模和边界条件。变形破坏的规模不同，处理措施也不相同，要根据斜坡变形的规模大小采取相应的措施。此外，还需掌握变形破坏面的位置和形状，以确定其规模和活动方式，否则就无法确切地布置防治工程。

③ 按工程的重要性采取不同的防治措施。对斜坡失稳后后果严重的重大工程，势必要提高安全稳定系数，故防治工程的投资量大；非重大的工程和临时工程，则可采取较简易的防治措施。同时，防治措施要因地制宜，适合当地情况。

(2) 滑坡防治的措施　根据上述防治原则以及实际经验，现将各种措施归纳为以下几个方面。

① 防御绕避。当线路工程（如铁路、公路）遇到严重不稳定斜坡地段，处理又很困难时则可采用防御绕避措施。其具体工程措施有内移做隧、外移做桥等。上述各项措施，可归纳为“挡、排、削、护、改、绕”六字方针。要根据斜坡地段具体的工程地质条件和变形破坏特点及发展演化阶段选择采用，有时则采取综合治理的措施。

② 消除和减轻地表水和地下水的危害。防止外围地表水进入滑坡区，可在滑坡边界外围修截水沟。排除地下水的措施很多，应根据边坡的地质结构特征和水文地质条件加以选择，常用的方法有：水平钻孔疏干；垂直孔排水；竖井抽水；巷道疏干和支撑盲沟等（图 8-7）。

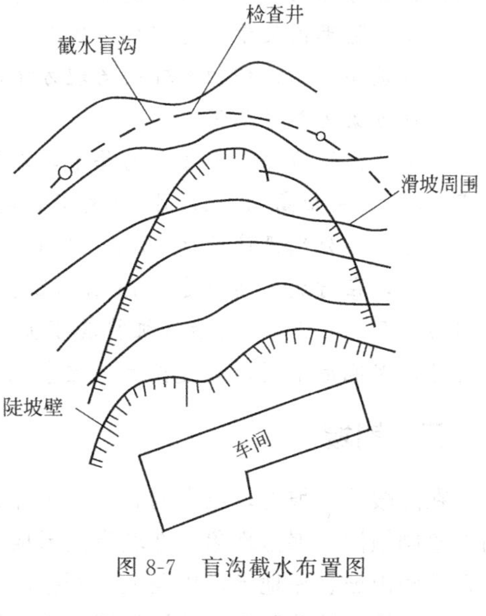

图 8-7　盲沟截水布置图

③ 改善边坡岩土体的力学强度，增大抗滑力。对于滑床上陡下缓，滑体头重脚轻的推移式滑坡，可在滑坡上部的主滑地段减重或在前部的抗滑地段加填压脚，以达到滑体的力学平衡。对于小型滑坡可采取全部清除。减重后应验算滑面从残存滑体薄弱部分剪出的可能性。设置支挡结构（如抗滑片石垛、抗滑挡墙、抗滑桩等）以支挡滑体或把滑体锚固在稳定地层上。由于支挡结构能比较少地破坏山体，有效改善滑体的力学平衡条件，是目前用来稳定滑坡的有效措施之一。目前常用的支挡结构有抗滑土垛、抗滑片石垛、抗滑挡墙、抗滑桩、锚杆（索）锚固等（图 8-8）。

④ 改善滑带土的性质。例如，采用焙烧、电渗排水、压浆及化学加固等方法直接稳定

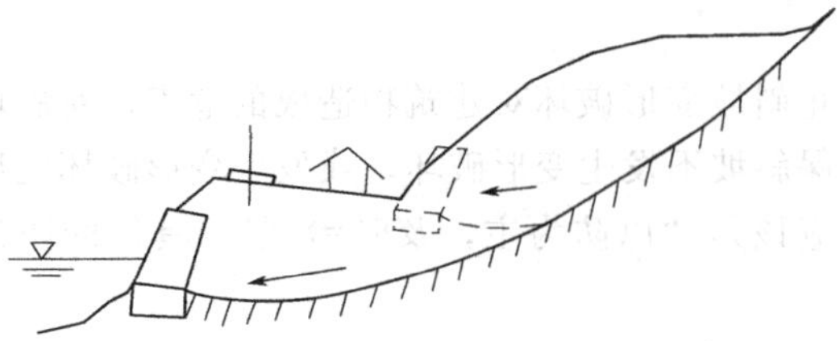

(a) 挡土墙

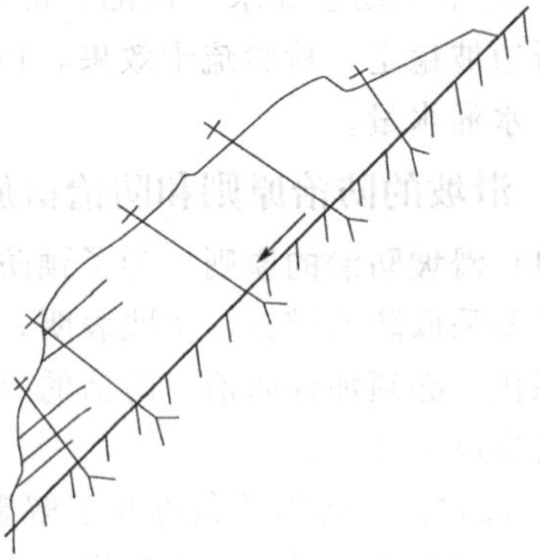

(b) 抗滑桩

图 8-8 滑坡的支挡加固

滑坡。此外，还可针对某些影响滑坡滑动的因素进行整治，如为了防止流水对滑坡前缘的冲刷，可设置护坡、护堤、石笼及拦水坝等防护和导流工程。

【案例一】 青山滑坡灾害

青山滑坡灾害隐患位于青岛崂山王哥庄办事处青山村东，属太清宫景区。沿海公路修筑在该滑坡体之顶部。滑坡隐患对公路的安全造成严重威胁。目前的现状是滑坡处于公路的外缘，已经出现裂缝，说明该滑坡体近些年来已有所位移。该滑坡体宽 26m，坡角 33°，长约 20～30m，由洪积、坡积松散沉积物组成，约有 $2500m^3$。滑坡沿着松散沉积物与花岗岩的基岩面滑动，如遇雨水下渗此滑动面，则更能增加滑塌移动的危险。青山滑坡南侧还有一处民宅，其灾害隐患对坡下居民建筑及旅游热线公路都是严重的威胁。

该灾害隐患因处于太清宫核心风景区附近，因而不宜设置太多构筑物，以免影响观瞻，因此采取疏导为主，挡护为辅的治理方案较为适宜。

设计方案可参考如下。

对滑坡体周边作三个方向的导水，以使雨水泄洪畅快流走，不致下渗滑塌面。此导水渠底宽 40cm，槽帮高 30cm，作 60°外倾，毛石整砌，墙厚 45cm，水泥抹面。西、东、南三个方向的导水渠分别设计长度 26m、50m、40m。

另外，在滑坡尾部修建 20m 长的阻挡坝。此坝建在基岩上，并嵌入两排垂直锚筋，锚筋间距 0.2～0.25m，用凿岩机将其下嵌 0.8～1m，注浆后与上部坝体用混凝土一起浇铸。此处治理因地形不利，难度较大，宜事先采取必要的技术措施。

二、崩塌

在陡峻的山坡上，巨大的岩体、土体或碎屑层，主要在重力作用下，常常突然发生沿坡向下急剧倾倒、崩落现象，在坡脚处形成倒石堆或岩屑堆。这种现象称为崩塌。崩塌经常发生在陡峭山坡、岸地上，以及人工开挖的高边坡上。崩塌会使建筑物，有时甚至使整个居民点遭到破坏，使公路和铁路被掩埋。由崩塌带来的损失，不仅是建筑物毁坏的直接损失，并且常因此而使交通中断，给运输带来重大损失。我国兴建天兰铁路时，为了防止崩塌掩埋铁路耗费大量工程量。崩塌有时还会使河流堵塞形成堰塞湖，这样就会使上游建筑物及农田淹没。在宽河谷中，由于崩塌使河流改道及改变河流性质而造成急湍地段。

崩塌的形成条件和类型详见第三章第二节。

1. 崩塌的防治

小型崩塌，可以防止其不发生，对于大的崩塌只好绕避。对于小型崩塌，以根治为原则，不能消除和根治时应采取综合措施。路线通过小型崩塌区时，防止的方法分为防止崩塌产生的措施及拦挡防御措施。防止产生的措施包括遮挡、支撑加固、护面、排水、刷坡等。

(1) 清除危岩　采用爆破或打楔将陡崖削缓，并清除易坠的岩体。

(2) 危岩支顶　为使孤立岩坡稳定，可采用铁链锁绊或铁夹，混凝土作支垛、护壁、支柱、支墩等以提高有崩塌危险岩体的稳定性。

(3) 调整地表水流，堵塞裂隙或向裂隙内灌浆　在崩塌地区上方修截水沟，以阻止水流流入裂隙。

(4) 坡面加固　为了防止风化将山坡和斜坡铺砌覆盖起来或在坡面上喷浆、勾缝、镶嵌和锚拴等。

(5) 筑明洞或御塌棚

(6) 拦截防御　筑护墙、拦石堤及围护棚以阻挡坠落石块，并及时清除围护建筑物中的堆积物。

(7) 修筑挡土墙　在软弱岩石裸露处修筑挡土墙，以支持上部岩体的质量。

对于可能发生大型崩塌的地区或崩塌产生频繁地区，在工程建设选址或选线时应尽量避开。

2. 崩塌的勘察和工程评价

(1) 崩塌的勘察　拟建场地或附近存在对工程安全有影响的崩塌（或危岩）应进行勘察。

① 地形地貌及崩塌类型、规模、范围，崩塌体的大小和崩落方向。

② 岩体基本质量等级、岩性特征和风化程度。

③ 地质构造，岩体结构类型，结构面的产状、组合关系、闭合程度、延展及贯穿情况。

④ 气象（重点是大气降水）、水文、地震和地下水的活动。

⑤ 崩塌前的迹象和崩塌原因。

当需判定危岩的稳定性时，宜对张裂缝进行监测。对有较大危害的大型危岩，应结合监测结果，对可能发生崩塌的时间、规模、滚落方向、途径、危害范围等做出预报。

(2) 崩塌的工程评价　各类崩塌的岩土工程评价应符合下列规定。

① 规模大，破坏后果很严重，难于治理的，不宜作为工程场地，线路应绕避。

② 规模较大，破坏后果严重的，应对可能产生崩塌的危岩进行加固处理，线路应采取防护措施。

③ 规模小，破坏后果不严重的，可作为工程场地，但应对不稳定危岩采取治理措施。

【案例二】　黄山北崩塌灾害

黄山北崩塌灾害隐患，位于青岛崂山王哥庄办事处黄山村西北角，黄山村临海靠山而建，滨海旅游公路穿村而过。村北坡上乱石成堆栈，其中有一块巨大危石（体积 $200m^3$），顺坡而倾，摇摇欲倾，一旦滚落，直接威胁黄山村稠密居民区的安全。这些巨石，都是早期山体崩塌形成的，巨大石块置于陡峻的土坡上，其坡面又存一些坡积物、冲积物，容易受到流水的冲刷，破坏危石的稳定性。目前，巨石明显向坡下倾斜，底部前沿支撑石块已有受压迹象，危险性极大。

黄山村虽处于风景区内，但灾害点位于村庄建筑物的背面，于观瞻无碍，因而在治理方案中，可以着重考虑安全问题。

设计方案可参考如下。

一是阻挡，二是导水。设计建两座阻挡坝，一座在巨大危石的近旁，其向坡下倾斜面的底部，长4.8m；一座建于巨石堆的前沿，长为9.8m，以阻止巨石堆继续向前滑动。

两座阻挡坝，建前清基要彻底，保证其基础建于新鲜花岗岩基上，同时锚固钢筋两排，每排锚孔间距在0.2～0.25m之间，并与坝体整体现浇混凝土，以提高阻挡强度。在阻挡坝的底部，横向每隔1m预留一个渗水孔。必要时，也可在坝前加固支墩，以增加强度。

此处灾害点乱石堆的石块在推压之间，尚有一些大小不一的空隙，施工中应一律浇注混凝土，以加强它们之间的联结，以增强整体稳固性。

导水渠的砌筑，应从巨大危石的顶部开始，沿其右侧低凹处向坡下修砌。总长30m，将雨水引入村内排水系统。导水渠断面面积$1m^2$，倒梯形。毛石整砌，砂浆抹面。

第二节　泥石流

在山区，由于暴雨或融雪的急流携带着大量固体物质（黏土、砂粒、块石、碎石）沿着沟谷、陡坡急骤下泄的暂时性山地洪流称为泥石流。泥石流也是当今世界上发生频繁的重大地质灾害之一，是山区特有的破坏性很大的不良地质现象。泥石流是一种出水和泥砂、石块混合在一起流动的特殊洪流，具有爆发突然、流速极快、挟带力强、历时短暂及破坏性大等特点，在短时间内可冲毁地表建筑、运输线路、桥梁等，甚至毁坏整个城镇和途经居民点，造成重大的人员伤亡和财产损失。

在泥石流多发地区，选择工程建筑场地应特别慎重。例如，甘肃省天水市某重型机械厂确定厂址时、因没有对场地进行全面的工程地质勘察，而将全部厂房建在一稀性泥石流沟谷里，尽管地基的承载力符合要求，工厂建好后没有出现异常现象，但每当泥石流爆发时，整个场地包括全部工程设施均被埋没在泥石流中。虽然花了巨额资金进行整治，但仍无济于事，导致整个工程报废，经济损失极为严重。泥石流对运输线路的危害是多方面的。它主要通过堵塞、淤埋、冲刷和撞击等方式对路基、桥涵及其附属构筑物产生直接破坏；同时经常出现泥石流堆积物压缩和堵塞河道、水位上升、淹没上游沿河路基，或者迫使主河槽的流向发生变化，冲刷对岸路基，造成间接水毁。

典型的泥石流流域，一般可以分为形成、流通和堆积三个动态区，如图8-9所示。

(1) 形成区　形成区位于流域上游，包括汇水动力区和固体物质供给区，多为高山环抱的山间小盆地，山坡陡峻，沟床下切，纵坡较陡，有较大的汇水面积。区内岩层破碎，风化严重，山坡不稳，植被稀少，水土流失严重，崩塌、滑坡发育，松散堆积物储量丰富，区内岩性及剥蚀强度直接影响着泥石流的性质和规模。

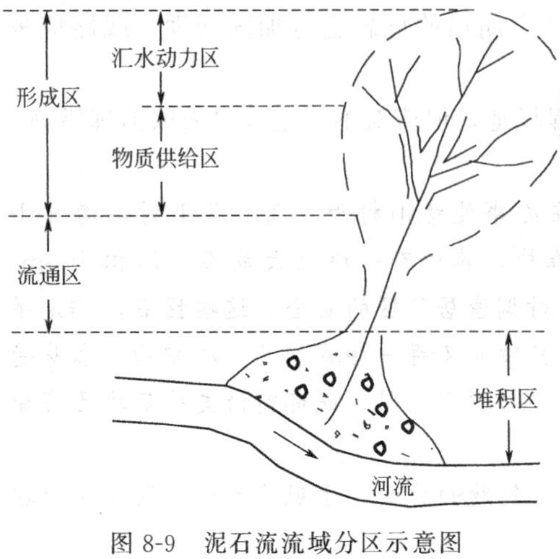

图8-9　泥石流流域分区示意图

(2) 流通区　流通区一般位于流域的中、下游地段，多为沟谷地形，沟壁陡峻，河床狭窄、纵坡大，多陡坎或跌水。

(3) 堆积区　堆积区多在沟谷的出口处。地形开阔，纵坡平缓，泥石流至此多漫流扩散，流速降低，固体物质大量堆积，形成规模不同的堆积扇。

以上几个分区，仅对一般的泥石流流域而言，由于泥石流的类型不同，常难以明显区分，有的流通区伴有沉积，如山坡型泥石流其形成区就是流通区，有的泥石流往往直接排入河流而被带走，无明显的堆积层。

一、泥石流的形成条件

泥石流的形成和发展与流域的地质、地形和水文气象条件有密切的关系，同时也受人类经济活动的深刻影响。其主要因素在于有便于集物的地形，上部有大量的松散物质，短时间内有大量水的来源。

1. 地质条件

地质条件决定了松散固体物质来源，当汇水区和流通区广泛分布有厚度很大、结构松软、易于风化、层理发育的岩土层时，这些软弱岩土层是提供泥石流的主要物质来源。此外，还应注意到泥石流流域地质构造的影响，如断层、裂隙、劈理、片理、节理等发育程度和破碎程度，这些构造破坏现象给岩层破碎创造条件，从而也为泥石流的固体物质提供来源。我国一些著名的泥石流沟群，如云南东川、四川西昌、甘肃武都和西藏东南部山区大都是沿着构造断裂带分布的。

2. 地形条件

泥石流流域的地形特征是山高谷深、地形陡峻、沟床纵坡大。上游形成区有广阔的盆地式汇水面积，周围坡陡，有利于大量水流迅速汇聚而产生强大的冲刷力；中游流通区纵坡降0.05～0.06或更大，可作为搬运流通沟槽；下游堆积区坡度急速变缓，有开阔缓坡作为泥石流的停积场所。

3. 水文气象条件

水既是泥石流的组成部分，又是搬运泥石流物质的基本动力。泥石流的发生与短时间内大量流水密切相关，没有大量的流水，泥石流就不可能形成。因此，泥石流的形成就需要在短时间内有强度较大的暴雨或冰川和积雪的强烈消融，或高山湖泊、水库的突然溃决等。气温高或高低气温反复骤变，以及长时间的高温干燥，均有利于岩石的风化破碎，再加上水对山坡岩土的软化、溶蚀、侵蚀和冲刷等，使破碎物质得以迅速增加，这就有利于泥石流的产生。

4. 人类活动的影响

良好的植被可以减弱剥蚀过程，延缓径流汇集，防止冲刷，保护坡面。在山区建设中，由于矿山剥土、工程弃渣处理不当等，也可导致泥石流的发生。

综上所述，泥石流的形成要同时具备：

(1) 在某一山地河流流域内，坡地上或河床内有数量足够的固体碎屑物；

(2) 有数量足够的水体（暴雨、水库溃决等）；

(3) 较陡的沟坡地形。

二、泥石流的特征

(1) 重度大、流速高、阵发性强 泥石流含有大量的泥沙石块等松散固体物质，其体积含量一般超过15%，重度一般大于13kN/m^3。黏稠的泥石流固体物质的体积含量可高达80%以上。泥石流的流速大，其变化范围也大，一般为2.5～15m/s不等，具有强大的动能和冲击破坏能力。

(2) 具有直线性特征 由于泥石流携带了大量固体物质，在流途上遇沟谷转弯处或障碍物时受阻而将部分物质堆积下来，使沟床迅速抬高，产生弯道超高或冲起爬高，猛烈冲击而越过沟岸或摧毁障碍物，甚至截弯取直冲出新道而向下游奔泻，这就是泥石流的直进性。一般的情况是：流体愈黏稠，直进性愈强，冲击力就愈大。

(3) 发生具有周期性 在任何泥石流的发生区，较大规模的泥石流并不是经常发生的。泥石流的发生具有一定的周期性，只有当其条件具备时才可能发生。一次泥石流发生后，其形成区地表的松散物质全部被冲走或大部分被冲走，因此需要一段时间才能聚集足够多的风化碎散物质，才可能发生下一次骤然汇水引发的泥石流。因此不同区域的泥石流发生的周期是不同的。

(4) 堆积物特征 泥石流的堆积物，分选性差，大小颗粒杂乱无章，其中的石块、碎石等较大颗粒的磨圆度差，棱角分明，堆积表面呈现垄岗突起、巨石滚滚等不同的特征。以上这些特征可供人们判断和识别泥石流，帮助人们研究泥石流的类型、发生频率、规模大小、形成历史和堆积速度。

三、泥石流的分类

由于泥石流产生的地形地质条件有差别，故泥石流的性质、物质组成、流域特征及其危害程度等也随地形地质的不同而变化。根据不同的标准可以将泥石流分成不同的类型。

1. 按组成的物质成分划分

(1) 黏性泥石流 黏性泥石流是指含大量黏性土的泥石流或泥流。其特征是：黏性大，密度高，有阵流现象。固体物质占40%～60%，最高达80%。水不是搬运介质，而是组成物质。稠度大，石块呈悬浮状态，爆发突然、持续时间短，不易分散，破坏力大。

(2) 稀性泥石流 稀性泥石流以水为主要成分，黏土、粉土含量一般小于5%，固体物质占10%～40%，有很大分散性。搬运介质为浑水或稀泥浆。砂粒、石块以滚动或跃移方式前进，具有强烈的下切作用。其堆积物在堆积区呈扇状散流，岔道交错，改道频繁，不易形成阵流现象。

2. 按泥石流沟谷流域形态特征分类

(1) 标准型泥石流 标准型泥石流具有明显的形成、流通、沉积三个区段。形成区多崩塌、滑坡等不良地质现象，地面坡度较陡峻。流通区较稳定，沟谷断面多呈“V”形。堆积区一般均呈扇形，堆积物棱角明显，破坏能力强，规模较大。

(2) 河谷型泥石流 河谷型泥石流的流域呈狭长形，形成区分散在河谷的中、上游。固体物质补给远离堆积区，沿河谷既有堆积亦有冲刷。堆积物棱角不明显。其破坏能力较强，周期较长，规模较大。

(3) 山坡型泥石流 山坡型泥石流沟少流短，沟坡与山坡基本一致，没有明显的流通区，形成区直接与堆积区相连。洪积扇坡陡而小，堆积物棱角尖锐、明显，大颗粒滚落扇脚。冲击力大，淤积速度较快，但规模较小。

3. 按泥石流的规模及危害程度分类

按泥石流的规模及危害程度可将泥石流分为特大型泥石流、大型泥石流、中型泥石流和小型泥石流等。

(1) 特大型泥石流 特大型泥石流多为黏性泥石流，其流域面积大于$10km^2$，最大泥石流的流量约为$2000m^3/s$，一次或每年多次冲出的土石方量总和超过50万立方米。发育地沟谷地表裸露、岩石破碎，风化作用强烈，水土流失十分严重，不良地质现象极为发育，沟谷纵坡坡度大，沟床中有大量巨石，河道内阻塞现象严重，破坏作用巨大。

（2）大型泥石流　大型泥石流流域面积大约为 5～10km^2，最大泥石流的流量约为 500～2000m^3/s，一次或每年多次冲出的土石方量为 10×10^4～$50\times10^4m^3$。发育地地表侵蚀和风化作用强烈，水土流失严重，沟谷狭窄，纵坡坡度大，有较多的松散物质堵塞沟道，破坏作用严重。

（3）中型泥石流　中型泥石流流域面积大约为 2～5km^2，最大泥石流的流量约为 100～500m^3/s，一次或每年多次冲出的土石方量大约为 1×10^4～$10\times10^4m^3$。发育地地表侵蚀和风化作用较强烈，水土流失较严重，沟道中有淤积现象，破坏作用较严重。

（4）小型泥石流　小型泥石流流域面积小于 2km^2，最大泥石流的流量小于 100m^3/s，一次或每年多次冲出的土石方量小于 $1\times10^4m^3$。发育地地表侵蚀和风化作用较弱，大部分地区水土流失不严重，不良地质现象零星发育，规模较小，以沟坡坍塌和土溜为主，破坏作用不大。

4. 按发育阶段分类

按发育阶段分类，可将泥石流分为发展期泥石流、活跃期泥石流、衰退期泥石流和终止期泥石流等。

（1）发展期泥石流　发展期泥石流是指刚开始发生到活跃期以前这一阶段的泥石流。其主要特征是重力侵蚀作用正在增强，松散物质聚集速度加快，爆发频率不断增高，发生规模不断加大，输送能力不断增强。与此同时，危害程度也不断加大。

（2）活跃期泥石流　活跃期泥石流是指正处于强烈活动且持续稳定时期的泥石流。其主要特征为重力侵蚀作用强烈，爆发频率高，发生规模大，输送能力强，堆积扇发展强烈。

（3）衰退期泥石流　衰退期泥石流是指发生于活跃期以后直至终止期阶段的泥石流。

（4）终止期泥石流　终止期泥石流是指已经停止不再发生的泥石流。其堆积扇已经出现清水沟槽，沟槽以外的扇体表面开始被植被覆盖。

5. 按复生频率并考虑规模及危害性的分类

（1）高频率泥石流沟谷　高频率泥石流沟谷基本上每年均有泥石流灾害发生，固体物质主要来源于滑坡、崩塌，泥石流爆发雨强小于 2～4mm/10min。除岩性因素外，滑坡崩塌严重的沟谷多发生黏性泥石流，规模大；反之，多发生稀性泥石流，规模小。

（2）低频率泥石流沟谷　低频率泥石流沟谷中泥石流灾害发生周期一般在 10 年以上，固体物质主要来源于沟床，泥石流发生时“揭床”现象明显。暴雨时坡面的浅层滑坡往往是激发泥石流的因素。泥石流爆发雨强一般大于 4mm/10min。泥石流规模一般较大，性质有黏、有稀。

四、泥石流的防治措施

防治泥石流应全面考虑跨越、排导、拦截以及水土保持等措施，根据因地制宜和就地取材的原则，注意总体规划，采取综合防治措施。

1. 水土保持

水土保持包括封山育林、植树造林、平整山坡、修梯筑田；修筑排水系统及支挡工程等措施。水土保持虽是根治泥石流的一种方法，但需要一定的自然条件，收效时间也较长。

2. 跨越

根据具体情况，可以采用桥梁、涵洞、过水路面、明洞及隧道、渡槽等方式跨越泥石流（图 8-10）。采用桥梁跨越泥石流时，既要考虑淤积问题，也要考虑冲刷问题。确定桥梁孔径时，除考虑设计流量外，还应考虑泥石流的阵流特性，应有足够的净空和跨径，保证泥石流能顺利通过。桥位应选在沟道顺直、沟床稳定处，并应尽量与沟床正交，不应把桥位设在沟床纵坡由陡变缓的变坡点附近。

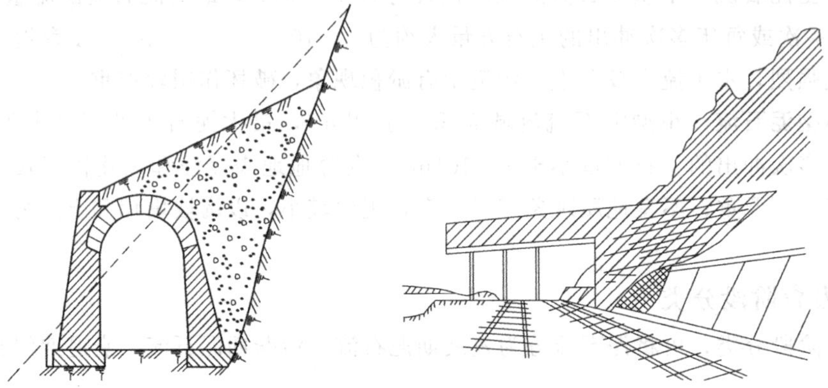

(a) 护路明洞　　(b) 护路廊道

图 8-10　护路明洞和护路廊道

3. 排导

采用排导沟、急流槽、导流堤等措施使泥石流顺利排走，以防止掩埋道路，堵塞桥涵。泥石流排导沟是常用的一种建筑物。设计排导沟应考虑泥石流的类型和特征。为减小沟道冲淤，防止决堤漫溢，排导沟应尽可能按直线布设。必须转弯时，应有足够大弯道半径。排导沟纵坡宜一坡到底，如必须变坡时，从上往下应逐渐变陡。排导沟的出口处最好能与地面有一定的高差，同时必须有足够的堆淤场地，最好能与大河直接衔接（图 8-11）。

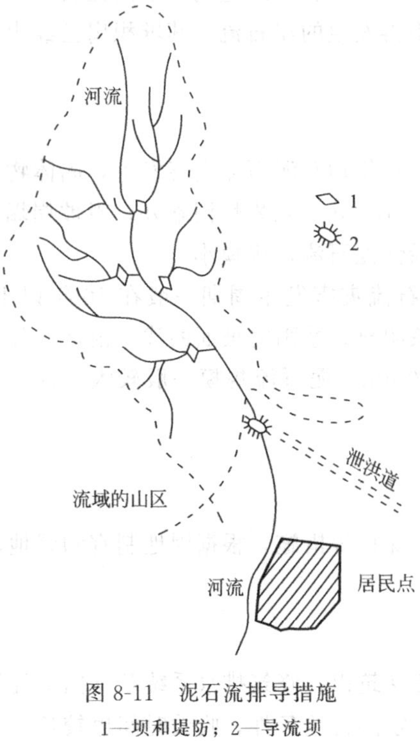

图 8-11　泥石流排导措施

1—坝和堤防；2—导流坝

4. 滞流与拦截

滞流措施是在泥石流沟中修筑一系列低矮的拦挡坝，其作用是：拦蓄部分泥砂石块，降低泥石流的规模；固定泥石流沟床，防止沟床下切和谷坡坍塌；缓减沟床纵坡，降低流速。拦截措施是修建拦渣坝或停淤场，将泥石流中的固体物质全部拦淤，只许余水过坝。

五、泥石流流域的工程地质评价

泥石流地区工程建设适宜性的评价，应符合下列要求。

① 特大型泥石流和大型泥石流沟谷不应作为工

程场地，各类线路宜避开。

② 中型泥石流沟谷不宜作为工程场地，当必须利用时应采取治理措施；线路应避免直穿堆积扇，可在沟口设桥（墩）通过。

③ 小型泥石流沟谷可利用其堆积区作为工程场地，但应避开沟口，线路可在堆积扇通过，可分段设桥和采取排洪、导流措施，不宜改沟、并沟。

④ 当上游大量弃渣或进行工程建设改变了原有供排平衡条件时，应重新判定产生新的泥石流的可能性。

【案例三】 泰安春阳坡泥石流

春阳坡泥石流位于徂徕山春阳坡冲沟，主沟流域为典型的中低山峡谷地貌，沟谷深切，地势陡峻，地形坡度大，谷坡 25°～60°，流域内最高海拔高程为 910m，最低海拔高程 180m，相对高差 730m。沟长 5.64km，集雨面积 3.8km²；松散物厚度约 0.5～3m，沟谷局部狭窄，上段沟谷呈“U”形，中段呈“V”形。这种地形条件使泥石流得以迅猛直泻，两岸谷坡有大量的残坡积物和人工梯田，厚度约 0.5～3m，沟水冲刷作用较强烈，沟岸崩滑等不良地质作用较发育，为泥石流的形成提供了大量的固体物源。

该沟两岸植被发育，在沟的源头区地形呈圈椅状，残坡积物发育，水系为多条坡面切沟，坡面切沟汇合后的大部分沟段沟水冲刷强烈，两岸坡有大量的危岩体分布，为泥石流的形成区；该沟的下段为泥石流的流通区，该沟沟口段为泥石流的堆积区。泥石流对下游的居民和财产构成直接危害。

设计方案可参考如下。

根据地质灾害隐患点的特点，考虑局部变形对治理区的影响，综合分析，拟对治理区采取沟谷清淤、修筑拦挡坝两大部分。

(1) 沟谷清淤　疏导清淤重点为松散物堆积较多，堵塞较严重地段。主要对泥石流上游春阳坡及中下游大寺村东沟底松散物进行清理，卸载边坡不稳定岩体，疏导河道，保证畅通。

(2) 拦挡坝设计　拦挡坝的主要作用：一是拦蓄泥石流固体组颗粒，固定沟床、防止沟底下切、减缓纵坡，降低流速，稳定沟槽两岸，防止沟岸坍塌，减少泥沙汇入。二是控制行洪流路，确保行洪沟谷安全。可选定坝址位置为大寺村北，该处河道两岸较平缓且基本对称，河道底坡较平顺，纵坡约为 13%，稍向上游则底坡较陡，纵坡大于 20%，稍向下游沟谷过于开阔。适合建设重力坝。

第三节　岩溶与土洞

岩溶是由于地表水或地下水对可溶性岩石侵蚀而产生的一系列地质现象。岩溶主要是可溶性岩石与水长期作用的产物。岩溶在国外又被称为喀斯特现象。可溶性岩石有碳酸盐类（包括石灰岩、硅质灰岩和泥灰岩）、硫酸盐类（包括石膏、芒硝）、卤盐类（岩盐、钾盐）。就溶解度而言，卤盐高于硫酸盐，硫酸盐高于碳酸盐。在自然界中，卤盐类与硫酸盐类岩石少见，其分布远不如碳酸盐类普遍。因此，在工程上主要考虑碳酸盐类。我国的碳酸盐岩石分布面积很广，被覆盖在地下的面积更大，主要分布在云贵高原，广西、广东丘陵地带，四川盆地边缘，湖南、湖北西部以及山西、山东、河北的山地等。

常见的岩溶地貌类型包括：溶沟（槽）、石芽、漏斗、溶蚀洼地、坡立谷、溶蚀平原、落水洞、溶洞等，详见第三章第四节。

一、岩溶的形成和发育条件

1. 岩溶的形成条件

岩溶地形是在一定的条件下天然发育而成的一种奇特的自然地貌奇观。岩溶地貌的形成必须具备四个基本条件，即岩体、水质、水在岩体中活动、岩溶的垂直分带。

2. 岩溶的发育条件

岩石的可溶性与透水性、水的溶蚀性和流动性是岩溶发生和发展的四个基本条件。此外，岩溶的发育与地质构造、新构造运动、水文地质条件以及地形、气候、植被等因素有关。

(1) 岩石的可溶性 石灰岩、白云岩、石膏、岩盐等为可溶性岩石，由于它们的成分和结构不同，其溶解性能也不相同。石灰岩、白云岩是碳酸盐岩石，溶解度小，溶蚀速度慢，而石膏的溶蚀速度较快，岩盐的溶蚀速度最快。石灰岩和白云岩分布之泛，经过长期溶蚀，岩溶现象十分显著。质纯的厚层石灰岩要比含有泥质、炭质、硅质等杂质的薄层石灰岩溶蚀速度要快，形成的岩溶规模也大。

(2) 岩石的透水性 岩石的透水性主要取决于岩层中孔隙和裂隙的发育程度。尤其是岩层中断裂系统的发育程度和空间分布情况，对岩溶的发育程度和分布规律起着控制作用。

(3) 水的溶蚀性 水的溶蚀性主要取决于水中 CO_2 的含量，水中含侵蚀性 CO_2 越多，则水的溶蚀能力越强，则会大大增强对石灰岩的溶解速度。湿热的气候条件有利于溶蚀作用的进行。

(4) 水的流动性 水的流动性取决于石灰岩层中水的循环条件，它与地下水的补给、渗流及排泄直接相关。岩层中裂隙的形态、规模、密集度以及连通情况决定了地下水的渗流条件，它控制着地下水流的比降、流速、流量、流向等水文地质因素。地形平缓，地表通流差，渗入地下的水量就多，则岩溶易于发育；覆盖为不透水的黏土或亚黏土且厚度又大时，岩溶发育程度减弱。地下水的主要补给是大气降水，降雨量大的地区水源补给充沛，岩溶就易于发育。

二、岩溶的分布规律和影响岩溶发生、发展的主导因素

1. 岩溶的分布规律

(1) 岩溶的分布随深度而减弱，并受当地岩溶侵蚀基准面的控制。因为岩溶的发育与裂缝的发育和水的循环交替有着密切的关系，而裂缝的发育通常随深度而减少；另外，地表水下渗，地下水从地下水分水岭向地表河谷运动，必然促使地下洞穴及管道的形成。但在河谷侵蚀基准面——即当地岩溶侵蚀基准面以下，地下水运动和循环交替强度变弱，岩溶的发育亦随之减弱，洞穴大小和个数随深度而逐渐减少。

(2) 岩溶的分布受岩性和地质构造的控制。在非可溶性岩内不会发育岩溶，在可溶性较弱的岩石中岩溶的发育就受到影响，在质纯的石灰岩中岩溶就很发育，而在可溶岩受破坏后，就会促使岩溶的发育。正因为如此，在一个地区就必然可以根据岩石的可溶性不同和构造破坏的程度划分出岩溶发育程度不同的范围。可以看到，在石灰岩裸露区岩溶常呈片状分布；在可溶岩与非可溶性岩相间区岩溶呈带状分布；在可溶岩中节理密集带、断层破碎带，岩溶也呈带状分布。另外，在可溶岩与非可溶岩接触地带，岩溶作用也表现得非常强烈，岩溶极为发育。

(3) 在垂直剖面上岩溶的分布常成层状。地壳常常处于间歇性的上升或下降阶段，由于地壳升降，岩溶侵蚀基准面发生变化，地下水为适应基准面而进行垂直溶蚀，从而产生垂直通道。当地壳处于相对稳定时期时，地下水则向地表河谷方向运动，从而发育成近水平的廊道。若地壳再次发生变化，就会形成另一高度的垂直和水平的岩溶洞穴。如此反复，就可在可溶岩厚度大、裂缝发育、地下水径流量大的地区形成多个不同高程的溶洞层。

(4) 岩溶分布的地带性和多带性。由于地处维度不同，影响岩溶发育的气候、水文、生物、土壤条件也不相同，因而岩溶的发育程度和特征就会不同，呈现出明显的地带性。此外，现在看到的岩溶形态，都是经过多次岩溶作用过程，长期发展演变的结果，即经过多次地壳运动、气候变更以及岩溶条件的改变，岩溶或强或弱一次一次积累、叠加而形成的，这就形成了岩溶的多带性。

2. 影响岩溶发育、发展的主导因素

(1) 地层岩性及可溶性岩层厚度　可溶岩层的成分和岩石结构是岩溶发育和分布的基础。成分和结构均一且厚度很大的石灰岩层，最适合岩溶发育和发展。因此，许多石灰岩地区的岩溶规模很大，形态也比较齐全。白云岩略次于石灰岩，含有泥质或其他杂质的石灰岩或白云岩，溶蚀速度和规模都小得多。岩层的厚度直接影响到岩溶的发育，岩溶随深度的增加而减弱。厚度较大的岩层更易形成岩溶的层性和多带性。

(2) 地质构造和岩石的微观构造　褶皱、节理和断层等地质构造控制着地下水的流动通道，地质构造不同，岩溶发育的形态、部位及程度都不同。背斜轴部张节理发育多形成漏斗、落水洞、竖井等垂直洞穴。向斜轴部属于岩溶水的聚水区，水平溶洞及暗河是其主要形态。此外，向斜轴部也有各种垂直裂隙，故也会形成陷穴、漏斗、落水洞等垂直岩溶形态。褶曲翼部是水循环强烈地段，岩溶一般均较发育。张性断裂破碎带有利于地下水渗透溶解，是岩溶强烈发育地带。压性断裂带中岩溶发育较差。但压性断裂的主动盘，可能有强烈岩溶化现象。一般情况下，产状倾斜较陡的岩层，岩溶发育比产状平缓的岩层发育弱得多，而且较慢。可溶岩与非可溶岩的接触带或不整合面，常是岩溶水体的流动渠道，岩溶沿着这些地方发育较强烈。

(3) 新构造运动　新构造运动的性质是十分复杂的，从对岩溶发育的影响来看，地壳的升降运动关系最为重要。其运动的基本形式有上升、下降、相时稳定三种。地壳运动的性质、幅度、速度和波及范围控制着地下水循环交替条件的好坏及其变化趋势，从而控制了岩溶发育的类型、规模、速度、空间分布及岩溶作用的变化趋势。

(4) 地形地貌　地形地貌条件是影响地下水的循环交替条件的重要因素，间接影响岩溶发育的规模、速度、类型及空间分布。区域地貌表征着地表水文网的发育特点。反映了局部的和区域性的侵蚀基准面和地下水排泄基准面的性质和分布，控制了地下水的运动趋势和方向，从而也控制了岩溶发育的总趋势。地面坡度的大小直接影响降水渗入量的大小。在比较平缓的地段，降水所形成的地表径流缓慢，则渗入量就较大，有利于岩溶发育。

(5) 气候条件　气候是岩溶发育的一个重要因素，它直接影响着参与岩溶作用的水的溶蚀能力和速度，控制着岩溶发育的规模和速度。因此，各气候带内岩溶发育的规模和速度、岩溶形态及其组合特征是大不相同的。气候类型的特征表现在气温、降水量、降水性质、降水的季节分配及蒸发量的大小和变化。其中，以气温高低及降水量大小对岩溶发育的影响最大。

三、岩溶的类型

岩溶的类型划分方法有多种，各种方法都采用不同的依据来进行类别划分。岩溶的类型

划分主要有以下两类。

1. 按埋藏条件分类

按可溶性岩石的埋藏条件可将岩溶划分为裸露型岩溶、覆盖型岩溶和埋藏型岩溶。从工程角度出发，这种类别划分结果与工程建设的关系更为密切，因为岩溶的埋藏条件与建筑场地的适宜性和稳定性直接相关。

(1) 裸露型岩溶 裸露型岩溶的可溶性岩石基本上都出露地表，仅有零星的小片为洼地所覆盖。各种地表和地下的岩溶形态均较为发育，地下水和地表水直接相连，相互转化，地下水位变化幅度大，岩溶形成的地下空洞也大，对工程的危害极大。

(2) 覆盖型岩溶 覆盖型岩溶的可溶性岩石表面大部分为第四纪沉积物所覆盖。地表覆盖层中也常发育有各种空洞、漏斗、洼地和浅水塘，也是一种对工程危害较大的岩溶类型。

(3) 埋藏型岩溶 埋藏型岩溶的可溶岩大面积埋藏于不溶性基岩之下，岩溶发育在地下深处，岩溶形态以溶孔、溶隙为主，也有规模较大的溶洞存在。一般而言，埋藏型岩溶对地面工程的危害不大，但对采矿工程却有较大的危害，井下硐室或巷道若遇岩溶水就会发生严重透水事故。

2. 按区域气候状况分类

按区域气候状况可将岩溶分为热带岩溶、亚热带岩溶、温带岩溶、干旱地区岩溶和海岸岩溶。热带岩溶形成于气温高、湿度大、雨量充沛、植被茂密的湿热气候带地区。亚热带岩溶的岩溶地貌以丘陵洼地为典型特征。温带岩溶多发生在地层深部，而地表的岩溶形态则较为少见甚至没有。干旱地区的岩溶以干谷和岩溶泉为其特征，地表岩石在温度作用下风化严重，但是岩溶发育非常微弱。海岸岩溶除了受气候带影响之外，更多的是受海水水质、水温、海水面升降等因素的影响，岩溶作用较为强烈。

此外，还有按形成年代、水文地质标志等进行的岩溶类别划分方法。

四、岩溶的防治措施

在进行建（构）筑物布置时，应先将岩溶和土洞的位置勘察清楚，然后针对实际情况做出相应防治措施。当建（构）筑物的位置可以移位时，为了减少工程量和确保建（构）筑物的安全，应首先设法避开有威胁的岩溶和土洞区，如公路选线时应避开破碎带，选择难溶层；对于桥梁、隧道确保无大的溶洞、落水洞等。实在不能避开时，再考虑处理方案。

(1) 挖填 挖填是指挖除溶洞中的软弱充填物，回填以碎石、块石和混凝土等，并分层夯实，以达到改善地基的效果。在溶洞回填的碎石上设置反滤层，以防止潜蚀发生。

(2) 跨盖 当洞埋藏较深或洞顶板不稳定时，可采用跨盖方案，如采用长梁式基础或桁架式基础或刚性大平板等方案跨越。但梁板的支承点必须放置在较完整的岩石上或可靠的持力层上，并注意其承载能力和稳定性。

(3) 灌注 对于溶洞因埋藏较深，不可能采用挖填和跨盖方法处理时，溶洞可采用水泥或水泥黏土混合灌浆于岩溶裂隙中，应注意灌满和密实。

(4) 排导 洞中水的活动可使洞壁和洞顶溶蚀、冲刷或潜蚀，造成裂隙和洞体扩大，或洞顶坍塌。因而对自然降雨和生产用水应防止下渗，采用截排水措施，将水引导至他处排泄。

五、岩溶场地的勘察

拟建工程场地或其附近存在对工程安全有影响的岩溶时，应进行岩溶勘察。岩溶勘察宜采用工程地质测绘和调查、物探、钻探等多种手段结合的方法进行，并应符合下列要求。

(1) 可行性研究勘察应查明岩溶洞隙、土洞的发育条件，并对其危害程度和发展趋势做出判断，对场地的稳定性和工程建设的适宜性做出初步评价。

(2) 初步勘察应查明岩溶洞隙及其伴生土洞、塌陷的分布、发育程度和发育规律，并按场地的稳定性和适宜性进行分区。

(3) 详细勘察应查明拟建工程范围及有影响地段的各种岩溶洞隙和土洞的位置、规模、埋深，岩溶堆填物性状和地下水特征，对地基基础的设计和岩溶的治理提出建议。

(4) 施工勘察应针对某一地段或尚待查明的专门问题进行补充勘察。当采用大直径嵌岩桩时，尚应进行专门的桩基勘察。

六、土洞的形成

土洞一般是特指存在于岩溶地区的可溶性岩层之上的第四纪覆盖层中的空洞。土洞因地下水或者地表水流入地下土体内，将颗粒间可溶成分溶滤，带走细小颗粒，使土体被掏空成洞穴而形成，这种地质作用的过程称为潜蚀。当土洞发展到一定程度时，上部土层发生塌陷，破坏地表原来形态，危害建筑物的安全和使用。

土洞的形成和发育与土层的性质、地质构造、水的流动和岩溶的发育等因素有关。土洞的形成主要是由水的潜蚀作用造成的。潜蚀是指地下水流在土体中进行溶蚀和冲刷的作用。地下水流先将可溶成分溶解，而后将细小颗粒从大颗粒的孔隙中带走，这种具有溶蚀作用的潜蚀称为溶滤潜蚀。溶滤潜蚀主要是因溶解土中的可溶物使土中颗粒间连结性减弱和破坏，从而使颗粒分离和散开，为机械潜蚀创造条件。

可见，在土洞的形成过程中，水起到了决定性作用。根据我国土洞的生长特点和水的作用形式，土洞可分为由地表水下渗发生的机械潜蚀作用形成的土洞和岩溶水流潜蚀作用形成的土洞。

1. 由地表水下渗发生机械潜蚀作用形成的土洞

这种土洞的主要形成因素有三点。

① 土层的性质。土层的性质是造成土洞发育的根据。最易发育成土洞的土层性质和条件是含碎石的亚砂土层内。这样给地表水有向下渗入到碎石亚砂土层中造成潜蚀的良好条件。

② 土层底部必须有排泄水流和土粒的良好通道。在这种情况下，可使水流挟带土粒向底部排泄和流失。上部覆盖有土层的岩溶地区，土层底部岩溶发育是造成水流和土粒排泄的最好通道。在这些地区土洞发育一般较为剧烈。

③ 地表水流能直接渗入土层中。地表水渗入土层内有三种方式：第一种是利用土中孔隙渗入；第二种是沿土中的裂隙渗入；第三种是沿一些洞穴或管道流入。其中第二种渗入水流是造成土洞发育最主要的方式。土层中的裂隙是在长期干旱条件下，因地表收缩而产生的。这些裂隙成为下雨时良好的通道，于是水不断地向下潜蚀，水量越大，潜蚀越快，逐渐在土层内形成一条不规则的渗水通道。在水力作用下，将崩散的土粒带走，产生了土洞，并继续发育直至顶板破坏，形成地表塌陷。

2. 由岩溶水流潜蚀作用形成的土洞

这类土洞与岩溶水有水力联系，它分布于岩溶地区基岩面与上覆土层接触处，这类土洞的生成是由于岩溶地区的基岩面与上覆土层接触处分布有一层饱水程度较高的软塑至半流动状态的软土层。在基岩表面有沟、裂隙、落水洞等发育。这样基岩透水性很强。当地下水在岩溶的基岩表面附近活动时，水位的升降可使软土层软化，地下水的流动能在土层中产生潜蚀和冲刷，可将软土的土粒带走，于是在基岩表面处被冲刷成洞穴，这就是土洞形成过程。当土洞不断地被潜蚀和冲刷，土洞逐渐扩大，至顶板不能负担上部压力时，地表就发生下沉或整块塌落，地表呈碟形的、盆形的、深槽的和竖井状的洼地。

七、土洞的处理

在建筑物地基范围内有土洞和地表塌陷时，必须认真进行处理。常用的措施如下。

(1) 处理地表水和地下水 在建筑场地范围内，做好地表水的截流、防渗、堵漏等工作，以便杜绝地表水渗入土层中。这种措施对由地表水引起的土洞和地表塌陷，可起到根治的作用。对形成土洞的地下水，当地质条件许可时，可采用截流、改道的办法，防止土洞和地表塌陷的发展。

(2) 挖填处理 这种措施常用于浅层土洞。对地表水形成的土洞和塌陷，应先挖除软土，然后用块石或毛石混凝土回填。对地下水形成的土洞和塌陷，可挖除软土和抛填块石后做反滤层，面层用黏土夯实。

(3) 灌砂处理 灌砂适用于埋藏深、洞径大的土洞。施工时在洞体范围的顶板上钻两个或多个钻孔。直径大的用来灌砂，直径小的用来排气。灌砂同时冲水直到小孔冒砂为止。如果洞内用水，灌砂困难，可用压力灌注强度等级为C15的细石混凝土，也可灌注水或砾石。

(4) 垫层处理 在基础底面下夯填黏性土夹碎石做垫层，以提高基底标高，减小土洞顶板的附加压力，这样以碎石为骨架可降低垫层的沉降量并增加垫层的强度，碎石之间由黏性土充填，可避免地表水下渗。

(5) 梁板跨越 当土洞发育剧烈，可用梁、板跨越土洞，以支撑上部建筑物，采用这种方案时，应注意洞旁土体的承载力和稳定性。

(6) 采用桩基或沉井 对重要的建筑物，当土洞较深时，可用桩基或沉井穿过覆盖土层，将建筑物的荷载传至稳定的岩层上。

第四节 地下硐室的涌突水

地下硐室按用途可分为：矿山巷道（井）、交通隧道、水工隧道、地下厂房（仓库）、地下军事工程等；按与水平面关系可分为：水平硐室、斜硐、垂直硐室（井）等。本节主要讨论矿坑涌突水。

在矿井建设和生产过程中，各种类型的水源进入采掘空间的过程称为矿坑充水；进入到工作面及井巷内的水，称为矿井水。矿井充水的形式有渗入、滴入、淋入、涌入和溃入等，当涌入或溃入井巷的水量大、来势猛时，称为矿井突水。凡影响生产、威胁采掘工作面或矿井安全的、增加吨煤成本和使矿井局部或全部被淹没的矿井水，都称为矿坑水害。

影响矿坑充水的因素很多，但形成矿坑充水的主要因素，主要是矿坑水的来源及其渗透通道。在生产过程中，正确判断矿坑水的来源及其突水通道，对于计算涌水量、预测矿坑突水的可能性及制定矿坑防治水措施等都具有重要意义。

一、矿坑充水水源分析

矿坑充水的水源主要有四种，即矿体及围岩空隙中的地下水、地表水、老窑（采空区）

积水和大气降水，前三种可称为矿坑充水的直接水源，而大气降水往往是间接水源。

1. 矿体及围岩空隙中的地下水

有些矿体本身存在较大的空隙，其内充满了地下水，这些水在矿体开采时会直接流入坑道，成为矿坑充水水源。有些矿体本身并不含水，但邻近的围岩往往具有大小不等、性质不同的空隙，其中常含有地下水，当有通道与采掘空间连通时，也会成为矿井充水的水源。根据含水岩石空隙的性质，这些地下水可以是孔隙水、裂隙水或喀斯特水（岩溶水）。

(1) 孔隙水水源 孔隙水存在于松散岩层的孔隙内，当开采松散沉积层中的矿产或开采接近松散沉积层矿体时，常遇到这种水源。如我国开滦煤矿区部分矿井，因受冲积层水的补给，曾发生过突水事故。

(2) 裂隙水水源 裂隙水存在于矿体或其围岩的裂隙中，当工作面揭露到这些含裂隙水的岩体时，这种地下水就会涌入工作面，造成矿坑充水。裂隙水水源的一般特点是，水量较小，水压较大。当裂隙水与其他水源无水力联系时，在多数情况下，涌水量会逐渐减少，甚至干涸；如果裂隙水和其他水源有水力联系时，涌水量便会不停地增加，甚至造成突水事故。

(3) 喀斯特水水源 这种水源在我国华北和华南的许多煤矿区较为常见。如华北石炭二叠纪煤系的下部为喀斯特比较发育的奥陶系石灰岩，奥陶系是厚度巨大的强含水层。不少煤矿区发生的重大突水事故，其直接或间接水源绝大多数皆为石灰岩含水层的喀斯特水。喀斯特水水源突水的一般特点是：水压高、水量大、来势猛、涌水量稳定，不易疏干，危害性大。

总之，地下水往往是矿井充水最直接、最常见的水源。涌水量的大小及其变化，取决于围岩的富水性和补给条件。流入矿井的地下水通常包括静储量与动储量两部分。在开采初期或水源补给不充沛的情况下，往往是以静储量为主，随着生产的发展及长期排水和采掘范围不断扩大，静储量会逐渐减少，动储量的比例就相对增大。

2. 地表水源

地表水体包括江河、湖海、池沼、水库等。当开采位于这些水体影响范围内的矿体时，在适当的条件下，这些水便会涌入矿坑成为矿坑充水水源。

地表水能否进入井下，由一系列自然因素和人为因素决定，主要取决于巷道距水体的距离、水体与巷道之间地层及地质构造条件和所采用的开采方法。一般来说，矿体距地表水体愈近影响愈大，充水愈严重，矿井涌水量也愈大。若矿坑充水水源为常年有水的地表水时，则水体越大，矿坑涌水量越大，而且稳定，淹井时不易恢复；而季节性水体为充水水源时，对矿坑涌水量的影响程度则随季节性变化。另外，地表水体所处地层的透水性强弱，直接控制矿坑涌水量的大小，地层透水性越好，则矿坑涌水量越大；反之则小。当有断裂带沟通时，则易发生灾害性的突水。同样，不适当的开采方法，也会造成人为的裂隙，从而增加沟通地表水渗入井下的通道，使矿坑涌水量增加。

3. 大气降水的渗入

大气降水的渗入是很多矿井充水的经常性补给水源之一，特别是开采地形低洼且埋藏较浅的矿层时，大气降水往往是矿井充水的主要来源；当在高于河谷处开采地表下的矿层时，大气降水往往是矿井充水的唯一水源。大气降水渗入量的大小，与当地的气候、地形、岩石性质、地质构造等因素有关。当大气降水成为矿井充水水源时，有以下规律。

(1) 矿坑充水的程度与该地区降水量的大小、降水性质和强度及延续时间有关。降水量大和长时间降水对渗入有利，因此矿井的涌水量也大。如有些矿区雨季的矿井涌水量为旱季的数倍。

(2) 矿坑的涌水量变化随气候具有明显的季节性，但涌水量出现高峰的时间往往滞后，在浅部约1～2天，随深度的增加滞后的时间稍长。

(3) 大气降水渗入量随开采深度的增加而减少，即在同一矿井不同的开采深度，大气降水对矿坑涌水量的影响程度有很大差别。

4. 老窑及采空区积水

古代和近期的采空区及废弃巷道，由于长期停止排水而使地下水聚集。当采掘工作面接近它们时，其内积水便会成为矿井充水的水源。这种水源涌水的特点是：水中含有大量的硫酸根离子，积水呈酸性，具有强烈的腐蚀性，对井下的设备破坏性很大；当这种水成为突水水源时，来势猛，易造成严重事故；当它与其他水源无联系时，易于疏干，若与其他水源有联系时，则可造成量大而且稳定的涌水，危害性极大。

上述几种水源是矿坑水的主要来源，而在某一具体涌水事例中，常常是由某种水源起主导作用，但也可能是多种水源的混合。

二、矿坑充水通道分析

矿坑充水水源的存在，只是可能构成矿井充水的一个方面，而矿井充水与否，还取决于另一个重要条件，即充水通道。矿井的充水通道主要有下列几种。

1. 岩石的孔隙

这种通道通常存在于疏松未胶结成岩的岩石中，其透水性能取决于孔隙的大小和连通性。岩石的孔隙大、连通程度好，当巷道穿过时，其涌水量就大。

单纯的孔隙水，只有在矿层围岩是大颗粒的松散岩石并有固定的水源补给，或围岩本身是饱水的流砂层时，才能造成突水或发生流砂冲溃事故。

2. 岩层的裂隙

岩层的风化裂隙、成岩裂隙、构造裂隙等都构成矿井充水的通道。其中，风化裂隙及成岩裂隙所含水量一般不大，而对矿井具有威胁的是构造裂隙，包括各种节理、断层和巨大断裂破碎带等，它们是矿井充水的主要通道。

构造裂隙对矿井充水的影响，一方面表现在其本身的富水性；另一方面又往往是各种水源进入采掘工作面的天然途径。所以，当采掘工作面与它们相遇或接近时，与它有联系的水源则会通过它们涌入井下造成突水。

节理，尤其是张节理是矿井充水的有利通道。在一般情况下，脆性岩石较柔性岩石的节理更为发育，且大多为张节理，其裂隙度较大；柔性岩石中的裂隙大多是细小闭合的，其透水性较差，但当多组裂隙互相沟通时，也可形成矿井充水的良好通道。

断层是构造裂隙中最易造成灾害性事故的进水通道。根据断裂带的水文地质特征，可分为隔水断层和透水断层两类。隔水断层主要是压性及部分扭性断裂经充填胶结而成。由于致密，不仅断层本身不含水，而且还可切断某些含水层，使含水层在断层两侧具有不同的水文地质特征。一般来说，这类断层在保持其隔水性能的条件下，对分区疏干可起有利作用。透水断层，多数是张扭性断层，少数是压扭性断层。当它们与其他水源有联系造成矿井突水时，其水量大且稳定。当它们与其他水源无联系时，开始水量大，以后逐渐减少甚至干涸。

3. 岩层的溶隙

岩层的溶隙是指可溶性岩石（如碳酸盐岩）被溶蚀而形成的空隙。它可以是细小的溶孔或巨大的溶洞，甚至是地下暗河，它们可赋存大量的水并可沟通其他水源，当巷道接近或揭露它们时，易造成灾害性的冲溃。可溶性岩层在我国分布广泛，因而使喀斯特溶隙成为矿井充水的主要通道。

4. 人工通道

(1) 封闭不良钻孔造成的充水通道　按规程，勘探时施工的钻孔，在工作结束后都要按要求进行封闭。如果封孔质量未达到标准要求，钻孔就成了矿层与其顶底板含水层或地表水之间的通道。在开采过程中，遇到或接近这些钻孔时，就会引起涌水甚至造成淹井事故。

(2) 采矿活动造成的断裂　根据对岩层移动规律的研究，当煤（矿）层开采后，采空上方的岩层即发生移动，形成三个不同的破坏带，即“上三带”（图 8-12）。

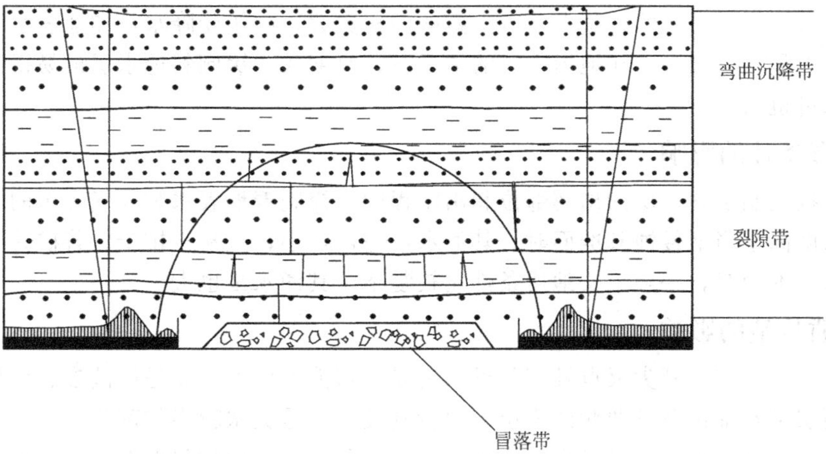

图 8-12　采空区上覆岩层移动示意图

① 冒落带。位于煤层上覆岩层的最下部，紧贴煤层，即通常所说的煤层直接顶板冒落的那部分岩块。冒落带的岩层遭受破坏最为严重，冒落块体大小不一，堆积于采空区。冒落带的下部为不规则冒落部分，岩层已失去原有的层次，堆积杂乱。冒落带的上部为规则冒落部分，岩层呈巨块冒落而失去连续性，但大体上保持原有的层次，覆盖于不规则冒落部分之上。冒落带松散系数比较大，一般可达 1.3～1.5。但经重新压实后，碎胀系数可降到 1.03 左右。

② 裂隙带。位于冒落带之上，一般而言整体上保持原有岩层的层次。裂隙带的裂隙多为开裂（岩层不全部断开），裂隙带底部岩层也可发生断裂（岩层全部断开），但岩层基本上保持连续性。裂隙带的下部裂缝最发育，连通性强，自下而上裂隙发育程度与连通性逐渐减弱。裂隙带具有透水（气）性，由下而上透水性逐渐减弱。当裂隙带达到上部含水层或地表水体时，有可能将水导入井下，引发突水事故。由于裂隙带排列比较整齐，因此碎胀系数较小。

③ 弯曲沉降带。是指从裂隙带顶界面到地表的整个岩系。弯曲带内岩层移动的显著特点是，岩层移动过程的连续性和整体性，即裂隙带顶界面以上至地表的岩层移动是成层地、整体性发生的，在垂直剖面上，其上下各部分的下沉差值很小。

若地表水体或含水层位于冒落带或裂隙带内，将对矿井构成严重威胁。

此外，由于矿山压力或地下的静压力，或两者联合作用等的结果，也可促使坑道底板形成裂隙，这种裂隙可沟通煤（矿）层底板下部含水层、含水断层带及溶洞水，使矿井涌水量增加甚至造成突水事故。

三、影响矿坑涌水量的因素

矿坑充水的水源及通道都是控制和影响矿井充水水量大小的因素。此外，矿床覆盖层的透水性、透水围岩的出露条件、地形条件、含水构造条件和采矿方法等，也是影响矿井充水水量大小的因素。

1. 覆盖层透水性及矿层围岩出露条件的影响

地表水和大气降水能否渗入地下，以及渗入量的多少，与矿层上覆岩层的透水性能及围岩的出露条件有直接关系。覆盖层的透水性能好，补给水量和井下涌水量就大。生产实践证明，矿层上部若分布一定厚度且稳定的弱透水或隔水层，就可有效地阻挡地表水和大气降水的下渗；如果围岩是透水的，其在地表出露的面积愈大，则接受降水量和地表水下渗量就愈大，矿井涌水量也就愈大。在地形平缓的情况下，厚度大的缓倾斜透水层最易得到补给，其井下的涌水量也大。

2. 地形条件的影响

地形直接控制了含水层的出露部位和出露程度，控制着地表水和大气降水的汇集。当矿井的开采深度高于当地侵蚀基准面时，其涌水量通常较小，且易于排干；若矿井开采深度低于当地侵蚀基准面时，一般水文地质条件比较复杂，其涌水量也大。

3. 地质构造的影响

对一条断层而言，其尖灭点及其附近不是以位移消失应力，而是以破裂、变形来消失应力，故在断层端点部位及其两侧的岩层裂隙特别发育，是突水较多的部位。

主干断裂与分支断裂的交叉点应力比较集中，各种断裂面均很发育，岩石破裂，充填和胶结程度较差，尤其是石灰岩中，喀斯特特别发育。故在断层交叉处附近，其进水性强，导水性能好。

断层密度大的地段，不仅应力集中，且多次受应力作用，因而使岩石破碎，裂隙发育，给地下水的赋存和运移创造了良好的条件。

在断层两盘相对运动过程中，由于受边界条件和重力的作用，一般上盘低序次断裂及裂隙较下盘发育，故在断层上盘易发生突水。

四、矿坑水害的防治

通常，防治矿坑水害的措施分为矿井防水和矿井排水两大类。前者是利用各种方法不让水流入矿井中或减少其流量，是一种比较积极的措施；后者则是利用巷道排水沟、水仓、水泵及其他排水管路来排出矿井水，是一种比较消极的措施。矿井防水之所以被认为是一种积极措施，是因为它在许多方面可以解决只靠矿井排水不能解决的问题，同时在经济上更有利。如可以减少矿井涌水量，节约排水费用；为采掘工作创造安全、有利的劳动条件，提高劳动生产率；能防止偶然事故的发生。井下矿坑水的防治主要包括：井下探放水和注浆堵水。

井下探放水是防止水害发生的重要措施，尽管并不能将所有的水害都探明，但必须坚持“有疑必探，先探后掘”的原则。通常在下述情况下，需要超前探水：

① 巷道掘进接近小窑老空区；

② 巷道接近含水断层；

③ 巷道接近或需要穿过强含水层；

④ 上层采空区有积水，在下层进行采掘工作，两层间距小于采厚的40倍或小于掘进巷道高度10倍时；

⑤ 采掘工作面接近各类防水煤柱；

⑥ 采掘工作面有明显出水征兆时。

注浆堵水，是利用注浆技术将制成的浆液压入地层空隙，使其扩张凝固硬化来加固地层并堵截补给水源的通道。注浆堵水的工艺和所用设备比较简单，是防治矿井涌水行之有效的措施，许多矿井经过注浆堵水后，大大减少了涌水量，改善了井下劳动条件。

第五节　不良地质现象对地下工程选址的影响

地下工程是指建筑在地面以下及山体内部的各类建（构）筑物，如地下交通运输用的铁道和公路隧道、地下铁道等，地下工业用房的地下工厂、电站和变电所及地下矿井巷道、地下输水隧洞等；地下储存库房用的地下车库、油库、水库和物资仓库等；地下生活用房的地下商店、影院、医院、住宅等。此外，地下军事工程用的地下指挥所、掩蔽部和各类军事装备库等。这些地下建（构）筑物，它具有隔热、恒温、密闭、防震、隐蔽、不占地面空间等许多优点。因而自古以来被国内外广为采用。由于它被包围于岩土体介质（称围岩）中，会遇到比较复杂的工程地质问题，既要考虑如何防止周围介质对地下工程的不良影响，如围岩塌方、地下水渗漏等，又要考虑如何尽量利用周围介质的有利功能，如把围岩改造成本身的支护结构，发挥围岩的自承能力。由此可见，为确保地下工程的安全和使用，应研究围岩的稳定性和自承能力而出现的地质问题。

下面着重就建洞山体的基本工程地质条件、地下工程总体位置和洞口、洞轴线的选择要求，分别加以分析和讨论。

一、地下工程总体位置的选择

在进行地下工程总体位置选择时，首先要考虑区域稳定性，此项工作的进行主要是向有关部门收集当地的有关地震、区域地质构造史及现代构造运动等资料，进行综合地质分析和评价。特别是对于区域性深大断裂交会处，近期活动断层和现代构造运动较为强烈的地段，尤其要引起注意。

一般认为，具备下列条件是宜于建洞的：

(1) 基本地震烈度一般小于8度，历史上地震烈度及震级不高，无毁灭性地震；

(2) 区域地质构造稳定，工程区无区域性断裂带通过，附近没有发震构造；

(3) 第四纪以来没有明显的构造活动。

区域稳定性问题解决以后，也即地下工程总体位置选定后，进一步就要选择建洞山体，一般认为理想的建洞山体具有以下条件。

(1) 在区域稳定性评价基础上，将硐室选择在安全可靠的地段。

(2) 建洞区构造简单，岩层厚且产状平缓，构造裂隙间距大、组数少，无影响整个山体稳定的断裂带。

(3) 岩体完整，成层稳定，且具有较厚的单一的坚硬或中等坚硬的地层，岩体结构强度不仅能抵抗静力荷载，而且能抵抗冲击荷载。

(4) 地形完整，山体受地表水切割破坏少，没有滑坡、塌方等早期埋藏和近期破坏的地形。无岩溶或岩溶很不发育，山体在满足进洞生产面积的同时，具有较厚的洞体顶板厚度作为防护地层。

(5) 地下水影响小，水质满足建厂要求。

(6) 无有害气体及异常地热。

(7) 其他有关因素，例如与运输、供给、动力源、水源等因素有关的地理位置等。

上述因素实际上往往不能十全十美，应根据具体情况综合考虑。

二、洞口选择的工程地质条件

洞口的工程地质条件，主要是考虑洞口处的地形及岩性、洞口底的标高、洞口的方向等问题。至于洞口数量和位置（平面位置和高程位置）的确定必须根据工程的具体要求，结合所处山体的地形、工程地质及水文地质条件等慎重考虑，因为出入口位置的确定，一般来说，基本上就决定了地下洞室轴线位置和硐室的平面形状。

1. 洞口的地形和地质条件

洞口宜设在山体坡度较大的一面（大于30°），岩层完整，覆盖层较薄，最好设置在岩层裸露的地段，以免切口刷坡时刷方太大，破坏原来的地形地貌。一般来说洞口不宜设在悬崖峭壁之下，免使岩块掉落堵塞洞口。特别是在岩层破碎地带，容易发生山崩和土石塌方，堵塞洞口和交通要道。

2. 洞口底标高的选择

洞口底的标高一般应高于谷底最高洪水位以上0.5～1.0m的位置（千年或百年一遇的洪水位），以免在山洪暴发时，洪水泛滥倒灌流入地下硐室；如若离谷底较近，易聚集泥石流和有害气体，各个洞口的高程不宜相差太大，要注意硐室内部工艺和施工时所要求的坡度，便于各洞口之间的道路联系。

3. 洞口边坡的物理地质现象

在选择洞口位置时，必须将进出口地段的物理地质现象调查清楚。洞口应尽量避开易产生崩塌、剥落和滑坡等地段，或易产生泥石流和雪崩的地区，以免对工程造成不必要的损失。

三、硐室轴线选择的工程地质条件

硐室轴线的选择主要是由地层岩性、岩层产状、地质构造以及水文地质条件等方面综合分析来考虑确定。

1. 布置硐室的岩性要求

硐室工程的布置对岩性的要求是：尽可能使地层岩性均一、层位稳定、整体性强、风化轻微、抗压与抗剪强度较大的岩层中通过。一般说来，凡没有经受剧烈风化及构造运动影响的大多数岩层都适宜修建地下工程。

岩浆岩和变质岩大部分均属于坚硬岩石，如花岗岩、闪长岩、辉长岩、辉绿岩、安山岩、流纹岩、片麻岩、大理岩、石英岩等。在这些岩石组成的岩体内建洞，只要岩石未受风化，且较完整，一般的硐室（地面下不超过200～300m，跨度不超过10m）的岩石强度是不成问题的。也就是说，在这些岩石所组成的岩体内建洞，其围岩的稳定性取决于岩体的构造和风化等方面，而不在于岩性。在变质岩中有部分岩石是属于半坚硬的，如黏土质片岩、绿泥石片岩、千枚岩和泥质板岩等，在这些岩石组成的岩体内建洞容易崩塌，影响硐室的稳定性。

沉积岩的岩性比较复杂。总的来说，比上述两类岩石差。在这类岩石中较坚硬的有岩溶不太发育的石灰岩、硅质胶结的石英砂岩、砾岩等，而岩性较为软弱的有泥质页岩、黏土岩、泥砂质胶结的砂、砾岩和部分凝灰岩等，这些较软弱的岩石往往具有易风化的特性。如前所述的四川红层中的黏土页岩和辽宁某地采得的凝灰岩新鲜岩石。在这类岩体中建洞，施工时围岩容易变形和崩塌，或只有短期的稳定性。

2. 地质构造与硐室轴线的关系

硐室轴线的位置确定，纯粹根据岩性好坏往往是不够的。通常与岩体所处的地质构造的复杂程度有着密切的关系。在修建地下工程时，岩层的产状及成层条件对硐室的稳定性有很大影响，尤其是岩层的层次多、层薄或夹有极薄层的易滑动的软弱岩层时，对修建地下工程很不利。

当岩层裂隙或极少裂隙的倾角平缓的地层中压力分布情况是：垂直压力大，侧压力小。相反，岩层倾角陡，则垂直压力小，而侧压力增大。

下面进一步分析有关硐室轴线与岩层产状要素以及与地质构造的关系。

(1) 当硐室轴线平行于岩层走向时、根据岩层产状要素和厚度不同大体有如下三种情况。

① 在水平岩层中（岩层倾角$<5^\circ \sim 10^\circ$），若岩层薄，彼此之间联结性差，又属不同性质的岩层，在开挖硐室（特别是大跨度的硐室）时，常常发生塌顶，因为此时硐顶岩层的作用如同过梁，它很容易由于层间的拉应力到达极限强度而导致破坏。如果水平岩层具有各个方向的裂隙，则常常造成硐室大面积的坍塌。因此，在选择硐室位置时，最好选在层间联结紧密、厚度大（即大于硐室高度二倍以上者）、不透水、裂隙不发育，又无断裂破碎带的水平岩体部位，这样对于修建硐室是有利的（图 8-13）。

② 在倾斜岩层中，一般说来是不利的，因为此时岩层完全被硐室切割，若岩层间缺乏紧密联结，又有几组裂隙切割，则在硐室两侧边墙所受的侧压力不一致，容易造成硐室边墙的变形（图 8-14）。

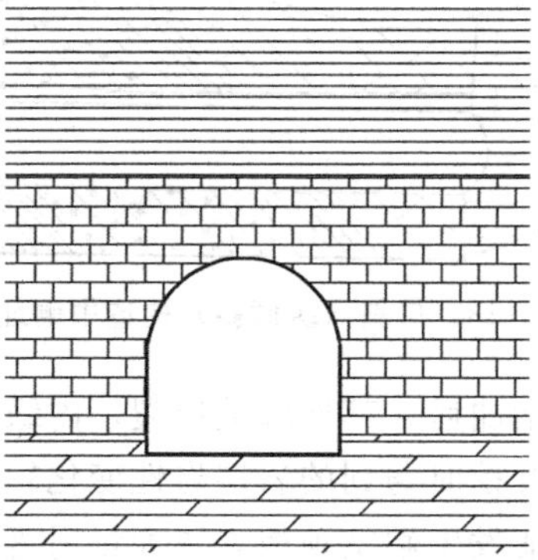

图 8-13　水平岩层中硐址

1—页岩；2—石灰岩；3—泥灰岩

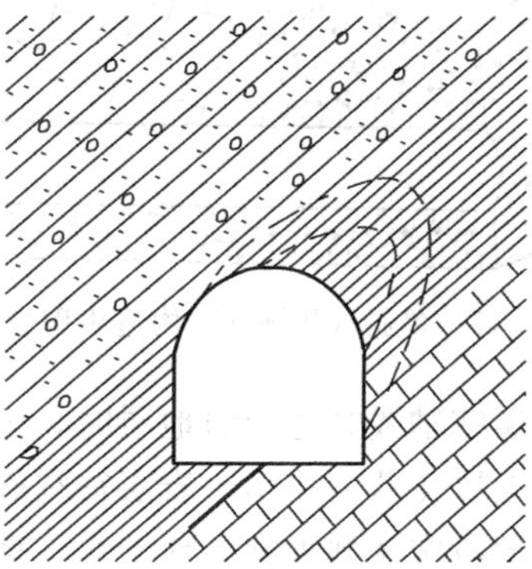

图 8-14　倾斜岩层中硐址

1—砂页岩；2—页岩；3—石灰岩

③ 在近似直立的岩层中，与上述倾斜岩层出现类似的动力地质现象，在这种情况下，最好限制硐室同时开挖的长度，而应采取分段开挖。若整个硐室位置处在厚层、坚硬、致密、裂隙又不发育的完整岩体内，其岩层厚度大于硐室跨度一倍或更大者，则情况例外。但

一定要注意不能把硐室选在软硬岩层的分界线上（图 8-15）。特别要注意不能将硐室置于直立岩层厚度与硐室跨度相等或小于跨度的地层内（图 8-16）。因为地层岩性不一样，在地下水作用下更易促使洞顶岩层向下滑动，破坏硐室，并给施工造成困难。

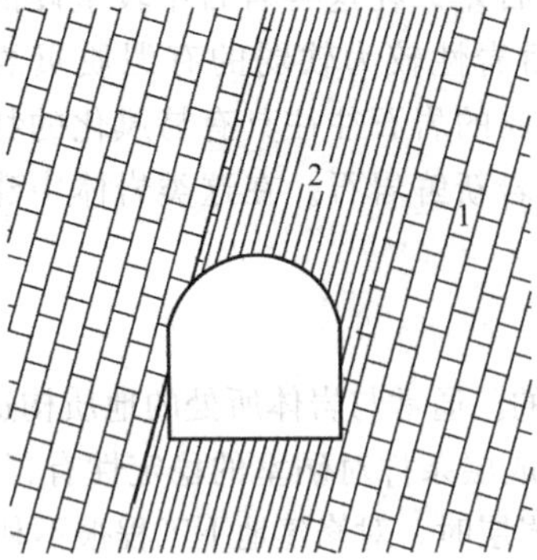

图 8-15 陡立岩层中硐址

1—石灰岩；2—页岩

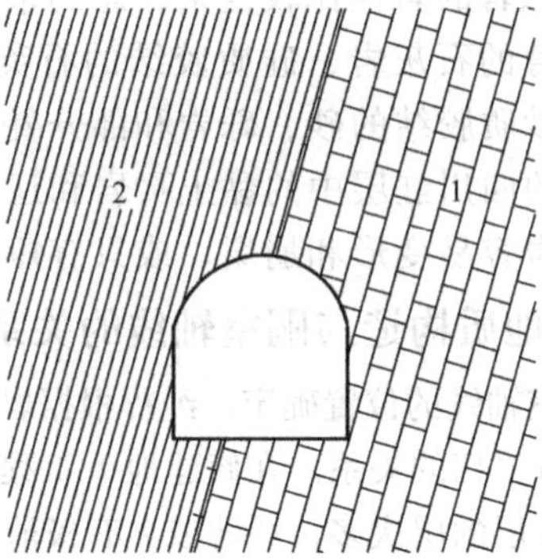

图 8-16 陡立岩层岩性分界面处硐址

1—石灰岩；2—页岩

(2) 当硐室轴线与岩层走向垂直正交时，为较好的硐室布置方案。因为在这种情况下，当开始导硐时，由于导硐顶部岩石应力再分布，断面形成一抛物线形的自然拱，因而由于岩层被开挖对岩体稳定性的削弱要小得多，其影响程度取决于岩层倾角大小和岩性的均一性。

① 当岩层倾角较陡，各岩层可不需依靠相互间的内聚力联结而能完全稳定。因此，若岩性均一，结构致密，各岩层间联结紧密，节理裂隙不发育，在这些岩层中开挖地下工程最好（图 8-17）。

② 当岩层倾角较平缓，硐室轴线与岩层倾斜的夹角较小，若岩性又属于非均质的、垂直或斜交层面节理裂隙又发育时，在洞顶就容易发生局部石块坍落现象，洞室顶部常出现阶梯形特征（图 8-18）。

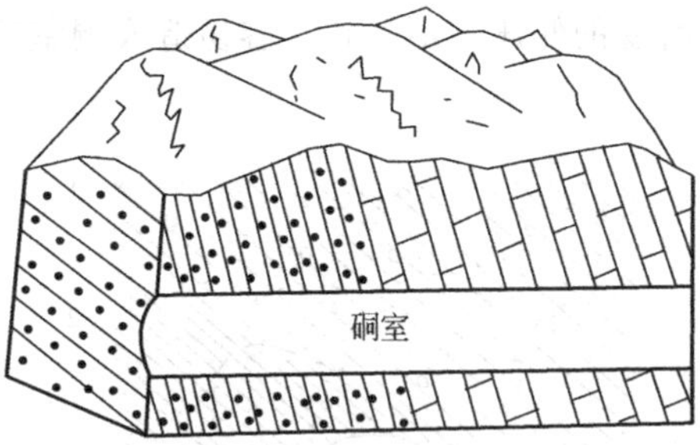

图 8-17 单斜（陡倾立）构造中硐址

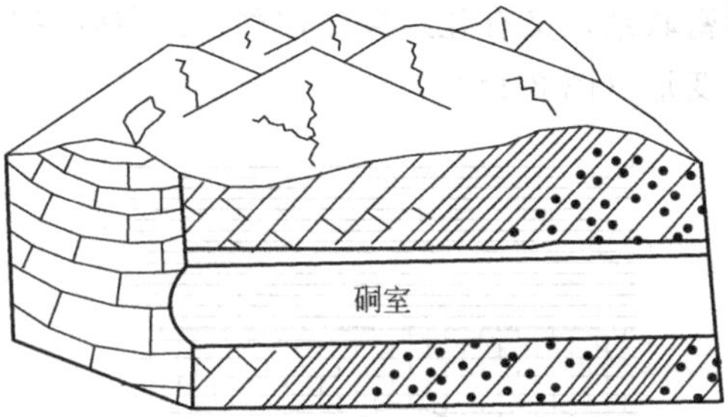

图 8-18 单斜（缓倾斜）构造中硐址

(3) 硐室轴线穿过褶曲地层时，由于地层受到强烈褶曲后，其外缘被拉裂，内缘被挤压破碎，加上风化营力作用，岩层往往破碎厉害。因而在开挖时遇到的岩层岩性变化较大，有时在某些地段常遇到大量的地下水，而在另一些地段可能发生硐室顶板岩块大量坍落。一般硐室轴线穿越褶曲地层时可遇到以下几种情况。

① 硐室横穿向斜层。在向斜的轴部有时可遇到大量地下水的威胁和硐室顶板岩块崩落的危险。因轴部的岩层遭到挤压破碎常呈上窄下宽的楔形石块（图 8-19），组成倒拱形，因而使其轴部岩层压力增加，硐顶岩块最容易突然地坍落到硐室。另外，由于轴部岩层破碎又弯曲呈盆形，在这些地带往往是自流水储存的场所。若当硐室开挖在多孔隙的岩层中，在高

压力下，大量的地下水将突然涌入硐室；如果所处岩层是属致密的坚硬岩石，则承压状态的地下水将出现于许多节理中，对硐室围岩稳定和施工将会造成很大的威胁（图 8-20）。

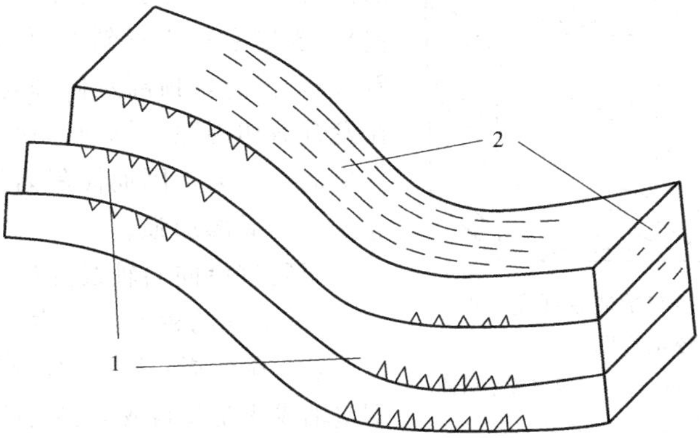

图 8-19　褶曲构造中裂隙的分布

1—张开裂隙；2—剪切裂隙

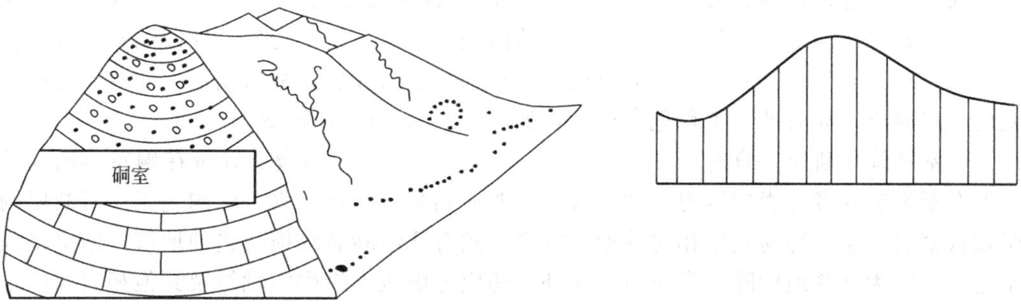

图 8-20　向斜地段硐室轴线上压力强度分布示意图

② 硐室轴线横穿背斜层。由于背斜呈上拱形，虽岩层被破碎，然犹如石砌的拱形结构，能很好地将上覆岩层的荷重传递到两侧岩体中去。因而地层压力既小又较少发生硐室顶部坍塌的事故。但是应注意若岩层受到剧烈的动力作用被压碎，则顶板破碎岩层容易产生小规模掉块。因此，当硐室穿过背斜层也必须进行支撑和衬砌（图 8-21）。

③ 当硐室轴线与褶曲轴线重合时，也可有几种不同情况。

当硐室穿过背斜轴部时，从顶部压力来看，可以认为比通过向斜轴部优越，因为在背斜

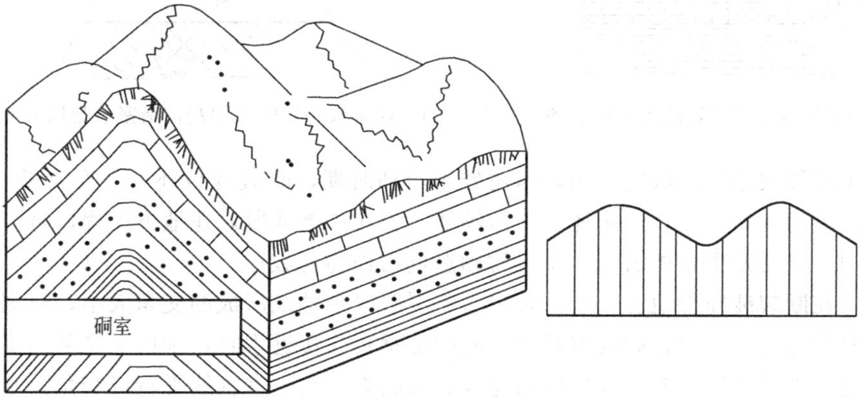

图 8-21　背斜地段硐室轴线上压力强度分布示意图

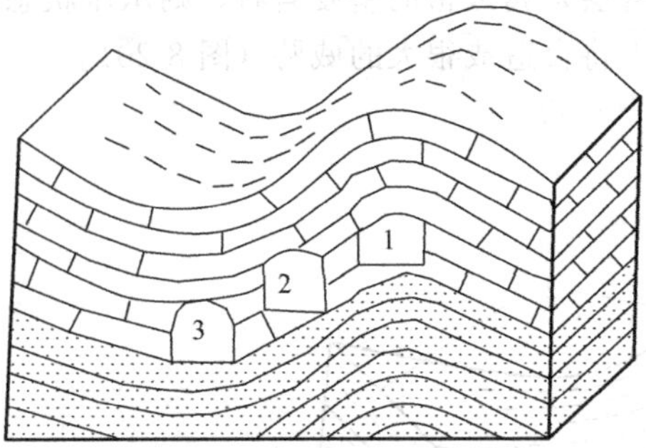

图 8-22 当硐室轴线与褶曲轴线重合时位置比较示意图

1—硐室轴线与背斜轴线重合；2—硐室置于褶曲之翼部；3—硐室轴线与向斜轴线重合

轴部形成了自然拱圈。但是另一方面，背斜轴部的岩层处于张力带，遭受过强烈的破坏，故在轴部设置硐室一般是不利的（图 8-22 中的 1 号硐室）。当硐室置于背斜的翼部（图 8-22 中的 2 号硐室），此时，顶部及侧部均处于受剪切力状态，在发育剪切裂隙的同时，由于地下水的存在，将产生动水压力，因而倾斜岩层可能产生滑动而引起压力的局部加强。

当硐室沿向斜轴线开挖（图 8-22 中的 3 号硐室），对工程的稳定性极为不利，应另选位置。

若必须在褶曲岩层地段修建地下工程，可以将硐室轴线选在背斜或向斜的两翼，这时硐室的侧压力增加，在结构设计时应慎重分析，采取加固措施。

④ 在断裂破碎带地区硐室位置的布置，应特别慎重。一般情况下，应避免硐室轴线沿断层带的轴线布置，特别在较宽的破碎带地段，当破碎带中的泥砂及碎石等尚未胶结成岩时，一般不允许建筑硐室工程，因为断层带的两侧岩层容易发生变位，导致硐室的毁坏；断层带中之岩石又多为破碎的岩块及泥土充填，且未被胶结成岩，最易崩落，同时亦是地表水渗漏的良好通道，故对地下工程危害极大，如图 8-23 中的 1 号硐室。

当硐室轴线与断层垂直时（图 8-23 中的 2 号硐室），虽然断裂破碎带在硐室内属局部地段，但在断裂破碎带处岩层压力增加，有时还能遇到高压的地下水，影响施工。若断层两侧为坚硬致密的岩层，容易发生相对移动。特别遇到有几组断裂纵横交错的地段，硐室轴线应尽量避开。因为这些地段除本身压力增高外，还应考虑压力沿硐室轴线及其他相应方向重新分布，这是由几组断裂切割形成的上大下小的楔形山体可能将其自重传给相邻的山体，而使这些部位的地层压力增加（图 8-24）。

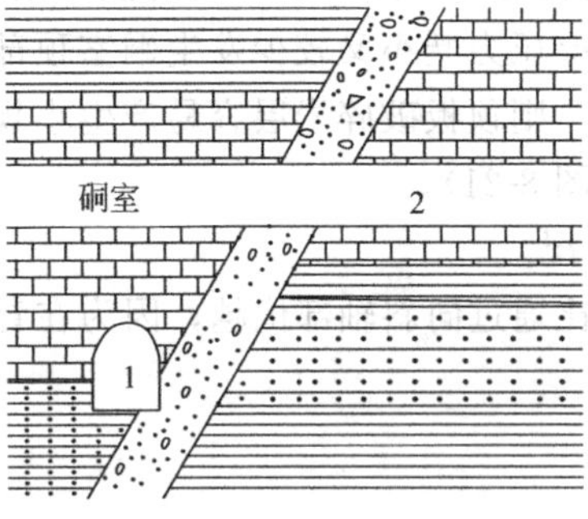

图 8-23 硐室轴线与断层轴线关系示意图

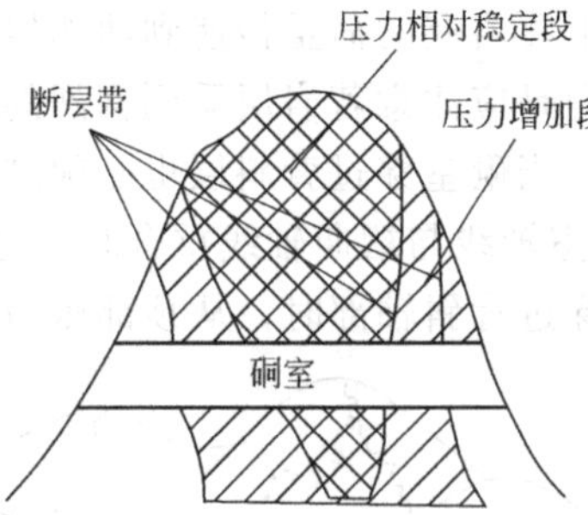

图 8-24 硐室被几组断裂切割，硐室承受压力不同示意图

在新生断裂或地震区域的断裂，因还处于活动时期，断裂变位还在复杂地持续过程中，这些地段是不稳定的，不宜选作地下工程场地。若在这类地段修建地下工程，将会遇到巨大的岩层压力，且易发生岩体坍塌、压裂衬砌造成结构物的破坏。

总之，在断裂破碎带地区，硐室轴线与断裂破碎带轴线所成的交角大小，对硐室稳定及施工的难易程度关系很大。如硐室轴线与断裂带垂直或接近垂直，则所需穿越的不稳定地段较短，仅是断裂带及其影响范围岩体的宽度；若断裂带与硐室轴线平行或交角甚小，则硐室不稳定地段增长，并将发生不对称的侧向岩层压力。

第六节 不良地质现象对道路选线的影响

道路是以线型工程的特点而展布的，它的工程是由三类建筑物组成的：路基工程（路堤和路堑）、桥隧工程（桥梁、隧道、涵洞等）和防护建筑物（明洞、挡土墙、护坡排水盲沟等）。由于线路往往要穿过许多地质条件复杂的地区和不同的地貌单元，特别是在山区线路中往往遇到滑坡、崩塌、泥石流和岩溶等的不良地质现象，并成为对线路工程的主要威胁，从而增加了道路结构的复杂化。为此，在道路选线中对不良地质现象的合理处置是一个重要的关键问题。

一、地质构造对路基工程的影响

路基边坡包括天然边坡，傍山线路的半填半挖路基边坡以及深路堑的人工边坡等。

任何边坡都具有一定坡度和高度，在重力作用下，边坡岩土体均处于一定的应力状态，在河流冲刷或工程影响下，随着边坡高度的增长和坡度的增大，其中应力也不断变化，导致边坡不断发生变形或沿着软弱夹层和结构面而破坏，以致发生滑坡、崩塌等不良地质现象。

土质边坡的变形主要决定于土的矿物成分，特别是亲水性强的黏土矿物及其含量，在路基边坡或路堑的边坡中，在雨水作用下，必然加速边坡的变形或土体滑动。

岩质边坡的变形主要决定于岩体中各软弱结构面的性质及其组合关系，它对边坡的变形和破坏起着控制作用、在天然或人工边坡形成临空面的条件下，当边坡岩体具备了临空面、切割面和滑动或破裂面三个基本条件时，岩质边坡就会变形而发生滑坡、崩塌等不良地质现象。因而在路基选线时需注意如下的地质构造影响。

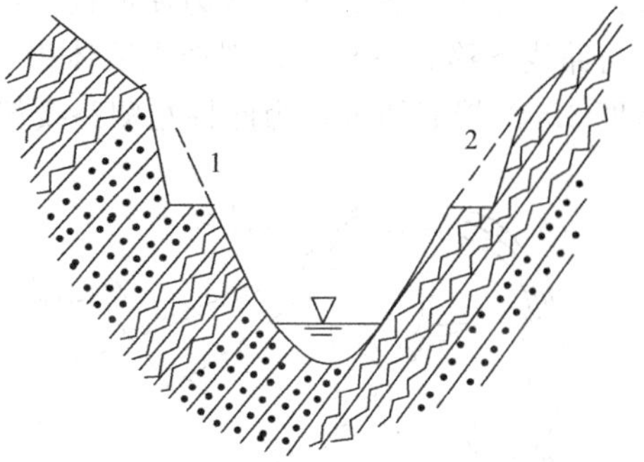

图 8-25 单斜谷的路线选择

1—有利情况；2—不利情况

(1) 在单斜谷中，路线应选择在岩层倾向背向山坡的一岸（图 8-25）。

(2) 在断裂谷中，两岸山坡岩层破碎，裂隙发育，对路基稳定很不利，如不能避免沿断层裂谷布线时，应仔细比较两岸边坡岩层的岩性、倾向和裂隙组合情况，选择边坡相对稳定性大的一岸。

(3) 在岩层褶皱的边坡中，当路线方向与岩层走向大致平行时，则应注意岩层倾向与边坡的关系。为向斜构造时，向斜山两侧边坡对路基稳定有利［图 8-26(a)］；如为背斜

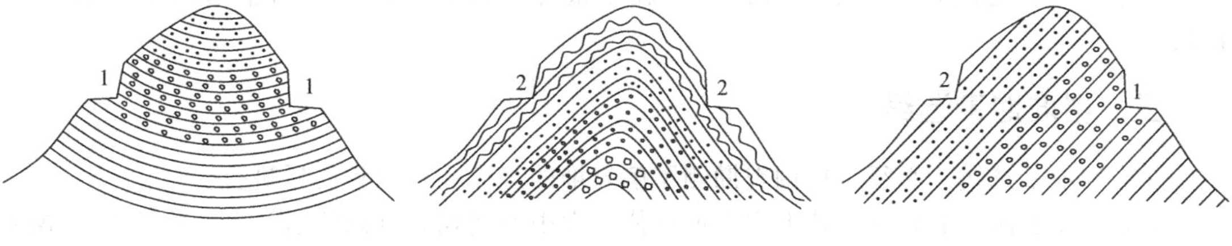

(a) 向斜山　　(b) 背斜山　　(c) 单斜山

图 8-26 山坡岩层地质构造的影响

1—有利情况；2—不利情况

山时，则两侧边坡对路基稳定不利［图 8-26(b)］；如为单斜山时，则两侧边坡的稳定性条件就不同，背向岩层倾向的山坡对路基稳定性有利，顺向岩层倾向的一侧山坡就相对的不利［图 8-26(c)］。

二、滑坡地带选线

通过滑坡地带调查和勘探，了解了滑坡的滑体规模、稳定状态和影响滑坡稳定的各种因素之后，就可以确定路线是否通过滑坡。

对于小型滑坡（滑坡体积一般小于 $1\times10^4m^3$，或滑面最大埋深小于 5m、滑坡分布面积小于 $2500m^2$)，路线一般不必绕避。可根据滑动原因，采取调治地表水与地下水、清方、支挡等工程措施进行处理，并注意防止其进一步发展（图 8-27)。

对于中型滑坡（滑坡体积约为 $1\times10^4\sim10\times10^4m^3$，或滑面最大埋深 5～20m、滑坡分布面积约 $2500\sim8000m^2$)，路线一般可以考虑通过。但需慎重考虑滑坡的稳定性，注意调整路线平面位置，选择较有利部位通过，并采取相应的综合工程处理措施。路线通过滑坡的位置，一般以滑坡上缘或下缘比滑坡中部好。滑坡下缘的路基宜设计成路堤型式以增加抗滑力；上缘路基宜设计成路堑式，以减轻滑体重量；滑坡上的路基均应避免大填、大挖，以防止产生路堤或路堑边坡失稳现象。

如图 8-28 为一中小型滑坡地带，路线原定线为直线通过滑坡体下缘，由于左侧滑坡体较大，经过力学计算其下滑力使所设计的挡土墙都难以保证墙的滑动稳定性和倾覆稳定性。若将路线下移 50～80m，则挡土墙体积减小，稳定性也可保证；对于右侧滑坡体，设置一段高度 3m 的挡墙即可；为此将左侧路线偏移以一大的平曲线通过滑坡体下方。

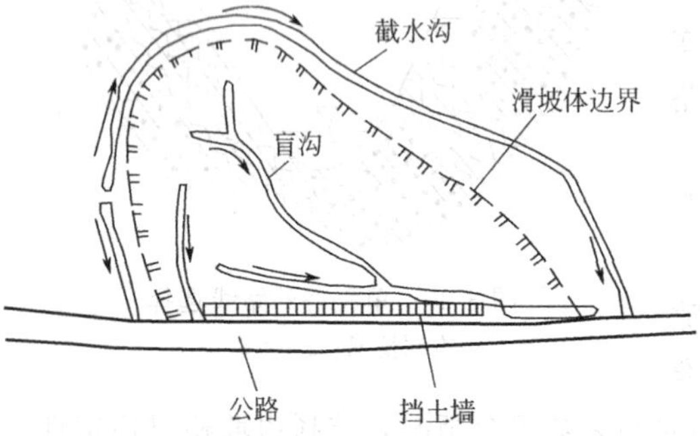

图 8-27　用排水和支挡处理小型滑坡

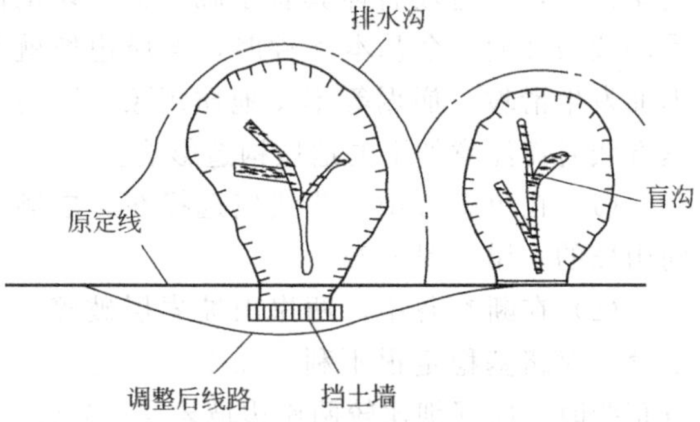

图 8-28　调整路线平面位置

对于大型滑坡（体积大于 $10\times10^4m^2$，或滑面最大埋深大于 20m，滑坡分布面积大于 $8000m^2$)，路线应首先考虑绕避方案。如绕避困难或路线增长过多时，应结合滑坡稳定程度、道路等级和处理难易程度，从经济与施工条件等方面做出绕避与整治两个方案进行比较。

三、岩堆地带选线

在岩堆地带选线，必须是在调查勘测了解岩堆的规模和稳定程度后进行。

对处于发展阶段的岩堆，若上方山坡可能有大中型崩塌，则以绕避为宜。将路线及早提坡，让路线从岩堆上方山坡稳定的地带通过是一种可行的方案；如系沿溪线，有时需将路线转移到对岸，避开岩堆后再返回原岸，此时需建两桥，建桥绕行的费用和不避开而用工程措施处理的费用对比结果可为方案选择提供依据。

对趋于稳定的岩堆，路线可不必避让。如地形条件允许，路线宜在岩堆坡脚以外适当距离以路堤通过；如受地形限制，也可在岩堆下部以路堤通过。

对稳定的岩堆，路线可选择在适当位置以低路堤或浅路堑通过。路堤设置在岩堆体上部不利于稳定，因此路线应定在岩堆下部较合适（图 8-29）。设计路堑，则要将岩堆体本身的稳定性和边坡稳定性都考虑，如图 8-30 所示，方案Ⅲ的断面是不稳定的，因岩堆上方剩余土体容易向下坍塌，方案Ⅰ则比较稳定。岩堆中路堑边坡宜取与岩堆天然安息角相应的坡度。

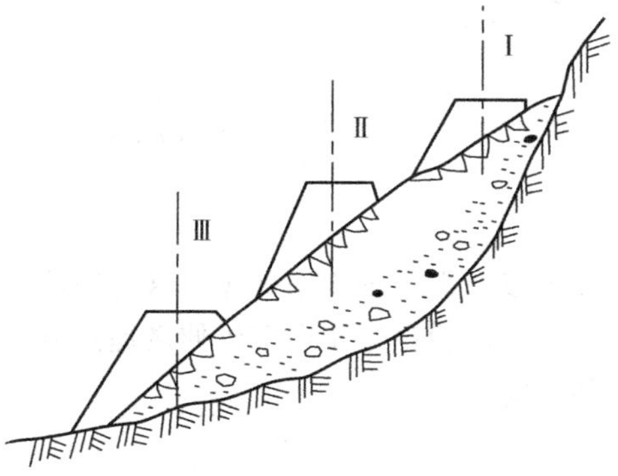

图 8-29　岩堆上路堤方案

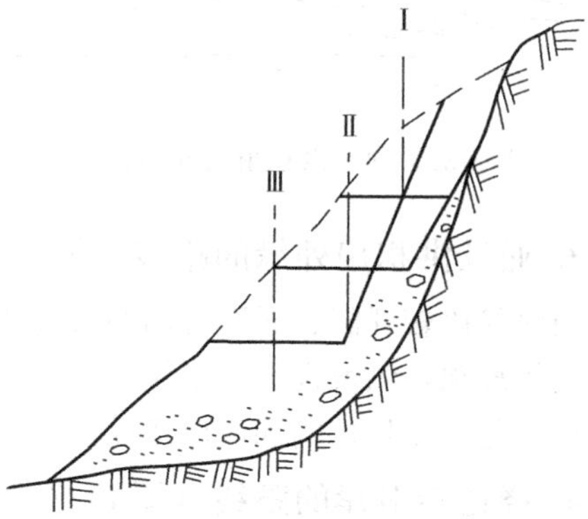

图 8-30　路堑方案

当岩堆床坡度较陡时，不宜在岩堆中、上部设计高填土路堤与高挡土墙，因额外增加很大荷重，易引起岩堆整体滑动或沿基底下的黏性土夹层滑动，因而只能采用低填、浅挖、半填半挖与低挡土墙方案。

四、泥石流地段选线

在泥石流地段选线，要根据泥石流的规模大小、活动规律、处治难易、路线等级和使用性质，分析路线的布局。一般有下列几种布线方式。

1. 通过流通区的路线（图 8-31）

流通区地段一般常为槽形，沟壁比较稳定，沟床一般不淤积，以单孔桥跨比较容易，也不受泥石流暴发的威胁。但这种方案平面线形可能较差，纵坡较大，沟口两侧路堑边坡容易发生塌方、滑坡。因为沿河线一般标高低，爬上跨沟处可能高差较大而需展线进沟时，线形技术指标有可能降低。此外，还应当考虑目前的流通区，有无转化为形成区的可能。

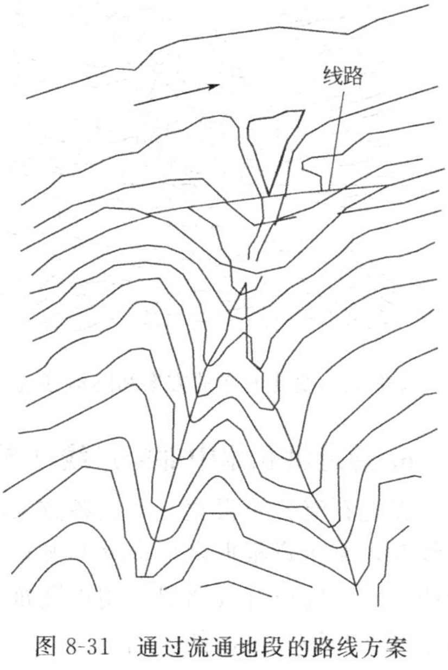

图 8-31　通过流通地段的路线方案

2. 通过洪积扇顶部的路线（图 8-32）

如洪积扇顶沟床比较稳定、冲淤变化较小，而两侧有较高台地连接路线，则在洪积扇顶部布线是比较理想的方案。应尽可能使路线靠近流通地段，调查扇顶附近路基和引道有无不稳定问题和变为堆积地段的可能性。

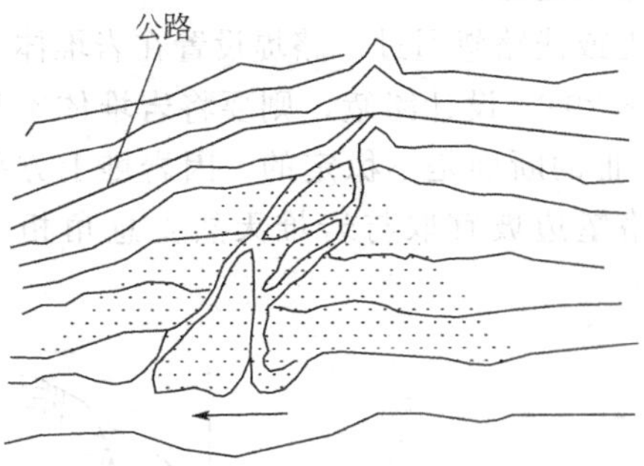

图 8-32 通过洪积扇顶部的方案

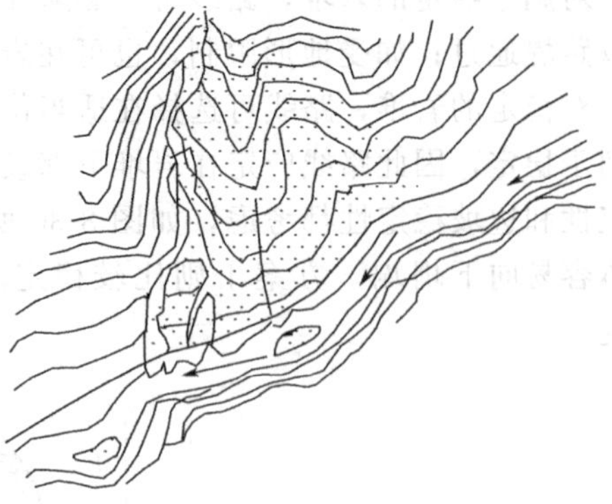

图 8-33 通过洪积扇外缘的方案

3. 通过洪积扇外缘的路线（图 8-33）

当河谷比较开阔、泥石流沟距大河较远时，路线可以考虑走洪积扇外缘。这种路线线形一般比较舒顺，纵坡也比较平缓。但可能存在以下问题：洪积扇逐年向下延伸淤埋路基；大河水位变化；岸坡冲刷和河床摆动、路基有遭水毁的可能。

4. 绕道走对岸的路线（图 8-34）

当泥石流规模较大，洪积扇已发展到大河边，整治困难，外缘布线不可能，将路线提高进沟至流通区或顶部跨过也不可能，则宜将路线用两桥绕走对岸。显然，这一方案工程量大。在采用这一方案时，还要勘测对岸有无地质问题，设线是否可能。

5. 用隧道穿过洪积扇的方案（图 8-34）

当绕走对岸也存在较大困难，如对岸地质不稳定，桥址条件差，桥头引线标准太低，两桥工程费用太大等等，可考虑用隧道通过洪积扇的方案。这一方案，平纵线形都比较好，不受泥石流发展的威胁，但造价较高。

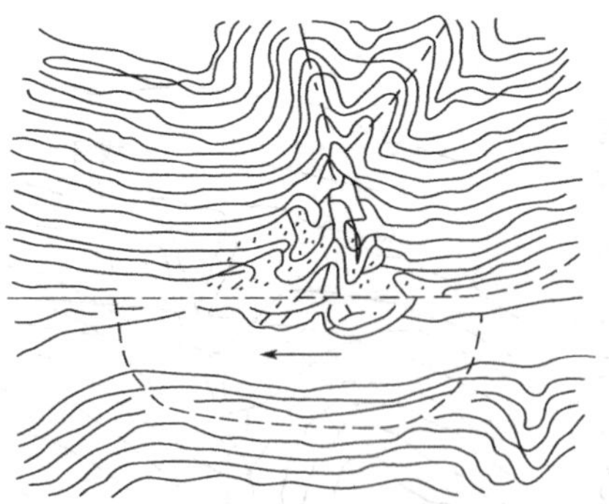

图 8-34 绕走对岸的方案和隧道穿过方案

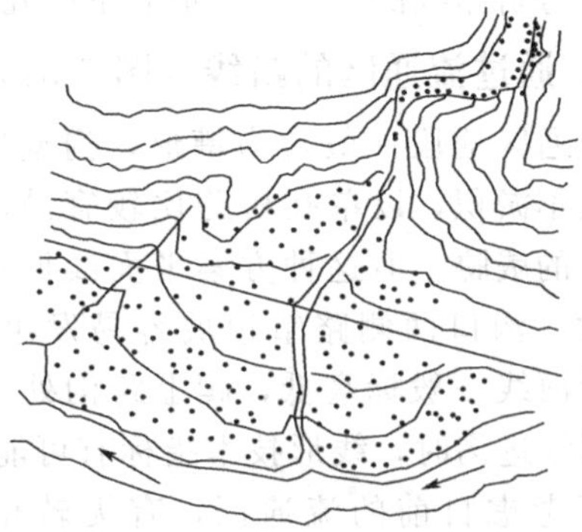

图 8-35 通过洪积扇中部方案

6. 通过洪积扇中部的路线（图 8-35）

在泥石流分布很宽，上述各方案实现有困难时，可考虑采用从洪积扇中部退过的方案。布线时，要注意根据洪积扇处的淤积速度，冲淤变化、沟槽稳定程度，拟定路线通过的防护措施；一般应设计成路堤，用单孔桥通过，而不宜用路堑；要预留一定设计标高，以免受到回水影响和河床淤高的影响。

五、岩溶地带选线

岩溶地带广泛发育有溶沟、漏斗、槽谷、落水洞、竖井、溶洞、暗河等的不良地质现象，这些现象对修筑道路会发生如下问题。

(1) 由于地下岩溶水的活动，或因地面水的消水洞穴被阻塞，导致路基基底冒水和水泡路基；

(2) 由于地下洞穴顶板的坍塌，引起位于其上的路基及其附属构造物发生塌陷、下沉或开裂；

(3) 由于洞穴或暗河的发展，使其上边坡丧失稳定，因而在岩溶地带选线对岩溶发育的程度和岩溶的空间分布规律以及今后岩溶发展的方向将要调查清楚，以便选取既能避开岩溶灾害或降低岩溶程度的影响、又能合理布局的线路。

岩溶地带的选线原则。

(1) 尽可能将线路选择在较难溶解的岩层（如泥灰岩、矿质灰岩等）上通过。

(2) 在无难溶岩的岩溶发育区，尽量选择地表覆盖层厚度大、洞穴已被充填或岩溶发育相对微弱的地段，以最短线路通过。对于线路要在质纯的中厚层易溶岩层上通过，则要进行溶洞暗河等的发育程度和顶板稳定性分析，以便采取技术措施，合理地确定线路位置。

(3) 尽可能避开构造破碎带、断层、裂隙密集带，这些构造破碎带一般都有良好的岩溶水交替条件，使岩溶易于发育，若要通过这些构造带，应使线路与主要构造线呈大角度相交。

(4) 应避开可溶岩层与非可溶岩层的接触带，特别是与不透水层的接触带，以及低地、盆地和低台地等岩溶易发育地带，应把线路选在陷穴极少的分水岭和高台地上。

重要术语

1. 滑坡　2. 崩塌　3. 泥石流　4. 矿坑突水　5. 矿坑水害

复习思考题

1. 滑坡如何分类？
2. 滑坡的形成条件有哪些？
3. 滑坡发育有哪三个阶段，各有什么特征？
4. 滑坡的工程地质评价方法有哪些？
5. 论述滑坡的防治原则和防治措施。
6. 崩塌的防治措施有哪些？
7. 滑坡与崩塌的区别有哪些？
8. 绘制泥石流流域分区示意图。
9. 论述泥石流的形成条件。
10. 泥石流有哪些特征？
11. 泥石流如何分类？
12. 泥石流的防治措施有哪些？
13. 岩溶的发育条件有哪些？
14. 岩溶的分布规律如何？
15. 岩溶的类型有哪些？

16. 岩溶的防治措施有哪些?
17. 土洞如何形成?
18. 如何处理土洞?
19. 矿坑充水水源有哪些?
20. 矿坑充水通道有哪些?
21. 何为“上三带”?
22. 影响矿坑涌水量的因素有哪些?
23. 矿坑水害的防治措施有哪些?
24. 地下工程总体位置和轴线的选择应注意哪些工程地质问题?
25. 地质构造、滑坡、岩堆、泥石流、岩溶等地带对道路选线有何影响?

第九章　岩土工程地质勘察

第一节　工程地质勘察

一、概述

1. 工程地质勘察的目的和任务

在城市规划、工业与民用建筑、交通、水利及市政工程等基本建设的设计和施工开始之前，通常都要先进行工程地质勘察，查明建筑地区的工程地质条件，分析存在的工程地质问题，对拟建场地做出工程地质评价。以工程地质评价为依据，力求制定出技术先进、经济合理和社会效益显著的设计和施工方案，避免因工程的兴建致使地质环境恶化、地质灾害发生，达到合理利用和保护自然环境的目的。

工程地质勘察是工程建设的前期工作，是运用地质、工程地质及相关学科的理论知识和相应技术方法，在工程建筑场地及其附近进行调查研究，为工程建设的正确规划、设计、施工等提供可靠的地质资料，以保证工程建筑物的安全稳定、经济合理和正常使用。由此可见，对于各项工程建设来说，工程地质勘察工作是十分重要的，其任务具体可归纳为以下几个方面。

(1) 查明建筑地区的工程地质条件，指出有利和不利条件。阐明工程地质条件即原生工程地质环境的特征及其形成过程和控制因素。

(2) 分析研究与建筑有关的工程地质问题，作出定性与定量评价，为工程建筑的设计、施工提供可靠的地质依据。

(3) 选出工程地质条件优越的工程建筑场地。正确选定工程建筑地点是工程规划、设计中的一项根本任务。如果所选场地能较为充分地利用有利的工程地质条件，避开不利工程地质条件，工程建设将会取得较好的经济效益。

(4) 配合建筑物的设计与施工，提出关于建筑物类型、结构、规模和施工方法的建议；建筑物的类型与规模应当与建筑场地的工程地质条件相适应，这样才能确保设计方案的科学合理性。施工方法只有根据地质条件的特点来制定，才能保证顺利施工，这一任务应与场地选择结合进行。

(5) 为拟定改善和防治不良地质现象的措施提供地质依据。虽然拟定和设计处理措施是设计和施工方面的工作，但只有在阐明不良地质条件的性质、涉及范围以及正确评定有关程地质问题严重程度的基础上，才能拟定出合适的方案措施。

(6) 预测工程兴建后对地质环境造成的影响，制定保护地质环境的措施。人类工程兴建的经济活动取得了利用地质环境、改造地质环境为人类谋福利的巨大效益，然而也产生了一系列不利于人类生存与发展的环境地质问题，这将影响到环境保护和社会的可持续发展。

2. 工程地质勘察等级划分

工程地质勘察总的原则是为工程建设服务，因此勘察工作必须结合具体建（构）筑物的类型、使用要求和特点以及当地的自然条件、环境来进行，同时还要与工程地质勘察的等级相适应。针对不同的勘察等级，各个勘察阶段的工作内容、方法以及详细程度和技术要求存在一定的差异性。

工程地质等级的划分是根据工程重要性、场地复杂程度及地基复杂程度三个方面的因素综合确定的。

(1) 根据工程重要性的划分　根据工程的规模和特征以及工程破坏或影响正常使用所产生的后果，将岩土工程重要性分为三个重要性等级，如表 9-1 所示。从工程勘察的角度，岩土工程重要性等级划分主要考虑工程规模大小、特点以及由于工程地质问题而造成破坏或影响正常使用时所引起后果的严重程度。由于涉及各行各业，如：房屋建筑、地下硐室、线路、电厂等工业或民用建筑以及废弃物处理工程、核电工程等不同工程类型，因此很难作出一个统一具体的划分标准，但就住宅和一般公用建筑为例，30 层以上可定为一级，7～30 层可定为二级，6 层及 6 层以下可定为三级。

表 9-1　岩土工程重要性等级划分表

岩土工程重要性等级	工程性质	破坏后引起的后果
一级工程	重要工程	很严重
二级工程	一般工程	严重
三级工程	次要工程	不严重

(2) 根据场地复杂程度划分　根据场地的复杂程度，场地等级可按规定分为三个等级，如表 9-2 所示。

表 9-2　场地等级（复杂程度）划分表

<table>
<tr><th>场地等级</th><th>特征条件</th><th>条件满足方式</th></tr>
<tr><td rowspan="5">一级场地
（复杂场地）</td><td>对建筑抗震危险的地段</td><td rowspan="5">满足其中一条及以上者</td></tr>
<tr><td>不良地质作用强烈发育</td></tr>
<tr><td>地质环境已经或可能受到强烈破坏</td></tr>
<tr><td>地形地貌复杂</td></tr>
<tr><td>有影响工程的多层地下水、岩溶裂隙水或其他复杂的水文地质条件，需专门研究的场地</td></tr>
<tr><td rowspan="4">二级场地
（中等复杂场地）</td><td>对建筑抗震不利的地段</td><td rowspan="4">满足其中一条及以上者</td></tr>
<tr><td>不良地质作用一般发育地质；环境已经或可能受到一般破坏</td></tr>
<tr><td>地形地貌较复杂</td></tr>
<tr><td>基础位于地下水位以下的场地</td></tr>
</table>

续表

场地等级	特征条件	条件满足方式
三级场地 （简单场地）	抗震设防烈度等于或小于5度，或对建筑抗震有利的地段	满足全部条件
	不良地质作用不发育	
	地质环境基本未受破坏	
	地形地貌简单	
	地下水对工程无影响	

注：1. 不良地质作用强烈发育，是指存在泥石流沟谷、崩塌、滑坡、土洞、塌陷、岸边冲刷、地下水强烈潜蚀等极不稳定的场地、这些不良地质作用直接威胁着工程安全；

2. 不良地质作用一般发育，是指虽有上述不良地质作用，但并不十分强烈，对工程安全影响不严重；

3. 地质环境受到强烈破坏，是指人为因素引起的地下采空、地面沉降、地裂缝、化学污染、水位上升等因素已对工程安全或其正常使用构成直接威胁，如出现地下浅层采空、横跨地裂缝、地下水位上升以至发生沼泽化等情况；

4. 地质环境受到一般破坏，是指虽有上述情况存在，但并不会直接影响到工程安全及正常使用。

（3）根据地基复杂程度划分　根据地基复杂程度，地基等级可按规定分为三个等级，见表9-3。

表9-3　地基（复杂程度）等级划分表

地基等级	特征条件	条件满足方式
一级地基 （复杂地基）	岩土种类多，很不均匀，性质变化大，需特殊处理	满足其中一条及以上者
	多年冻土，严重湿陷、膨胀、盐渍、污染的特殊性岩土，以及其他情况复杂，需作专门处理的岩土	
二级地基 （中等复杂地基）	岩土种类较多，不均匀，性质变化较大	满足其中一条及以上者
	除一级地基中规定的其他特殊性岩土	
三级地基 （简单地基）	岩土种类单一，均匀，性质变化不大	满足全部条件
	无特殊性岩土	

注："严重湿陷、膨胀、盐渍、污染的特殊性岩土"是指自重湿陷性土、三级非自重湿陷性土、三级膨胀性土等。

需要补充说明的是，对于场地复杂程度及地基复杂程度的等级划分，应从第一级开始，向第二、第三级推进，以最先满足者为准。此外场地复杂程度划分中的对建筑物有利、不利和危险地段的区分标准，应按国家标准《建筑抗震设计规范》的有关规定执行。

（4）工程地质勘察等级划分　在按照上述标准确定了工程的重要性等级、场地复杂程度等级以及地基复杂程度等级之后，就可以进行工程地质勘察等级的划分了，具体划分标准见表9-4。

表9-4　工程地质勘察等级划分表

工程地质勘察等级	划分标准
甲级	在工程重要性、场地复杂程度和地基复杂程度等级中，有一项或多项为一级
乙级	除勘察等级为甲级和丙级以外的勘察项目
丙级	工程重要性、场地复杂程度和地基复杂程度等级均为三级的

注：建筑在岩质地基上的一级工程，当场地复杂程度及地基复杂程度均为三级时，岩土工程勘察等级可定为乙级。

二、工程地质勘察方法

为顺利实现工程地质勘察的目的、要求和内容，提高勘察成果的质量，必须有一系列勘察方法和测试手段配合实施。工程地质勘察的基本方法有：工程地质测绘、勘探（包括物探、钻探和坑探)、工程地质室内和现场原位试验、长期观测及勘察资料的分析整理。

各种勘察方法是相互配合的，由面到点，由浅入深。合理的勘察程序可以提高效率，节省工作量并取得满意的成果。其顺序应是：调查，资料收集→测绘→物探→坑探、钻探→室内、现场试验→长期观测。在实际勘察的基础上，进行勘察资料内业整理的报告编写。以上各项工作在后面分节叙述。

需要提及的是，随着科学技术的飞速发展，在工程地质勘察领域中不断引进高新技术。例如，在工程地质综合分析、工程地质测绘制图和不良地质现象监测中，遥感（RS)、地理信息系统（GIS）和全球卫星定位系统（GPS)，即“3S”技术的引进；在勘探工作中，地质雷达和地球物理层析成体技术（CT）的应用等。

1. 工程地质测绘

工程地质测绘是工程地质勘察中的基本方法之一，它是在野外对地质体、地质现象进行观察和描述，将所观察到的地质要素表示在地形图和有关图表上，以反映测绘区地面地质现象的成因、分布、发展变化规律以及对工程建筑的影响，适当推测地下的地质情况，为有效地布置勘探及试验等其他勘察工作打好良好的基础。一般在工程地质勘察的早期进行，也可以用于详细勘察阶段对某些专门地质问题进行补充调查。该方法能在较短时间内查明较大范围内的主要工程地质条件，不需要复杂设备和大量人力、物力和财力，效果十分显著。近年来，遥感等新技术在工程地质测绘中的应用取得了良好的效果。

(1) 工程地质测绘内容 工程地质测绘内容，应注重岩土工程实际问题，紧密结合岩土工程，包括下列内容。

① 查明地形、地貌特征及其与地层、构造、不良地质作用的关系，划分地貌单元。

② 岩土的年代、成因、性质、厚度和分布；对岩层应鉴定其风化程度，对土层应区分新近沉积土、各种特殊性土。

③ 查明岩体结构类型，各类结构面（尤其是软弱结构面）的产状和性质，岩、土接触面和软弱夹层的特性等，新构造活动的形迹及其与地震活动的关系。

④ 查明地下水的类划、补给来源、排泄条件、井泉位置，含水层的岩性特征、埋藏深度、水位变化、污染情况及其与地表水体的关系。

⑤ 搜集气象、水文、植被、土的标准冻结深度等资料；调查最高洪水位及其发生时间、淹没范围。

⑥ 查明岩溶、土洞、滑坡、崩塌、泥石流、冲沟、地面沉降、断裂、地震震害、地裂缝、岸边冲刷等不良地质作用的形成、分布、形态、规模、发育程度及其对工程建设的影响。

⑦ 调查人类活动对场地稳定性的影响，包括人工洞穴、地下采空、大挖大填、抽水排水和水库诱发地震等。

⑧ 建筑物的变形和工程经验。

工程地质测绘和调查的成果资料包括实际材料图、综合工程地质图、工程地质分区图、综合地质柱状图、工程地质剖面图以及各种素描图、照片和文字说明等。

(2) 工程地质测绘方法 工程地质测绘方法有两种，一是像片成图法，二是实地测绘法。

① 像片成图法。像片成图法是利用地面摄影或航空（卫星）摄影的像片，在室内根据判释标志，结合所掌握的区域地质资料，把判明的地层岩性、地质构造、地貌、水系和不良地质现象等，调绘在单张像片上，并在像片上选择需要调查的若干地点和路线，做实地调查、进行核对修正和补充。将调查得到的资料，转绘在地形图上而成工程地质图。航、卫片是以其不同的色调、图像形状、阴影、纹形等，反映不同地质现象的基本特征。由于航、卫

片能在大范围内反映地形地貌、地层岩性、地质构造、不良地质现象等，因此与实地测绘相结合，能减少地面测绘的工作量、提高测绘精度和速度，节省勘察费用，特别是在人烟稀少、交通不便、测区面积大的地区见效显著。

② 实地测绘法。根据测绘区的地质条件特征，实地测绘有下列三种方法。

a. 路线法。它是沿着一些选定的路线，穿越测绘区，将沿线所测绘或调查到的地层、构造、地质现象、水文地质、地貌界线等填绘在地形图上。路线可以是直线也可以是折线。观测路线应选择在露头较好的地方，其方向应大致与岩层走向、构造线方向及地貌单元相垂直，这样可以用较少的工作量而获得较多工程地质资料。

b. 布点法。它是根据地质条件复杂程度和测绘比例尺的要求，预先在地形图上布置一定数量的观测路线和观测点。观测点一般布置在观测路线上，但观测点应根据观测目的和要求进行布点，例如，为了查明地质构造，地质界线、不良地质现象，水文地质等不同目的，布点法常用于大、中比例尺的工程地质测绘。

c. 追索法。它是沿地层走向或某一地质构造线或某些不良地质现象界线进行布点追索。追索法通常是在布点法或路线法基础上进行，它属于一种辅助方法。

(3) 工程地质测绘的技术要求

① 工程地质测绘范围。在进行工程地质测绘时，所选范围过大会增大工作量，范围过小则不能有效查明工程地质条件，满足不了建筑物的要求。因此，合理选择测绘范围十分重要。目前，关于工程地质测绘范围的大小未见统一的规定，确定测绘范围的总体原则是以能解决工程地质实际问题为前提、一般应包括场地及附近地段，针对具体问题应具体分析。如对于大、中比例尺的工程地质测绘，多以建筑物为中心：形成一个方形或矩形的测绘区域。又如一些线状的建筑（铁路、公路和隧道工程），测绘区域为一带状，其测绘宽度应包含建筑物的影响范围。判断测绘范围合适与否的重要标准是：划定的测绘区域范围能否满足查清拟建场地对工程可能产生重要影响的工程地质条件。

② 工程地质测绘的比例尺。工程地质测绘比例尺主要取决于勘察阶段、建筑类型与等级、规模和工程地质条件的复杂程度。工程地质测绘一般采用如下比例尺。

a. 踏勘及路线测绘。比例尺 1∶500000～1∶200000，这种比例尺工程地质测绘主要用来了解区域工程地质条件，以便能初步估计建筑物对区域地质条件的适宜性。

b. 小比例尺测绘。比例尺 1∶100000～1∶50000 多用于公路、铁路、水利水电工程等可行性研究阶段工程地质勘察，而在工业与民用建筑、地下建筑工程中此阶段多采用比例尺为 1∶5000～1∶50000，主要查明规划地区的工程地质条件。

c. 中比例尺测绘。比例尺 1∶25000～1∶10000，多用于公路、铁路、水利水电工程等初步设计阶段工程地质勘察，而在工业与民用建筑、地下建筑工程中此阶段多采用的比例尺为 1∶5000～1∶2000，其目的是查明工程建筑场地的工程地质条件，初步分析区域稳定性等工程地质问题，为建筑区的选择提供地质依据。

d. 大比例尺测绘。比例尺大于 1∶10000，多用于公路、铁路、水利水电建筑工程等施工图设计阶段的工程地质勘察，而在工业与民用建筑、地下建筑工程中此阶段多采用比例尺为 1∶100～1∶1000，主要用来详细查明建筑场地的工程地质条件，为选定建筑型式或解决专门工程地质问题提供地质依据。

③ 工程地质测绘的精度。工程地质测绘的精度是指在工程地质测绘中对地质现象描述的详细程度以及工程地质条件各因素在工程地质图上反映的详细程度和精确程度，主要取决于单位面积上观察点的多少，在地质复杂地区，观察点的分布多一些，简单地区则少一些，

观察点应布置在反映工程地质条件各因素的关键位置上。通常应反映在图上大于 2mm 的一切地质现象，对工程有重要影响的地质现象，在图上不足 2mm 时，应扩大比例尺表示，并注明真实数据，如断层等。

④ 工程地质观测点布置的要求。合理布置工程地质观测点可有效提高测绘质量和效率。所选观测点必须具有代表性，因此地质观测点布置应满足下列要求。

a. 在地质构造线、地层接触线、岩性分界线、标准层位和每个地质单元体应有地质观测点。

b. 地质观测点的密度应根据场地的地貌、地质条件、成图比例尺和工程要求等确定，并应具代表性。

c. 地质观测点应充分利用天然和已有的人工露头，当露头少时，应根据具体情况布置一定数量的探坑或探槽。

d. 地质观测点的定位应根据精度要求选用适当方法；地质构造线、地层接触线、岩性分界线、软弱夹层、地下水露头和不良地质作用等特殊地质观测点，宜用仪器定位。

2. 工程地质勘探

通过工程地质测绘与调查，仅能初步了解测区工程地质条件的概况，而通过工程地质勘探则可对测区的工程地质情况作深入了解。工程地质勘探是在工程地质测绘的基础上，为了进一步查明地表以下工程地质问题，取得深部地质资料而进行的。常用的工程地质勘探方法有三大类：工程地质钻探、坑探及地球物理勘探。

(1) 工程地质钻探

① 钻探工程的作用。钻探是勘探方法中应用最广泛的一种勘探手段，孔径多在 91～168mm 之间，具有如下作用。

a. 通过钻探所采取的岩芯标本、钻进速度及回水情况，可了解不同深度处岩石性质、地层构造、裂隙构造、断层破碎带及风化破碎情况。

b. 可将所提取岩土试样进行室内岩土物理力学性质试验。

c. 在钻孔中可观察地下水的水位及其动态变化，还可以在孔中进行所需的水文地质试验。

d. 可在钻孔中进行孔壁摄影与钻孔电视，以帮助勘察工作者直接观察到所需观察地层的某些情况。在钻孔中还可以采用电测井等物理勘探工作，推断出它的物理力学性质。

e. 根据钻孔资料，每个钻孔可绘出一个钻孔柱状图，可反映出钻孔点各深度处的岩石性质、岩层界线、风化程度界线、基岩面高程、断层等构造线高度、软弱结构面的产状等。

② 钻探的编录。钻探过程中，应进行钻探编录，主要包括下列内容。

a. 每个钻孔都应准备一个钻探记录表，记录该钻孔的编号，位置，孔口高程，该孔勘探的主要内容，预计钻进深度、钻进时间，采用的钻探设备、钻杆及钻头直径等。

b. 将在钻探过程中所提取的每段岩芯所有块数（不论大小、长短）均应按顺序放置于特制的岩芯箱盒中，每段附一岩芯牌，牌上注明该段的深度、取样时间。地质勘探人员应及时对各段岩芯进行观察描述，内容为岩石中的矿物及颗粒成分、结构和构造，初步定名、坚硬及风化程度、岩芯块数及大小、层理等结构面的产状、裂隙条数及倾角等，并要量取长度为 10cm 以上岩块的总长，得出该段的岩芯采取率。近年来，人们利用岩石质量指标 *RQD* 以判断岩石的完整程度，即在该段的岩芯中只选取长度大于 10cm 的柱状岩块的总长与该采取段长度的百分比（*RQD*），*RQD* 越高说明岩层越完整。

c. 对钻进动态的观察和记录、如进尺速度的变化及变化位置、孔壁塌块位置，各段冲洗液消耗情况。

d. 记录取样、各种原位测试、水文地质试验以及钻孔摄影、钻孔电视、地球物理勘探的位置等。

e. 编制钻孔地质柱状图，钻孔完成后即可将上述取得的各种资料研究、分析整理出一张较全面的钻孔柱状图（图 9-1）。

钻 孔 柱 状 图

工程名称						工程编号	
孔 号	1	坐标	X	钻孔直径	110mm	稳定水位	6.40m
孔口标高	151.57m		Y	初见水位		测量日期	

地质时代	层号	层底标高/m	层底深度/m	分层厚度/m	柱状图 1:200	岩性描述	标贯中点深度/m	标贯实测击数	附注
Q_4^{ml}	1	151.27	0.30	0.30	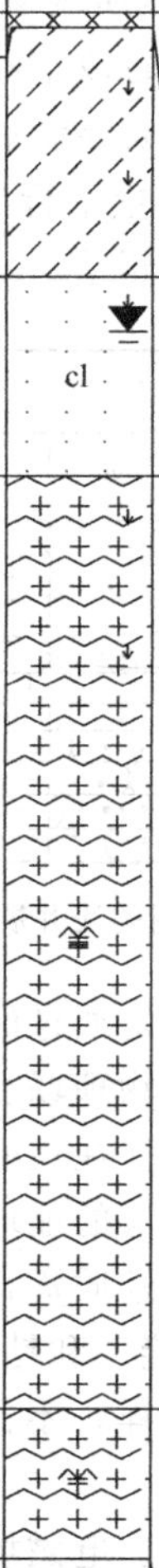	素填土：黄褐色，松散，稍湿，以黏性土为主，含大量砂			
Q_4^{al+pl}	3	146.27	5.30	5.00		粉土：黄褐色，松散，稍湿，含大量铁锰氧化物，局部含细砂团块，摇振反应慢，切面无光泽，干强度低，韧性低	1.50 3.30	7.0 6.0	
Q_4^{al+pl}	5	142.27	9.30	4.00		粗砾砂：黄褐色，稍密～中密，饱和，含大量卵石，粒径7～8cm左右，母岩为花岗岩。颗粒形状以棱角状为主，颗粒级配好，矿物成分以长石、石英为主	5.80	16.0	
Ar	6	123.57	28.00	18.70		强风化花岗片麻岩：灰绿色，粒状结构，片麻状构造，矿物成分以长石、石英为主，含大量云母，风化裂隙很发育，岩芯呈砾砂状和小碎块状。属软岩，岩体基本质量等级Ⅴ级	10.10 12.80	56.0 74.0	
Ar	7	120.57	31.00	3.00		中风化花岗片麻岩：灰黑色，粒状结构，片麻状构造，矿物成分以长石、石英为主，含大量角闪石，岩芯呈块状和柱状，岩芯采取率67%左右，*RQD*=55，属较软岩，岩体基本质量等级Ⅳ级			

单位	制图：	图号：1
外业日期：	校核：	

图 9-1 钻孔柱状图

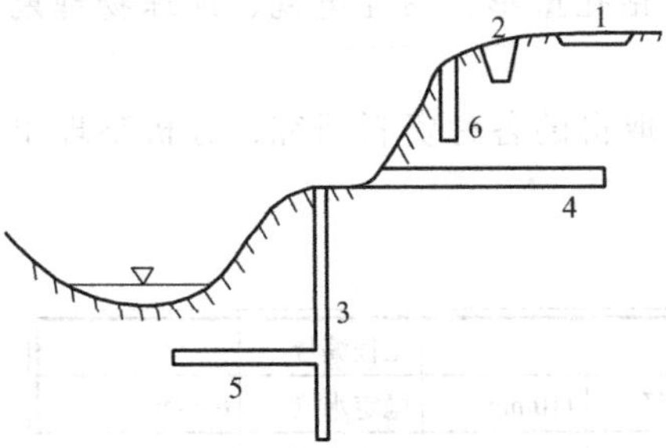

图 9-2 工程地质常用的坑探类型示意图
1—探槽；2—试坑；3—竖井；4—平硐；
5—石门；6—浅井

(2) 坑探 坑探是用人工或机械掘进的方式来探明地表以下浅部的工程地质条件，它包括：探坑、探槽、浅井和斜井、竖井、平硐、石门等（图 9-2）。前三种方法一般称为轻型坑探，后几种方法称为重型坑探。轻型坑探是除去地表覆盖土层以揭露出基岩的类型和构造情况，往往是房屋建筑工程和公路工程中广泛采用的方法；重型坑探则在大型工程中（如大中型水利水电工程、大型桥梁、重型建筑工程等）使用较多。坑探的特点是使用工具简单，技术要求不高，应用广泛，揭露的面积较大，可直接观察地质现象，采取原状结构试样，并可用来做现场大型原位测试。但勘探深度受到一定限制，且成本高。

坑探工程的编录工作除做详细的描述记录外，还要绘制展视图，即按一定的方法将坑壁展开的断面图（图 9-3）。通常有四壁辐射展开法和四壁平行展开法两种。前者适用于深坑。后者适用于浅井或竖井。探槽一般只画出底面和一个侧壁。

地层时代	层厚/m	标高/m	四壁方位				岩性描述
			北	东	南	西	
Q	1.7～2.7	150 148					砂砾石
D	1.7～2.3	146					石灰石
D	1.9～2.0	144					石英砂岩

图 9-3 用四壁平行展开法绘制的浅井展视图

(3) 地球物理勘探 地球物理勘探简称物探，它是通过研究和观测各种地球物理场的变化来探测地层岩性、地质构造等地质条件。各种地球物理场有电场、重力场、磁场、弹性波的应力场、辐射场等。由于组成地壳的不同岩层介质往往在密度、弹性、导电性、磁性、放射性以及导热性等方面存在差异，这些差异将引起相应的地球物理场的局部变化。通过专门的仪器量测这些物理场的分布和变化特征，结合已知地质资料进行分析研究，就可以达到推断地质性状的目的。该方法兼有勘探与试验两种功能。和钻探相比，具有设备轻便、成本低、效率高、工作空间广等优点。但由于它不能取样，不能直接观察，故多与钻探配合使用。

常用的物探的方法有：研究岩土电学性质及电场、电磁场变化规律的电法勘探；研究岩土磁性及地球磁场、局部磁异常变化规律的磁法勘探；研究地质体引力场特征的重力勘探；研究岩土弹性力学性质的地震勘探；研究岩土的天然或人工放射性的放射性勘探；研究物质热辐射场特征的红外探测方法；研究岩土的声波、超声波传递和衰减变化规律的声波探测技术等。

工程中应用较广泛的方法有地震勘探、声波勘探、电法勘探。

3. 工程地质试验

工程地质试验是工程地质勘察的重要环节，是实现对岩土工程性质进行定量评价的重要途径。通过试验，测定岩土的基本工程性质，为工程设计和施工提供可靠的参数。试验可分为岩（土）室内试验和原位试验两大类。下面介绍土的物理力学性质试验、岩石室内试验、岩（土）体力学性质的原位试验、岩体渗透性野外试验。

(1) 土的物理力学性质试验 各类土的工程特性不同，所需测定的物理性质指标也有所不同。砂土：需测定颗粒级配、相对密度、天然含水量、天然密度、最大和最小干密度。粉土：颗粒级配、液限、塑限、相对密度、天然含水量、天然密度和有机质含量。黏性土：液限、塑限、相对密度、天然含水量、天然密度和有机质含量。一般用下列方法测得各项物理、力学性质指标，如用环刀法测密度 ρ（重度 γ）；比重计法测土粒比重 d_s，烘干法测含水量 ω，联合测定法测黏性土的塑限 ω_P 及液限 ω_L；侧限压缩仪测土的压缩变形指标，如压缩系数 $a_{1\text{-}2}$ 及压缩模量 E_S，用直剪仪及三轴剪力仪测土的抗剪强度指标，即内摩擦角（φ）与内聚力（c）；用现场静载荷试验测土体的变形模量 E_0、临塑荷载 P_{cr}、极限荷载 P_u。等。详见《土力学》、《土工试验方法标准》（GB/T 50123—1999）等相关书籍，在此不再赘述。

(2) 岩石室内试验

① 岩石单轴抗压强度试验。在探槽或探硐内取出原状岩石试样，立方形或方柱形（钻孔中取出为圆柱形），装置在压力机上（图 9-4），在竖直方向（即轴向）单向分级加压，记下每级加压变形稳定后的应力 $\sigma_i = P_i/A$ 与应变 $\varepsilon = \Delta h_i/h$，在应力达到屈服极限 b 左右时，可作一次卸载，如此反复则可得到卸载曲线 bb'，在应变 ε 轴上可得到弹性应变值 ε_e 与塑性应变值 ε_p，然后再继续逐渐加压，直到试样破坏时的应力为 σ_u（即极限抗压强度）。岩石的变形及强度指标如图 9-5 所示。

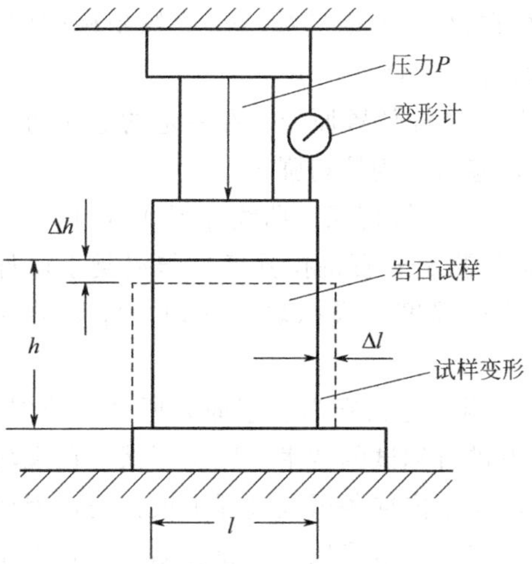

图 9-4 岩石抗压试验

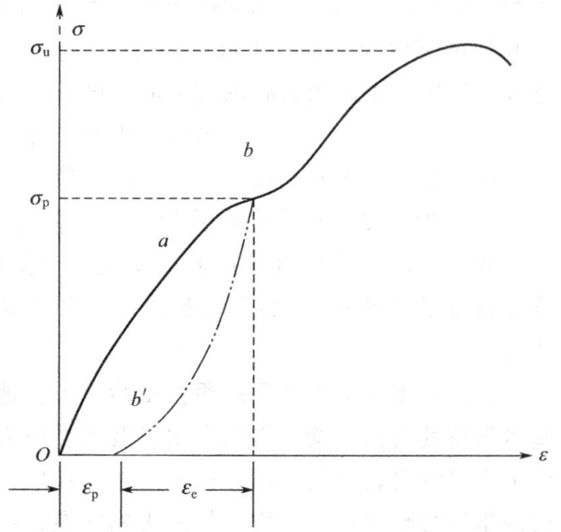

图 9-5 岩石应力-应变曲线

$$E = \sigma_p/\varepsilon_e \qquad [9\text{-}1(a)]$$

$$E_0 = \sigma_p/(\varepsilon_e + \varepsilon_p) \qquad [9\text{-}1(b)]$$

$$\mu = \frac{\Delta l/l}{\Delta h/h} \qquad [9\text{-}1(c)]$$

式中 E——弹性模量；

E_0——变形模量；

μ——泊松比。

测得岩石干燥时的岩石抗压强度 R，岩石的饱和极限抗压强度 R_c（或称湿抗压强度）。R_c 与 R 之比称为软化系数，是岩石抗水性能的指标。

② 岩石抗剪强度试验。抗剪试验有三种类型，如图 9-6 所示。

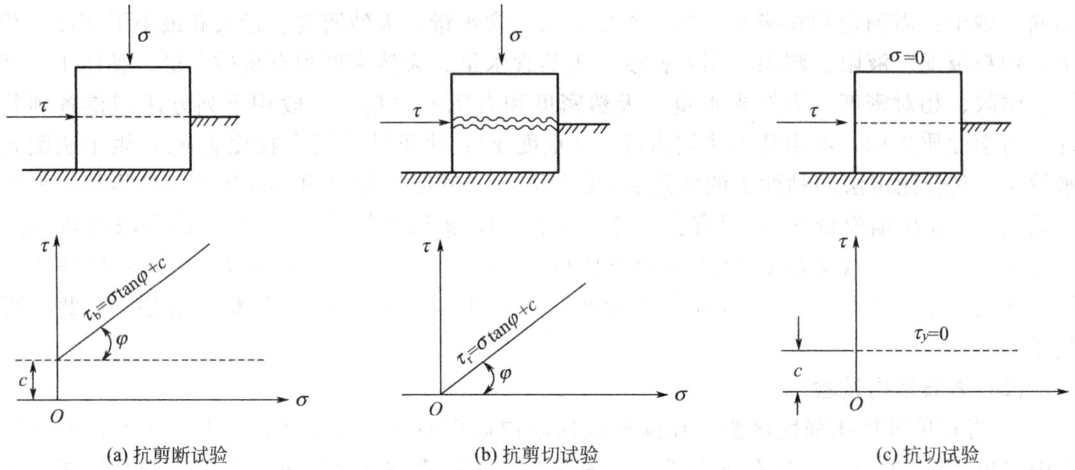

图 9-6 岩石抗剪强度试验示意图

a. 抗剪断强度。岩石试样在一定的法向应力 σ_i 作用下，施加水平切应力 τ 直至将岩石沿水平面剪断，此时的水平应力为 τ_i；即岩石在法向应力 σ_i 时的抗剪强度。用 3～4 个同样的岩石试样，分别在不同的法向应力 σ_i 下作用，施加不同的切应力 τ_i，将其剪断即得出与 σ_i 相应的抗剪断强度，将每对相应的 σ_i、τ_i 之值绘在以 σ_i 为横坐标、τ_i 为纵坐标的图上，将各点连接起来即为岩石的抗剪断强度。σ-τ 曲线见图 9-6(a)。

b. 抗剪切强度。如图 9-6(b) 所示，将已剪断岩石试样放置原处，在一定的竖应力作用下，施加水平剪力到再使之产生剪切移位，此时的切应力即为抗剪强度。

c. 抗切强度。取作用在剪断面上的垂直压力 $\sigma=0$，得抗切强度曲线［图 9-6(c)］。

此外，还有利用直接拉伸试验仪或点荷载试验仪测定岩石抗拉强度，与混凝土试件的抗拉强度试验相似。利用三轴试验方法测定岩石抗压强度，模拟岩体在地下深处的强度特性。

(3) 岩土体力学性质的原位试验 工程地质原位测试是指在岩土层原来所处的位置上，基本保持其天然结构、天然含水量及天然应力状态下进行测试的技术。原位测试是在现场条件下直接测定岩土的性质，避免岩土样在取样、运输及室内准备试验过程中被扰动，因而所得的指标参数更接近于岩土体的天然状态，在重大工程中经常采用。但原位测试需要大型设备，成本高，历时长，它与室内试验相辅相成，取长补短。常用的原位测试方法主要有：载荷试验、静力触探试验、标准贯入试验、十字板剪切试验、旁压试验、现场直接剪切试验等，下面仅介绍几种有代表性的原位测试方法。

① 载荷试验。载荷试验，是在现场用一个刚性承压板逐级加荷，测定天然地基或复合地基的变形随荷载而变化，借以确定地基承载力的试验。载荷试验的主要设备（图 9-7）有三个部分：加荷稳压装置、反力装置及观测装置。

载荷试验包括平板载荷试验和螺旋板载荷试验。平板载荷试验又可分为浅层平板载荷试验和深层平板载荷试验。浅层平板载荷试验适用于浅层地基土；深层平板载荷试验适用于埋

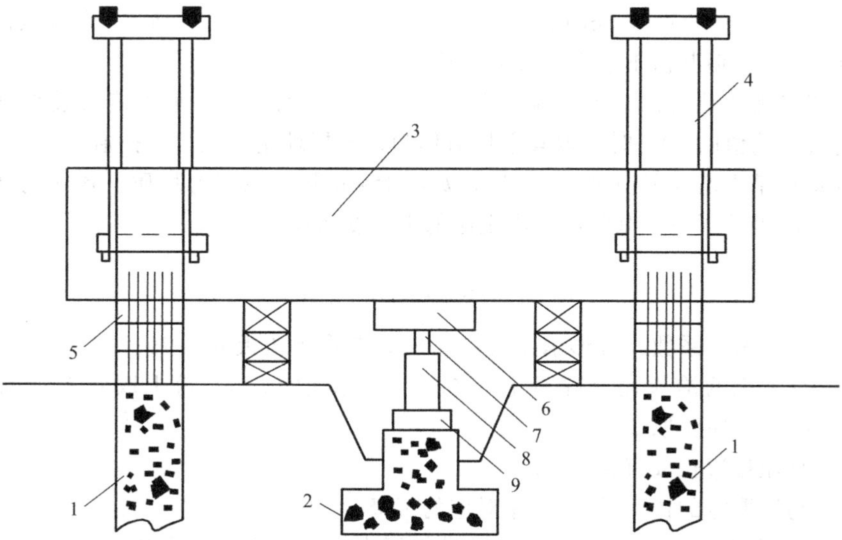

图 9-7　静载荷试验装置示意图

1—锚桩；2—承压板；3—主梁；4—副梁；5—锚筒；6—上压板；7—传感器；8—千斤顶；9—下压板

深等于或大于 3m 和地下水位以上的地基土，螺旋板载荷试验适用于深部或地下水位以下的地层。

a. 浅层平板载荷试验装置和基本技术要求。浅层平板载荷试验应布置在场地内具有代表性位置的基础底面标高处，每个场地不宜少于 3 个，当场地内岩土体不均时，应适当增加。试坑宽度不应小于承压板宽度或直径的 3 倍，应注意保持试验土层的原状结构和天然湿度。宜在拟试压表面用不超过 20mm 厚的粗、中砂找平。承压板面积不应小于 $0.25m^2$，对软土不应小于 $0.5m^2$。承压板尺寸宜根据裂隙密度确定。

试验时，荷载应分级施加，加荷分级不应小于 8 级，最大加载量不应小于设计要求的两倍。每级加载后按间隔 10min、10min、10min、15min、15min，以后为每隔半小时测读一次沉降量，当在连续 2h 内，每小时的沉降量小于 0.1mm 时，则认为已趋于稳定，可加下一级荷载。当出现下列情况之一时，即可终止加载：承压板周围的土明显地侧向挤出；沉降量急骤增大，荷载-沉降（p-s）曲线出现陡降段；在某一级荷载下，24h 内沉降速率不能达到稳定；沉降量与承压板宽度或直径之比大于或等于 0.06。

当满足前三种情况之一时，其对应的前一级荷载定为极限荷载。

b. 成果应用。根据载荷试验结果，可绘制如图 9-8 所示的压力 p 与稳定沉降量 s 的关系曲线。这些资料主要应用于以下几个方面。

(a) 确定地基承载力的特征值。按载荷试验 p-s 曲线确定地基承载力特征值的规定如下。

Ⅰ. 当载荷试验曲线上有明显的比例界限时，取该比例界限所对应的荷载 p_{cr} 作为地基承载力特征值 f_{ak}；

Ⅱ. 当极限荷载 p_n，小于比例界限荷载 p_{cr} 的 2 倍时，取极限荷载 p_n 的 1/2 作为地基承载力特征值 f_{ak}；

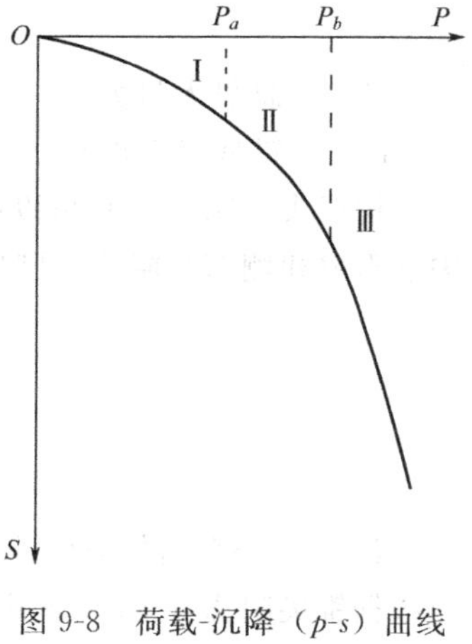

图 9-8　荷载-沉降（p-s）曲线

Ⅲ. 不能按上述两点确定时，可按限制沉降量取值。

当承压板面积为 0.25～0.5m^2时，可采用 $[s]=(0.01\sim0.015)b$ 所对应的荷载值作为地基承载力特征值 f_{ak}，但其值不应大于最大加载量的 1/2。

同一土层参加统计的试验点不应少于三点，特征值的极差（最大值与最小值之间的差值）不应超过平均值的 30%时，取其平均值作为该土层地基承载力特征值 f_{ak}。

(b) 确定地基土的变形模量 E_0。根据 p-s 曲线并假定地基为均质、各向同性、半无限弹性介质，可求得承压板下有限深度内土层的平均变形模量 E_0

$$E_0=\omega(1-\mu)\frac{p_1 b}{s_1} \tag{9-2}$$

式中　ω——沉降影响系数，方形承压板取 0.88，圆形承压板取 0.79；

μ——地基土的泊松比（碎石土取 0.27，砂土取 0.30，粉土取 0.35，粉质黏土取 0.38，粉土取 0.42）；

b——承压板边长或直径，m；

s_1——与所取定的比例界限 p_1 相对应的沉降。

② 静力触探试验。静力触探试验是通过静压力将一个内部装有传感器的触探头，以匀速压入土中，由于地层中各种土的软硬不同，探头所受阻力自然也不一样。传感器将感受到的大小不同的贯入阻力，通过电信号输入到电子量测仪中，这样，就可以通过贯入阻力的变化情况，划分土层及土的工程性质。

静力触探试验适用于软土、一般黏性土、粉土、砂土和含少量碎石的土。尤其是对地层变化较大的复杂场地，以及不易取得原状土样的饱和砂土、高灵敏度软黏土地层的勘察，显示出其独特的优越性。但是静探不能直接识别土层，而且对碎石类土和较密实的砂土层难以贯入，所以在工程地质勘察中，与钻探工程配合使用。

a. 静力触探试验仪器设备及技术要求

静力触探设备主要由三部分组成：触探头、触探杆和记录器。其中触探头是静力触探设备中的核心部分，目前国内大多采用电阻应变式触探头。静力触探可根据工程需要采用单桥探头、双桥探头或带孔隙水压力量测的单、双桥探头，可测定比贯入阻力 p_s、锥尖阻力 q_c、侧壁摩阻力 f_s和贯入时的孔隙水压力 u。

单桥探头（图 9-9）测得的是包括锥尖阻力和侧壁摩阻力在内的总贯入阻力 P，通常用比贯入阻力 P_s，即

$$P_s=\frac{P}{A_c} \tag{9-3}$$

式中　P——总贯入阻力；

A_c——锥底投影面积。

双桥探头（图 9-10）可以同时分别测得锥尖阻力和侧壁阻力。Q_c(kN) 和 P_f分别表示锥尖总阻力和侧壁总阻力。则单位面积锥尖阻力 q_c（kPa）和侧壁阻力 f_s（kPa）分别为

$$q_c=\frac{Q_c}{A} \tag{9-4}$$

$$f_s=\frac{P_f}{F_s} \tag{9-5}$$

式中　F_s——外套筒的总侧面积，m^2。

根据锥尖阻力 q_c和侧壁阻力 f_s，可计算同一深度处的摩阻比 R_f

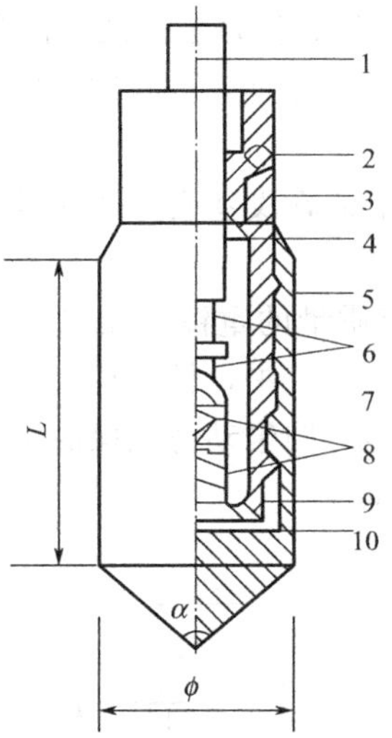

图 9-9　单桥探头结构示意图

1—四心电缆；2—密封圈；3—探头管；4—防水塞；5—套管；6—导线；7—空心柱；8—电阻片；9—防水盘根；10—顶柱；α—探头锥角；ϕ—探头锥底直径；L—有效侧壁长度

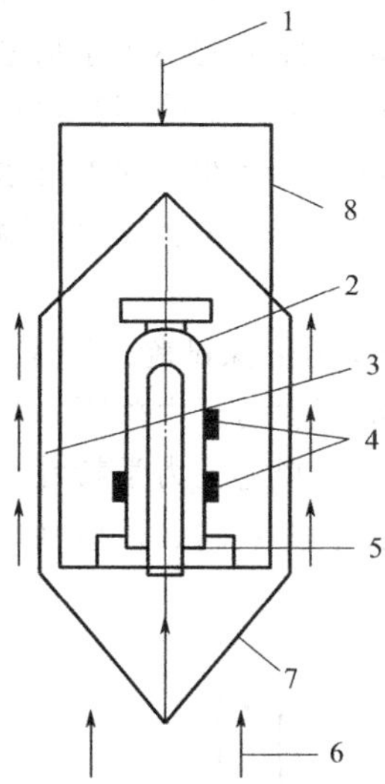

图 9-10　双桥探头工作原理示意图

1—贯入力；2—空心柱；3—侧壁摩阻力；4—电阻片；5—顶柱；6—锥尖阻力；7—探头套；8—探头管

$$R_f=\frac{f_s}{q_c}\times 100\% \tag{9-6}$$

在静力触探试验的整个过程中，探头应匀速、垂直地压入土层中，贯入速率一般控制在(1.2±0.3)m/min。探头测力传感器应连同仪器、电缆进行定期标定，室内标定探头测力传感器的非线性误差、重复性误差、滞后误差、温度漂移，归零误差均应小于$\pm 1\% F_s$。在现场当探头返回地面时应记录归零误差，现场的归零误差不得超过3%，它是试验数据质量好坏的重要标志。同时探头的绝缘度不能小于500MΩ。触探时，记录误差不得大于触探深度的±1%。当贯入深度大于30m时，或穿过厚层软土再贯入硬土层时，应采取措施防止孔斜或断杆，也可配置测斜探头，量测触探孔的偏斜角，校正土层界线的深度。

b. 成果的应用。静力触探试验的主要成果有：比贯入阻力-深度（p_s-h）关系曲线；锥尖阻力-深度（z-q_c）关系曲线；侧壁阻力-深度（z-f_s）关系曲线和摩阻比-深度（z-R_f）关系曲线等。

根据目前的研究与经验，静力触探试验成果的应用主要有以下几个方面。

(a) 划分土层界线。根据贯入曲线的线型特征，并结合相邻钻孔资料和地区经验，可以来划分土层。由于地基土层特性变化的复杂性，在划分土层的界线时，应注意以下两个问题。一是在探头贯入不同工程性质的土层界线时，p_s或q_c及f_s，值的变化一般是显著的，但并不是突变的，而是在一段距离内逐渐变化的，所测得的值有提前和滞后现象。用静力触探曲线划分土层界线的原则如下。

Ⅰ. 上下层贯入阻力相差不大时，取超前深度和滞后深度的中心，或中心偏向小阻力土层5～10cm处作为分层界线；

Ⅱ. 上下层贯入阻力相差一倍以上时，取软土层最后一个（或第一个）贯入阻力小值偏向硬土层10cm处作为分层界线；

Ⅲ. 上下层贯入阻力无甚变化时，可结合 f_s 或 R_f（摩阻比）的变化确定分层界线。

(b) 确定黏性土的不排水剪强度 c_u 值。对于黏性土，由于静力触探试验的贯入速率较快，因此对量测黏性土的不排水抗剪强度是一种可行的方法。通过大量测试数据经数理统计分析，建立各地区黏性土的不排水抗剪强度半经验公式。

(c) 确定地基土的承载力。静力触探试验成果还能用来估算浅基或桩基的承载力、砂土或粉土的液化。

③ 圆锥动力触探试验。圆锥动力触探试验，是用一定质量的重锤，如图 9-11、图 9-12 所示，以一定高度的自由落距，将标准规格的圆锥形探头贯入土中，根据打入土中一定距离所需的锤击数，判定土力学特性，具有勘探和测试双重功能。圆锥动力触探的优点是设备简单、操作方便、工效高、适应性广，并且具有连续贯入的特性。

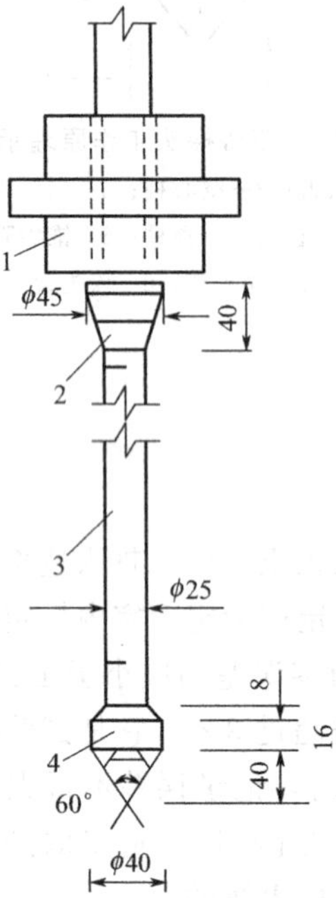

图 9-11 轻便型动力触探试验设备

1—穿心锤；2—锤垫；3—触探杆；4—锥头

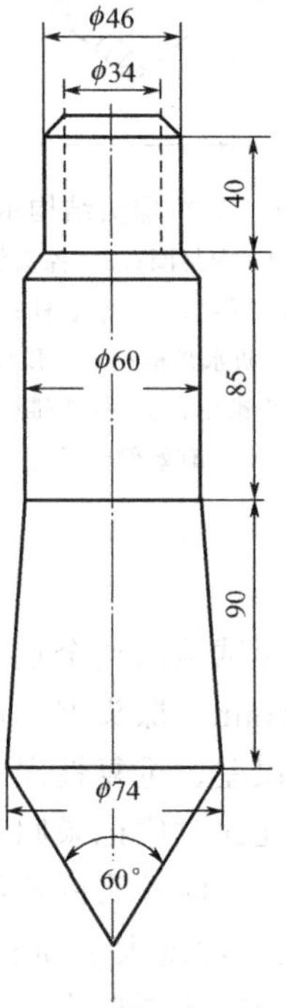

图 9-12 重型动力触探试验设备

对于难以取样的砂土、粉土和碎石土等，圆锥动力触探是十分有效的探测手段。根据 DPT 试验指标，可以用于下列目的：进行地基土的力学分层；定性地评价地基土的均匀性和物理性质（状态、密实度）；查明土洞、滑动面、软硬土层界面的位置。

利用 DPT 试验成果，并通过建立地区经验，可以用于：评定地基土的强度和变形参数；评定地基承载力、单桩承载力。

圆锥动力触探类型可分为：轻型、重型、超重型三种，其规格和适用性应符合表 9-5 圆锥动力触探类型要求。

a. 圆锥动力触探试验技术要求。

(a) 采用自动落锤装置。

(b) 触探杆最大偏斜度不应超过 2%，锤击贯入应连续进行；同时防止锤击偏心、探杆倾斜和侧向晃动；保持探杆垂直度；锤击速率宜为 15～30 击/min。

表 9-5 圆锥动力触探类型

类型		轻型	重型	超重型
落锤	锤的质量/kg	10	63.5	120
	落距/cm	50	76	100
探头	直径/mm	40	74	74
	锥角/(°)	60	60	60
探杆直径/mm		25	42	50～60
指标		贯入 30cm 的击数 N_{10}	贯入 10cm 的击数 $N_{63.5}$	贯入 10cm 的击数 N_{120}
主要适用岩土		浅部的填土、砂土、粉土、黏性土	砂土、中密以下的碎石土、极软岩	密实和很密的碎石土、软岩、极软岩

(c) 每贯入 1m，宜将探杆转动一圈半；当贯入深度超过 10m，每贯入 20cm 宜转动探杆一次。

(d) 对轻型动力触探，当 $N_{10}>100$ 或贯入 15cm 锤击数超过 50 时，可停止试验；对重型动力触探，当连续三次 $N_{63.5}>50$ 时，可停止试验或改用超重型动力触探。

b. 圆锥动力触探试验成果的应用。圆锥动力触探试验成果主要是锤击数与贯入深度关系曲线。根据圆锥动力触探试验指标和地区经验，可进行力学分层，评定土的均匀性和物理性质状态（密实度，如表 9-6 所示）、土的强度、变形参数、地基承载力、单桩承载力，查明土洞、滑动面、软硬土层界面，检测地基处理效果等。

表 9-6 碎石土的密实度

重型圆锥动力触探锤击数 $N_{63.5}$	$N_{63.5}\leqslant 5$	$5<N_{63.5}\leqslant 10$	$10<N_{63.5}\leqslant 20$	$N_{63.5}>20$
密实度	松散	稍密	中密	密实

④ 标准贯入试验。标准贯入试验，是用质量为 (63.5±0.5)kg 的穿心锤，以 (76±2)cm 的落距，将一定规格的标准贯入器打入土中 15cm，再打入 30cm，用后 30cm 的锤击数为标准贯入试验的指标 $N_{63.5}$。影响指标 $N_{63.5}$ 的因素有钻杆长度、落锤方式、配套钻进方式、钻杆连接方式等，应用指标 $N_{63.5}$ 时应对这些影响因素做出分析，必要时还要对 $N_{63.5}$ 值进行修正。

标准贯入试验仪器主要由三部分组成（图 9-13）：触探头、触探杆以及穿心锤。

标准贯入试验操作简单，地层适应性广，对不易钻探取样的砂土和砂质粉土尤为适用，当土中含有较大碎石时使用受限制。通过标准贯入试验，从贯入器中还可以取得土样，可对土层进行直接观察，利用扰动土样可以进行鉴别土类的有关试验。SPT 的缺点是离散性比较大，故只能粗略地评定土的工程性质。与圆锥动力触探试验相似，SPT 并不能直接测定地基土的物理力学性质，而是通过与其他原位测试手段或室内试验成果进行对比，建立关系式，积累地区经验，才能用于评定地基土的物理力学性质。

根据标准贯入试验锤击数，可用来评定砂土的相对密实度 D_r 和密实度（表 9-7），评定黏性土的物理状态。结合地区经验还可以确定地基土承载力，判定黏性土的稠度状态以及评价砂土、粉土的液化势等。

表 9-7 砂土的密实度

标准贯入试验锤击数 N	$N\leqslant 10$	$10<N\leqslant 15$	$15<N\leqslant 30$	$N>30$
密实度	松散	稍密	中密	密实

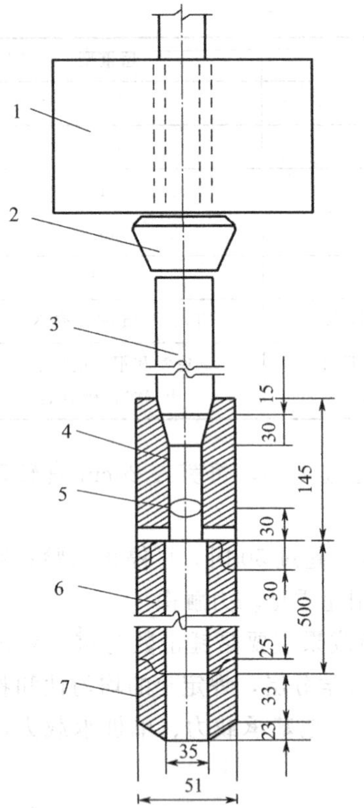

图 9-13 标准贯入试验设备

1—穿心锤；2—锤垫；3—钻杆；4—贯入器头；5—出水孔；6—由两半圆形管组成的贯入器身；7—贯入器靴

⑤ 十字板剪切试验。十字板剪切试验，是用插入土中的标准十字板探头，以一定速率扭转，量测土破坏时的抵抗力矩，测定土的不排水抗剪强度。

十字板剪切试验适用于原位测定饱水软黏土的抗剪强度。由于十字板剪切试验不需要取土样，避免了土样扰动及天然应力状态的改变，是一种有效的现场测试方法。可根据十字板剪切试验资料来评定软土地基承载力、确定地基土强度的变化、测定软黏性土的灵敏度 S_t、预估桩周土的极限摩阻力等。

(4) 岩体渗透性野外试验 在水利水电工程、隧道、地下工程等的工程地质勘察中，不仅要求了解地下水面以下岩土体的渗透特性，而且对地下水面以上岩土体的渗透性能往往也给予同样的重视，前者一般采用抽水或压水试验去解决，后者常采用渗水、注水或压水等试验来完成。水工建筑物修建以后，往往使环境水文地质条件发生剧烈的变化，尤其是在高水头作用下，不论位于地下水面以上或在其下的裂隙岩体，其渗透性能必然受到较大的影响，因此，只有采用原位模拟性的压水实验才能获得较满意的结果。下面简单介绍钻孔抽水试验和压水试验。

① 钻孔抽水试验。抽水试验用来测定岩体的渗透系数与钻孔涌水量，装置如图 9-14 所示，中心孔为抽水孔，四周一定距离可设置一些观测孔，用一定功率的抽水泵抽水，当孔中降低的水位与抽出的水量稳定时（如为 Q），则形成一较稳定的降水漏斗，即可根据水力学井中的渗流原理，计算出岩体的渗透系数 K

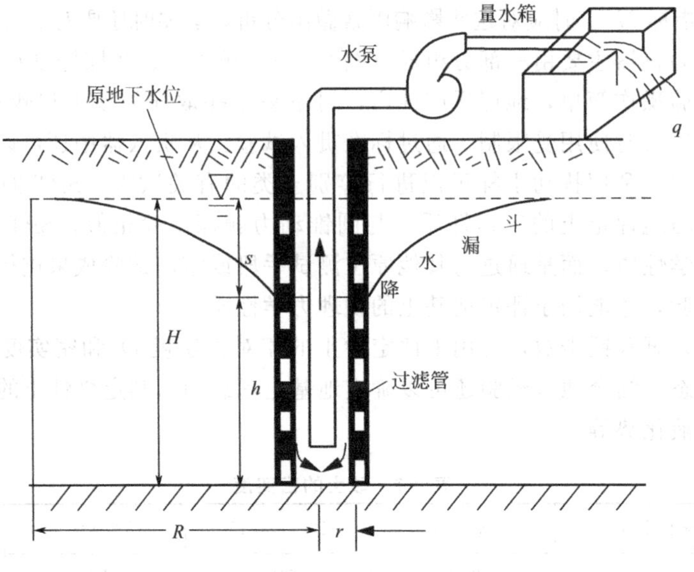

图 9-14 钻孔抽水试验装置

$$K=0.366Q\frac{\lg R-\lg r}{H^2-h^2} \tag{9-7}$$

$$K=0.366Q\frac{\lg R-\lg r}{(2H-s)s} \tag{9-8}$$

式中　Q——某一降深 s 下的稳定抽水量，m^3/d；

R——降深影响半径，m；

r——抽水孔半径，m；

H——含水层厚度，m；

h——同抽水孔底标高算起的水位，m；

s——抽水孔内的水位下降深度，m；

K——渗透系数，m/d。

根据钻孔抽水试验，可测定其水文地质参数，还可进行地下水动态观测，预测水文地质动态变化趋势。

② 压水试验。对于不含水的岩体，或当地下水埋藏较深，进行抽水试验较困难时，常用原水试验了解岩体的渗透性和裂隙发育程度，如图 9-15 所示。钻孔压水实验设备主要由压水系统、量测系统和止水系统三部分组成，压水系统包括水箱、水泵；量测系统包括压力表和流量计；止水系统包括止水栓塞或气泵等。压水试验是用机械力或利用抬高水头的方法，将水压入钻孔，并压入某一深度岩段的孔壁岩体中，具有不同裂隙性的岩体就会表现出不同的吸水性，用单位吸水量来反映岩体的这种性质，其表达式为

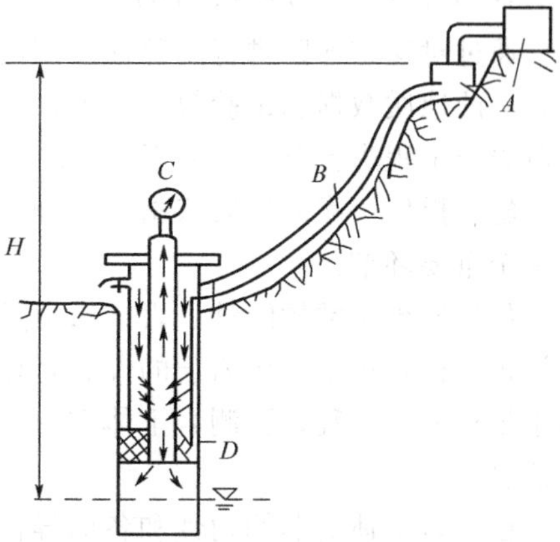

图 9-15　压水试验装置

A—水箱；B—送水管；C—压力表；D—胶塞

$$\omega=\frac{q}{l}=\frac{Q}{lH} \tag{9-9}$$

式中　q——单位压力流量，L/min·m；

l——试验段岩体长度，m；

Q——压入稳定的流量，L/min；

H——加在试验段上的平均附加水头压力，m。

钻孔压水实验是测定裂隙岩体的单位吸水量，并以其换算求出渗透系数，用以说明裂隙岩体的透水性和裂隙性及其随深度的变化情况，论证坝基和库区岩体的完整性和透水程度，以及制定防渗措施和基础处理方案等提供重要依据。

4. 长期观测

长期观测工作在工程地质勘察中是一项十分重要的工作。有些动力地质现象及地质营力随时间推移将不断地发生变化，尤其在工程活动作用下，将会影响到工程的安全、稳定和正常运行。对此，仅依靠工程地质测绘、勘探和试验等工作，还无法准确预测和判断各种动力地质作用下工程使用年限内的影响，这就需要进行长期观测工作。

长期观测的主要任务是检验测绘、勘探对工程地质条件评价的正确性，摸清动力地质作用及其影响因素随时间的变化规律，准确预测工程地质问题，为防治不良地质现象所采取的措施，提供可靠的工程地质依据，检查防治处理措施的效果。工程地质勘察中常进行的长期

观测，有与工程有关的地下水动态观测、不良地质现象的长期观测、建筑物建成后与周围地质环境相互作用及动态变化的长期观测等。

地下水动态观测对评价地基土体的容许承载力、预测道路冻害的严重性、基坑排水量和坑壁稳定性等都很重要。通过长期观测，可对坝基和坝肩防渗处理的质量作出评价，还可以了解坝基渗透压力的变化情况。

不良地质现象的长期观测旨在了解其动态变化、所处发展阶段和活动速度，找出其原因及主要影响因素，并对已进行的处理措施效果进行检验，为制定防治措施提供依据。

工程兴建后出现的工程地质问题，需进行长期观测并加以研究。例如，地基沉降速度及各部分沉降差异，水库岸坡的破坏速度及稳定坡角等问题，都必须进行长期观测研究。长期观测一般要耗费较大的人力、物力，对长期观测积累的资料，要妥善保管、充分利用，为了直观和更好地利用资料，常将测试结果整理成图、表或经验公式。

5. 工程地质勘察资料的分析整理

通过对建筑地区进行工程地质测绘、勘探、试验及长期观测等工程地质勘察工作，取得了大量的地质数据和试验数据。如何对这些资料进行室内整理，如何运用这些资料和岩土参数对岩土工程进行分析与评价，编写出合理的岩土工程勘察报告，为土木工程的规划、设计、施工提供可靠的地质依据，以确保工程建筑物的安全稳定、经济合理，是工程勘察的最后一个重要环节。

(1) 岩土参数的统计 岩土参数是岩土工程设计的基础。岩土参数可分为两大类：一类是评价指标，用于评价岩土的性状，作为划分地层、鉴定类别的依据；另一类是计算指标，用于设计岩土工程，预测岩土体在荷载和自然因素作用下的力学行为变化趋势，并指导施工和监测。

由于岩土体的非均匀性和各向异性，空间各点岩土的物理力学性质不同，相应地由试验得到的岩土参数也不同，尤其是不同岩土层的岩土参数变异性较大。因此，岩土性质指标统计应按工程地质单元和层位进行，统计时地质单元中的薄夹层不应混入统计。在整理有关数据之前，必须进行有关的工程地质单元的划分。所谓工程地质单元是指在工程地质数据的统计工作中具有相似的地质条件或在某方面有相似的地质特征，则可作为一个可统计单元的单元体。因而在这个工程地质单元体中物理力学性质指标或其他地质数据大体上是相近的，但又不是完全相同。一般情况下，同一工程地质单元具有共同的特征。

① 具有同一地质年代、成因类型，并处于同一构造部位和同一地貌单元的岩土层。

② 具有基本相同的岩土性质特征，包括矿物成分、结构构造、风化程度、物理力学性能和工程性能。

③ 影响岩土体工程地质性质的因素是基本相似的。

④ 对不均匀变形敏感的某些建（构）筑物的关键部位，视需要可划分为更小的单元。

进行统计的指标一般包括岩土的天然密度、天然含水量、粉土和黏性土的液限、塑限和塑性指数、黏性土的液性指数、砂土的相对密实度、岩石的吸水率、岩石的各种力学特性指标，特殊性岩土的各种特征指标以及各种原位测试指标等。针对离散的岩土数据，如何运用数理统计原理与方法对其进行统计，详见《岩土工程勘察规范》(GB 50021—2001) 及相关书籍。

(2) 工程地质分析评价 岩土工程分析有定性分析和定量分析两种方法。前者是对岩土工程的宏观和属性的判断，而后者是微观和量的评价，在定性分析的基础上进行定量分析。

① 定性分析的应用范围。对下列问题，一般只作定性分析。

a. 工程选址和场地对拟建工程的适宜性评价，即根据工程特点对建筑场地进行合理选择，一般应选择两个以上场地进行对比分析，对各场地的优缺点和适宜性进行分析论证。

b. 拟建场地地质背景和工程地质条件分析。

c. 拟建场地的区域稳定性评价。

d. 岩土性质的直观鉴定。

② 定量分析的应用范围。岩土工程的定量分析可采用定值法，在特殊工程需要时，可辅以概率统计法进行综合评价。对下列问题宜做定量分析。

a. 岩土体的变形性状及其极限值。

b. 岩土体的强度、稳定性及其极限值，包括斜坡及地基的稳定性。

c. 岩土压力及岩土体中应力的分布与传递。

d. 其他各种临界状态的判定。

(3) 工程地质分析评价内容 岩土工程分析与评价应在岩土工程勘察原始资料的基础上，密切结合拟建工程的特点和要求进行。岩土工程分析必须与工程密切结合，充分了解工程结构的类型、特点和荷载组合情况，分析强度和变形的风险和储备。充分掌握拟建场地的地质背景，考虑岩土体的非均匀性、各向异性，评估岩土参数的不确定性。参考类似岩土工程的经验以作为拟建工程的借鉴。对于重大工程和复杂的岩土工程问题，应进一步进行现场模拟试验，在此基础上进行综合分析评价。主要应包括以下内容。

① 建筑场地地质条件的稳定性及对拟建工程的适宜性。

② 为岩土工程设计提供地层结构的几何参数及岩土体工程性状的设计参数。

③ 地下水空间分布特征及有关参数。

④ 预测拟建工程对现有工程的影响，工程建设产生的环境变化以及环境变化对工程的影响。

⑤ 提出地基与基础、边坡工程、地下硐室等各项岩土工程方案设计的建议。

⑥ 预测施工过程中可能出现的岩土工程问题，并提出相应的防治措施和合理的施工方案。

第二节 城市规划与建设工程地质勘察

城市规划是有关城市发展建设的规划。具体来说，城市规划就是对一定时期内城市的经济和社会发展、土地利用、空间布局以及各项建设所作的综合部署、具体安排和所实施的管理。城市规划的目的是合理规划城市的各级建设，指导城市科学地发展，提高城市经济效益，改善城市环境。其主要任务是使城市在发展过程中取得良好的经济效益、社会效益和环境效益，并使二者相互协调；使传统的以建筑和工程为主体的城市规划，朝着经济、社会和建设的综合规划方向发展。

一、城市规划与建设的主要工程地质问题

与城市规划与建设有关的主要工程地质问题有：区域稳定性问题、地基稳定性问题、供水水源问题、地质环境的合理利用与保护问题等。

1. 区域稳定性问题

区域稳定性直接影响城市的安全和经济发展，是城市总体规划阶段应首先论证的工程地质问题，以保证城市规划方案的经济合理性和技术可行性。

影响区域稳定性的主要因素是地震，它的强度和对建筑物的危害程度常以地震基本烈度来表示。由于地震的活动往往是突发性的，常给工程建筑造成严重的破坏和损害。因此，若震中在大城市内或其附近，则其将遭受巨大的地震灾害。如1976年我国唐山地震。

地震基本烈度主要由地震部门负责提供，它包括规划区的地震基本烈度区划图及其说明书。据此可确定规划区内地震基本烈度，了解地震活动的特征与趋势，强震的构造条件以及可能发生的地震最大震级等资料。此外，工程地质人员应特别注意搜集区域卫星像片及航空像片、主要构造带及强震震中分布图、地震地质报告、地应力及历史地震记录和现今地震活动等资料。同时，通过实地的工程地质调查，为规划区的区域稳定性评价收集基本资料和依据。

2. 地基稳定性问题

地基稳定性问题始终是各规划阶段的主要工程地质问题。它主要指地基中岩土体的强度和变形。地基强度通常以地基承载力特征值来表示，按其大小可把城市用地划分为各种用途的地段，为城市的功能分区提供可靠的依据，见表9-8。

表9-8 地基强度分类表

地基等级	地基承载力特征值/(10^2kPa)	地基类型	用途
优秀	>3	土基或岩基	可作高层建筑地基
良好	2～3	土基	可作多层及一般高层建筑地基
中等	1～2	土基	可作多层建筑地物地基
较差	0.5～1	土基	只适建单层建筑物
极差	<0.5	土基	道路、公园、苗圃及绿化区

注：当基础宽度≤3m，埋深为0.5～1.5m时，地下水埋深大于4m。

3. 供水水源问题

城市供水量是城市中工业用水和生活用水量的总和，它在很大程度上取决于城市中工业的发展状况以及人口的数量。随着生产的发展和人口的增长，城市供水量不断增加。因此，在一定条件下它是制约城市发展的重要因素之一。丰富的水源，良好的水质，能给城市的发展创造有利条件。

江河、湖泊及水库等大型地表水体，特别是地下水（冲积层潜水、深层基岩裂隙水、岩溶水）等均可作为城市供水的水源。一个重要的城市，往往需要两个或两个以上的供水水源地。其水质不仅要符合各种工业用水的要求，而且还要达到生活饮用水的标准，同时，其水量必须满足城市远景规划的需要。

4. 地质中环境的合理利用和保护问题

随着城市的发展，除了修建大量工业与民用建筑、地下建筑、道路、桥梁外，还须进行水库的修建、运河的开拓、农业灌渠网络的形成、地下水开发利用及矿床开采等工程活动。这些必将引起城市地质环境发生剧烈变化，如水库、运河和灌区等的修建，常使地下水位上升，造成地基软化、黄土湿陷、斜坡失稳、建筑物变形和破坏等；又如上海、天津、沈阳、西安等城市过量开采地下水，抚顺等矿区持续开采及矿坑大量排水，致使地下水位大幅度下降，引起地面沉降，泉水和地下水水源枯竭，植物枯萎，土地荒芜等。这都是人类不合理地进行各种工程活动，大规模地改变地质环境所带来的不良后果。

二、城市规划与建设工程的勘察要点

城市规划工程地质勘察应以搜集整理、分析利用已有资料和工程地质测绘与调查为主，辅以必要的勘探、测试工作。规划区内的各场地，应根据其场地条件和地基的复杂程度、按表 9-9 分类。

表 9-9　场地分类

一级场地（复杂场地）	二级场地（中等复杂场地）	三级场地（简单场地）
符合下列条件之一者为一级场地（复杂场地）： 1. 对建筑抗震危险的地段； 2. 不良地质作用强烈发育； 3. 地质环境已经或可能受到强烈破坏； 4. 地形地貌复杂； 5. 有影响工程的多层地下水，岩溶裂隙水或其他水文地质条件复杂，需专门研究的场地	符合下列条件之一者为二级场地（中等复杂场地）： 1. 对建筑抗震不利的地段； 2. 不良地质作用一般发育； 3. 地质环境已经或可能受到一般破坏； 4. 地形地貌较复杂； 5. 基础位于地下水位以下的场地	符合下列条件者为三级场地（简单场地）： 1. 抗震设防烈度等于或小于 6 度，或对建筑抗震有利的地段； 2. 不良地质作用不发育； 3. 地质环境基本未受破坏； 4. 地形地貌简单； 5. 地下水对工程无影响

注：1. 从一级开始，向二级，三级推定，以最先满足的为准。

2. 对建筑抗震有利、不利和危险地段的划分，应按现行国家标准《建筑抗震设计规范》（GB 50011）的规定确定。

城市规划工程地质勘察必须结合勘察任务要求，因地制宜，选择运用各种勘察手段，提供符合城市规划要求的勘察成果。根据城市规划条例，城市规划工程地质勘察阶段应与规划阶段相适应，分为总体规划勘察阶段和详细规划勘察两个阶段。

1. 总体规划勘察阶段

总体规划勘察应对规划区内各场地的稳定性和工程建设适宜性作出评价，并为确定城市的性质、发展规模、城市各项用地的合理选择、功能分区和各项建设的总体部署，以及编制各项专业总体规划提供工程地质依据，还应研究和预测规划实施过程及远景发展中，对地质环境影响的变化趋势和可能发生的环境地质问题提出相应的建议和防治对策。

(1) 总体规划勘察工作内容

① 搜集整理、分析研究已有资料、文献；调查了解当地的工程建设经验。

② 调查了解规划区内各场地的地形、地质（地层、构造）及地貌特征、地基岩土的空间分布规律及其物理力学性质、动力地质作用的成因类型、空间分布、发生和诱发条件等，以及它们对场地稳定性的影响及其发展趋势，并应调查了解规划区内存在的特殊性岩土的典型性质。

③ 调查了解规划区内各场地的地下水类型、埋藏、径流及排泄条件、地下水位及其变化幅度、地下水污染情况，并采取有代表性的水试样进行水质分析；在缺乏地下水长期观测资料的规划区应建立地下水长期观测网，进行地下水位和水质的长期观测。

④ 对于地震区的城市，应调查了解规划区的地震地质背景和地震基本烈度，对地震设防烈度等于或大于 7 度的规划区，尚应判定场地和地基的地震效应。

⑤ 在规划实施过程及远景发展中，应调查研究并预测地质条件变化或人类活动引起的环境工程地质问题。

⑥ 综合分析规划区内各场地工程地质（地形、岩土性质、地下水、动力地质作用及地质灾害等）的特性及其与工程建设的相互关系，按场地特性、稳定性、工程建设适宜性进行

工程地质分区，并紧密结合任务要求，进行土地利用控制分析，编制城市总体规划勘察报告。

(2) 总体规划勘察搜集资料

① 规划区及其邻近地区的航天和航空遥感影像及其判断资料。

② 规划区的历史地理、江河湖海岸线变迁、城市的历史沿革和城址变迁，暗埋的河、湖、沟、坑的分布及其演变等资料。

③ 规划区气候的基本性质、气温（平均气温、最高气温、最低气温、四季的分配、取暖和防暑降温期、无霜期、最大冻结深度）、降水（降水量、降水强度）、风（风向、风速、风口）、气压、湿度、日照（日照时数、日照角）和灾害性天气等气象要素资料。

④ 规划区的水系分布、流域范围、江湖河海水位、流量、流速、水量和洪水淹没界线、洪涝灾害等水文资料，以及现有水利、防洪设施的资料。

⑤ 区域地质、第四纪地质、地貌、水文地质和工程地质，以及地下水长期观测和建筑物沉降观测等资料。

⑥ 地震地质资料，如活动构造体系和深部地质构造、近期地壳形变观测、历史地震和地震现今活动特点及其构造活动特征、地震危险区、地震基本烈度和宏观震害、地震液化和其他强震地面破坏效应、强震观测记录，以及地震反应分析等资料。

⑦ 自然资源（水资源、矿产资源和燃料动力资源、天然建筑材料资源，以及旅游景观资源等）的分布、数量、开发利用价值等资料。

⑧ 地下工程设施（地下铁道、人防工程等）和地下采空分布情况的资料。

(3) 城市总体规划勘察工作的布置 总体规划勘察的勘探点布置应符合下列规定。

① 勘探线、点间距可根据勘察任务要求及场地复杂程度等级，按表 9-10 确定。

② 每个评价单元的勘探点数量不应少于 3 个。

③ 钻入稳定岩土层的勘探孔数量不应少于勘探孔总数的 1/3。

表 9-10 总体规划阶段勘探线、点间距

场地复杂程度等级	勘探线间距/m	勘探点间距/m
一级场地(复杂场地)	400～600	＜500
二级场地(中等复杂场地)	600～1000	500～1000
三级场地(简单场地)	800～1500	800～1500

总体规划勘察的勘探孔深度应满足场地稳定性和工程建设适宜性分析评价的需要，并应符合下列规定：

① 勘探孔深度不宜小于 30m，当深层地质资料缺乏时勘探孔深度适当增加；

② 在勘探孔深度内遇基岩时，勘探孔深度可适当减浅；

③ 当勘探孔底遇软弱土层时，勘探孔深度应加深或穿透软弱土层。

采取岩土试样和进行原位测试的勘探孔数量不应少于勘探孔总数的 1/2，必要时勘探孔宜全部采取岩土试样和进行原位测试。

总体规划勘察的资料整理、分析与评价应包括下列内容：

① 已有资料的分类汇总、综合研究；

② 现状地质环境条件、地震可能诱发的地质灾害程度；

③ 各评价单元的场地稳定性；

④ 各评价单元的工程建设适宜性；

⑤ 工程建设活动与地质环境之间的相互作用、不良地质作用或人类活动可能引起的环境工程地质问题。

总体规划勘察应根据总体规划阶段的编制要求，结合各场地稳定性、工程建设适宜性的分析与评价成果，在规划区地质环境保护、防灾减灾、规划功能分区、建设项目布置等方面提出相关建议。

2. 详细规划阶段要点

详细规划勘察应根据各项建设特点和拟建建（构）筑物的要求，为确定规划区内近期房屋建筑、市政工程、公用事业、园林绿化、环境卫生及其他公共设施的总平面布置，以及拟建的重大工程地基基础设计和不良地质现象的防治等提供工程地质依据、建议及其技术经济依据，勘察要点如下。

① 初步查明地质（地层、构造）、地貌、地层结构特征、地基岩土层的性质、空间分布从其物理力学性质、土的最大冻结深度以及不良地质现象的成因、类型、性质、分布范围、发生和诱发条件等对规划区内各建筑地段稳定性的影响程度及其发展趋势．并应初步查明规划区内存在的特殊性岩土的类型、分布范围及其工程地质特性。

② 初步查明地下水的类型、埋藏条件、地下水位变化幅度和规律，以及环境水的腐蚀性。

③ 进一步分析研究规划区的环境工程地质问题，并对各建筑地段的稳定性作出工程地质评价。

④ 在抗震设防烈度等于或大于 7 度的规划区，应判定场地和地基的地震效应。

⑤ 勘察工作的布置。勘探线、点的布置要求与总体规划阶段一致，且在拟建重大建筑物的场地，应按建筑物平面形状的纵、横两个方向布置勘探线。勘探线、点的间距按表 9-11 确定。

表 9-11　详细规划阶段勘探线、点间距

场地复杂程度等级	勘探线间距/m	勘探点间距/m
一级场地(复杂场地)	100～200	100～200
二级场地(中等复杂场地)	200～400	200～300
三级场地(简单场地)	400～800	300～600

城市中主要干道沿线地带和大型公共设施（如体育中心、文化中心、商业中心等）建设地区详细规划勘察的勘探线、点间距，应根据场地类别，按表 9-11 中规定的最小值确定；城市中主要干道沿线地带详细规划勘察的勘探线，在干道每侧不应少于 2 条。

详细规划勘察的勘探孔深度按表 9-12 确定。

表 9-12　详细规划阶段勘探孔深度

场地复杂程度等级	一般性勘探孔/m	控制性勘探孔/m
一级场地(复杂场地)	＞30	＞50
二级场地(中等复杂场地)	20～30	40～50
三级场地(简单场地)	15～20	30～40

注：勘探孔包括钻孔和原位测试孔。

控制性勘探孔，一般占勘探孔总数的 1/5～1/3，每个地貌单元或拟建的重大建筑物，均应有控制性勘探孔。

取样和进行原位测试的勘探孔，应在平面上适当均匀分布。其数量宜占勘探孔总数的1/3～1/2。取土试样和原位测试的竖向间距，应按地层特点和土的均匀程度确定，各土层均应采取试样或取得原位测试数据。规划区内拟建重大建筑物的地段、取土试样和进行原位测试的勘探孔不得少于3个，且每幢重大建筑物的控制件勘探孔，均应取试样或进行原位测试。

⑥ 在综合整理、分析研究各项勘察工作中所取得资料的基础上，编制近期建设区详细规划勘察报告（包括勘察报告正文及工程地质图系）。

第三节 工业及民用建筑工程地质勘察

工业建筑主要包括专供生产用的各种厂房和车间，其特征是：跨度大而复杂，一般跨度为9～12m，大者达30m；边墙高度高，一般可达20～30m，高者可达40m；基础荷载大，承重墙、框架梁、柱和地面的静荷载都很大；基础埋置较深，常设地下室，以深基础为主。

民用建筑按其用途可分为住宅建筑和公共事业建筑，其特点是：跨度不大，结构简单，基础的荷载量较小，以静荷载为主，很少考虑动荷载和偏心荷载；基础埋深不大，以浅基础为主。

高层建筑的特点是重心高，荷载大，其结构不但承受垂向荷载，而且还承受很大的水平荷载，基础埋置深。因此，它要求作为地基的岩土体，其岩性单一而均匀，岩体结构完整而坚硬，构造简单，地下水埋深大，持力层厚度大且延展性好，下卧层中无软弱土层，地基的承载力较大。此外，高层建筑不允许地基产生太大的沉降和不均匀沉降，并对倾斜和沉降速率均有严格的要求。

一、主要工程地质问题

工业及民用建筑的主要工程地质问题有：区域稳定性问题、边坡稳定性问题、地基稳定性问题、建筑物的合理配置问题、地下水的侵蚀性问题、地基的施工条件问题等。

1. 区域稳定性问题

区域地壳的稳定性直接影响着城市建设的安全和经济的发展，在城市建设中必须首先考虑区域的稳定性问题。其主要影响因素是地震和新构造运动，在新开发地区选择建筑场址时，更应注意。在强震区兴建工业与民用建筑时，应着重于场地地震效应的分析与评价。

2. 边坡稳定性问题

在边坡地区兴建建筑物时，边坡的变形和破坏危及斜坡上及其附近建筑物的安全。建筑物的兴建，给斜坡施加了外荷载，增加了斜坡的不稳定因素，可能导致其滑动，引起建筑物的破坏。因此，必须对边坡的稳定性进行评价，对不稳定边坡提出相应的防治或改良措施。

3. 地基稳定性问题

研究地基稳定性是工业与民用建筑工程地质勘察中的最主要任务。地基稳定性包括地基强度和变形两部分。若建筑物荷载超过地基强度、地基的变形量过大，会使建筑物出现裂隙、倾斜甚至发生破坏。为了保证建筑物的安全稳定、经济合理和正常使用，必须研究与评价地基的稳定性。提出合理的地基承载力和变形量，使地基稳定性同时满足强度和变形两方面的要求。

4. 建筑物的合理配置问题

大型的工业建筑往往是由工业主厂房、车间、办公大楼、附属建筑及宿舍构成的建筑群，由于各建筑物的用途和工艺要求不同，它们的结构、规模和对地基的要求不一样，因此，对各种建筑物进行合理的配置，才能保证整个工程建筑物的安全稳定、经济合理和正常使用。在满足建筑物对气候的要求和工艺方面的条件下，工程地质条件是建筑物配置的主要决定因素。只有通过对场地工程地质条件的调查，才能为建筑物选择较优的持力层，确定合适的基础类型，提出合理的基础砌置深度，为各建筑物的配置提供可靠的依据。

5. 地下水的侵蚀性问题

混凝土是房屋建筑与构筑物的建筑材料，当混凝土基础埋置于地下水位以下时，必须考虑地下水对混凝土的侵蚀性问题。大多数地下水不具有侵蚀性，只有当地下水中某些化学成分（HCO_3^-、SO_4^{2-}、Cl^-、侵蚀性CO_2等）含量过高时，才对混凝土结构产生侵蚀。地下水的化学成分与环境及污染情况有关。所以，在工程地质勘察时，必须测定地下水的化学成分，并评价其对混凝土结构的侵蚀程度，提出防治措施。

6. 地基的施工条件问题

修建工业及民用建筑时，一般都需要进行基坑开挖工作，尤其是高层建筑设置地下室时，基坑开挖的深度更大。在基坑开挖过程中，地基的施工条件不仅会影响施工工期和建筑物的造价，而且对基础类型的选择起着决定性的作用。基坑开挖时，首先遇到的是坑壁应采用多大的坡角才能稳定、能否放坡、是否需要支护。若采取支护措施，采用何种支护方式较合适等问题；坑底以下有无承压水存在，能否造成基坑底板隆起或被冲溃；若基坑开挖到地下水位以下时，会遇到基坑涌水、出现流砂、流土等现象，这时需要采取相应的防治措施，如人工降低地下水位与帷幕灌浆止水等。影响地基施工条件的主要因素是土体结构特征，土的种类及其特性，水文地质条件，基坑开挖深度、挖掘方法、施工速度以及坑边荷载情况等。

二、工业与民用建筑工程的勘察要点

1. 可行性研究勘察阶段

可行性研究勘察阶段应对拟建场地的稳定性以及对拟建建筑物（构筑物）是否适合作出评价，具体应进行下列工作。

① 收集区域地质、地形地貌、地震、矿产、当地工程地质、岩土工程和建筑经验等资料。

② 在收集和分析已有技术资料的基础上，通过踏勘，了解场地的地层、构造、岩石和土的性质、不良地质现象及地下水等工程地质条件。

③ 当拟建场地工程地质条件复杂，已有资料不能满足时，应根据具体情况进行工程地质测绘和必要的勘探工作。

④ 当具有两个或两个以上拟选场地时，应进行对比分析选择。

2. 初步勘察阶段

该阶段应对拟建建筑地段的稳定性作出评价，并应进行下列主要工作。

① 收集拟建工程的有关文件、工程地质和岩土工程资料以及工程场地范围的地形图。

② 初步查明地质构造、地层结构、岩土工程特性、地下水埋藏条件。

③ 查明场地不良地质作用的成因、分布、规模、发展趋势，并应对场地的稳定性作出评价。

④ 对于抗震设防烈度等于或大于 6 度的场地，对场地与地基的地震效应作出初步评价。

⑤ 季节性冻土地区，应调查场地土的标准冻结深度。

⑥ 初步判定水和土对建筑材料的腐蚀性。

⑦ 在高层建筑初步勘察时，应对可能采取的地基基础类型、基坑开挖与支护、工程降水方案进行初步分析评价。

初步勘察应在收集已有资料的基础上，根据需要进行工程地质测绘或调查、勘探、测试和物探工作，其中初步勘察的勘探工作应符合如下要求。

① 勘探线应垂直于地貌单元、地质构造、地层界线布置。

② 每个地貌单元均应布置勘探点，在地貌单元交接部位和地层变化较大的地段，勘探点应当加密。

③ 在地形平坦地区，可按网格布置勘探点。

④ 对岩质地基，勘探线和勘探点布置及勘探孔的深度，应根据地质构造、岩体特性、风化情况，按当地标准或当地经验确定。

⑤ 对土质地基应符合后续⑥～⑨条的规定。

⑥ 勘探线、勘探点的间距可按表 9-13 确定。

⑦ 初步勘察的勘探孔深度可按表 9-14 确定。需要说明的是，表 9-14 中确定的深度不是一成不变的，在具体的工程勘察当中，尚可以根据情况进行调整。

表 9-13 初步勘察勘探线、勘探点间距

地基复杂程度等级	勘探线间距/m	勘探点间距/m
一级(复杂)	50～100	30～50
二级(中等复杂)	75～150	40～100
三级(简单)	150～300	75～200

注：1. 表中间距不适用于地球物理勘探。2. 控制性勘探点宜占勘探点总数的 1/5～1/3，且每个地貌单元均应有控制性勘探点。

表 9-14 初步勘察勘探孔深度

工程重要性等级	一般性勘探孔/m	控制性勘探孔/m
一级(重要工程)	≥15	≥30
二级(一般工程)	10～15	15～30
三级(次要工程)	6～10	10～20

注：1. 勘探孔包括钻孔、探井和原位测试孔等。2. 特殊用途的钻孔除外。

⑧ 初步勘探采取土试样和进行原位测试应符合下列要求。

a. 采取土试样和进行原位测试的勘探点应结合地貌单元、土层结构和土的工程性质布置，其数量可占勘探点总数的 1/4～1/2。

b. 采取土试样的数量和孔内原位测试的竖向间距，应按地层特点和土的均匀程度确定；每层土均应采取土试样或进行原位测试，其数量不宜少于 6 个。

⑨ 初步勘探应进行下列水文地质工作。

a. 调查含水层的埋藏条件，地下水类型、补给排泄条件、各层地下水位，调查其变化幅度，必要时应设置长期观测孔，监测水位变化。

b. 当需绘制地下水等水位线图时，应根据地下水的埋藏条件和层位，统一量测地下水位。

c. 当地下水可能浸湿基础时，应采取水试样进行腐蚀性评价。

3. 详细勘察阶段

本阶段应按单体建筑物或建筑群提出详细的岩土工程资料和设计、施工所需的岩土参数；对建筑地基做出岩土工程评价，并对地基类型、基础形式、地基处理、基坑支护、工程降水和不良地质作用的防治等提出建议。主要应进行下列工作。

① 搜集附有坐标和地形的建筑总平面图，场区的地面整平标高，建筑物的性质、规模、荷载、结构特点，基础形式、埋置深度、地基允许变形等资料。

② 查明不良地质作用的类型、成因、分布范围、发展趋势和危害程度，提出整治方案的建议。

③ 查明建筑范围内岩土层的类型、深度、分布、工程特性，分析和评价地基的稳定性、均匀性和承载力。

④ 对需进行沉降计算的建筑物，提供地基变形计算参数，预测建筑物的变形特征。

⑤ 查明埋藏的河道、沟渠、墓穴、防空洞、孤石等对工程不利的埋藏物。

⑥ 查明地下水的埋藏条件，提供地下水位及其变化幅度。

⑦ 在季节性冻土地区，提供场地土的标准冻结深度。

⑧ 判定水和土对建筑材料的腐蚀性。

对抗震设防烈度等于或大于 6 度的场地，勘察工作应进行场地和地基地震效应的岩土工程勘察，并应符合相关规范的要求；当建筑物采用桩基础时，应符合桩基工程勘察的有关内容要求；当需要进行基坑开挖、支护和降水设计时，也应符合基坑工程勘察的有关内容要求。

当工程需要时，详细勘察应论证地基土和地下水在建筑施工和使用期间可能产生的变化及其对工程和环境的影响，提出防治方案、防水设计水位和抗浮设计水位的建议。

详细勘察的勘探点布置和勘探孔深度，应根据建筑物特性和岩土工程条件确定。对岩质地基，应根据地质构造、岩体特性、风化程度等，结合建筑物对地基的要求，按地方标准或当地经验确定。详细勘察勘探点的间距可按表 9-15 确定。

表 9-15　详细勘察勘探点的间距

地基复杂程度等级	勘探点间距/m
一级(复杂)	10～15
二级(中等复杂)	15～30
三级(简单)	30～50

第四节　道路和桥梁工程地质勘察

道路是陆地交通运输的干线，由公路和铁路共同组成运输网络。其中铁路运输量占首位，铁路是国民经济的动脉，在我国的政治、经济、国防上发挥着巨大作用。解放前，我国仅有铁路 1 万多千米，公路数万千米。建国以来，我国铁路和公路除修复和改造外，新增修了一系列的铁路线，如包兰线、兰新线、宝成线、鹰厦线、成渝线、成昆线等；公路更多，大的如青藏、新藏和川藏公路等。特别是近年来我国高速公路飞速发展，高等级公路网络已初具规模，至 1998 年底，我国公路通车总里程达 1278000km，高速公路里程 8733km，在建高速公路里程达 12600km。全国通公路的乡镇达到 99%，通公路的行政村达到 87%。

桥梁是在道路跨越河流、山谷或不良地质现象发育地段而修建的构筑物，是道路的重要组成部分，随着道路地质复杂程度的增加，桥梁的数量与规模在道路中的比重越来越大，它是道路选线时的重要因素之一。作为既是线型建筑物，又是表层建筑物的道路与桥梁，往往要穿过许多地质条件复杂的地区和不同的地貌单元，使道路的结构复杂化。

一、道路工程

公路与铁路在结构上虽各有其特点，但两者却有许多相似之处。

(1) 它们都是线型工程，往往要穿过许多地质条件复杂的地区和不同地貌单元，使道路的结构复杂化。

(2) 在山区线路中，崩塌、滑坡、泥石流等不良地质现象都是道路的主要威胁，而地形条件又是制约线路的纵向坡度和曲率半径的重要因素。

(3) 两种线路的结构都是由三类建筑物所组成：第一类为路基工程，它是线路的主体建筑物（包括路堤和路堑）；第二类为桥隧工程（如桥梁、隧道、涵洞等），它们是为了使线路跨越河流、深谷、不良的地质和水文地质条件地段，穿越高山峻岭或使线路从河、湖、海底以下通过等；第三类是防护建筑物（如明洞、挡土墙、护坡、排水盲沟等）。

公路与铁路的工程地质问题大体相似，但铁路比公路对地质和地形的要求更高。高等级公路比一般公路对地质条件的要求高。

1. 路线选择工程地质论证

路线选择是由多种因素决定的，地质条件是其中的一个重要的因素，也是控制性的因素，路线方案有大方案与小方案之分，大方案是指影响全局的路线方案，如越甲岭还是越乙岭，沿 A 河还是沿 B 河，一般是属于选择路线基本走向的问题；小方案是指局部性的路线方案，如走垭口左边还是右边，沿河右岸还是左岸，一般是属于线位方案。工程地质因素不仅影响小方案的选择，有时也影响大方案的选择。下面分山岭区与平原区两种情况进行研究。

(1) 山岭区路线选择工程地质论证

① 沿河线。由于沿河路线的纵坡受限制不大，便于为居民点服务，有丰富的筑路材料和水源可供施工、养护使用，在路线标准、使用质量、工程造价等方向往往优于其他线型，因此它是山区选线优先考虑的方案。但在深切的峡谷区，如两岸张裂隙发育，高陡的山坡处于极限平衡状态时，采用沿河线则应慎重考虑。

沿河线路线布局的主要问题是：路线选择走河流的哪一岸；路线放在什么高度；在什么地点跨河。

② 越岭线。横越山岭的路线，通常是最困难的，一上一下需要克服很大的落差，常有较多的展线。越岭线布局的主要问题是：垭口选择，过岭标高选择，展线山坡选择。这三者是相互联系、相互影响的，不能孤立地考虑，而应当综合考虑。越岭方案可分路堑与隧道两种。选择哪种方案过岭，应结合山岭的地形、地质和气候条件考虑。

③ 垭口选择。垭口是越岭线的控制点，在符合路线基本走向的前提下，要全面考虑垭口的标高、地形地质条件和展线条件来选择。通常应选择标高较低的垭口，特别是在积雪、结冰地区，更应注意选择低垭口，以减少冰、雪灾害。对宽厚的垭口，只宜采用浅挖低填方案，过岭标高基本上就是垭口标高。对瘠薄的垭口，常常采用深挖方式，以降低过岭标高，缩短展线长度，这时就要特别注意垭口的地质条件。断层破碎带型垭口，对深挖特别不利。由单斜岩层构成的垭口，如为页岩、砂页岩互层、片岩、千枚岩等易风化、易滑动的岩层组

成时，对深挖也常常是很不利的。

④ 山坡线。山坡线是越岭线的主要组成部分，在选择垭口的同时，必须注意两侧山坡展线条件的好坏。评价山坡的展线条件，主要看山坡的坡度、断面形式和地质构造，山坡的切割情况，以及有无不良地质现象等。坡度平缓而又少切割的山坡有利于展线。陡峻的山坡、被深沟峡谷切割的山坡，对展线是不利的。

(2) 平原区路线选择工程地质论证　地面水特征是首先应考虑的因素。为避免水淹、水浸，应尽可能选择地势较高处布线，并注意保证必要的路基高度。在排水不畅的众河汇集的平原区、大河河口地区，尤应特别注意。

地下水特征也是应该仔细考虑的重要因素。在凹陷平原、沿海平原、河网湖区等地区，地势低平，地下水位高，为保证路基稳定，应尽可能选择地势较高、地下水位较深处布线。

应该注意地下水位变化的幅度和规律。不同地区，可能有不同的变化规律。如灌区主要受灌溉水的影响，水位变化频繁，升降幅度大；又如多雨的平原区，主要受降水的影响，大量的降水不仅使地下水位升高，而且会形成广泛的上层滞水。

在北方冰冻地区，为防治冻胀与翻浆，更应注意选择地面水排泄条件较好、地下水位较深、土质条件较好的地带通过，并保证规范规定的路基最小高度。

在有风沙流、风吹雪的地区，要注意路线走向与风向的关系，确定适宜的路基高度，选择适宜的路基横断面，以避免或减轻道路的沙埋、雪阻灾害。

在大河河口、河网湖区、沿海平原、凹陷平原等地区，常常会遇到淤泥、泥炭等软弱地基的问题，勘测时应予以注意。

在广阔的大平原内，砂、石等筑路材料往往是很缺乏的，应借助地形图、地质图认真寻找。

2. 道路工程主要工程地质问题

(1) 路基边坡稳定性问题　路基边坡包括天然边坡，傍山路线的半填半挖路基边坡以及深路堑的人工边坡等。具有一定的坡度和高度的边坡在重力作用下，其内部应力状态也不断变化。当剪应力大于岩土体的强度时，边坡即发生不同形式的变化和破坏。其破坏形式主要表现为滑坡、崩塌和错落。土质边坡的变形主要决定于土的矿物成分，特别是亲水性强的黏土矿物及其含量。除受地质、水文地质和自然因素影响外，施工方法是否正确也有很大关系。岩质边坡的变形主要决定于岩体中各种软弱结构面的性状及其组合关系。它们对边坡的变形起着控制作用。只有同时具备临空面、滑动面和切割面三个基本条件，岩质边坡的变形才有发生的可能。

由于开挖路堑形成的人工边坡，加大了边坡的陡度和高度，使边坡的边界条件发化，破坏了自然边坡原有应力状态，进一步影响边坡岩土体的稳定性。另外路堑边坡不仅可能产生工程滑坡，而且在一定条件下，还能引起古滑坡复活。由于古滑坡发生时间长，在各种外营力的长期作用下，其外表形迹早已被改造成平缓的边坡地形，很难被发现。若不注意观测，当施工开挖形成滑动的临空面时，就可能造成边坡失稳。

(2) 路基基底变形和稳定性问题　路基基底稳定性多发生于填方路堤地段，其主要表现形式为滑移、挤出和塌陷。一般路堤和高填路堤对路基基底的要求是要有足够的承载力，它不仅承受列车在运营中产生的动荷载，而且还承受很大的填土压力，因此，基底土的变形性质和变形量的大小主要决定于基底土的力学性质、基底面的倾斜程度、软层或软弱结构面的性质与产状等。此外，水文地质条件也是促进基底不稳定的因素，它往往使基底发生巨大的塑性变形而造成路基的破坏。如路基底下有软弱的泥质夹层，当其倾向与坡向一致时，若在其下方开挖取土或在上方填土加重，都会引起路堤整体滑移；当高填路堤通过河漫滩或阶地时，若基底下分布有饱水厚层淤泥，在高填路堤的压力下，往往使基底产生挤出变形；也有的由于基底下岩溶洞穴的塌陷而引起路堤严重变形破坏。

(3) 道路冻害问题　道路冻害包括冬季路基土体因冻结作用而引起路面冻胀和春季因融化作用而使路基翻浆。结果都会使路基产生变形破坏，甚至形成显著的不均匀冻胀和路基土强度发生极大改变，危害道路的安全和正常使用。

根据地下水的补给情况，路冻胀的类型可分为表面冻胀和深源冻胀。前者主要在地下水埋深较大地区，其冻胀量一般为30～40mm，最大达60mm。其主要原因是路基结构不合理或养护不周，致使道碴排水不良造成。深源冻胀多发生在冻结深度大于地下水埋深或毛细管水带接近地表水的地区，地下水补给丰富，水分迁移强烈，其冻胀量较大，一般为200～400mm，最大达600mm。公路的冻害具有季节性，冬季在负气温长期作用下，使土中水分重新分布，形成平行于冻结界面的数层冻层，局部尚有冻透镜体，因而使土体积增大（约9%）而产生路基隆起现象；春季地表面冰层融化较早，而下层尚未解冻，融化层的水分难以下渗，致使下层土的含水量增大而软化，在外荷载作用下，路基出现翻浆现象。

(4) 建筑材料问题　路基工程需要的天然建筑材料不仅种类较多，而且数量较大。同时要求各种材料产地沿线两侧零散分布。这些材料品质的好坏和运输距离的远近，直接影响工程的质量和造价，有时还会影响路线的布局。

二、道路工程地质勘察要点

道路工程地质勘察阶段与其工程设计阶段是相配合的，相应地可分为可行性研究勘察阶段、初步设计勘察阶段、详细勘察阶段。

1. 可行性研究勘察阶段

本阶段勘察要点主要是研究建设项目所在地的地理、地形、地貌、地质、地震、水文气象等自然特征。应在充分收集已有地质资料的基础上，以调查为主，并进行必要的工程地质勘察工作，勘察的深度应根据公路等级、工程地质条件的复杂程度，按不同的要求进行。配合规划设计，解决大的线路方案的选择问题，重点研究跨越大分水岭处、长隧道、跨越大河和大规模不良地质现象等关键性地段的工程地质条件，并提供有关地震、天然建筑材料和供水水源等地质资料。最终以工程地质观点选出几个较好的线路比较方案，为选线提供地质资料。

2. 初步设计勘察阶段

初步设计勘察阶段可分为路线初勘与路基初勘。

(1) 路线初勘　应重点查明与选样路线方案和确定路线走向有关的工程地质条件，包括沿线的地形、地貌和地质构造，不良地质现象、特殊性岩土的类型、性质及分布，路基填筑材料的来源，并预测可能产生工程地质灾害的地段及对工程方案的影响。当区域稳定条件差，有不良地质现象和特殊性岩土存在，山体或基底有可能失稳时，应评价地质条件对工程稳定、施工条件和安全及营运养护的长期影响，合理选定路线方案。

(2) 路基初勘　对于一般路基，应查明与地基稳定和边坡稳定及设计有关的地质条件，包括岩石性质、产状、风化破碎程度与厚度，土的类别、密实程度、含水状态，地下水与地表水的活动状况等；对于高路堤，重点调查地层层位、层厚、土质类别，查明地下水埋深、分布，确定土的承载能力、抗剪指标和压缩指标。判定在路堤附加荷载作用下，地基沉降和滑移的稳定性；对于填筑在等于或陡于 1∶2 的斜坡上及存在可能沿斜坡滑动的陡坡路堤，应查明其沿斜坡或下卧基岩面滑动的可能性，调查斜坡上覆盖土层的层位、层厚、土类，斜坡下卧基岩岩石的倾斜度、岩性、产状、风化程度，斜坡地表水和地下水的情况，确定土层和岩土界面的抗滑、抗剪强度指标。

3. 详细勘察阶段

查明工程地质问题发生的原因、发展趋势，以及对工程建筑的危害程度，提出处理意见；搜集因施工困难或其他特殊原因而改变设计方案或增加建筑物所需要的工程地质资料，并根据施工实际开挖情况，修改补充原有设计图件的工程地质内容；对存在疑难问题的工点做好工程地质预测，或布置长期观测等。

三、桥梁工程地质问题

桥梁是公路建筑工程中的重要组成部分，由正桥、引桥和导流等工程组成。正桥是主体，位于河岸桥台之间。桥墩均位于河中。引桥是连接正桥与路线的建筑物，常位于河漫滩或阶地之上，它可以是高路堤或桥梁；导流建筑物，包括护岸、护坡、导流堤和丁坝等，是保护桥梁等各种建筑物的稳定，不受河流冲刷破坏的附属工程。桥梁结构可分为梁桥、拱桥和钢架桥等，不同类型的桥梁，对地基有个同的要求，所以工程地质条件是选择桥梁结构的主要依据。包括以下三方面的主要工程地质问题。

1. 桥墩台地基稳定性问题

桥墩台地基稳定性主要取决于墩台地基中岩土体承载力的大小。它对选择桥梁的基础和确定桥梁的结构形式起决定作用。当桥梁为静定结构时，出于各桥孔是独立的，相互之间没有联系，对工程地质条件的适应范围较广，但对超静定结构的桥梁，对各桥墩台之间的不均匀沉降特别敏感；拱桥受力时，在拱脚处产生垂直和向外的水平力，因此对拱脚处地基的地质条件要求较高，地基承载力的确定取决于岩土体的力学性质及水文地质条件。应通过室内试验和原位测试综合判定。

2. 桥台的偏心受压问题

桥台除了求受垂直压力外，还承受到岸坡的侧向主动土压力，在有滑坡的情况下，还受到滑坡的水平推力，使桥台基底总是处在偏心荷载状态下；桥墩的偏心荷载，主要是由于列车在桥梁上行驶，突然中断而产生的，对桥墩台的稳定性影响很大，必须慎重考虑。

3. 桥墩台的冲刷问题

桥墩和桥台的修建，使原来的河槽过水断面减少，局部增大了河水流速，改变了流态，对桥基产生强烈冲刷，威胁桥墩台的安全。因此，桥墩台基础的埋深，除决定于持力层的部位外还应满足以下条件。

(1) 桥位应尽可能远在河道顺直，水流集中，河床稳定的地段。以保护桥梁在使用期间不受河流强烈冲刷而破坏或由于河流改道而失去作用。

(2) 桥位应选择在岸坡稳定，地基条件良好，无严重不良地质现象的地段，以保证桥梁和引道的稳定、减低工程造价。

(3) 桥位应尽可能避开顺河方向及平行桥梁轴线方问的大断裂带，尤其不可在未胶结的断裂破碎带和具有活动可能的断裂带上建桥。

四、桥梁工程的工程地质勘察要点

1. 可行性研究勘察阶段

着重于对控制路线方案的大桥桥址进行勘察，查明其地形、地物、地层、岩性、构造、岸坡的稳定性，河段与河床稳定程度等情况，提出桥址选择的建议。

2. 初步勘察阶段

本阶段着重于桥位选择的勘察，应对各桥位方案进行工程地质勘察，并对建桥适宜性和稳定性有关的工程地质条件作出结论性评价。桥位应尽量选在两岸有山嘴或高地等河岸稳固的河段，平原区河流的顺直河段，两岸便于接线的较开阔的河段，且应选在基岩和坚硬土层外露或埋藏较浅、地质条件简单的稳定地基处；桥位避免选在其上、下游有山嘴、石梁、沙洲等干扰水流畅通的地段，避免选在地面、地下已有重要设施而需要拆迁的地段；桥位不宜选在活动断层、滑坡、泥石流、岩溶以及其他不良地质发育的地段。此外，桥位选择还应考虑施工场地布置和材料运输等方面的要求。

钻孔一般布设在桥梁中心线上，为了避免钻穿具有承压水的岩层而引起基础施工困难，也可布设在墩台以外。为了解沿河床方向基岩面的倾斜情况，在桥梁的上下游可加设辅助钻孔。钻孔数量与深度参照表 9-16 确定。

表 9-16 初勘桥位钻孔数量与深度表

桥梁按跨径分类	工程地质条件简单		工程地质条件复杂	
	孔数/个	孔深/m	孔数/个	孔深/m
中桥	2～3	8～20	3～4	20～35
大桥	3～5	10～35	5～7	35～50
特大桥	5～7	20～40	7～10	40～120

注：1. 表中所列数值是参考值，工作中应根据实际情况确定。2. 河床中钻孔深度是以河床面高程控制，河岸处孔深应按地面确定。3. 表中孔深：当地基承载力小时取大值，大时取小值。

钻孔深度取决于河床地质条件、基础类型与基底埋深。河床地质条件包括：河床地层结构、基岩埋深、地基承载力、可能的冲刷深度等。基础类型要区分明挖、深井与桩基等。如遇基岩，要求钻入基岩风化层 1～3m。

3. 详细勘察阶段

本阶段桥梁工程的勘察重点是查明桥位区地层岩性、地质构造、不良地质现象的分布及工程地质特性；探明桥梁墩台地基的覆盖层及基岩风化层的厚度、岩体的风化与构造破碎程度、软弱夹层情况和地下水状态；测试岩土的物理力学性质，提供地基的基本承载力、桩侧摩阻力、钻孔桩极限摩阻力；对边坡及地基的稳定性、不良地质的危害程度和地下水对地基的影响程度作出评价；同时，结合设计要求，对沿线筑路材料场进行复查，为评价山体稳定性和基础稳定性提供详实的资料。

钻孔一般应在基础轮廓线的周边或中心布置，当有不良地质或特殊土与基础密切相关，且又延伸至基础外围，需探明方可决定基础类型及尺寸时，可在轮廓线外围布孔。钻孔数量视工程地质条件和基础类型确定，孔深应根据不同地基和基础的深浅确定。

室内试验和原位测试工作可参照有关规范进行，需要降水时，河床表层需做渗透和涌砂试验。

第五节　地下工程的工程地质勘察

地下工程的特点是它们埋藏在地下岩土体内，它的安全、经济和正常使用都与其所处的工程地质环境密切相关，由于地下开挖破坏了岩土体的初始应力平衡条件、硐室周围的岩体内产生应力重新分布。除少数地质条件特别好的岩体外。一般围岩将受这重新分布应力的影响而产生各种形式的变形、破坏。如硐顶坍塌、底鼓、边墙片帮、开裂等。特别严重者还将影响到地表及其建筑物的稳定。由此可见，为确保地下工程的安全和正常使用，必须研究由上述一系列因素所导致的工程地质问题。

一、地下工程的主要工程地质问题

由于地下工程深埋于地下，在各阶段尤其设计施工阶段遇到的工程地质问题很多。地下工程围岩有岩体和土体之分。最常遇到的工程地质问题主要包括：山岩压力及硐室围岩的变形与破坏问题；地下水及硐室涌水问题；硐室进出口稳定问题。前两类问题属于硐身中出现的问题。实践经验表明，上述问题的出现多与岩体稳定有关。因此，解决这些问题的关键首先在于解决岩体稳定问题。

1. 岩体地下工程的主要工程地质问题

(1) 山岩压力及硐室围岩的变形与破坏问题　岩体在自重和构造应力作用下，处于一定的应力状态。在没有开挖地下工程前岩体原应力状态是稳定的，不随时间而变化。硐室开挖后，地下形成了自由空间，打破了初始应力平衡状态，原来处于挤压状态的围岩，由于解除束缚而向硐室空间松胀变形，这种变形若超过了围岩本身所能承受的能力，使发生破坏，从母岩中分离、脱落，形成坍塌、滑移、底鼓和岩爆等。

山岩压力通常指围岩发生变形或破坏而作用在硐室衬砌上的力。山岩压力和硐室围岩变形破坏是围岩应力重分布和应力集中引起的。因此，研究山岩压力，应首先研究硐室周围应力重分布和应力集中的特点，以及研究测定围岩的初始应力大小及方向；并通过分析硐室结构的受力状态，合理地选型和设计硐室支护，选取合理的开挖方法。影响山岩压力和围岩稳定的因素主要是岩体结构与岩石强度，强度低的软弱岩石比强度高的坚硬岩石的山岩压力大。对坚硬岩石来说，起主要作用的是软弱结构面的存在及其组合关系。

(2) 地下水及硐室涌水问题　当硐室或隧道穿过含水层时，将会有地下水涌进硐室，给施工带来困难。地下水也是造成塌方和围岩失稳的重要原因。地下水对不同围岩的影响程度不同，其主要表现为。

① 以静水压力的形式作用于隧道衬砌。

② 使岩质软化，强度降低。

③ 促使围岩中的软弱夹层泥化，减少层间阻力，易于造成岩体滑动。

④ 石膏、岩盐及某些以蒙脱石为主的黏土岩类，在地下水的作用下发生剧烈的溶解和膨胀而产生附加的山岩压力。

⑤ 如地下水的化学成分中含有有害化合物（硫酸、二氧化碳、硫化氢、亚硫酸）时，对衬砌将产生侵蚀作用。

⑥ 最为不利的影响是发生突然的大量涌水，常造成停工和人身伤亡事故。在硐室工程地质勘测中，应将是否会出现涌水问题列为重点工程地质问题进行研究，对可能出现涌水的地点提出准确的预测。

(3) 有害气体与岩爆 在硐室掘进中，常会遇到各种对人体有害的易于燃烧、爆炸的地下气体，特别是当硐室通过煤系、含油、含炭或沥青的地层时，遇到地下气体的机会更多。这些有害气体是沼气、二氧化碳及硫化氢等，在地下工程的工程地质勘察过程中，应细心测定硐室通过岩层的各种有害气体，提出通风措施及其他安全防护措施的建议，以确保工程的顺利进行。

在坚硬岩体深部开挖时，岩石突然飞出和剧烈破坏的现象，称之为岩爆。目前，对岩爆现象的解释不一。多数人认为岩爆是一种应力释放现象，它只存在于某些个别岩层中，并非普遍现象。其发生的条件大体如下。

① 岩层经受过较强的地应力作用。

② 岩石只有较高的弹性强度。

③ 埋藏位置具有较严谨的围限条件。

应力产生集中，变形受到限制，造成巨大能量积蓄在岩体内，一旦围限解除，便发生岩爆。岩爆大多发生于区域性、压扭性大断裂带附近或埋藏较深的硅质硬脆性岩层中。

(4) 洞口稳定问题 洞口是隧道工程的咽喉部位，洞口地段的主要工程地质问题是边、仰坡的变形问题常引起洞口开裂、下沉或坍塌等灾害。

2. 土体地下工程的工程地质问题

在土体中开挖硐室时，遇到的主要工程地质问题包括上部土体的压力和涌水问题。在土体中，地下硐室围岩上部压力最大，如对饱水细砂及淤泥质土层，几乎从硐顶以上一直到地表的土层重量都是以山岩压力的形式作用于衬砌上。地下水是土体硐室施工中遇到的另一主要工程地质问题，如硐室穿过含水层时，由于大量地下水的涌出，在动水压力作用下，将出现流砂及渗透变形。发生突然的涌水或流砂，常会造成灾难性的事故。

二、地下工程的勘察要点

1. 规划阶段

一般不单独进行地下硐室的工程地质勘察，可根据拟建地下工程的埋深，推测围岩的结构条件、岩性和水文地质状况，依此论证在技术上是否可行。

2. 可行性研究阶段

对拟定比较方案进行方案选择，并重点查明如下三个方面的地质情况。

① 拟定硐室的围岩厚度、地层结构和地质构造特点，地下水的埋藏、运动条件以及与地表水之间的水力联系。

② 对硐室的稳定与施工安全有影响的不利地质因素。如活动断裂破碎带，易溶岩与膨胀岩，地热异常和有害气体，以及可能造成硐室内大量涌水与坍塌的水文地质条件等。

③ 硐口处边坡的坡度、形状、覆盖层厚度与基岩风化深度，岩体结构特征等。该阶段的勘察工作以工程地质测绘为主，比例尺一般为 1：10000～1：5000，测绘范围根据各个地段的具体情况和方案比较的要求而定。

3. 初步设计阶段

配合选定地下硐室的位置对硐室进行概略分段和围岩分类。提出各地段的山岩压力、岩体抗力和外水压力等建议数据。重点研究规模较大的断层破碎带和有可能产生大量涌水、坍塌等地段的安全与稳定问题；预测硐口边坡及硐室边坡的变化趋势，并对施工方法提出具体建议。这一阶段勘察工作的内容和要求是对洞口段、浅埋段以及工程地质条件复杂地段，补充进行1∶15000～1∶1000的专门工程地质测绘。如果覆盖层或风化层较厚，或工程地质条件较复杂地段就要布置适当数量的钻孔和平硐予以查明，并在接近硐线高程的部位做钻孔压水试验。在平硐中，有时要进行岩体弹性模量和抗剪强度等试验。有条件的话还要进行山岩压力观测，松动圈范围测定和岩体应力测量等工作。

4. 施工图设计阶段

针对各选定硐室进行详细的工程地质分段和围岩分类；对各个硐段的山岩压力、外水压力和围岩弹性抗力提出具体的数量指标；对大规模的塌方涌水段上的软弱结构面要作专门研究；对高墙硐室边墙上的软弱结构面组合情况及产生坍塌的边界条件要有定量指标作为依据。这一阶段工程地质勘察工作的内容和要求是根据需要查明的具体任务、场地条件和在初设阶段对某些问题研究的深度加以确定的。为了某项问题的研究，有时要求增加钻孔、平硐或超前导硐。对于大型地下硐室，为配合新奥法施工，有条件时需布置专门断面对硐室围岩在施工过程中的变形进行观测。

三、地下工程施工阶段的勘察要点

主要任务是详细查明已选定线路的工程地质条件，为最终确定轴线位置，设计支护及衬砌结构，确定施工方法和施工条件提供所需资料。具体任务如下。

① 通过对施工开挖所揭露的各种地质现象和问题，进行详细的观察、编录和测绘工作。有时需作复核性的钻探和试验工作对前期地质结论的正确性和可靠性加以检验。如果发现结论有较大的出入，或新发现有不利的地质因素存在，或因施工方法不当将导致岩土体的稳定性受破坏时，均应及时地提出或上报，向施工单位反映，以便修改设计或采取有效措施消除隐患，保证工程建筑在施工和运行期间的安全。

② 对影响施工和运行期间安全的各种水文地质和工程地质现象开展预测和预报工作。

③ 检查硐室开挖和对不良地质因素的处理是否符合设计要求。

对初步设计阶段未完全查明的工程地质条件，进行补充的地质测绘工作。用钻探进一步确定隧道设计高程的岩石性质及地质结构。在滑坡、断裂破碎带，岩溶及厚覆盖层等地质条件比较复杂的地带，还应布置垂直轴线的横向勘探线、编制横向地质剖面图。在隧道进出口可布置勘探导硐（可与施工导硐结合起来），以进一步明确进出口的工程地质条件。用钻孔取样和在导硐中测定岩体的E、c、φ等指标，并可测定松弛圈及地应力。

第六节 岩土工程地质勘察报告书

一、岩土工程地质勘察报告编写规范

岩土工程勘察报告是建筑地基基础设计和施工的重要依据。在保证外业和实验资料准确可靠的基础上，文字报告和有关图表应按合理的程序编制。要重视现场编录、原位测试和实验资料检查校核，使之相互吻合，相互印证。

地基岩土分层是一个重要环节，要根据岩土地质时代、土的成因类型、岩土性质、状态、岩石风化程度和物理力学特征合理划分。岩土的工程力学性质是根据原位测试和实验资料的数理统计值综合判定。报告要充分搜集利用相关的工程地质资料，做到内容齐全，论据充足，重点突出，正确评价建筑场地条件、地基岩土条件和特殊问题，为工程设计和施工提供合理适用的建议。

岩土工程勘察报告是工程地质勘察的最终成果，是建筑地基基础设计和施工的重要依据。报告是否正确反映工程地质条件和岩土工程特点，关系到工程设计和建筑施工能否安全可靠、措施得当、经济合理。

当然，不同的工程项目，不同的勘察阶段，报告反映的内容和侧重有所不同；有关规范、规程对报告的编写也有相应的要求。

二、报告的编制程序

一项勘察任务在完成现场放点、测量、钻探、取样、原位测试、现场地质编录和实验室测试等前期工作的基础上，即转入资料整理工作，并着手编写勘察报告。岩土工程勘察报告编写工作应遵循一定的程序，才能前后照应，顺当进行。不然的话，常会出现现场编录与实验资料的矛盾、图表间的矛盾、文图间的矛盾，改动起来费时费力，影响效率，影响质量。

通常的编制程序如下。

(1) 外业和实验资料的汇集、检查和统计 此项工作应于外业结束后即进行。首先应检查各项资料是否齐全，特别是实验资料是否出全，同时可编制测量成果表、勘察工作量统计表和勘探点（钻孔）平面位置图。

(2) 对照原位测试和土工试验资料，校正现场地质编录 这是一项很重要的工作，但往往被忽视，从而出现野外定名与实验资料相矛盾，鉴定砂土的状态与原位测试和实验资料相矛盾。例如：野外定名为黏土的，实验出来的塑性指数却<17；野外定名为细砂的，实验资料为中砂，其 0.25～0.5mm 颗粒含量百分比达 50%以上；野外定为可塑状态黏性土的，实验出来的液性指数却<0；野外定为稍密状态的砂性土，标准贯入击数却<10 击；野外定为淤泥或淤泥质土的，实验出的孔隙比却<1；野外定为硬塑黏性土的，标准贯入击数却<18 击等。产生诸如此类的矛盾，或由于野外分层深度和定名不准确，或试验资料不准确，应找出原因，并修改校正，使野外对岩土的定名及状态鉴定与实验资料和原位测试数据相吻合。

(3) 编绘钻孔工程地质综合柱状图

(4) 划分岩土地质层，编制分层统计表，进行数理统计 地基岩土的分层恰当与否，直接关系到评价的正确性和准确性。因此，此项工作必须按地质年代、成因类型、岩性、状态、风化程度、物理力学特征来综合考虑，正确地划分每一个单元的岩土层。然后编制分层统计表，包括各岩土层的分布状态和埋藏条件统计表，以及原位测试和实验测试的物理力学统计表等。最后，进行分层试验资料的数理统计，查算分层承载力。

(5) 编绘工程地质剖面图和其他专门图件

(6) 编写文字报告 按以上顺序进行工作可减少重复，提高效率，避免差错，保证质量。在较大的勘察场地或地质地貌条件比较复杂的场地，应分区进行勘察评价。

三、报告论述的主要内容

报告应叙述工程项目、地点、类型、规模、荷载、拟采用的基础形式；工程勘察的发包单位、承包单位；勘察任务和技术要求；勘察场地的位置、形状、大小；钻孔的布置者和布置原则，孔位和孔口标高的测量方法以及引测点；施工机具、仪器设备和钻探，取样及原位测试方法；勘察的起止时间；完成的工作量和质量评述；勘察工作所依据的主要规范、规程；其他需要说明的问题。报告应附勘探点（钻孔）平面位置图、勘探点测量成果表和勘察工作量表。倘若勘察工作量少，可只附图而省去表。一个完整的岩土工程勘察报告，由下面几部分组成。

1. 地质地貌概况

地质地貌决定了一个建筑工地的场地条件和地基岩土条件，应从以下三个方面加以论述。

(1) 地质结构　地质结构主要阐述的内容是：地层（岩石）、岩性、厚度；构造形迹，勘察场地所在的构造部位；岩层中节理、裂隙发育情况和风化、破碎程度。由于勘察场地大多地处平原，应划分第四系的成因类型，论述其分布埋藏条件、土层性质和厚度变化。

(2) 地貌　地貌包括勘察场地的地貌部位、主要形态、次一级地貌单元划分。如果场地小且地貌简单，应着重论述地形的平整程度、相对高差。

(3) 不良地质现象　不良地质现象包括勘察场地及其周围有无滑坡、崩塌、塌陷、潜蚀、冲沟、地裂缝等不良地质现象。如在碳酸盐岩类分布区，则要叙述岩溶的发育及其分布、埋藏情况。如果勘察场地较大，地质地貌条件较复杂，或不良地质现象发育，报告中应附地质地貌图或不良地质现象分布图；如场地小且地质地貌条件简单又无不良地质现象，则在前述钻孔位置平面图上加地质地貌界线即可。当然，倘若地质地貌单一，则可免绘界线。

2. 地基岩土分层及其物理力学性质

这一部分是岩土工程勘察报告着重论述的问题，是进行工程地质评价的基础。下面介绍分层的原则和分层叙述的内容。

(1) 分层原则　土层按地质时代、成因类型、岩性、状态和物理力学性质划分；岩层按岩性、风化程度、物理力学性质划分。厚度小、分布局限的可作夹层处理，厚度小而反复出现可作互层处理。

(2) 分层编号方法　常见三种编号法：第一，从上至下连续编号，即①、②、③……层。这种方法一目了然，但在分层太多而有的层位分布不连续时，编号太多显得冗繁；第二，土层、岩层分别连续编号，如土层Ⅰ-1、Ⅰ-2、Ⅰ-3……；岩层Ⅱ-1、Ⅱ-2、Ⅱ-3……；第三，按土、石大类和土层成因类型分别编号。如某工地填土 1；冲积黏土 2-1、冲积粉质黏土 2-2，冲积细砂 2-3；残积可塑状粉质黏土 3-1、残积硬塑状粉质黏土 3-2；强风化花岗岩 4-1，中风化花岗岩 4-2，微风花岗岩 4-3。第二、第三种编法有了分类的概念，但由于是复合编号，故而在报告中叙述有所不便。目前，大多数分层是采用第一种方法，并已逐步地加以完善。总之，地基岩土分层编号、编排方法应根据勘察的实际情况，以简单明了，叙述方便为原则。此外，初勘和详勘，在同一场地的分层和编号应尽量一致，以便参照对比。

(3) 分层叙述内容　对每一层岩土，要叙述如下的内容。

① 分布。通常有“普遍”、“较普遍”、“广泛”、“较广泛”、“局限”、“仅见于”等用语。对于分布较普遍和较广泛的层位，要说明缺失的孔段；对于分布局限的层位，则要说明其分布的孔段。

② 埋藏条件。包括层顶埋藏深度、标高、厚度。如场地较大，分层埋深和厚度变化较大，则应指出埋深和厚度最大、最小的孔段。

③ 岩性和状态。土层，要叙述颜色、成分、饱和度、稠度、密实度、分选性等；岩层，要叙述颜色、矿物成分、结构、构造、节理裂隙发育情况、风化程度、岩心完整程度；裂隙的发育情况，要描述裂隙的产状、密度、张闭性质、充填情况；关于岩心的完整程度，除区分完整、较完整、较破碎、破碎和极破碎外，还应描述岩心的形状，即区分出长柱状、短柱状、饼状、碎块状等。

④ 取样和实验数据。应叙述取样个数、主要物理力学性质指标。尽量列表表示土工实

验结果，文中可只叙述决定土层力学强度的主要指标，例如填土的压缩模量、淤泥和淤泥质土的天然含水量、黏性土的孔隙比和液性指数、粉土的孔隙比和含水量、红黏土的含水比和液塑比。对叙述的每一物理力学指标，应有区间值、一般值、平均值，最好还有最小平均值、最大平均值，以便设计部门选用。

⑤ 原位测试情况。包括试验类别、次数和主要数据。也应叙述其区间值、一般值、平均值和经数理统计后的修正值。

⑥ 承载力。据土工试验资料和原位测试资料分别查算承载力标准值，然后综合判定，提供承载力标准值的建议值。

3. 地下水简述

地下水是决定场地工程地质条件的重要因素。报告中必须论及：地下水类型，含水层分布状况、埋深、岩性、厚度，静止水位、降深、涌水量、地下水流向、水力坡度；含水层间和含水层与附近地表水体的水力联系；地下水的补给和排泄条件，水位季节变化，含水层渗透系数，以及地下水对混凝土的侵蚀性等。对于小场地或水文地质条件简单的勘察场地，论述的内容可以简化。有的内容，如水位季节变化，并非在较短的工程勘察期间能够查明，可通过调查访问和搜集区域水文资料获得。地下水对混凝土的侵蚀性，要结合场地的地质环境，根据水质分析资料判定。应列出据以判定的主要水质指标，即 PH、HCO_3^-、SO_4^{2-}、侵蚀 CO_2的分析结果。

4. 场地稳定性

场地稳定性评价主要是选址和初勘阶段的任务。应从以下几个方面加以论述。

（1）场地所处的地质构造部位，有无活断层通过，附近有无发震断层。

（2）地震基本烈度，地震动峰值加速度。

（3）场地所在地貌部位，地形平缓程度，是否临江河湖海，或临近陡崖深谷。

（4）场地及其附近有无不良地质现象，其发展趋势如何。

（5）地层产状，节理裂隙产状，地基土中有无软弱层或可液化砂土。

（6）地下水对基础有无不良影响。

报告对场地稳定性作出评价的同时，应对不良地质作用的防治，增强建筑物稳定性方面的措施提供建议。

5. 其他专门要求

论述的问题对于设计部门提出的一些专门问题，报告应予以论述，如饱和砂土的震动液化、基坑排水量计算、动力机器基础地基刚度的测定、桩基承载力计算、软弱地基处理、不良地质现象的防治等。

6. 结论与建议

结论是勘察报告的精华，它不是前文已论述的重复归纳，而是简明扼要的评价和建议。一般包括以下几点。

（1）对场地条件和地基岩土条件的评价。

（2）结合建筑物的类型及荷载要求，论述各层地基岩土作为基础持力层的可能性和适宜性。

（3）选择持力层，建议基础形式和埋深。若采用桩基础，应建议桩型、桩径、桩长、桩周土摩擦力和桩端土承载力标准值。

（4）地下水对基础施工的影响和防护措施。

(5) 基础施工中应注意的有关问题。

(6) 建筑是否作抗震设防。

(7) 其他需要专门说明的问题。

以上7个方面的内容，并非所有的勘察报告都要面面俱到，一一罗列。

由于场地和地基岩土的差异、建筑类型的不同和勘察精度的高低，不同项目的勘察报告反映的侧重点当然有所不同。一般来说，上列概述、地基岩土分层及其物理力学性质、地下水简述和结论与建议等四项，是每个勘察报告必须叙述的内容。总之，要根据勘察项目的实际情况，尽量做到报告内容齐全、重点突出、条理通顺、文字简练、论据充实、结论明确、简明扼要、合理适用。

四、图表编制要点

1. 主要图件

(1) 勘探点（钻孔）**平面位置图** 表示的主要内容如下。

① 建筑平面轮廓；

② 钻孔类别、编号、深度和孔口标高；应区分出技术孔、鉴别孔、抽水试验孔、取水样孔、地下水动态观测孔、专门试验孔（如孔隙水压力测试孔）；

③ 剖面线和编号：剖面线应沿建筑周边，中轴线、柱列线、建筑群布设；较大的工地，应布设纵横剖面线；

④ 地质界线和地貌界线；

⑤ 不良地质现象、特征性地貌点；

⑥ 测量用的坐标点、水准点或特征地物；

⑦ 地理方位。

对于较小的场地，一般仅表示①、②、③、⑥、⑦五项内容。标注地理方位的最大优点在于文中叙述有关位置时方便。此图一般在甲方提供的建筑平面图上补充内容而成。比例尺一般采用1∶200～1∶1000。

(2) 钻孔工程地质综合柱状图 钻孔柱状图的内容主要有地层代号、岩土分层序号、层顶深度、层顶标高、层厚、地质柱状图、钻孔结构、岩心采取率、岩土取样深度和样号、原位测试深度和相关数据。在地质柱状图上，第四系与下伏基岩应表示出不整合接触关系。在柱状图的上方，应标明钻孔编号、坐标、孔口标高、地下水静止水位埋深、施工日期等。柱状图比例尺一般采用1∶100或1∶200。

(3) 工程地质剖面图 此图是作为地基基础设计的主要图件。其质量好坏的关键在于：剖面线的布设是否恰当；地基岩土分层是否正确；分层界线，尤其是透镜体层、岩性渐变线的勾连是否合理；剖面线纵横比例尺的选择是否恰当。关于剖面线的布设和地基岩土分层原则，此前已论及，不再赘述。倘若分层正确，一般来说分层线的连接就会自然平顺，而不致将产状平缓的第四系尤其是全新统的土层画成陡斜状，或出现新老层位之间的互相穿插等不合理现象。同一层位间的相变，要用岩性渐变线表示清楚。透镜状分层和同一层位中的透镜状夹层，在不同的剖面线上要互相照应，显示其分布范围。剖面比例尺的选择，应尽量使纵、横比例尺一致或相差不大，以便真实反映地层产状。一般横比例尺采用1∶200～1∶500，纵比例尺采用1∶100～1∶200。在剖面图上，必须标上剖面线号，如6-6′或F-F′。剖面各孔柱，应标明分层深度、钻孔孔深和岩性花纹，以及岩土取样位置及原位测试位置和相关数据（如标准贯入锤击数、分层承载力建议值）。在剖面图旁侧，应用垂直线比例尺标注标高，孔口高程须与标注的标高一致。剖面上邻孔间的距离用数字写明，并附上岩性图例。

(4) 专门性图件 常见的有表层软弱土等厚线图，软弱夹层底板等深线图，基岩顶面等深线图、强风化、中风化或微风化岩顶面等深线图，硬塑或坚硬土等深线图等。不言而喻，这些图件对于地基基础设计各有用途。有的图件还可以反映隐伏的地质条件，如中风化顶面等深线图，可以反映隐伏的断层；等深线上呈线状伸展的沟部，往往是断层通过地段。专门性图件并非每一勘察报告都作，视勘察要求、反映重点而定。

2. 主要附表、插表

(1) 岩土试验成果表 按岩、土分别分层，按孔号、样号顺序编制。每一分层之后列出统计值，如区间值、一般值、平均值、最大平均值、最小平均值。

(2) 原位测试成果表 分层按孔号、试验深度编制，要列统计值，并查算分层承载力标准值。

(3) 钻孔抽水试验成果表 按孔号、试段深度编制，列出静止水位、降深、涌水量、单位涌水量、水温和水样编号。

(4) 桩基力学参数表 如果建议采用桩基础，应按选用的桩型列出分层桩周摩擦力，并考虑桩的入土深度确定桩端土承载力。除上述附表之外。有的分层复杂时，应编制地基岩土划分及其埋藏条件表。

重要术语

1. 坑探 2. 地球物理勘探 3. 原位测试 4. 载荷试验 5. 静力触探试验 6. 圆锥动力触探试验 7. 标准贯入试验 8. 十字板剪切试验

复习思考题

1. 工程地质勘察的目的和任务是什么？
2. 岩土工程重要性等级如何划分？
3. 根据场地的复杂程度，场地等级如何划分？
4. 根据地基复杂程度，地基等级如何划分？
5. 工程地质勘察等级如何划分？
6. 工程地质勘察方法有哪些？
7. 工程地质测绘的内容及主要方法有哪些？
8. 工程地质勘探方法有哪些？
9. 工程地质试验方法有哪些？
10. 常用的原位测试方法有哪些？
11. 静力触探试验的适用条件是什么？
12. 标准贯入试验的适用条件是什么？
13. 十字板剪切试验的适用条件是什么？
14. 与城市规划与建设有关的主要工程地质问题有哪些？
15. 工业及民用建筑的主要工程地质问题有哪些？
16. 道路和桥梁工程地质勘察包括哪些内容？
17. 地下工程的主要工程地质问题有哪些？
18. 岩土工程地质勘察报告书如何编制？

参 考 文 献

[1] 王思敬，黄鼎成．中国工程地质世纪成就．北京：地质出版社，2004.

[2] 石振明，孔宪立．工程地质学．北京：中国建筑工业出版社，2011.

[3] 张咸恭，王思敬，张倬元等．中国工程地质学．北京：科学出版社，2000.

[4] 张人权，梁杏，靳孟贵等．水文地质学基础．北京：地质出版社，2011.

[5] 胡绍祥，李守春．矿山地质学．徐州：中国矿业大学出版社，2008.

[6] 周丽霞，吴文金，吕志彬．北京：煤炭工业出版社，2007.

[7] 张咸恭，李智毅，郑达辉等．北京：地质出版社，1988.

[8] 严钦尚，曾昭璇．北京：高等教育出版社，1985.

[9] 水利水电部水电规划设计院．水利水电工程地质手册．北京：水利电力出版社，1985.

[10] 张倬元，王士天，王兰生等．工程地质分析原理．北京：地质出版社，2009.

[11] 陈希哲．土力学地基基础．北京：清华大学出版社，1991.

[12] 孙思丽．工程地质学．重庆：重庆大学出版社，2001.

[13] 李相然．工程地质学．北京：中国电力出版社，2006.

[14] 齐丽云，徐秀华．工程地质．北京：人民交通出版社，2002.

[15] 李智毅，唐辉明．岩土工程勘察．武汉：中国地质大学出版社，2000.

[16] 李永乐．岩土工程勘察．郑州：黄河水利出版社，2004.

[17] 韩晓磊．工程地质学原理．北京：机械工业出版社，2003.

[18] GB/T 50145—2007 土的工程分类标准．

[19] GB 50025—2004 湿陷性黄土地区建筑规范．

[20] 工程地质手册编委会．工程地质手册．第四版．北京：中国建筑工业出版社，2006.

[21] GB 50011—2010 建筑抗震设计规范．

[22] 陆兆溱．工程地质学．北京：水利水电出版社，2001.

[23] GB 50007—2011 建筑地基基础设计规范．

[24] 罗国煜，李生林．工程地质学基础．南京：南京大学出版社，1990.

[25] 岩土工程手册编委会．岩土工程手册．北京：中国建筑工业出版社，1994.

[26] GB 50021—2001 岩土工程勘察规范．

[27] 铁道部第一勘测设计院．工程地质试验手册．修订版．北京：中国铁道出版社，1995.

[28] 李智毅，杨裕云．工程地质学概论．武汉：中国地质大学出版社，1996.

[29] 刘春原，朱济祥，郭抗美．工程地质学．北京：中国建材工业出版社，2000.

[30] 肖和平，潘芳喜．地质灾害与防御．北京：地震出版社，2000.

[31] 张忠苗．工程地质学．北京：中国建筑工业出版社，2007.

[32] 孙家齐，罗国煜．工程地质．武汉：武汉工业大学出版社，2000.

[33] 史如平，戚筱俊，张景德．土木工程地质学．南昌：江西高校出版社，2004.

[34] GB/T 50123—1999 土工试验方法标准．

[35] 常士骠，张苏民．简明工程地质手册．北京：中国建筑工业出版社，1998.

[36] 曲力群，李忠等．工程地质．北京：中国铁道出版社，2002.

[37] 张荫．工程地质学．北京：冶金工业出版社，2013.

[38] 王贵荣．工程地质学．北京：机械工业出版社，2010.

[39] 刘忠玉．工程地质学．北京：中国电力出版社，2007.

[40] 郭抗美．工程地质学．北京：中国建材工业出版社，2006.

[41] 宿文姬，李子生．工程地质学．广州：华南理工大学出版社，2006.

[42] GB/T 50218—2014 工程岩体分级标准．

[43] GB 50223—2008 建筑工程抗震设防分类标准．

[44] JGJ 72—2004 高层建筑岩土工程勘察规程．

[45] JGJ 79—2012 建筑地基处理技术规范.
[46] JGJ 94—2008 建筑桩基技术规范.
[47] 岩土工程勘察报告编制标准（CECS99：98）. 北京：中国工程建设标准化协会，1998.
[48] 舒良树. 普通地质学. 北京：地质出版社，2010.
[49] 姜晨光. 土力学与地基基础. 北京：化学工业出版社，2013.
[50] 王作文，林莉，朱春鹏等. 土木建筑工程概论. 北京：化学工业出版社，2012.

附　　录

图 1　方解石一

图 2　方解石二

图 3　方解石和石英

图 4　金矿石

图 5　石英

图 6　孔雀石

图 7 自然铜

图 8 黄铁矿

图 9 萤石

图 10 珊瑚树

图 11 三叶虫化石

图 12 藻类化石

图 13 钟乳石

图 14 气孔构造

图 15 流纹构造

图 16 杏仁构造

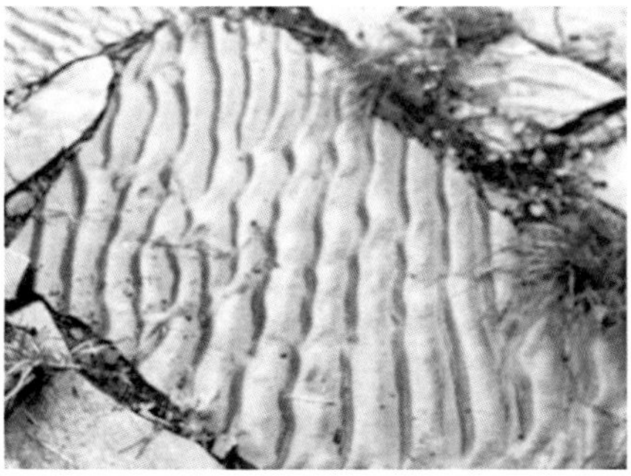

图 17 波痕

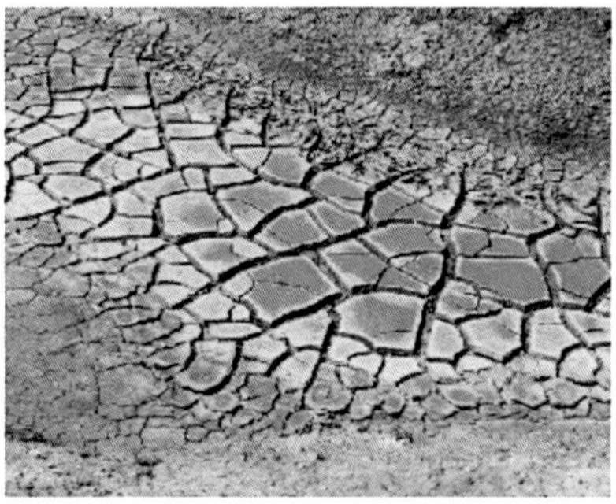

图 18 泥裂

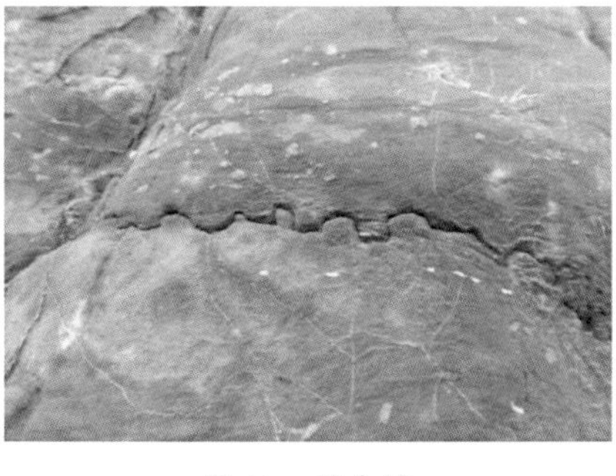

图 19 缝合线

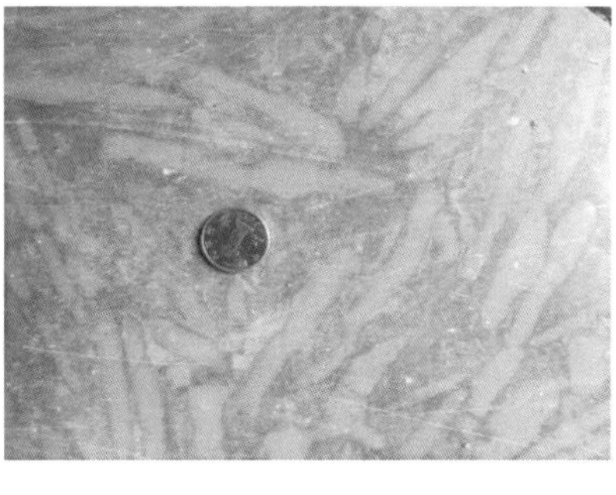

图 20 竹叶状灰岩

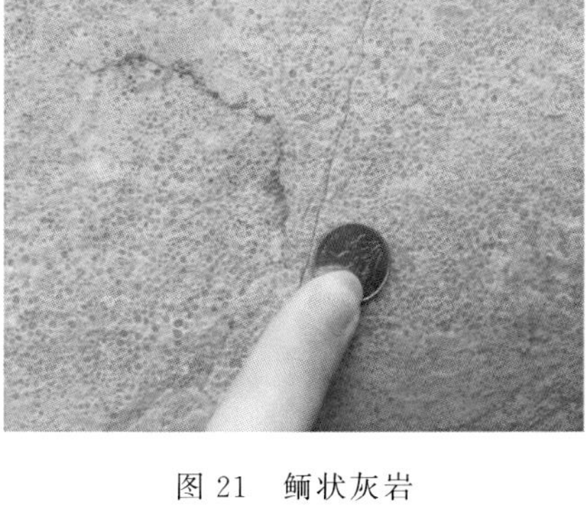

图 21 鲕状灰岩

图 22 原地混合花岗岩

图 23 张节理

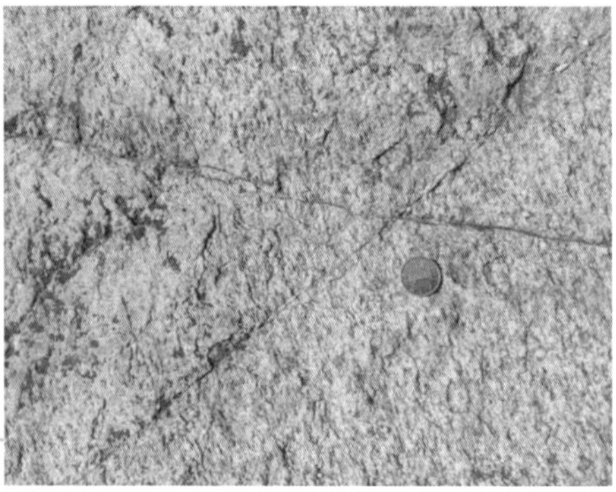

图 24 剪节理

图 25 球状风化

图 26 根劈作用

图 27 “马刀”树

图 28 泰山“醉心”石